Freiformflächen in der rechnerunterstützten Karosseriekonstruktion und im Industriedesign

Peter Bonitz

Freiformflächen in der rechnerunterstützten Karosseriekonstruktion und im Industriedesign

Grundlagen und Anwendungen

Springer

Prof. Dr.-Ing. habil. Peter Bonitz
fachbuch@bonitz-web.de

ISBN 978-3-540-79439-4 e-ISBN 978-3-540-79440-0
DOI 10.1007/978-3-540-79440-0
Springer Dordrecht Heidelberg London New York

Die Deutsche Nationalbibliothek verzeichnet diese Publikation in der Deutschen Nationalbibliografie; detaillierte bibliografische Daten sind im Internet über http://dnb.d-nb.de abrufbar.

Satz und Herstellung: le-tex publishing services GmbH, Leipzig
Einbandentwurf: WMXDesign GmbH, Heidelberg

Gedruckt auf säurefreiem Papier

Springer ist Teil der Fachverlagsgruppe Springer Science+Business Media (www.springer.de)

Vorwort

Mit dem Begriff „Freiformflächen" seien hier immer Oberflächen von hochwertigen Konsumgütern bezeichnet. Sie werden auch skulpturartige oder doppelt gekrümmte Flächen genannt. Obwohl die doppelt gekrümmten Formen – zwar bei ständig steigender Tendenz – bei Gebrauchsgegenständen und Industriegütern sowie Bauten im Vergleich zu ebenflächigen Formen oder regelgeometrischen Formen prozentual (ca. 15%) relativ gering vertreten sind, verursachen sie doch im Entwurfs- und im Fertigungsprozess etwa 85% des Gesamtaufwandes für das Produkt. Die Begründung für Verwendung der skulpturartigen Formen, die oft von der Natur abgeschaut sind, klang auf der Buchrückseite schon an. Es hängt mit der Ästhetik und der Erkenntnis zusammen, dass sich ein Produkt hauptsächlich über die Form verkauft, da heute eine gute Funktionalität schon als selbstverständlich angesehen wird. Um die anspruchsvolle Aufgabe des Entwurfs und der Fertigungsvorbereitung solcher Produkte mit doppelt gekrümmten Formen beherrschen zu können, benötigt man effektive CAD-Werkzeuge, aber auch theoretisch fundiertes Fachwissen auf diesem Spezialgebiet, um diese Werkzeuge richtig einsetzen zu können. Die Kenntnis der Zusammenhänge ermöglicht letztendlich bessere Anwendungen und qualitativ höherwertige Konstruktionen und Endprodukte. Das Fachbuch beruht weitgehend auf Vorlesungsmanuskripten des Verfassers an den Fachhochschulen hauptsächlich in Zwickau, in Gastrollen aber auch in Hamburg und München und teilweise auf Zuarbeiten des Konstruktionsbüros KKN aus Zwickau, einem Zulieferbetrieb für BMW.

Die CAD-Anwendungen wären nicht denkbar ohne die CAD-Softwareentwickler der einschlägigen CAD-Systeme, insbesondere des Spezialsystems von ICEM Technologies GmbH für den Karosseriebau *ICEM Surf* bzw. *ICEM Shape Design*. Stellvertretend soll hier der fachlich verantwortliche Dr. rer. nat. Matthias Eck genannt werden.

Nachdem Ende der 80er Jahre die Entwicklung des speziellen CAD-Systems für den Karosseriebau (*VW-Surf*, später *ICEM Surf*) unter der persönlichen Beratung durch den französischen Mathematiker Bézier in den Konstruktionsabteilungen bei VW in Wolfsburg mit Programmierern von Control Data (später ICEM Systems bzw. ICEM Technologies) seinen Anfang nahm, hat sich nun das erfolgreiche Entwicklungsteam aus Hannover im Jahre 2007 letztendlich unter dem Dach des französischen Mutterkonzerns Dassault Systèmes etabliert.

Ohne enge Entwicklungspartnerschaften mit der Automobilindustrie nebst ihren Zulieferern wäre die heutige Leistungsfähigkeit der CAD-Systeme nicht erreicht worden. Wenn hier keine Namen genannt werden, so nur deshalb, weil es über die Jahrzehnte der Zusammenarbeit des Autors mit den Praxispartnern in aller Welt einfach zu viele sind, die wertvolle Anregungen gegeben haben. Vom VW-Konzern und speziell von der Audi AG wurden darüber hinaus zahlreiche Anwendungsbeispiele zur Verfügung gestellt, z. B. die im Kap. 4 abgebildeten Patchstrukturen des Audi A6 und der C-Säule des Audi A2 sowie ein Foto vom Rohbaugerippe des A2-Innenraumes. Ebenso hat BMW direkten Einfluss auf CAD-Module genommen. Das Beispiel im Anhang L.6, S. 293 ist ein Beleg dafür. Und im Zusammenhang mit dem Begriff „Class A" durften natürlich Bilder vom XK8 Coupe von Jaguar Cars Ltd in Kap. 4 nicht fehlen!

Eine konkrete Anforderung kam z. B. Mitte der 90er Jahre aus Nordamerika von den CAD-Anwendern der bekannten heimischen großen Automobilhersteller, die sich eine verbesserte Möglichkeit der Entnahme von Hauptschnitten aus perspektivischen Skizzen gewünscht hatten und auf die im Teil I des Fachbuches konkret eingegangen wird.

Aber auch deutsche Universitäten und Fachhochschulen haben ihren Anteil am Fachbuch. Viele Zusammenstellungen von Grundlagen und Anwendungsbeispielen sind erst durch studentische Arbeiten dokumentiert worden. Der besondere Dank gilt deshalb den wissenschaftlichen Betreuern am Institut für Geometrie an der TU Dresden, namentlich den Herren Prof. Dr. Gerhard Geise (i. R.) und Prof. Dr. Gunter Weiss, sowie dem Institut für Kraftfahrzeugtechnik der Westsächsischen Hochschule in Zwickau mit Herrn Prof. Dr. Lutz Nagel, welcher gleichzeitig Gründer der KKN Ingenieurbüro GmbH & Co. KG in Zwickau ist.

Teile des Kap. 1 sind aus einer gemeinsamen Forschung mit Dipl.-Math. Frank Henschel vom genannten Institut für Geometrie zum Thema „Rekonstruktion aus Designskizzen" entstanden. Frau Ing. Helga Mettke widmete sich dabei akribisch dem Feintuning so mancher Zeichnungen. Die Unterabschnitte zur Zentralprojektion und Projektiven Geometrie des Kap. 2 sind ebenfalls gemeinsam mit Frank Henschel bearbeitet worden. Prof. Dr. Gunter Weiss gab wertvolle Anwendungshinweise auf dem Gebiet der Projektiven Geometrie.

Auf dem Gebiet der mathematisch-historischen Studien zu *Albrecht Dürer* hat sich Herr Doz. Dr. Eberhard Schröder (i. R.) generell durch zahlreiche eigene Veröffentlichungen und hier auch speziell als Ratgeber und Materialzulieferer (zum gleichen Kap. 1) besondere Verdienste erworben.

Es sei aber auch an die Anfangsphase der CAD/CAM-Programmierung in Sachsen und Thüringen im Zeitraum von 1975 bis 1990 erinnert, in der Hochschulangehörige und Anwender gemeinsam das System AUTENT für den Karosserieentwurf entwickelten. An diesem System hatten Diplommathematiker Gerhard Franz sowie die Diplomingenieure Bernd Burkhardt, Dr. Joachim Kern (†), Dr. sc. techn. Manfred Rahmig und Peter Salzmann ihren Anteil.

Querverbindungen gibt es auch zum Lehrstuhl Technisches Design (Prof. Dr. Uhlmann (i. R.) und Dr. Kranke) an der Technischen Universität Dresden, wo ebenfalls auf eine verbesserte Eingabe im Designprozess gedrängt und auch ein eigener Laborversuch in dieser Richtung (Diplomarbeit Norbert Hentsch) unternommen worden ist. Im Kap. 1 sind designmethodische Anleitungen von Herrn Prof. Dipl.-Des. Wolfgang Kraus (Hochschule für Angewandte Wissenschaften in Hamburg) mit verwertet worden. Einige Designskizzen stammen dabei auch von Prof. Dipl.-Des. Werner Granzeier aus der gleichen Hochschule. Die CAD-Designmethodik zum konkreten Beispiel in Kap. 3 wurde gemeinsam mit Dipl.-Des. Matthias Mantei für Übungsaufgaben [1] erarbeitet.

Das ICEM-Basis-Schulungsmaterial wurde in der Vergangenheit [2] u. a. von den Diplomingenieuren Dieter Bergfeld, Dieter Gärtner, Peter Salzmann, Dirk Stepputtis (†), Diplomdesigner Björn Berg und Diplomwirtschaftsingenieur Alexander Back, welcher auch beim Text aller anwendungsbezogenen Teile des Manuskriptes Korrektur gelesen hat, mit erarbeitet. Ebenso sind die ICEM-Helpdesk-Spezialisten Albert Reitemeyer und Bernhard Stillger mit daran beteiligt.

Am mathematischen Teil des Kap. 4 und an den speziellen Anlagen E, F und G hat wiederum Frank Henschel mitgewirkt. Der langjährige fachliche Weggefährte des Autors (während der Zeit der AUTENT-Entwicklung) Gerhard Franz hatte das Korrekturlesen zu diesem Teil übernommen.

Die gemeinsamen Erfahrungen von CAD-Entwicklern (s. [3], [4] und [5]) und Anwendern aus der Automobilindustrie und ihren Zulieferern bilden die Grundlage für die Kap. 5 und 6.

Das Kap. 6 wäre ohne die Zuarbeit von Herrn Dipl.-Ing. (FH) Torsten Helbig, Leiter des KKN-Ingenieurbüros in Zwickau, undenkbar gewesen. Ebenfalls fungierte er als Ratgeber zum Abschn. 5.3. Studentische Unterstützung in Form von Datenaufbereitungen zu Konstruktionsteilschritten unter Anleitung von KKN gab es durch Frau Anna Stój aus dem CAD-Anwender-Team des Lehrstuhles für Transportdesign (Leitung Professor Dipl.-Des. Wilhelm Semaniszyn, Dr. Piotr Jędrzejewski) an der Kunsthochschule (Akademia Sztuk Pięknych) Breslau (Wroclaw).

Das Fachbuchvorhaben wurde ferner gefördert durch den Geschäftsführer Herrn Dipl.-Ing. Jürgen Jaskiewicz und den Leiter Fahrzeugbau Herrn Dipl.-Ing. Heiner Wessel, beide Rücker GmbH in Gifhorn.

Als hochschulseitiger Sponsor tritt dankenswerterweise die Westsächsische Hochschule Zwickau auf.

Für die Freigabe von Originaldaten von BMW- und Rolls-Royce-Modellen gilt der BMW-Strakabteilung Exterior nicht nur der Dank des Fachbuchautors, sondern sicher auch vom interessierten Leserkreis.

Das Fachbuch ist eine Mischung aus speziell für Designer und Ingenieure aufbereiteten theoretischen Grundlagen und CAD-Anwendungen aus dem Design und der Karosserieentwicklung. Es enthält jedoch keinerlei Quelltexte oder geschützte CAD-Lösungen, sondern erschließt anwendungsseitig nur Wissen, welches in den Karosseriekonstruktionsabteilungen der Automobilwerke bzw. deren Zulieferern in der Historie gereift ist.

Dresden, 12. März 2009 *Peter Bonitz*

Hinweise für den Leser

Der Inhalt der Hauptteile I und II wird weitgehend geometrieorientiert abgehandelt. Dabei kommt es auf die Grundprinzipien und generelle CAD-Methodik an. Erst im Anhang folgen, um das Nachempfinden von einigen wesentlichen Konstruktionsschritten im Zusammenhang mit CAD-Systemen zu ermöglichen, Schnappschüsse vom Computerbildschirm mit konkreten Menüs und teilweise mit „Schritt für Schritt"-Handlungsanweisungen. Die begleitende Einführung in die Benutzeroberfläche ersetzt jedoch nicht das Referenzhandbuch bzw. die Online-Hilfe des CAD-Systems! Es werden nur diejenigen Menüs des CAD-Systems erklärt, die im Rahmen der konkreten Anwendungen in diesem Buch notwendig sind.

Fachbegriffserklärungen und theoretische Grundlagen werden ebenfalls nach und nach, so wie es im Anwendungszusammenhang notwendig erscheint, eingefügt. Manchmal geschieht dies erst kurz einführend, um es später im Anhang zu vertiefen. Darüber hinaus existiert auch ein Glossar mit einer kurzen Erklärung der wichtigsten Begriffe aus der Oberflächenmodellierung.

Das Sachverzeichnis wurde alphabetisch mit hierarchisch geschachtelter Gliederung geordnet. Es gibt die Hauptkategorien CAD-System, Design, Geometrie, Photogrammetrie und Zentralperspektive. Dem Hauptbegriff folgen – einfach eingerückt – die Unterbegriffe der 1. Stufe und danach – zweifach eingerückt – die Unterbegriffe der 2. Stufe. Bei den Unterbegriffen kann es zu bestimmten themengebundenen Doppelungen kommen.

Für Namen von historischen Persönlichkeiten, besondere Eigennamen und spezielle Fachbegriffe oder Hervorhebungen wird der *kursive* Schriftstil gewählt.

Die Literatur wurde kapitelweise geordnet. Wenn nicht besonders durch einen Verweis angegeben, gilt immer das Verzeichnis des aktuellen Kapitels.

Inhaltsverzeichnis

Teil I Von 2D-Zeichnungen zum CA-Design-Modell

Teil I

Von 2D-Zeichnungen zum CA-Design-Modell

1
Designkontext

Um für den Designmodellbau aus perspektivischen Zeichnungen Geometrieelemente entnehmen zu können, muss eine ausreichende Qualität der manuellen Skizze vorhanden sein oder der Computer soll helfen, diese Qualität zu erreichen. Einerseits benötigt der CAD-Anwender dafür Wissen aus der Darstellenden Geometrie und anderseits sollen die Computerprogramme Fehler in der Handskizze aufzeigen und Korrekturmöglichkeiten anbieten. Sind die Voraussetzungen für ein Exzerpieren von Formcharakter bestimmenden Hauptschnitten gegeben, dann soll der Computer auch dafür Hilfen anbieten. Der Weg dazu über Methoden der Photogrammetrie mit Unterstützung durch Methoden der Projektiven Geometrie wird anhand eines Beispieles gewiesen.

1.1 Einführung

Ausgangspunkt aller Betrachtungen zu diesem Thema soll der klassische manuelle Weg sein. Am Anfang des Weges stehen die Skizzen, sowohl die perspektivische – als Hauptträger der Formidee –, als auch die den Modellbau vorbereitenden (ebenen) Hauptrisse. Aufgrund der natürlichen manuellen Ungenauigkeiten, die in den Skizzen enthalten sind, ergeben sich sowohl Widersprüche zwischen den ebenen Rissen, als auch zwischen den Perspektivzeichnungen und den Hauptrissen. Das gilt ebenso, wenn mehrere Perspektivzeichnungen vorhanden sind. Computerprogramme können dabei helfen, diese Ungenauigkeiten zu entdecken und Widersprüche auszugleichen oder noch besser durch geschickte Hilfestellung die Ungenauigkeiten a priori weitgehend zu vermeiden. Dazu müssen ausgewählte theoretische Grundlagen zur Zentral- und auch zur Normalprojektion sowie Anwendungsbeispiele zur Handhabung der Projektionsarten und der Hilfsprogramme im Computer bereitgestellt werden. Designer sind bei der Anwendung der Zentralperspektive hoch motiviert, weil sie hier Schöpfertum mit Anschaulichkeit verbinden können und sich den Traditionen von Künstlern nahe wissen, die schon im Mittelalter erstaunliche Kenntnisse hatten (s. Auswertungen von Schröder [11, 12]) und zur exakten Darstellung nutzten, wie die Maler der Renaissance (*Dürer* u. a.). Dabei sind deren Kenntnisse für den modernen Designer heute noch nützlich und deshalb werden die historischen Erkenntnisse von damals in die theoretischen Grundlagen mit eingebunden. Möge es vor allem auch jungen Designern zur Motivation dienen, die CAD-mäßig aufbereiteten „alten“ Methoden einzusetzen, um qualitativ bessere Entwurfszeichnungen zu fertigen, die sich widerspruchsfreier im digitalen Entwicklungsablauf verwerten lassen. Auch sind gewisse Gesetzmäßigkeiten im Hinblick auf das natürliche Sehen bei der Visualisierung im Computer nützlich. Und sicher ist es auch interessant, einmal eine Zentralperspektive formelmäßig exakt selbst durchzurechnen und sich nicht nur computergläubig das Resultat auf dem Bildschirm anzusehen. Die Erzeugung von möglichst exakten zeichnerischen Perspektiven mit Computerunterstützung ist jedoch nicht die alleinige Aufgabenstellung. Es gibt noch die umgekehrte Aufgabe, eine vorhandene unzulängliche Perspektivskizze zu verbessern und auszuwerten, d. h. Konturen unverzerrt in wahrer Größe und Gestalt aus diesen Zeichnungen zu gewinnen. Sogar Zeichnungen, bei denen man nicht genau weiß, ob sie in Zentral- oder Normalprojektion gezeichnet sein sollen oder solche Zeichnungen, von denen Teile auf Parallel- und andere auf Zentralprojektion hindeuten, sollten noch auswertbar sein. Dies gelingt eben nur durch kombinierte manuelle und interaktive CAD-Methoden. Es ist möglich, charakteristische Schnitte (Längs- und Querprofile) in wahrer Gestalt zu exzerpieren und den skizzierten Körper schrittweise baukastenartig interaktiv weiter aufzubauen, auch wenn sich erweist, dass die ursprüngliche Handskizze in Teilen zu korrigieren ist. Der Schlüssel zur Lösung liegt in der Anwendung von Methoden der Analytischen Photogrammetrie und der Projektiven Geometrie, die in den Grundzügen an Beispielen vorgestellt werden. Durch entsprechende Programmierung wird die Bestimmung der inneren und äußeren Orientierung einer gedachten Kamera realisiert, die das gleiche Bild erzeugt hätte, wie es der Designer gezeichnet hat. Damit kann man nicht nur die Orientierung des Bildes rekonstruieren und abspeichern, sondern auch in Hauptebenen eingezeichnete Schnitte tatsächlich entzerren. Noch genauer gelingt es, die Orientierung von echten Fotografien von Oldtimern oder modernen Fahrzeugen abzuleiten, um so aus den Fotos Konstruktionsmaße zu gewinnen. Voraussetzung ist dabei natürlich, dass der Designer mindestens fünf tiefengestaffelte Passpunkte aus einem so genannten Packageplan entnehmen kann. Dies ist aber im Normalfall die Regel.

Nach der Festlegung von ebenen Formleitlinien kommen die CAD-Werkzeuge zum Einsatz, welche aus den ebenen Konturen räumliche und danach aus dem räumlichen Kurvengerüst ein einfaches Flächenmodell erzeugen.

1.2 Manueller Weg von der Skizze zum Designmodell

Der Designer zeichnet in der Regel seine Formideen in den Hauptansichten Grund-, Auf- und Seitenriss sowie der Zentralperspektive. So wird es an den einschlägigen Fachbereichen von Universitäten und Fachhochschulen vermittelt, s. Abb. 2 bis 12 aus [1]. Viele Designer geben der Perspektivzeichnung den Vorrang, weil diese die FORMIDEE anschaulicher ausdrücken kann.

Einige künstlerisch besonders Begabte wagen sich auch sofort, wie Bildhauer aus ihrem Formgedächtnis heraus, an das Modellieren von Ton (Clay).

Als Grundlage seiner Arbeit nimmt der Designer aber in jedem Falle die sog. Packagezeichnung, an der er formgestalterisch maßgeblich mitwirkt, aber in welcher die geometrischen Hauptvorgaben und die ergonometrischen Voruntersuchungen festgelegt sind.

Aus den Zeichnungen, s. Abb. 2 und 3, werden ebene Profilschnitte, auch Schablonen genannt, gewonnen, s. Abb. 9. Diese nutzt man auch dazu, die körperliche Form manuell (Abb. 10) aus dem Ton (Clay) herauszuarbeiten. Charakteristische Form tragende Konturen werden mit selbstklebenden Kunststoffbändern (Tapes) markiert (Abb. 11). Das in Form gebrachte Tonmodell wird letztendlich lackiert und in einer Laborumgebung präsentiert, s. Abb. 12.

In Abb. 1 ist die Packagezeichnung zu sehen. Man erkennt dort die sog. Sitzkiste mit Motor, Fahrgestell und Puppen (Dummies), um welche die Karosserieform herumgebaut werden soll. Die blau gezeichneten Konturen wurden hier schon vom Designer hinzugefügt. Alle andersfarbigen Zeichnungsdetails sind als Vorgaben oder Nebenbedingungen anzusehen.

In den danach folgenden Designer-Zeichnungen Abb. 2 und 3 sind die vorgegebenen Maße schon übernommen worden. Alle enthaltenen geometrischen Vorgaben können bei Bedarf als Nebenbedingungen für die Bestimmung der inneren und äußeren Orientierung einer perspektivischen Skizze verwendet werden.

Das Schablonen-Verfahren weist Ähnlichkeit mit dem Aufbauprinzip eines Schiffskörpers aus Wasser- und Spantenlinien auf. Zwischen den Gerippeteilen sind die Lücken zu füllen. Beim Modellieren in Ton gelingt dies einfach durch

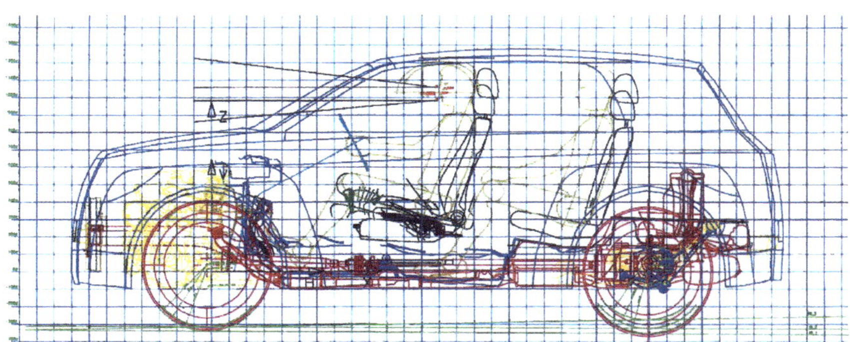

Abb. 1. Package-Plan mit ersten Konturfestlegungen durch den Designer, Riss XZ

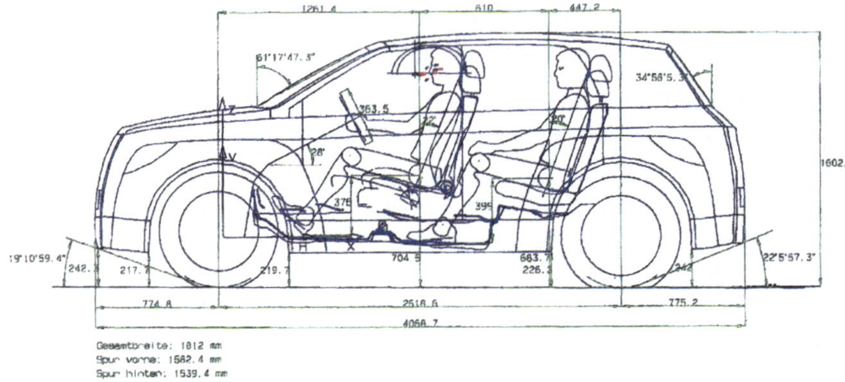

Abb. 2. Seitenriss XZ mit Maßen

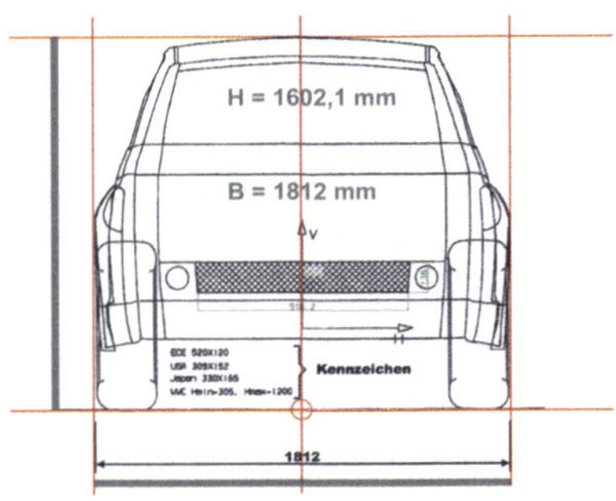

Abb. 3. Aufriss YZ mit Maßen, hier Blick von hinten

Abb. 4. 2D-Tapeplan, XZ

Bewegen von Schablonen entlang von Führungsschienen. Man schabt aus dem Tonklumpen die Form heraus.

Am Lehrstuhl für Technisches Design der TU Dresden wird die mentale Formschöpfungsphase folgendermaßen als Aufgabe formuliert: Es ist das anfangs (noch unvollkommen) in der geistigen Vorstellung des Designers vorhandene sog. SUBJEKTINTERNE GEOMETRIEMODELL (SIG), [4], auf Papier zu zeichnen. Bei dieser Skizzierung lässt sich die Form schrittweise immer präziser entwickeln, bis am Ende die Formidee als ausgereift gelten kann. Man vergleiche auch [5, 6, 7, 8, 9].

Es gibt auch bereits weit in die Zukunft reichende Gedanken und sogar schon futuristische Designarbeitsplätze – z. B. in der Fraunhofergesellschaft, Institut für Graphische Datenverarbeitung (IGD) – die es gestatten, sofort im 3D-Raum zu entwerfen, [25]. Die Grundidee ist dabei, eine räumliche Bewegung eines intelligenten Stiftes in der Hand direkt im Modellraum, in dem sich der Entwerfer selbst bewegt, zu erfassen. Der Designer befindet sich dazu in

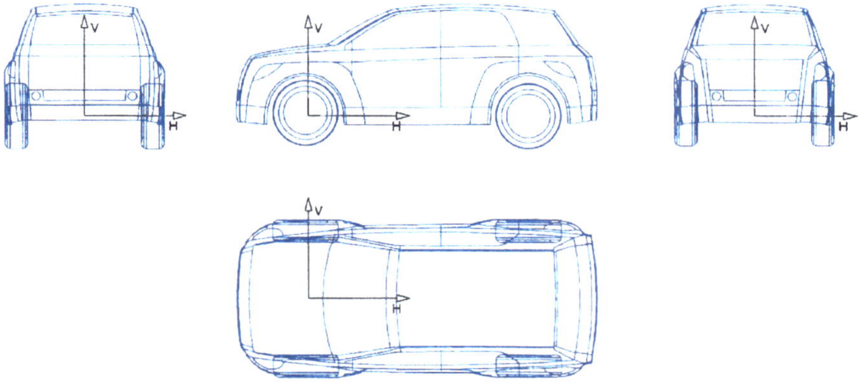

Abb. 5. Alle Hauptrisse mit Formleitlinien

Abb. 6. Perspektive, Blick von vorn rechts

einer virtuellen, technisch viel Aufwand erfordernden Welt. Er sitzt oder steht dabei im Halbdunklen und muss eine 3D-Brille tragen. Die weitere Forschung ist darauf ausgerichtet, diese Nachteile zu überwinden.

Einige CAD-Systeme bieten auch alternative Modellierungsarten an, z. B. „Voxelmodellierung" und „Subdivision". Ein Spezialsystem für die Karosserieoberflächenkonstruktion ([26]) ermöglicht das sog. „Facettenmodellieren", d. h. es kann eine virtuelle Oberfläche (vernetzte dichte Punktwolke) beliebig verbogen werden.

Für den Praktiker im Designbüro lohnt es jedoch nach wie vor, sich mit den klassischen Verfahren, die prinzipiell nur den Geist, ein Blatt Papier und einen Zeichenstift verlangen, zu befassen. Moderne Designer bewegen auch schon zusätzlich den digitalen Zeichenstift über das Bildschirmtablett, um so den nachfolgenden Prozess der Eingabe in die moderne digitale Prozesskette in der Industrie zu erleichtern.

Abb. 7. Perspektive, Blick von vorn links

Abb. 8. Perspektive, Blick von hinten rechts

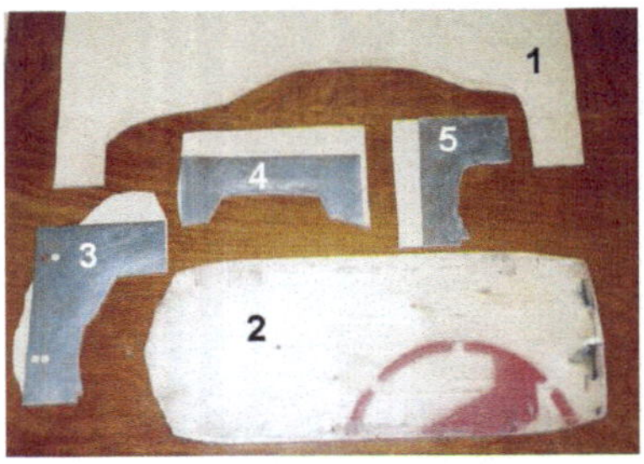

Abb. 9. Schablonen

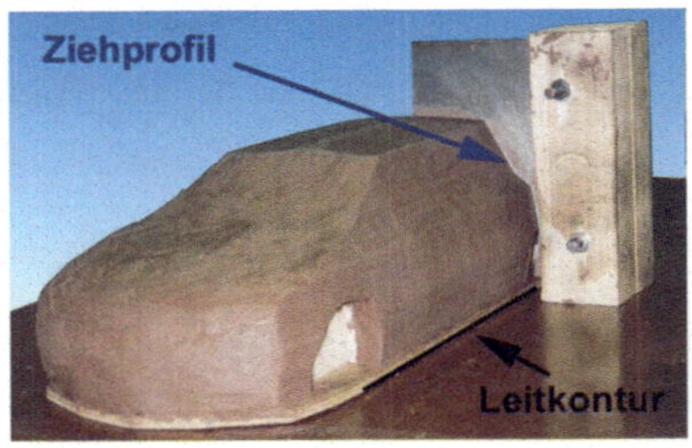

Abb. 10. Schaben in Ton

Abb. 11. Tonrohling mit Tapes

Abb. 12. Lackiertes Designmodell

Gleichgültig, auf welchem Wege die Form auch immer entworfen wurde, schließlich muss ein körperliches Modell zunächst im verkleinerten Maßstab und letzten Endes unumgänglich auch das 1:1-Modell hergestellt werden. Das anfassbare physikalische Modell ist bei der endgültigen Formbeurteilung durch nichts zu ersetzen, wenn man auch die Anzahl der Iterationsstufen durch virtuelle Modelle (3D-Graphik mit und ohne Brille) minimieren kann.

Der klassische Modellbauer benutzt zur Realisierung der Form des Designobjektes seit Anbeginn des Automobilbaus ein Verfahren, das analog zum Wasserlinien- und Spantenverfahren im Schiffbau die Form schichtenweise in Horizontal- und Vertikalschnitten (längs und quer) erfasst und mittels sog.

Abb. 13. Längsmittelschnittprofil und viele Querprofile (mit Verbindungselementen) aus Holz

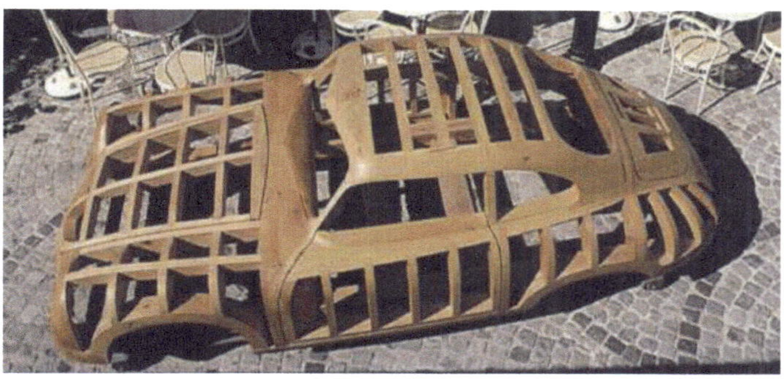

Abb. 14. Ebene, spantenartige, vertikale Profile und räumliche Holzteile

Abb. 15. Holzmodell mit und ohne Blechhaut

Schablonen und Lehren netzartig aufbaut. In Automobilmuseen, z. B. in [27], ist dies an den Modellen nachvollziehbar, s. Abb. 13 bis 15 aus dem Porschemuseum.

1.3 Perspektive in der Historie – Motivation für Designer

Bisher haben wir nur Hauptrisszeichnungen von Designern ausgewertet. Bevor wir nun auch perspektivische Skizzen mit einbeziehen, lohnt es sich, einen Blick in die Geschichte zu werfen.

Albrecht Dürer (1471 bis 1528) gab sich als Künstler und Maler schon in der Zeit der Renaissance nicht mit reinen Beobachtungen zufrieden, sondern wollte auch die geometrischen Gesetze kennen und anwenden. *Dürer* beherrschte die Gesetze der Zentralperspektive bis zu einem gewissen Grad exakt. Nachträgliche Rekonstruktionsanalysen durch Schröder [11, 12] in Originalbildern von *Dürer* belegen dies.

Auch Designer haben den Wunsch, ihre formgestalterischen Ideen perspektivisch in natürlicher Sichtweise und ohne unnötige Verzerrungen möglichst präzise auf das Zeichenblatt zu bringen. Danach möchten sie diese im Rechner abbilden sowie anschließend ohne unliebsame Überraschungen (infolge ursprünglich fehlerhafter Skizzierung) in 3D-Koordinaten umwandeln.

Die folgenden instrumentellen Verfahren betrachten wir nur als Einleitung, leiten dann zu den konstruktiven Verfahren über und wenden die Erkenntnisse schließlich im CAD-Bereich an.

1.3.1 Instrumentelle Methode

Bereits *Euklid* hat ein zentralperspektivisches Bild als Ergebnis des Schnittes eines Sehstrahlkegels vom Auge des Betrachters zum abzubildenden räumlichen Objekt mit einer Zeichenebene erklärt.

In *Dürer's* Schriften finden wir eine Art Zeichenmaschine, die diesen Vorgang nachahmt. Das wesentliche Element in Abb. 16 ist der verstellbare Stab zur Fixierung des Augpunktes [Underweysung 1525]. In der 2. Auflage der Underweysung aus dem Jahre 1538 schreibt er sinngemäß: In dem man die Mattscheibe durch ein quadratisches Raster austauscht, welches auf die Zeichenfläche übertragen wird, lässt sich das unbequeme Zeichnen auf der senkrechten Bildebene durch die angenehmere Arbeit am horizontalen Zeichentisch ersetzen. Durch künstliche Verlängerung der Augdistanz d wurde versucht, unerwünschte Verzerrungen wegen zu kurzer Augdistanz zu vermeiden, s. Abb. 17. Schon vor *Dürer* hatten sich andere Maler, wie z. B. *Filippo Brunelleschi* (1377–1446) mit der Zentralprojektion beschäftigt.

Abb. 16. Instrumentelles Verfahren

Abb. 17. „Mann, eine Kanne zeichnend“ [11]

Das Durchschnittsverfahren, s. Abb. 18, wird noch heute in der Grundausbildung an Hochschulen (unter zusätzlicher Zuhilfenahme von Fluchtpunkten) gelehrt. Das Prinzip wird am Beispiel des Punktes P demonstriert.

Neben den instrumentellen Verfahren nutzte *Dürer* schon konstruktive Verfahren. Dabei beschränkte er sich jedoch auf eine frontale Anordnung der abzubildenden Objekte mit quadratischen Grundrissen, deren Diagonalen in diesem Falle unter 45° zur Sichtrichtung verlaufen. Offensichtlich hat er das für solche Gegebenheiten gut geeignete, sog. „Diagonalverfahren“ gewählt.

1.3.2 Distanzpunkte

Bei der Frontalanordnung werden quaderförmige Objekte so angeordnet, dass ihre Seitenflächen senkrecht und parallel zur Bildebene liegen. Alle verlängerten Kanten senkrecht zur Bildebene (Tiefenlinien) treffen sich im Fluchtpunkt, der hier gleichzeitig der Bildhauptpunkt H ist. Alle verlängerten Kanten parallel zur Bildebene (Breitenlinien) haben keinen darstellbaren Fluchtpunkt im

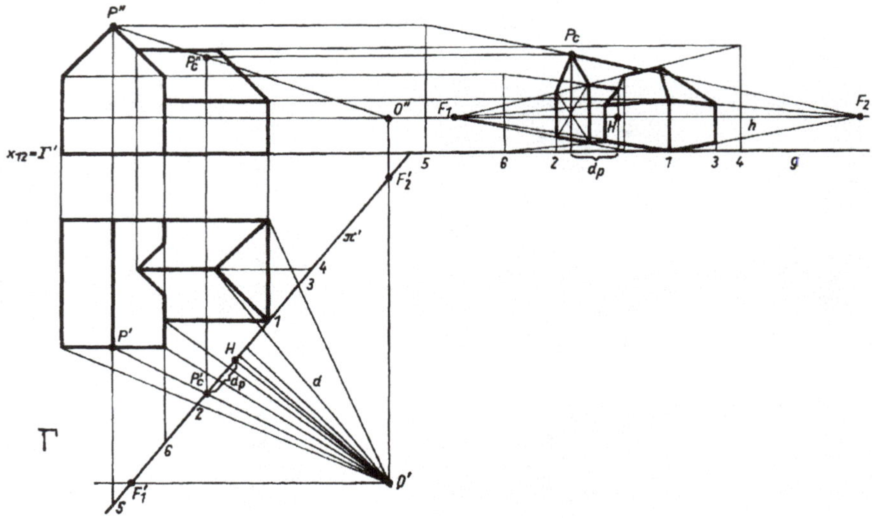

Abb. 18. Durchschnittsverfahren nach *Brunelleschi* [13]

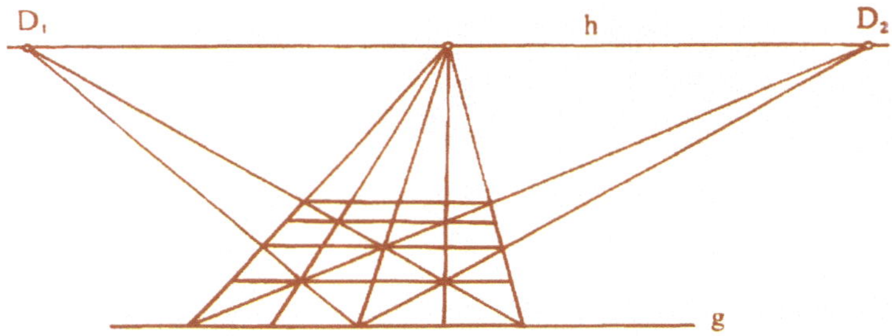

Abb. 19. Zentralriss eines horizontalen quadratischen Rasters mittels der Distanzpunkte – Fluchtpunkte der Geraden unter 45° konstruiert [11]

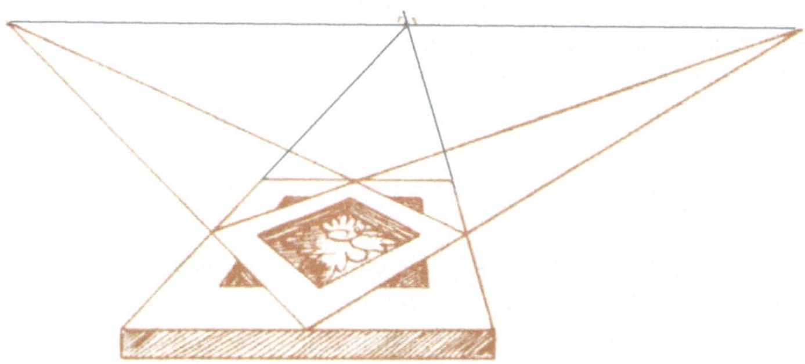

Abb. 20. Zentralriss zweier ineinandergefügter Quadrate mittels der Distanzpunkte konstruiert (in *Dürer's* „Dresdener Skizzenblatt“ [11])

Endlichen auf dem Horizont. Die Diagonalen der Quadrate oder sonstige Kanten unter 45° haben ihre eigenen speziellen Fluchtpunkte auf dem Horizont, die sog. Distanzpunkte D_1 und D_2, s. Abb. 19 und 20. Es sind Reproduktionen aus *Dürer's* Nachlass.

1.3.3 Diagonalverfahren und Perspektive Kollineation

1.3.3.1 *Dürer's* Diagonalverfahren

Aus den folgenden Bildern erkennt man, dass *Dürer* mit Hilfe einer Punkttransformation im sog. Diagonalverfahren Bilder regelrecht konstruiert hat. Urheber des Diagonalverfahrens ist jedoch wahrscheinlich *Piero della Francesco* (ca. 1420–1492). Nur hatte dieser die beiden Diagonalen im Grundriss und im Zentralriss etwas anders angeordnet. Bei seiner Variante, bei der sich die beiden Diagonalen auf der Standlinie schneiden, kann man die Verwandtschaft mit dem Verfahren der perspektiven Kollineation nachweisen. Es wird dabei ein spiegelbildlicher Grundriss zur Konstruktion des Bildes benötigt. Oder umgekehrt, benutzt man das Verfahren zur Rekonstruktion eines Perspektivbildes, so ergibt sich ein gespiegelter Grundriss, s. Abb. 21 bzw. 22, welche aus *Dürers* „Underweysung" bzw. dem Malerbuch von *Piero della Francesco* entnommen sind.

Das Prinzip des Verfahrens wird im nächsten Abschn. anschaulicher an *Dürer's* Paumgartner Altar erklärt.

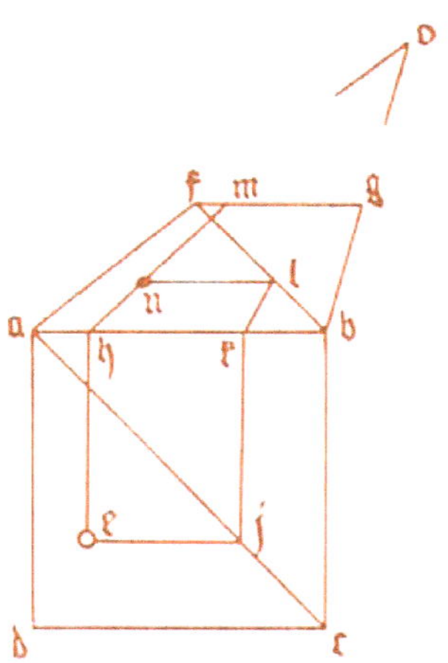

Abb. 21. Diagonalverfahren von *Dürer* [11]

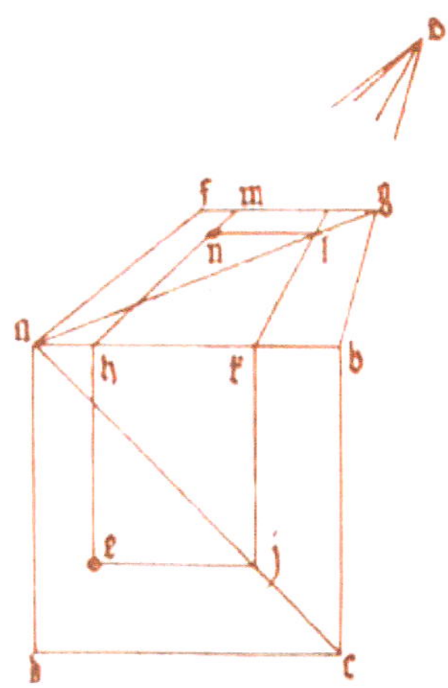

Abb. 22. Diagonalverfahren von *Piero della Francesco* [11]

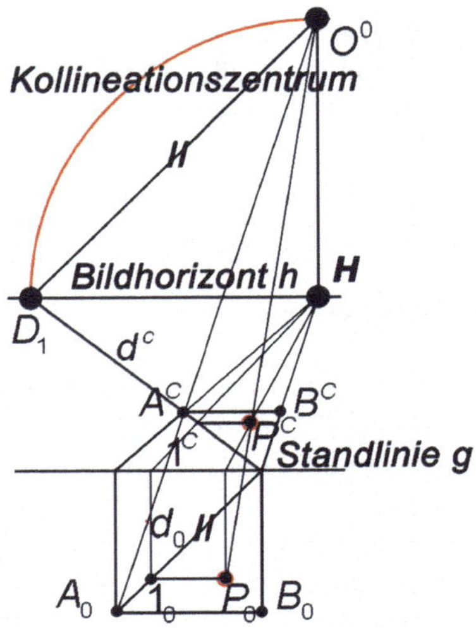

Abb. 23. Perspektive Kollineation, [11]

Das Diagonalverfahren von *Piero della Francesco* ist mit der Perspektiven Kollineation, s. Abb. 23, identisch.

Das Bild befindet sich im mittleren Teil zwischen dem Bildhorizont h und der Standlinie g in der Bildebene. Die normal zur Bildebene stehende Hilfsebene durch den Augpunkt O wird nach oben in die Bildebene geklappt (O^0). Die ebenfalls normal zur Bildebene stehende Hilfsebene (hier gleich Standebene) durch den abzubildenden Punkt P im Raum klappt man gleichfalls in die Bildebene, hier nach unten. Es entsteht das Bild P_0. Das Quadrat liefert uns die notwendige 45°-Diagonale mit dem zugeordneten Distanzpunkt D_1. Das Geradenstück vom Augpunkt O zum Raumpunkt P wird entsprechend dem Gesetz von der Perspektiven Kollineation in ein Geradenstück vom umgeklappten Augpunkt O^0 zum umgeklappten Punkt P_0 überführt. Dabei durchschneiden beide Strahlen die Bildebene im Bildpunkt P^c. Das Angittern von P^c wird hier mit Hilfe der Tiefen- und Breitenlinien über den Hilfspunkt 1_0 auf der Diagonalen erreicht.

1.3.3.2 *Dürer's* Paumgartner Altar

Das Bild entsteht punktweise aus dem vorgegebenen Seitenriss mit Hilfe des Diagonalverfahrens. Wir greifen hier nur die Konstruktion der normal zur Bildebene stehenden quadratischen Wand mit einer 45°-Diagonalen heraus. Der Seitenriss der Wand wird um die Hilfsachse s (entspricht der Kollineationsachse g) in die Bildebene umgeklappt, s. Abb. 25. Es werden zunächst der Bildhorizont h und der Fluchtpunkt (hier gleich Bildhauptpunkt H) festgelegt.

Abb. 24. Paumgartner Altar aus dem Jahre 1503 [11]

Die 45°-Diagonalen führen im Bild auf die Distanzpunkte. Ein Einzelpunkt P_1 auf der Wand wird mittels der Tiefen- und Breitenlinien sowie der Diagonalen angegittert.

Der im Bild, s. Abb. 25, tiefer liegende Gewölbebogen ist viel breiter, als man zunächst aus dem Bild schließen könnte.

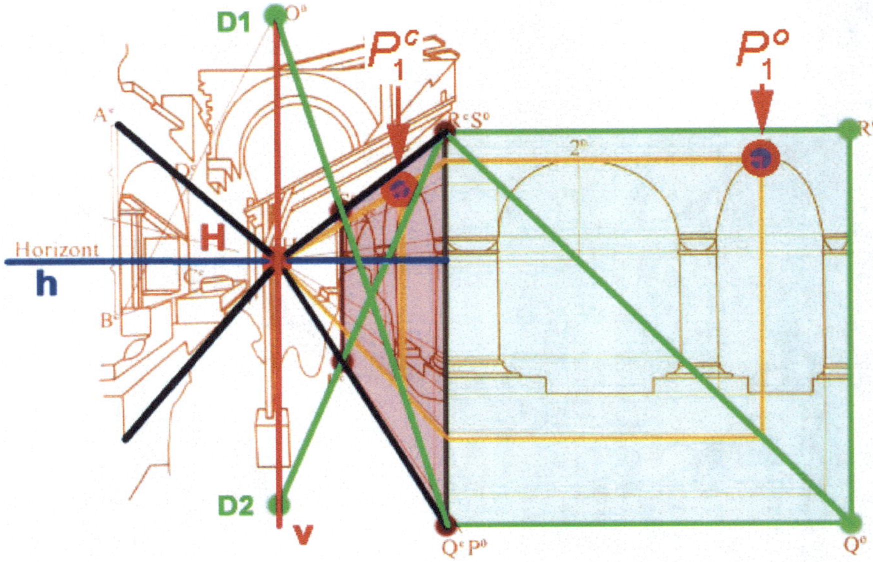

Abb. 25. Rekonstruktionsanalyse zum Paumgartner Altar unter Anwendung des Diagonalverfahrens [11]

1.3.3.3 Rekonstruktionsanalyse bei *Dürer's* Hieronymus im Gehäus'

Das Prinzip der Perspektiven Kollineation erkennt man in Abb. 27 gut, wenn man die rote Ebene Ω^0 90° um den Bildhorizont h dreht. Damit steht sie normal zur Bildebene und ist auf den Betrachter gerichtet. Gleichzeitig ist die Standebene Γ^0 um 90° um die Standlinie g geschwenkt, sodass sie ebenfalls normal zur Bildebene steht, aber vom Betrachter abgewandt liegt, also in die Bildebene hinein zeigt. Dann geht die räumliche geradlinige Verbindungsstrecke vom Augpunkt O zum Raumpunkt R in die (in der Bildebene liegende) geradlinige Verbindungsstrecke vom umgeklappten Augpunkt O^0 zum umgeklappten Raumpunkt R^0 über. Beide Strahlen schneiden sich in der Bildebene im Bildpunkt R^c.

Die Konstruktion läuft wie folgt ab:

Die perspektivische Zeichnung von *Dürer* liegt in der Bildebene Π. Der Bildhauptpunkt H lässt sich leicht finden. Sämtliche Tiefenlinien normal zur Bildebene schneiden sich in ihm. Der Bildhorizont h liegt parallel zum unteren oder oberen Bildrand und geht durch den Punkt H. Außerdem wird der Horizont durch die beiden Distanzpunkte E_1 und E_2 definiert. Da *Dürer* nur die beiden Sonderfälle mit Geraden unter 90° oder 45° zur Bildebene beherrschte, ist anzunehmen, dass das Grundrissrechteck des Stuhles unter 45° zur Bildebene

Abb. 26. *Hieronymus im Gehäus'* [11]; Kupferstich von *Dürer* aus dem Jahre 1514

angeordnet ist. Somit schneiden sich paarweise die entsprechenden verlängerten Rechteckseiten (grün) in den beiden o. g. Distanzpunkten E_1 und E_2. Verbinden wir diese beiden Punkte, so zeigt sich die Übereinstimmung mit dem anfangs schon gefundenen Horizont. Da zwei sich berührende Rechteckseiten des Stuhlgrundrisses (grün) immer einen rechten Winkel bilden und

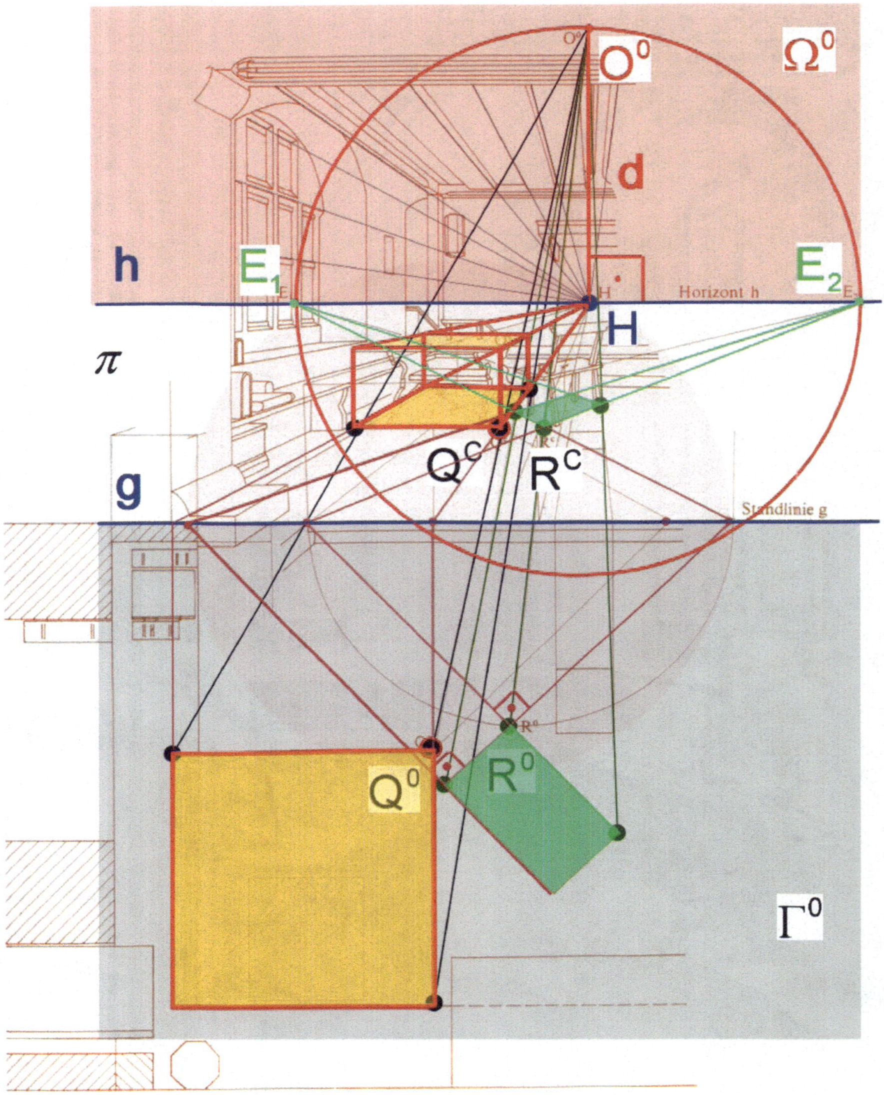

Abb. 27. Rekonstruktionsanalyse zum Originalbild [11] mittels Perspektiver Kollineation

im Augpunkt sich die Fluchtgeraden parallel zu diesen Rechteckseiten unter 90° auch im Augpunkt schneiden müssen, definieren die beiden Punkte einen Thaleskreis. Dieser Thaleskreis liegt eigentlich in der Ebene Ω, die normal zur Bildebene liegt und in H ihre Spur h hat. Wir klappen diese Ebene in die Bildebene Π um. Wir erhalten somit die rötlich kolorierte Ebene Ω^0. Errichten wir in H normal zu h eine lotrechte Gerade, so schneidet diese den Thaleskreis im Augpunkt O^0. Der Abstand von O^0 bis H entspricht der Augdistanz d. Damit haben wir die innere Orientierung des Bildes gewonnen und können den Grundriss rekonstruieren. Umgekehrt könnten noch Details im Grundriss hinzugefügt und in den Zentralriss übertragen werden.

Ersichtlich liegen die im Bild hinten angeordneten Gegenstände im umgeklappten Grundriss nunmehr vorn, wie z. B. das achteckige Sanduhrgehäuse an der hinteren Wand.

1.3.4 Sehkreisregel

1.3.4.1 Sehkreisregel bei *Dürer's* Hieronymus im Gehäus'

Beim Vergleich des Hieronymus-Orignalbildes mit den Abb. 28 und 29 (unten) erkennen wir, dass die alte Malerregel der Renaissance zum natürlichen Sehwinkel nicht eingehalten wurde. Der Grund liegt in der Einschränkung von *Dürer* auf den genannten frontalen Fall (sog. Hauptverfahren) und in seinem Bestreben, trotzdem möglichst viel vom Inventar an der Fensterseite des Raumes abzubilden. So blieb ihm nichts anderes übrig, als den Bildhauptpunkt H exzentrisch am rechten Rand des Bildes anzuordnen und eine sehr kurze Augdistanz d (wie beim Weitwinkelobjektiv) zu wählen, welche sich in den erheblichen Verzerrungen am linken Bildrand auswirkt. Die linke vordere Ecke des Tisches, an dem der lateinische Kirchenvater Hieronymus sitzt, weist schon eine für das natürliche Empfinden ungewöhnliche Verzerrung auf.

Der Sehkreisradius soll max. dem halben Distanzkreisradius entsprechen. Bei einer Kamera bedeutet dies, die Brennweite f soll größer oder höchstens gleich der Bildbreite sein. Dabei entspricht die Brennweite f der Augdistanz d oder dem Abstand des Projektionszentrums zur Bildebene (= Radius des Distanzkreises). Es stellt sich ein natürlicher Sehwinkel von etwa 54° und damit eine natürlich wirkende Perspektive ein!

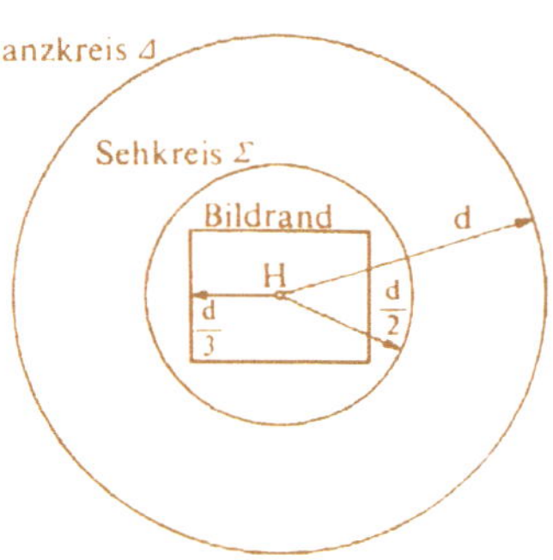

Abb. 28. Malerregel [11] vom günstigsten Sehkreisradius

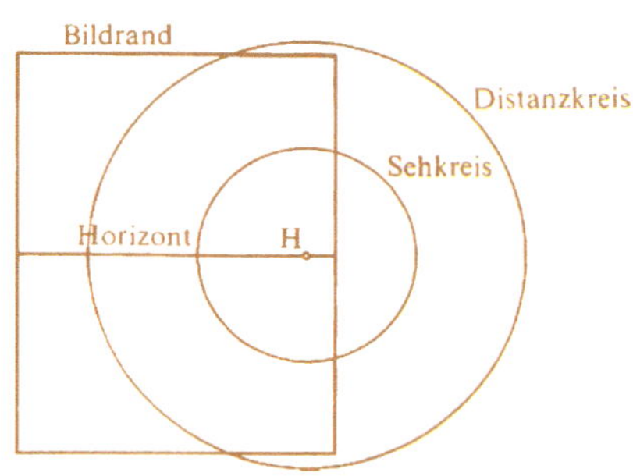

Abb. 29. Verletzung der Malerregel [11]

Der linke Bildrand liegt außerhalb des doppelten Sehkreisradius. Dadurch ergeben sich für das natürliche menschliche Sehen ungewohnte Verzerrungen. Zum Beispiel hat der ziegelähnliche Abschlussstein am Fuß der Säule links unten in Wirklichkeit einen quadratischen Grundriss (oben an der waagerechten Standlinie g – spiegelbildlich).

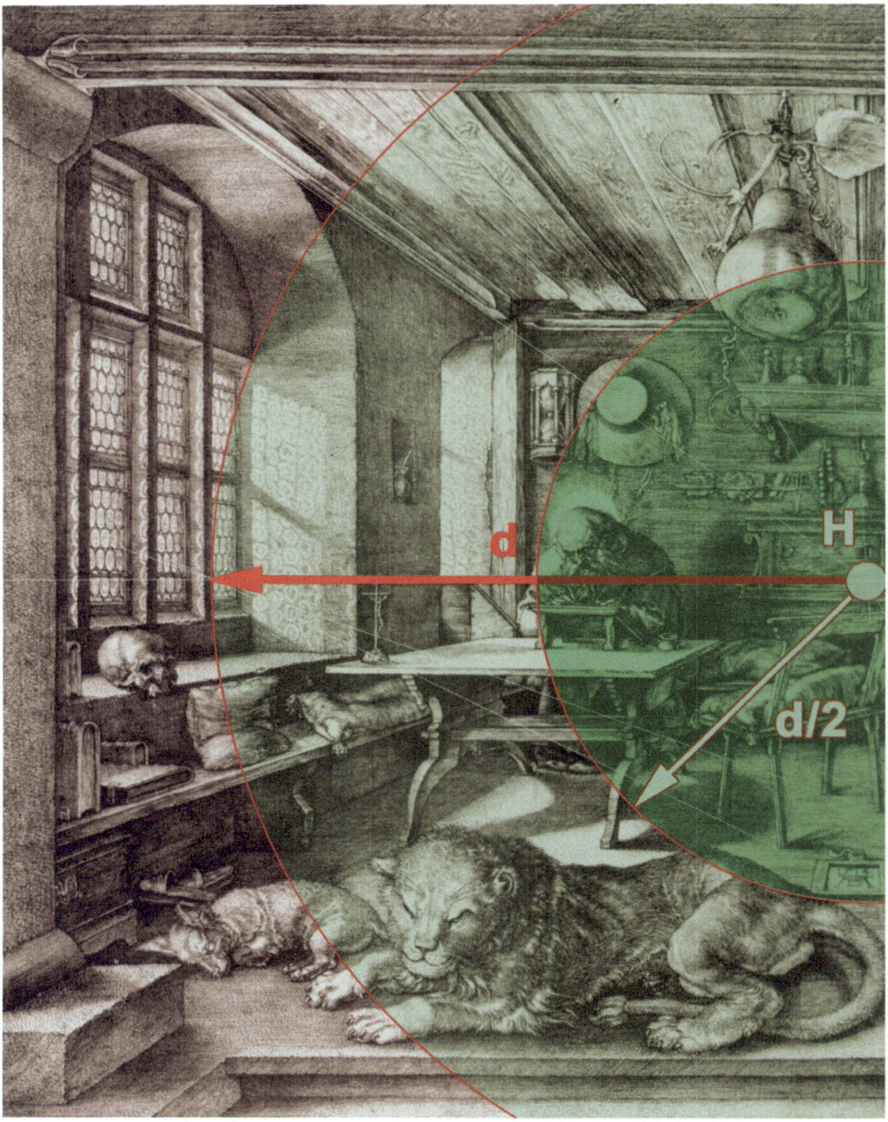

Abb. 30. Es wurden Bildhauptpunkt H, Distanzkreis mit Radius d (Augdistanz) und natürlicher Sehkreis mit dem Radius $d/2$ übertragen

1.3.4.2 Sehkreisregel bei CAD-Anwendungen

Die Malerregel, die schon *Leonardo da Vinci* (1452–1517) propagierte, gilt selbstverständlich auch heute noch und ist bei der Computerperspektive entsprechend durch ein geeignetes Verhältnis Abstand d zwischen Augpunkt O und Objektreferenzpunkt R und Gesamtbreite des abzubildenden geometrischen Objektes (z. B. des Fahrzeuges) im Testraum zu berücksichtigen. Es sollte nämlich etwa 1 : 1 betragen. Damit könnten wir z. B. schon die *Nebenbedingung* für das Computerprogramm ableiten, wie es automatisch bei der Zentralperspektive den natürlichen Sehwinkel einhalten kann: *Die Objektbreite, welche zunächst bei formatfüllender Normalprojektion des Objektes auf die (im Normalfalle im Objektschwerpunkt angeheftete) Bildschirmebene rechnerintern selbst ermittelt werden kann, ist (rückwärts vom Objektreferenzpunkt R aus) auf dem Sichtrichtungsstrahl der Normalprojektion ein Hilfspunkt O abzutragen.*

Dieser Punkt O wird beim Umschalten von Normal- auf Zentralprojektion zum Augpunkt O, der die Einhaltung der Malerregel mit dem natürlichen Sehwinkel von kleiner oder gleich 54° garantiert.

Alternativ wäre stattdessen auch ein wahlweises Einblenden des jeweils aktuellen Sehkreises auf dem Bildschirm möglich. Dann kann der Designer selbst entscheiden, ob die Bedingungen für ein natürliches menschliches Sehen eingehalten werden, s. Abb. 31 bis 36. Dort wird der aktuelle Abstand d vom Augpunkt O zum Referenzpunkt R abgefragt und die halbe Distanz ($d/2$) als Radius des natürlichen Sehkreises dargestellt.

Die Menüeinstellung zu den Orientierungsparametern in Abb. 34 entspricht übrigens gebräuchlichen Standardeinstellungen in CAD-Systemen: Der Augpunkt O liegt vorn links vor dem Fahrzeug und hat die Koordinaten (in mm) $x = -3000{,}00$, $y = -3000{,}00$ und $z = 1600{,}00$. Der Referenzpunkt R ist der (hier nur geschätzte) Schwerpunkt des Fahrzeuges mit den Koordinaten $x = 1296{,}33$, $y = 0{,}0$ und $z = 396{,}94$. Die Augdistanz d ergibt sich somit aus der vektoriellen räumlichen Differenz zwischen dem Augpunkt O und dem Bildreferenzpunkt R. Aus dem Verhältnis zwischen der Bildbreite und der Augdistanz ergibt sich der aktuelle Sehwinkel von 50°. Der „Up-Vektor“ ist im CAD-System als Kurzschreibweise für den Einheitsvektor der Bildhauptvertikalen verwendet worden, s. auch Abschn. 1.4, S. 24. Er dient dazu, das Bild automatisch aufzurichten. Dazu gibt man anfangs (0, 0, 1) ein, erledigt das Programm das Aufrichten automatisch, d. h. die im Bild senkrechten Linien sind dann auch auf dem Bildschirm senkrecht.

Alles, was in den folgenden Abbildungen innerhalb des Sehkreises abgebildet wird, also im grünen Bereich liegt, entspricht den Bedingungen des natürlichen menschlichen Sehens. Wir erkennen im Bereich des Vorderwagens jedoch auch ohne das Sehkreiskriterium die unnatürlichen Verzerrungen. Manchmal, z. B. im Film, wird diese übertriebene Perspektive sogar absichtlich verwendet,

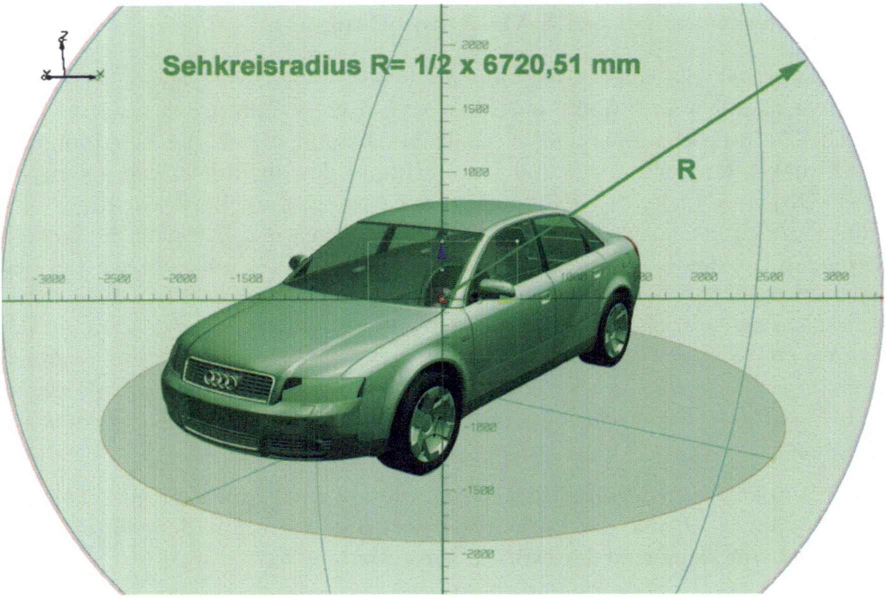

Abb. 31. Die Bedingungen des natürlichen menschlichen Sehens sind erfüllt

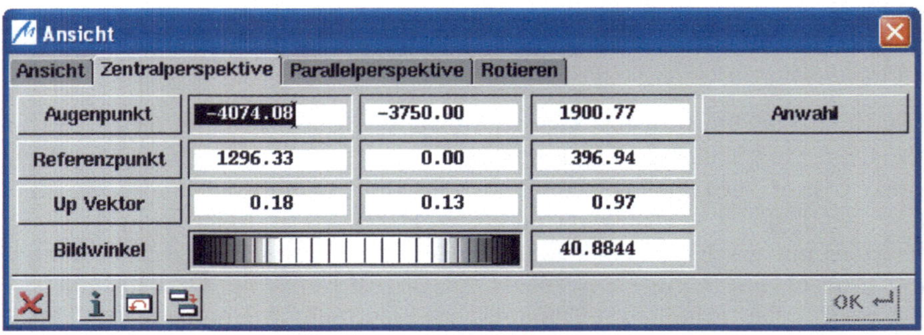

Abb. 32. Die aktuelle Augdistanz d beträgt 6720,51. Daraus folgt der Sehkreisradius $d/2$ mit 3360,25

um die Spannung zu steigern. Wir sprechen dann (nach *Alfred Hitchcock*) von der sog. *Hitchcock-Perspektive.* Jedoch nicht nur Filmleute, sondern auch Fahrzeugdesigner wählen manchmal etwas ungewöhnliche Perspektiven, um die Wirkung einer Form noch zu erhöhen, wie z. B. in der Graphik auf der Vorderseite des Bucheinbandes.

Abb. 33. Die Bedingungen des natürlichen menschlichen Sehens sind noch erfüllt

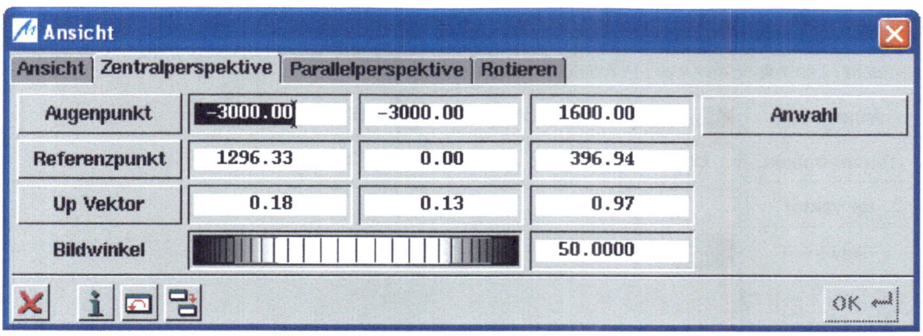

Abb. 34. Die aktuelle Augdistanz d beträgt 5376,40. Daraus folgt der Sehkreisradius $d/2$ mit 2688,20

1.4 Begriffe zur Perspektive in der CAD-Welt

Herzstück der Auswertung von Perspektivbildern ist die Wiederherstellung der Daten der inneren und äußeren Orientierung einer Kamera [15].

Hier sollen zunächst einige Begriffserklärungen folgen, s. auch Abb. 37.
Bei der sog. Rekonstruktion der Orientierungsparameter kommt es darauf an, den Augpunkt O und den Bildreferenzpunkt R zu ermitteln. Damit sind die

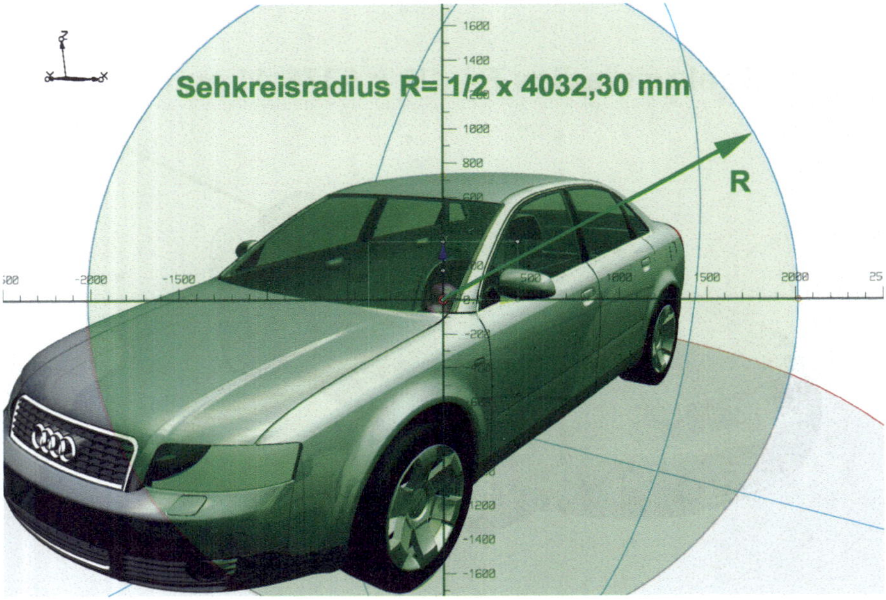

Abb. 35. Die Bedingungen des natürlichen menschlichen Sehens sind verletzt

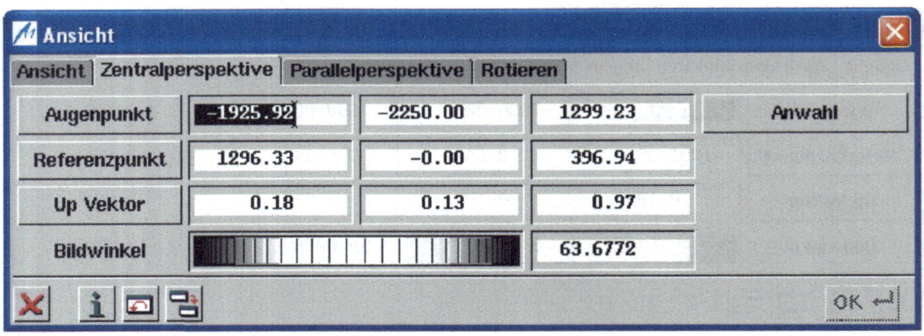

Abb. 36. Aus der aktuellen Augdistanz $d = 4032{,}30$. folgt der Sehkreisradius $d/2 = 2016{,}15$

CAD-Brennweite (Kammerkonstante ck) und die Sichtrichtung bestimmt. Die Bildhauptwaagerechte w und der Bildhorizont h sind parallel zueinander und sowohl in der CAD-Bildschirmebene als auch in der Kamerabildebene eingezeichnet. Der lotrechte Abstand vom Augpunkt O bis zur Kamerabildebene ist die Kamerabrennweite f.

Die Anordnung der Bildebene im geometrischen Schwerpunkt des abzubildenden Objektes ist nur ein für die rechentechnische Realisierung hilfreicher Trick

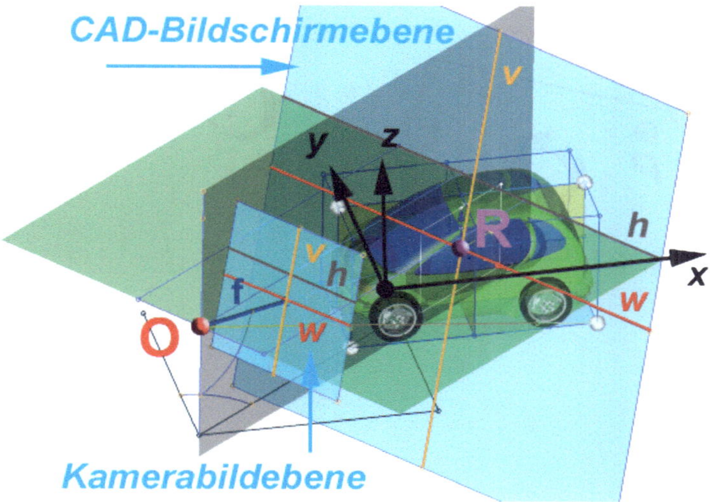

Abb. 37. Begriffe zur Zentralprojektion

in der CAD-Welt, s. z. B. [26]. Es entsteht (bis auf einen Maßstabsfaktor) das gleiche zentralperspektivische Bild wie in einer echten Kameraperspektive, s. Abb. 39 und 40. Ersichtlich verhalten sich die Bildkoordinaten wie folgt: $bx_0 = Zoomfaktor \cdot bx_1$ und $by_0 = Zoomfaktor \cdot by_1$.

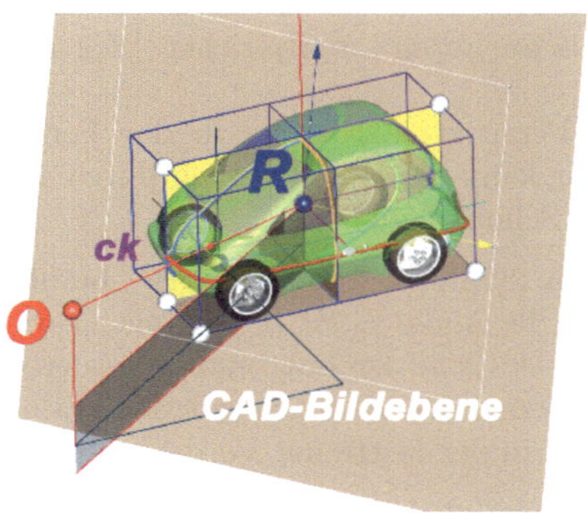

Abb. 38. Gesuchte Orientierungsparameter

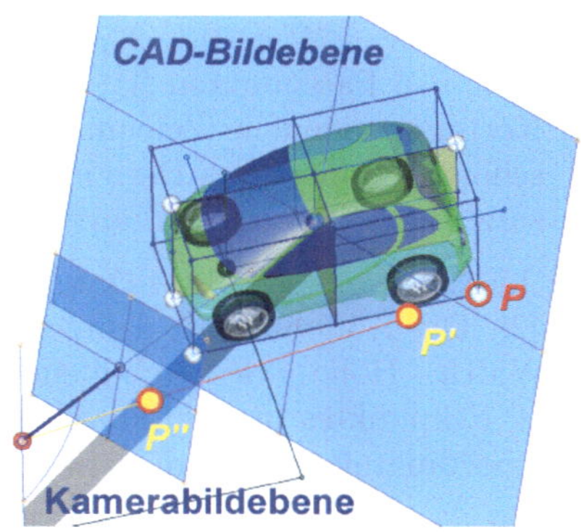

Abb. 39. Abbildung eines Objektpunktes auf die beiden Bildebenen

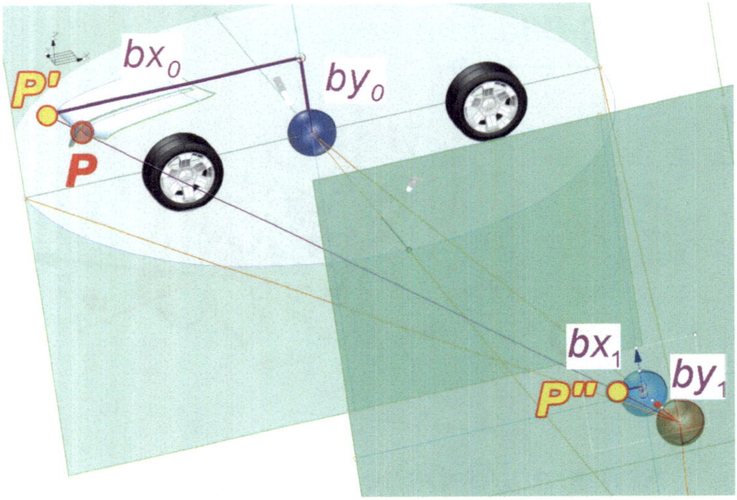

Abb. 40. Vergleich der Abb. in beiden Bildebenen, vorn – Kamerabildebene, hinten – CAD-Bildebene [26]

1.5 CAD-Hilfsmittel Hüllbox

Die Hüllbox soll die Lösung folgender Aufgaben erleichtern:

1. Rekonstruktion der Orientierungsparameter ([15, 16, 17]) auf Basis eines Fotos oder einer perspektivischen Skizze ([19, 20]) sowohl beim manuellen interaktiven Weg ([14, 22, 23, 24]) als auch beim analytischen Weg mit Hilfe von Passpunkten ([18, 19, 20])
2. Korrekte manuelle Zeichnung einer Perspektive (bereits in der Formschöpfungsphase des Designers). Dafür kann die Hüllbox noch durch zusätzliche Hilfsebenen ergänzt werden (Schablonenkorb)

Die hier verwendete CAD-Datenbasis zur Fahrzeugstudie „Multy“ beruht auf [2]. Die Hüllbox wird definiert durch die Maße L, W, H – Länge, Breite (Width), Höhe – des umhüllenden Quaders und der Lage seines vorderen linken Eckpunktes im Weltkoordinatensystem (hier identisch mit dem Fahrzeugkoordinatensystem mit dem Nullpunkt in der Mitte der Vorderachse).

Hüllbox als Skizzierhilfsmittel zum perspektivischen Zeichnen

Auf Grund der ungenauen handskizzierten Perspektive gibt es erwartungsgemäß Diskrepanzen mit einem aus Einzelrissen (XY, XZ, YZ) erzeugten CAD-Modell (Abb. 42). Vergleichen wir in beiden Perspektivbildern (Abb. 42 und 43) die Karosserieform miteinander, so werden die Formunterschiede offensichtlich. Es lohnt sich also, über ein Hilfsmittel zur Verbesserung der Qualität der perspektivischen Handzeichnung nachzudenken. Die Radgrößen seien hier ohne Bedeutung.

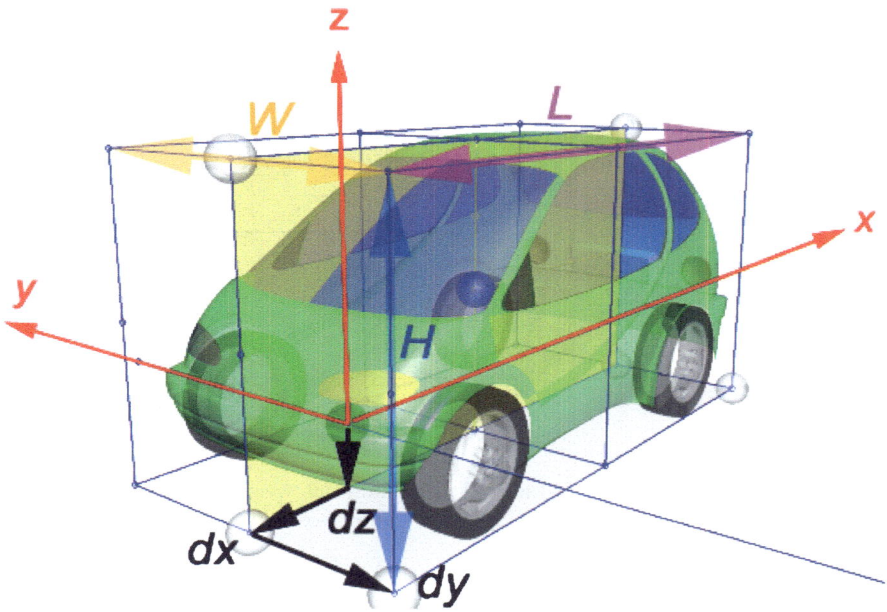

Abb. 41. Maße zur Konstruktion der Hüllbox

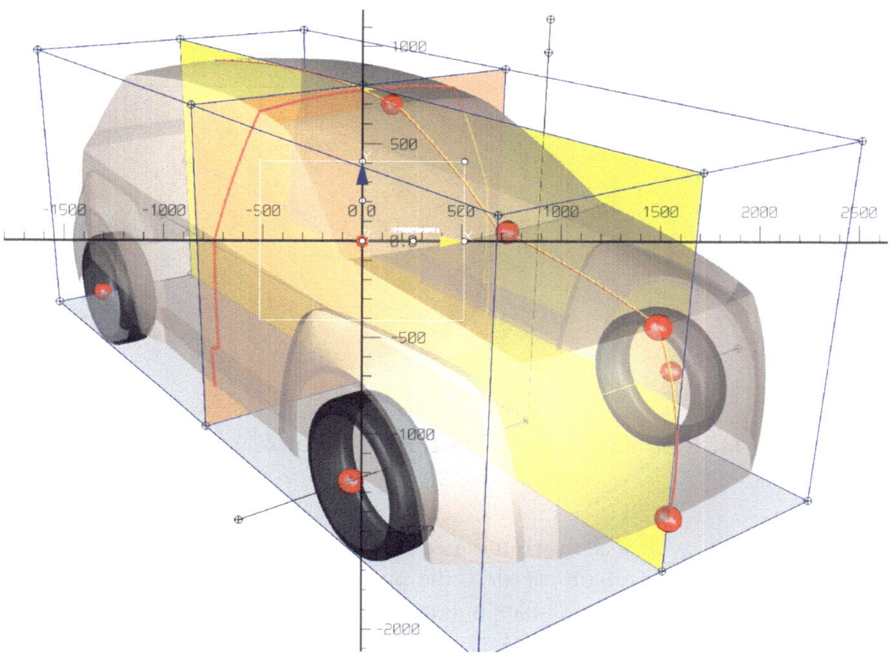

Abb. 42. Das CAD-Modell wurde aus den Hauptrisszeichnungen entwickelt und mit fast gleichen Orientierungsparametern wie in Abb. 43 abgebildet

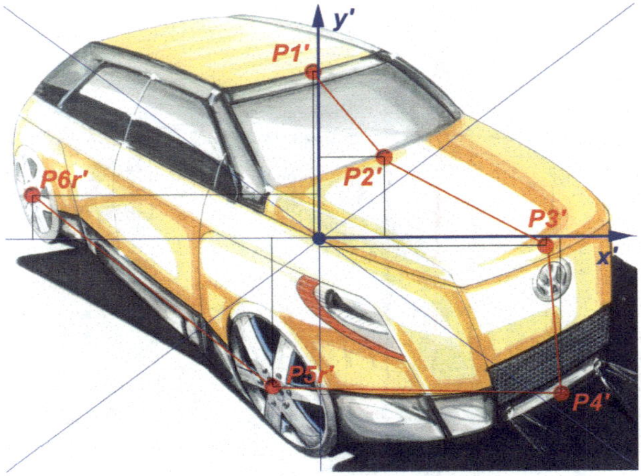

Abb. 43. Perspektivische Handskizze mit Passpunkten, welche für die Bestimmung der Orientierung des Bildes im Raum genutzt werden können

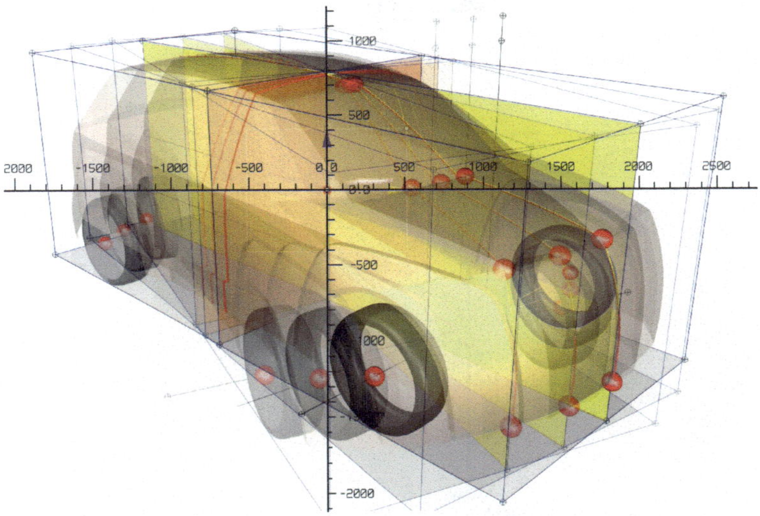

Abb. 44. Rotierende Hüllbox mit Hilfsebenen in Zentralperspektive

Durch Koppelung von sechs verbundenen Rechteck-GUI's kann sogar eine dynamische Hüllbox aufgebaut werden, die einen mit dem Cursor anfassbaren Eckpunkt (z. B. die vordere linke untere Ecke) besitzt, während alle anderen Maße L, B, H ähnlich wie beim GUI-Fensterrahmen für Hintergrund-Pixelbilder interaktiv veränderbar sind. Es ließe sich also eine maßlich vorgegebene Hüllbox in der Wunschperspektive zeichnen. Dort hinein könnte die perspektivische Skizze des Fahrzeuges gezeichnet werden. Zusätzliche Hilfsebenen, wie die Längsmittelebene und (sogar bewegliche) Querebenen erleichtern den Skizziervorgang. Die Sichtrichtung kann variiert werden.

1.6 Einpassen von Hintergrundbildern

Die Designer-Risszeichnungen [1] werden eingescannt und als Pixelbilder im 3D-Graphikraum des Computers zueinander ausgerichtet. Werden dabei Widersprüche entdeckt, s. Abb. 45, sind sie plausibel auszugleichen. Die Risszeichnungen können sich entweder durchdringen, z. B. wie in Abb. 59, oder auf den Seiten eines Hüll- oder Umgebungsquaders angeordnet werden, so wie in den Abb. 46, 60 und 61 mit einem für die Konstruktion frei bleibenden Innenraum.

1.7 Rekonstruktion von Geometrieelementen aus perspektivischen Skizzen

Neben den Risszeichnungen in den Hauptebenen XY, YZ und XZ werden sogar vorrangig perspektivische Skizzen verwendet. Dies sind zunächst im Raum zu orientieren und danach bezüglich der Geometrie auszuwerten. Es geht im ersten Schritt um die Rekonstruktion der Orientierungsparameter einer perspektivischen Skizze und im zweiten Schritt um die Extraktion von Schnittprofilen in Hauptebenen in wahrer Gestalt.

Eine bereitgestellte kombinierte Methode [19, 20] aus der Einbild-Photogrammetrie und der Projektiven Geometrie gestattet es, mit einem Minimum an

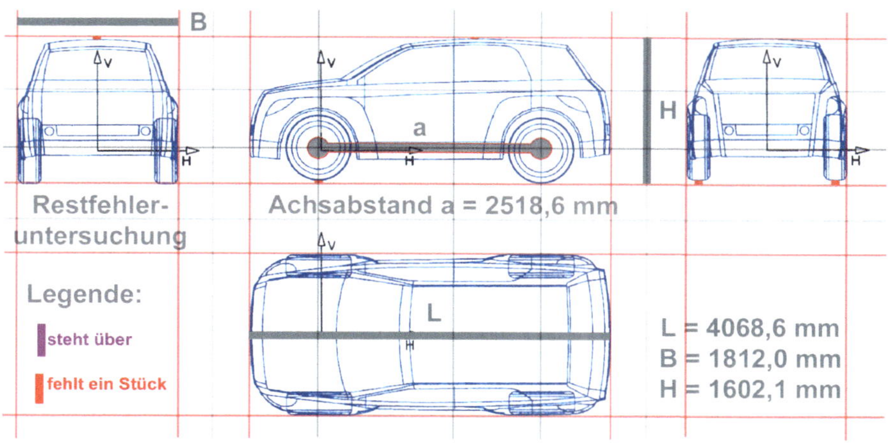

Abb. 45. Analyse der Widersprüche mit Hilfe von Adobe Photoshop

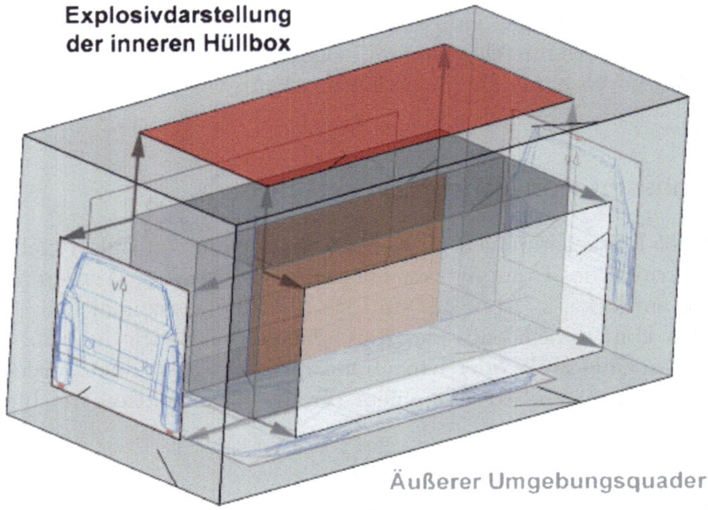

Abb. 46. Innere Hüllbox (dunkelgrau) und äußerer Umgebungsquader (hellgrau) als mögliche Träger der Hintergrundbilder

Referenzpunkten direkt auf dem Fahrzeugkörper, die leicht aus der Packagezeichnung gewonnen werden können, sogar bei ungenauen Perspektivzeichnungen noch näherungsweise den Augpunkt des Betrachters und die Sichtrichtung zu bestimmen. Der Sonderfall der Parallelprojektion wird ebenfalls erkannt. Nach der Übernahme der Orientierung durch das CAD-System kann die gesuchte Profilform in wahrer Gestalt ermittelt werden. Es ist ebenso möglich, aus Fotografien alter historischer Modelle die geometrischen Daten von Profilen, die den Formcharakter bestimmen, zumindest in Hauptebenen abzuleiten. Für die Entnahme beliebiger Geometrie müsste allerdings ein Stereobildpaar vorliegen und die Stereophotogrammetrie bemüht werden.

Das 2D-Pixelbild wird (als Hintergrundbild) zunächst in den Grundriss eingeblendet, s. Abb. 47. In diesem Riss erfolgt die Messung der Passpunkte (Abb. 48). Falls der Designer keine Hüllbox (oder gleichbedeutend wenigstens die Längsmittelschnittebene und die Grundrissebene) mit in die Skizze eingezeichnet hat und somit die in Abb. 48 vorgesehenen Passpunkte nicht zur Verfügung stehen, können auch andere Passpunktarten als Inputdaten zur Ableitung der Orientierung genutzt werden, s. Abb. 49 bis 51. Als Basis dient die Packagezeichnung, die dem Designer in der Regel von der Karosseriekonstruktionsabteilung vor Beginn seiner Arbeit zur Verfügung gestellt wird.

Der Anfangspunkt der Geraden bezeichnet den Aug- und der Endpunkt den Bildreferenzpunkt, s. Abb. 52. Die damit gewonnene Orientierung des Bildes oder der Skizze wird vom CAD-System, s. Abb. 53, übernommen. Damit kann

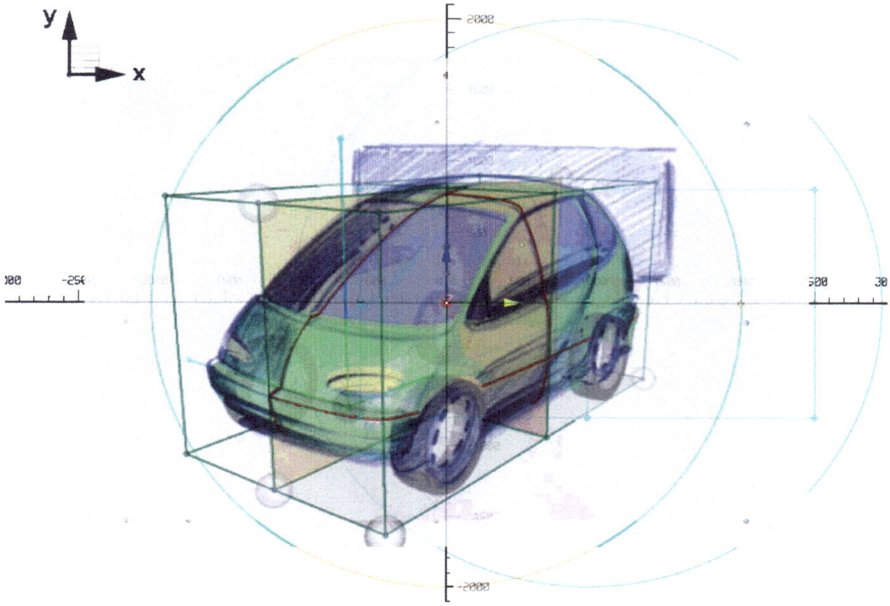

Abb. 47. Das 2D-Pixelbild wird ins CAD-System importiert

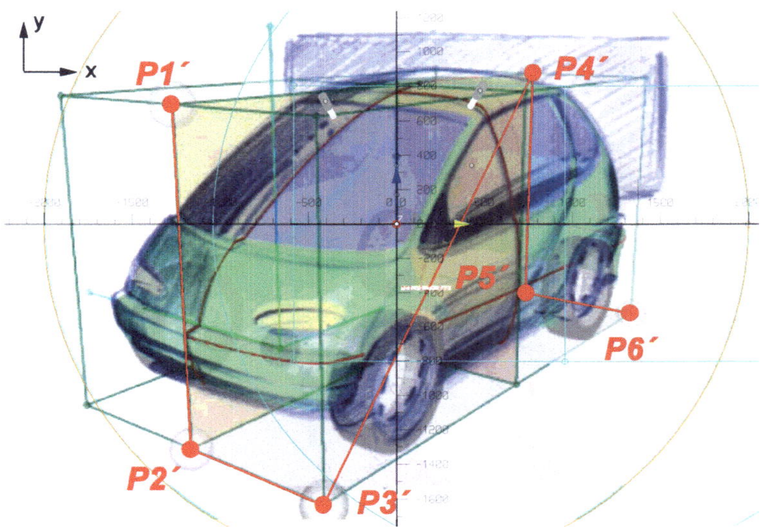

Abb. 48. Verfügbare Passpunkte werden im 2D-Pixelbild angemessen

der Längsmittelschnitt in wahrer Gestalt in der XZ-Ebene des CAD-Modells definiert werden. In Abb. 54 wurde der entnommene Profilschnitt am (sonst später erst aufzubauenden) CAD-Modell überprüft.

Abb. 49. Auswahl möglicher Passpunkte

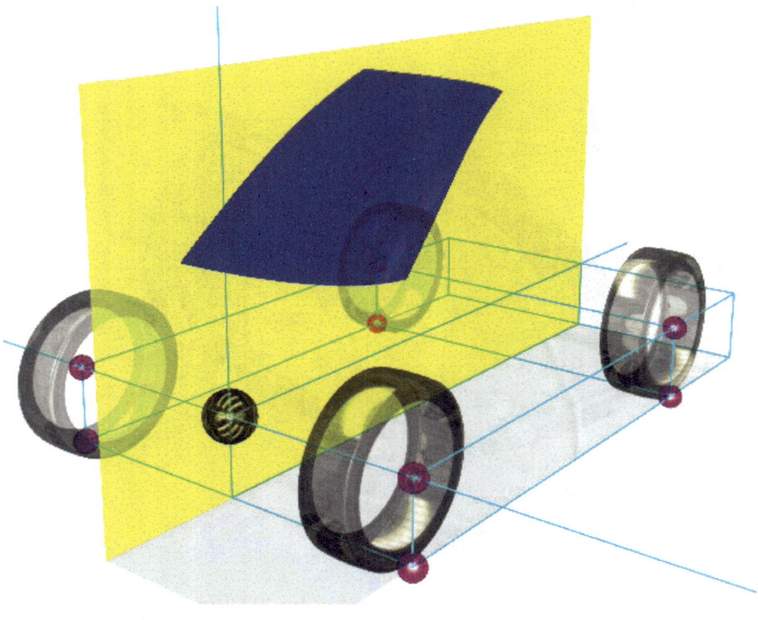

Abb. 50. Aus der Radgeometrie abgeleitete Passpunkte

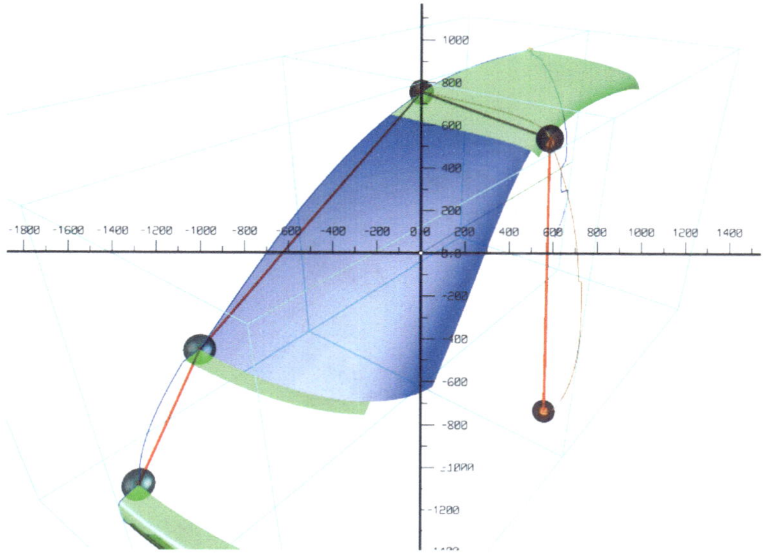

Abb. 51. Beispiel für fünf optimal angeordnete Passpunkte

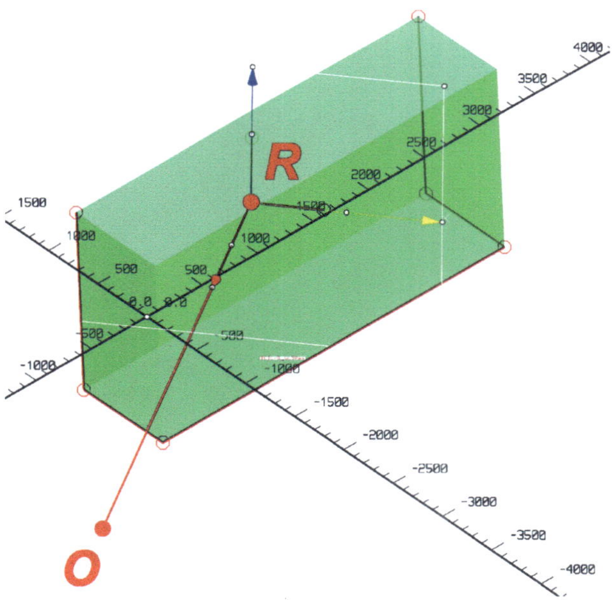

Abb. 52. Die mit dem Programm *RWS* ermittelte Gerade symbolisiert die Orientierungsdaten

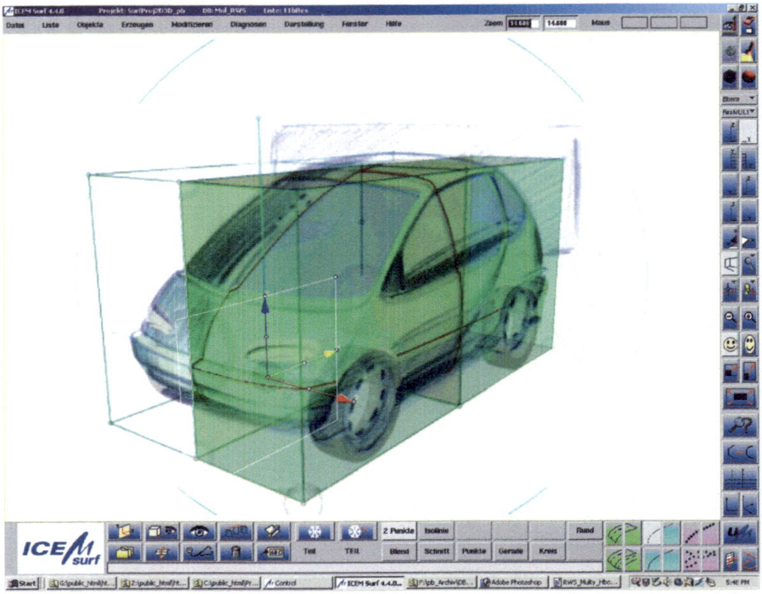

Abb. 53. Übernahme der gewonnenen Orientierungsdaten ins CAD-System

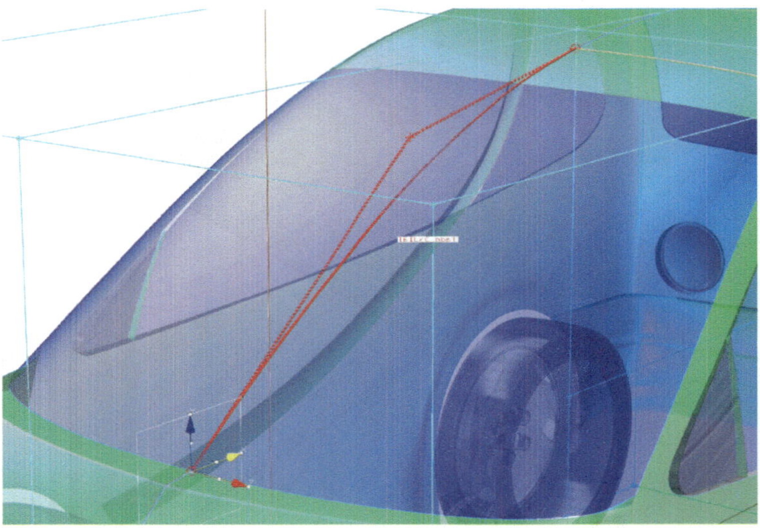

Abb. 54. Kontrolle des entnommenen Profilschnittes

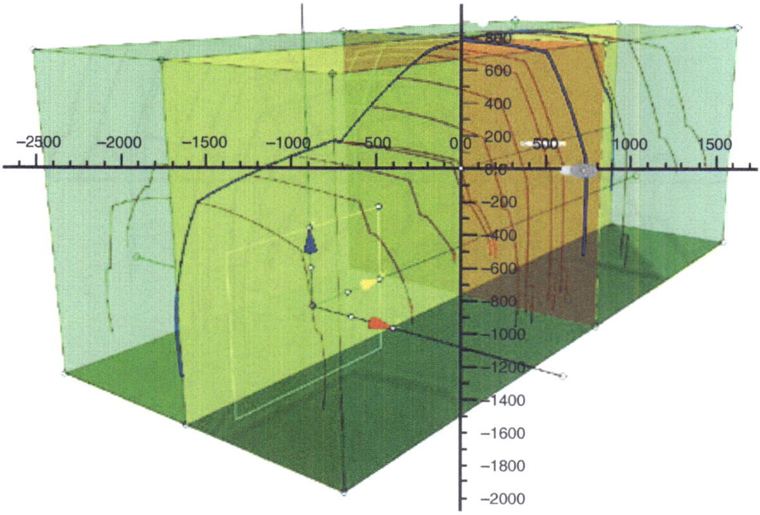

Abb. 55. Hüllbox mit Hauptschnitten (blau), Zentralprojektion

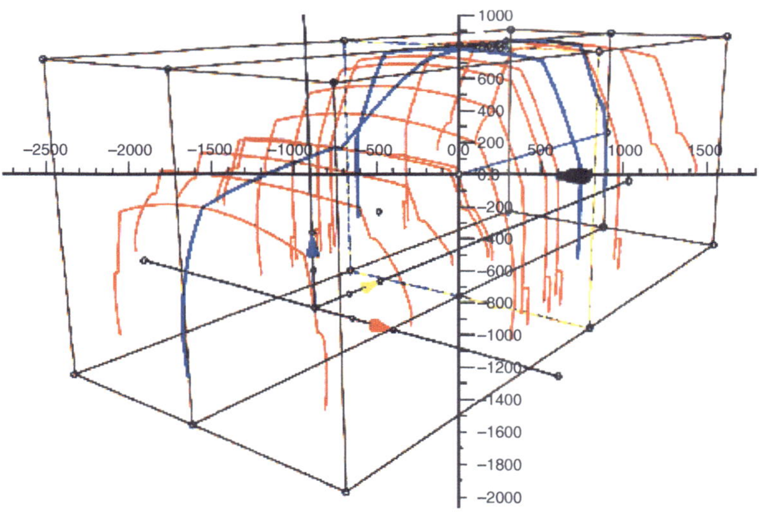

Abb. 56. Hauptschnitte (blau) hier besser erkennbar, Zentralprojektion

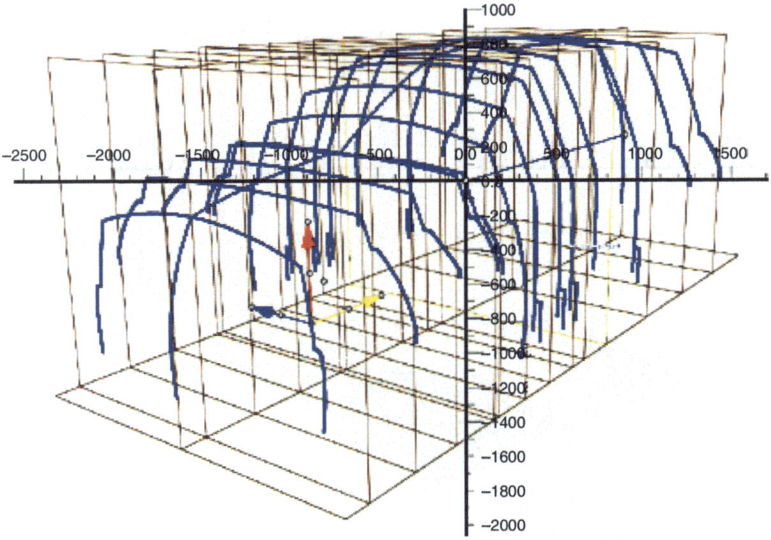

Abb. 57. Hüllbox durch Schar paralleler Querebenen ersetzt, Zentralprojektion

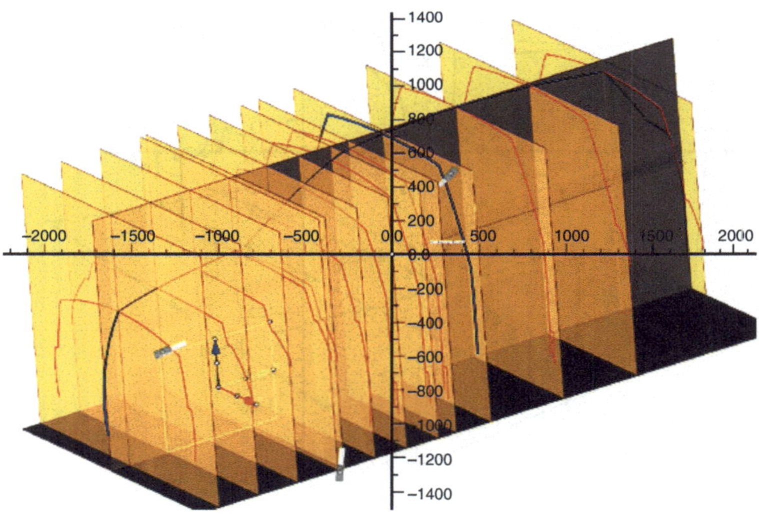

Abb. 58. Querebenen besser erkennbar, Parallelprojektion

1.8 Erweiterung der Hüllbox zum Schablonenkorb

In der folgenden Bilderserie ist erkennbar, wie die beiden anfänglich definierten Profile (Längsmittelschnitt und ein Querschnitt) durch zusätzliche Querprofile ergänzt werden können. Dabei entsteht der so genannte Schablonenkorb, welcher die Rohform definiert. Hier werden nur die Profile x = const. (konstante Fahrzeuglänge) verwendet. Analog könnten selbstverständlich noch Profile y = const. (konstante Fahrzeugbreite) und z = const. (konstante Fahrzeughöhe) hinzugenommen werden.

1.9 Aufbau eines Designrohlings aus Hintergrundbildern mittels CAD

Nach dem Einpassen und Justieren der Hintergrundbilder kann der CAD-Rohlingskörper [1], s. Abb. 63, aufgebaut werden. Zum grundsätzlichen Vorgehen s. auch [3]. Die Beschreibung der geometrischen Schrittfolge ist im Kap. 3 zu finden.

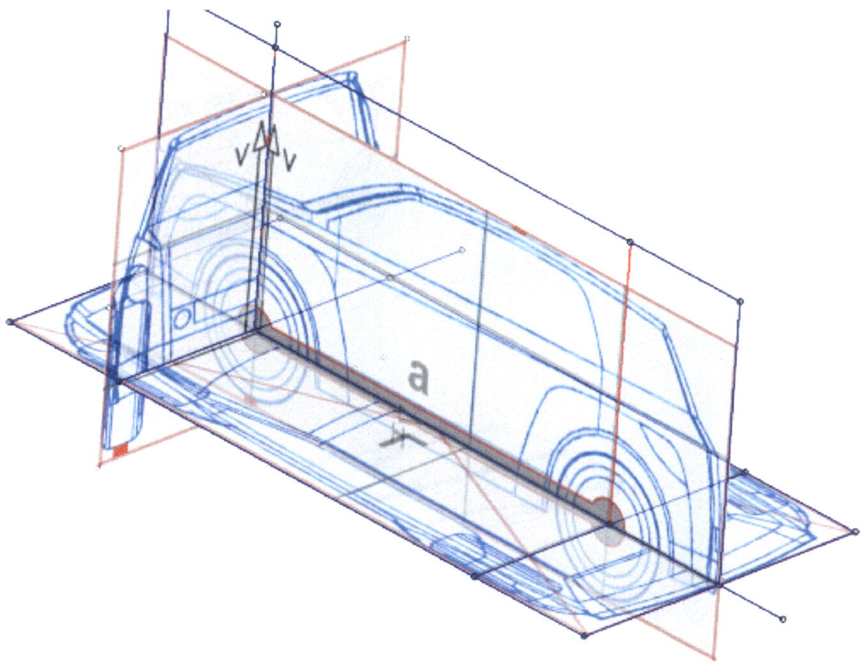

Abb. 59. Hintergrundbildanordnung, Variante 1: Die Hintergrundbilder schneiden sich im Ursprung (Mitte Vorderachse)

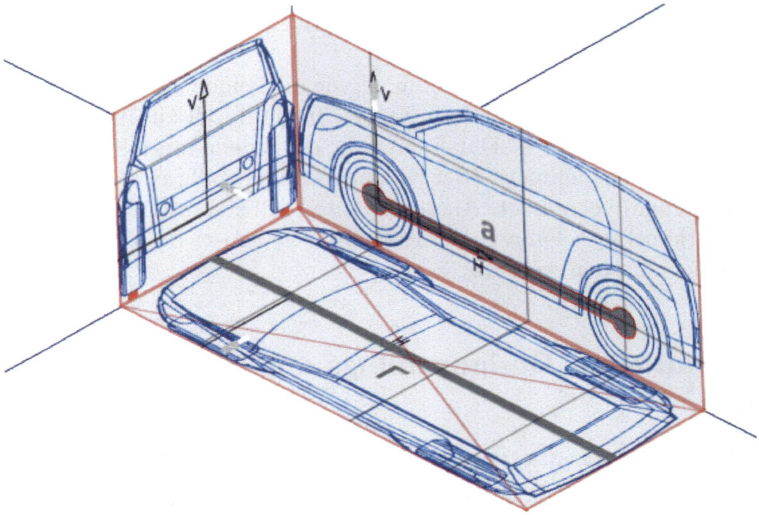

Abb. 60. Hintergrundbildanordnung, Variante 2: Innenraum bleibt frei

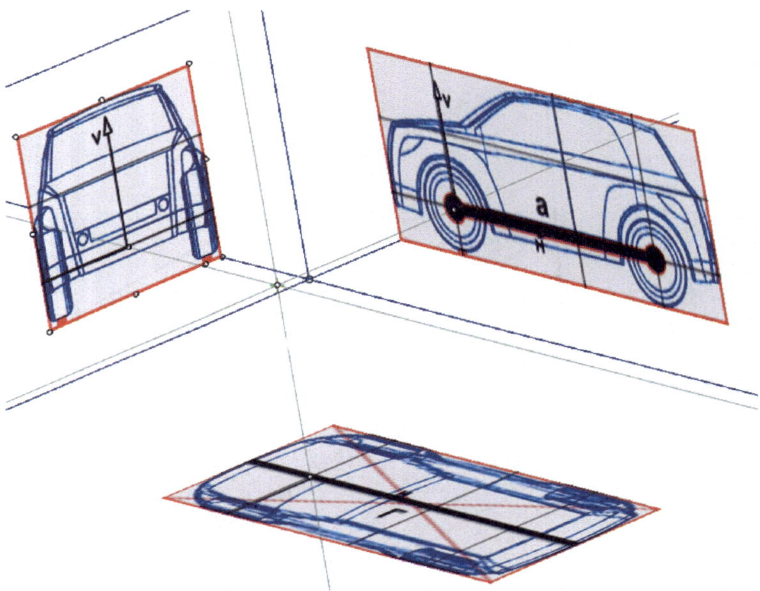

Abb. 61. Hintergrundbildanordnung, wie Variante 2, nur Risszeichnungen weiter nach außen geschoben

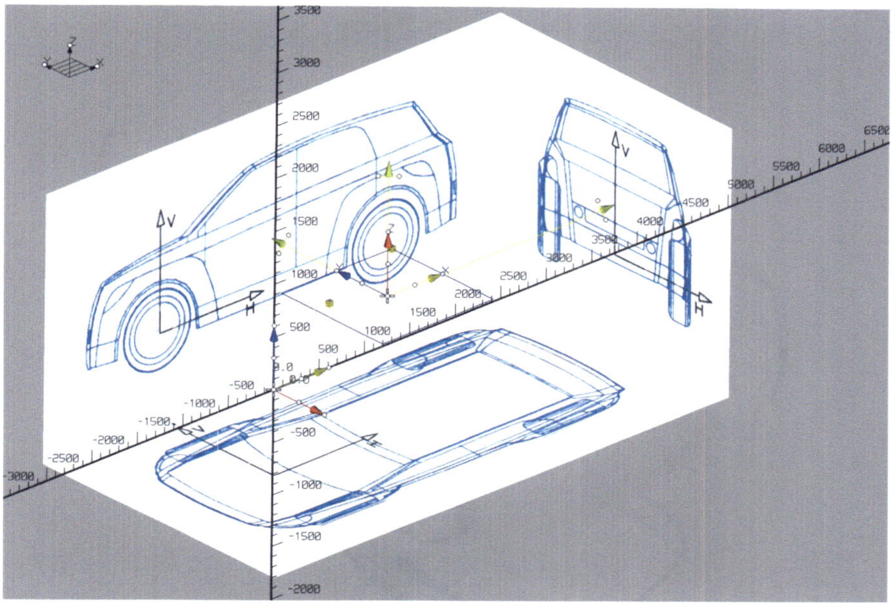

Abb. 62. Variante 2 auf Basis Umgebungsquader

In den Abb. 59 und 62 sind ins Fahrzeugkoordinatensystem eingepasste Hintergrund-Pixelbilder zu sehen. Die eingeblendete Passstrecke a (Radstand) dient dem Maßstabsabgleich. Bei den Abb. 59 bis 61 werden die Möglichkeiten der beweglichen Hintergrundbilder auf GUI-Basis ausgeschöpft. GUI-Basis bedeutet, man kann die Hilfsebenen, welche die Hintergrundbilder tragen, einfach interaktiv mittels Cursor und Mausbewegung verschieben. In Abb. 62 wird die alternative Nutzung des Umgebungsquaders angedeutet. In diesem Falle müssen die Pixelbilder maßstabs- und passgerecht mit einem Bildbearbeitungsprogramm vorbereitet werden, bevor man sie als feste Pixelbilder auf die Quaderseiten projizieren kann. Das ist zwar etwas umständlicher als bei der interaktiven Variante, hat aber dafür den Vorteil, dass man die Umgebungsquadervariante bei allen Folgesitzungen als Einheit (Quader plus Pixelbilder) sofort fertig aufrufen kann.

1.10 Zusammenfassung

Es wurde zunächst an den klassischen manuellen Weg von den 2D-Designzeichnungen zum 3D-Designmodell erinnert, u. a. an die Rolle der perspektivischen Zeichnung als Hauptausdrucksmittel für die Form und an die parallel dazu entstehenden Designzeichnungen in Hauptrissen als Grundlage zur Scha-

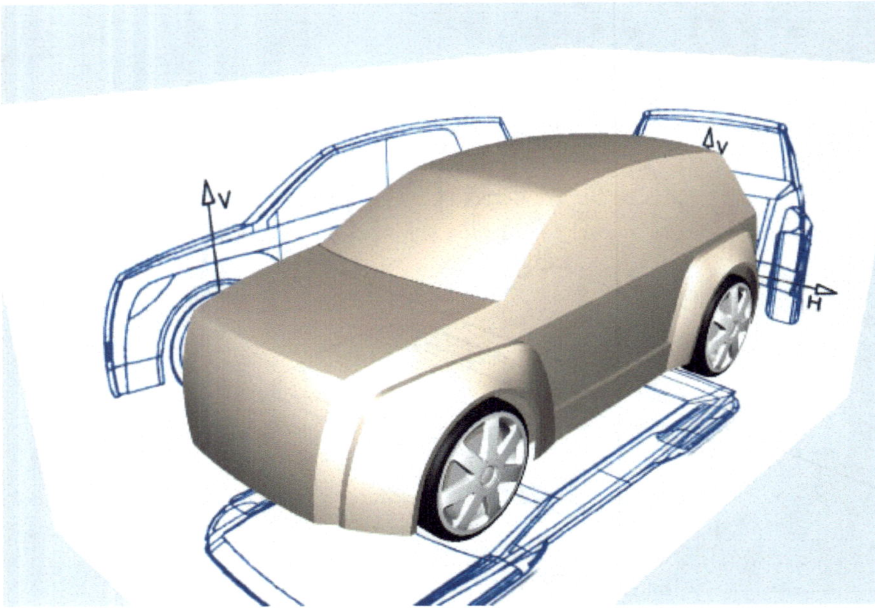

Abb. 63. Fertiger Designrohling

blonenfertigung, um damit die Form aus dem Ton (Clay) herausarbeiten zu können.

Im geschichtlichen Teil spannten wir den Bogen von der Geometrie in der Kunst der Renaissance bis zur heutigen rechnerunterstützten Konstruktion und Darstellung. Gesetze und Regeln der Zentralperspektive, die schon die *Alten Meister* (*A. Dürer* u. a.) kannten, sind auch noch heute von CAD-Anwendern zu beachten, wenn die Abbildung natürlich wirken soll.

Es wurden die Begriffe und die Besonderheiten der Computerperspektive erläutert, das Hilfsmittel Hüllbox für eine Verbesserung der zeichnerischen Qualität von perspektivischen Skizzen genutzt und Varianten der Anordnung von Hintergrundbildern auf dem Computerbildschirm vorgestellt.

Abschließend folgte ein Ausblick auf die weitere Verarbeitung der aus den Hintergrundbildern gewonnenen Hauptschnitte und Formleitlinien zu einem 3D-Designmodell.

Literaturverzeichnis

1. *Kraus, W.:* Material aus studentischen Belegen von Braemer, A. und Schneider, S., HAW Hamburg, 2003 bis 2004. Die ICEM Surf-Datenbasis dazu wurde im Jahre 1998 von Bonitz, P. und Mantei, M. (ICEM Technologies) für Lehrveranstaltungen an der HAW Hamburg erarbeitet.
2. *Granzeier, W.:* HAW Hamburg: Material aus studentischen Belegen, HAW Hamburg 1997. Die ICEM Surf-Datenbasis dazu wurde im Jahre 1998 von Bonitz, P. und Gaertner, D. (beide damals ICEM Technologies Hannover) für Lehrveranstaltungen an der HAW Hamburg erarbeitet.
3. *Schallé, K., Polke, H.:* Karosseriedesign am Bildschirm, VDI-Z., 10/1988, S. 32/34.
4. *Uhlmann, J.:* Technische Universität Dresden, Fakultät Maschinenbau, Professur Technische Design, diverse Fachdiskussionen in den Jahren 1996 bis 2007.
5. *Uhlmann, J.:* Die Vorgehensplanung Designprozeß für Objekte der Technik mit Erläuterungen an einem Entwurfsbeispiel, TUDpress 2005.
6. *Uhlmann, J.:* Technisches Design: Kunst in der Technik Vorabdruck, Technische Universität Dresden, 2006.
7. *Kranke, G.:* Integration von Design in die universitäre Ausbildung von Ingenieuren – Modelle und Stand im internationalen Vergleich, Habilitationsschrift, Technische Universität Dresden, Fakultät Maschinenwesen, 2007.
8. *Uhlmann, J.:* CAD und Design: Das Verfahren Schnittansatz Magazin Digital Engineering (4) 2008, S. 56–57.
9. *Uhlmann, J.:* Modelloses Freiform CAD, *Konstruktion*, Springer-Verlag, Berlin Heidelberg New York, erscheint vorausichtlich im Januar und Februar 2009.
10. *Yamada, Y.:* CLAY MODELLING – Techniques for Giving Three-dimensional Form to Idea, San'ei Shobo Publishing Co., Tokyo, 1993.
11. *Schröder, E.:* DÜRER – Kunst und Geometrie, Akademie-Verlag, Berlin, 1980.
12. *Schröder, E.:* Sichtungen und Wertung einiger bei Dürer nachweisbarer geometrischer Konstruktionen, Rechenbücher und Mathematische Texte der früheren Neuzeit, Schriften des Adam-Ries-Bundes, Anaberg-Buchholtz, Band 11, 1999, S. 49–66 und Mathematikunterricht zwischen Tradition und Innovation, Belz-Wissenschaft, Deutscher Studienverlag, Weinheim und Basel, Bd. 39, S. 93–S. 109.
13. *Schröder, E.:* Darstellende Geometrie, Studienbücherei, Mathematik für Lehrer, Band 8, Deutscher Verlag der Wissenschaften, Berlin, 1974.

14. *Weiß, G.:* Darstellende Geometrie für Architektur und Landschaftsarchitektur, Arbeitsskriptum, TU Dresden, 2003.
15. *Buchholtz/Rüger:* Photogrammetrie – Verfahren und Geräte, 3. Auflage von Rüger/Pietschner/Regensburger, Verlag für Bauwesen, Berlin, 1973.
16. *Regensburger, K.:* Photogrammetrie – Anwendung in Wissenschaft und Technik, Verlag für Bauwesen, Berlin, 1990.
17. *Pietschner, J.:* Einführung in die Grundlagen der Analytischen Photogrammetrie Studienanleitung, TU Dresden, 1971.
18. *Bonitz, P.:* Diplomarbeit, Konvergenzuntersuchungen zum räumlichen Rückwärtseinschnitt, TU Dresden, 1971, Zusammenfassung veröffentlicht in *Vermessungstechnik*, 20. Jg. (1972), Heft 3.
19. *Bonitz, P.:* F/E-Bericht zum Thema 2D → 3D, ICEM Technologies, Hannover, 2005.
20. *Bonitz, P., Eck, M., Günther-Geffers, M., Henschel, F., Stadel, I., Weiss, G., Wieding, R. von:* Rekonstruktion von formcharakterbestímmenden Geometrieelementen aus perspektivischen Designzeichnungen, Zusammenfassender Forschungsbericht der Firma ICEM Technologies und des Institutes für Geometrie der TU Dresden, Hannover und Dresden 2007.
21. *Günther-Geffers, M.:* Konzeption und Implementierung einer ICEM Surf Schnittstelle für externe Algorithmen, Diplomarbeit Universität Hannover, Januar 2004.
22. *Henschel, F.:* Räumlicher Rückwärtseinschnitt & Rekonstruktion aus einem Perspektivbild, Praktikumsbericht, TU Dresden, 2004.
23. *Henschel, F.:* Konzeption einer geometrisch-interaktiv-navigatorischen CAD-Funktion zur Umwandlung von 2D-Informationen aus Designerskizzen in ein 3D-Formleitlinienmodell eines Fahrzeuges, TU Dresden, Diplomarbeit, 2005.
24. *Hentsch, N.:* Designzeichnungen als Eingabemedium zur rechnerinternen Freiformflächenmodellierung, Diplomarbeit, TU Dresden, Lehrstuhl Technisches Design, 2002.
25. *Stork, A.:* SketchAR – Sketching im dreidimensionalen Raum TU Dresden, Fraunhofer-Institut für Graphische Datenverarbeitung, Projekt SmartSketches #IST-2000-28169, Darmstadt, 2005.
26. *ICEM Technologies GmbH:* ICEM Surf 4.7.1, 2008.
27. *Pfeifhofer, H.:* Porsche-Automuseum in Gmünd, Kärnten, Austria, 2004.

2

Geometrische Grundlagen

Ausgehend von den Grundlagen der Zentralperspektive wird die Anwendung im Fahrzeugbau erklärt. Die Zusammenhänge und Begriffe werden für die Ableitung der inneren und äußeren Orientierung aus Designskizzen benötigt. Diese Orientierungsdaten benutzen wir, um mit Mitteln der Projektiven Geometrie Konturen (Hauptschnitte) manuell zu entzerren. Wir diskutieren dazu das Fluchtpunktverfahren, die Verfahren auf Basis der Invarianz des Doppelverhältnisses, die Perspektive Kollineation und die Projektiven Netze. Vom manuellen Weg wird danach zum CAD-Weg übergeleitet.

Hinweis zur Literatur

Die Literaturverweise im Kap. 2 beziehen sich auf das Literaturverzeichnis von Kap. 1.

2.1 Zentralprojektion

2.1.1 Das Prinzip der Zentralprojektion

Die Zentralprojektion (oder die Zentralperspektive) entspricht nicht nur dem Vorgang des Fotografierens, sondern auch dem des natürlichen Sehens, bei welchem alle Sehgeraden vom Projektionszentrum Z ausgehen. Als Bildträger fungiert eine ausgezeichnete Ebene – die Bildebene π. Die Bildpunkte werden mittels der Durchschnittsmethode gewonnen, s. Abb. 64.

Ein Punkt P wird durch Zentralprojektion auf die Bildebene π abgebildet, welche immer normal zur Sicht- und Blickachsenrichtung steht. π_1 bezeichne eine horizontale Standebene (Fußboden), auf welcher das abzubildende Objekt (mit ausgezeichneten Punkten P) ruht. Weiter gilt:

- Z ist das Projektionszentrum der Perspektive
- H ist der Lotfußpunkt von Z aus auf die Bildebene π und zugleich Ursprung für das Bildkoordinatensystem mit den Achsen x' und y'. Die Gerade b durch Z normal zu π ist die Blickachse und der Durchschnittspunkt von b durch π ist jener Bildhauptpunkt H

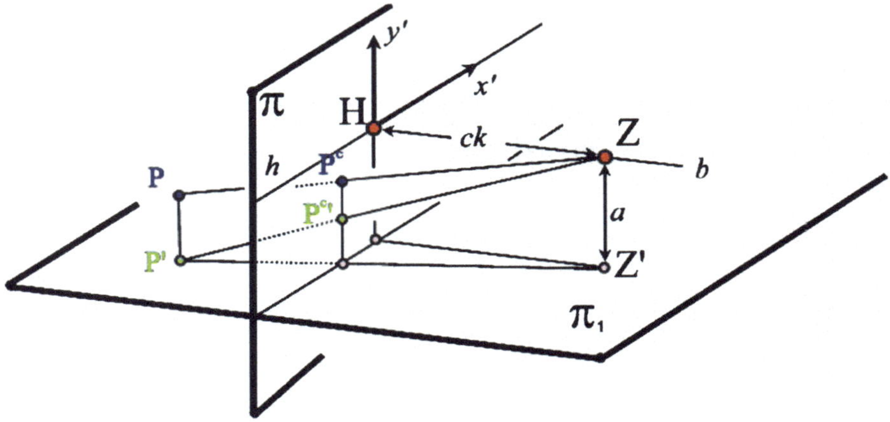

Abb. 64. Durchschnittsmethode

- $a = \overline{Z\pi_1}$ bezeichnet die Aughöhe
- $ck = \overline{Z\pi}$ heißt Kammerkonstante oder Augdistanz d und entspricht der Brennweite f für Fotografien.

2.1.2 Abbildungsgleichung der Zentralprojektion – Kollinearitätsbedingung

Abbildung 65 und die Abkürzungen bzw. Begriffe darin sind der Luftbildphotogrammetrie [15] entlehnt.

Im Ursprung des Bildkoordinatensystems (O', i', j', k') befindet sich das Projektionszentrum Z oder der Augpunkt O'. Dieser ist im Weltkoordinatensystem $(O; i, j, k)$ kartiert. Die Kollineationsgleichung 1 lautet (der Abb. 65 entsprechend):

$$\mathbf{x} = \mathbf{x}_0 + \lambda \cdot \mathbf{D} \cdot \mathbf{r}' \quad (1)$$

mit

- $\mathbf{x}$ als Ortsvektor vom Koordinatenursprung O zum Punkt P
- $\mathbf{x}_0$ als Ortsvektor zum Projektionszentrum O'
- $\mathbf{D}$ als Produkt der Drehmatrizen für die Drehung um die Koordinatenachsen mit den Winkeln φ, ω, κ
- $\mathbf{r}'$ als Ortsvektor von O' zum Bildpunkt P' und $\mathbf{r}$ Ortsvektor von O' zum Punkt P
- λ als Maßstabsfaktor

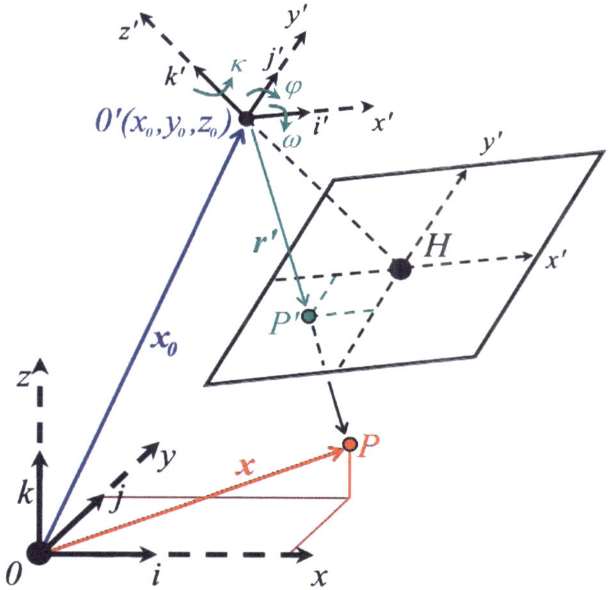

Abb. 65. Ein Punkt P wird durch Zentralprojektion auf den Bildpunkt P' abgebildet

Der Vektor $\mathbf{r}' = (x', y', z')$ enthält die für die Bildkoordinaten notwendigen Komponenten x' und y'. Obige Gl. 1 wird somit zu Gl. 2 umgestellt.

$$\mathbf{r}' = \lambda' \cdot \mathbf{D}^{-1} \cdot (\mathbf{x} - \mathbf{x}_0) \tag{2}$$

Im nächsten Abschnitt wird die resultierende Drehmatrix $\mathbf{D}$ erklärt. Wir benötigen diese, um einen gegebenen Vektor durch Drehbewegungen in eine neue Lage im gleichen (Welt-)Koordinatensystem zu transformieren.

2.1.3 Erläuterungen zur Drehmatrix

Der anfänglich (bei $\varphi = \omega = \kappa = 0$) nach unten in Richtung des Einheitsvektors $-z$ hängende Sichtrichtungsvektor (grün) wird mittels der drei Drehungen φ, ω und κ in die gewünschte Sichtrichtung vom Augpunkt zum CAD-Bildreferenzpunkt (standardmäßig im Schwerpunkt des abzubildenden Objektes angeordnet) geschwenkt, s. Abb. 66.

Durch die erste Drehung um φ schwenken wir die grüne Bildebene mit ihrer anfänglich senkrecht nach unten zeigenden Bildachse in die beigefarbene, durch die zweite Drehung um ω in die mittelbraune und durch die dritte Drehung um κ in die rote Lage. Dabei wird die jeweilige lokale Bildachse x' durch

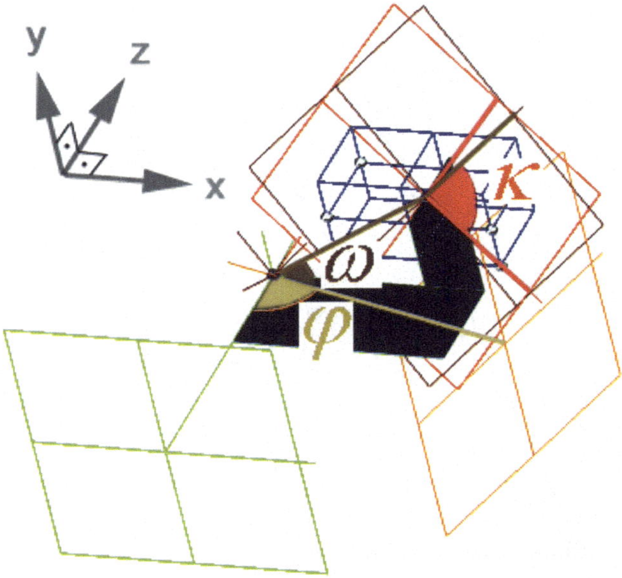

Abb. 66. Die Komponenten der Drehmatrix

eine kleine Fortsetzung unter den Bildrand hinaus gekennzeichnet. Ersichtlich zeigt die lokale Bildachse x' nach den drei Drehungen genau in die lokale x-Achsenrichtung des Bildschirms oder gleichbedeutend die Bildhauptsenkrechte des Bildes zeigt genau in die lokale y-Achsenrichtung des Bildschirms.

Wir greifen unsere umgestellte Abbildungsgleichung 2 wieder auf und setzen in den Term auf der rechten Seite, zunächst ohne den Maßstabsfaktor, die Drehmatrix ein, s. Gl. 3.

$$\mathbf{D}^{-1} \cdot (\mathbf{x} - \mathbf{x}_0) = \begin{pmatrix} a_1 & a_2 & a_3 \\ b_1 & b_2 & b_3 \\ c_1 & c_2 & c_3 \end{pmatrix} \cdot \begin{pmatrix} x - x_0 \\ y - y_0 \\ z - z_0 \end{pmatrix} = \begin{pmatrix} (x - x_0)' \\ (y - y_0)' \\ (z - z_0)' \end{pmatrix} \quad (3)$$

Die Elemente der Matrix ergeben sich durch Hintereinanderausführung der einzelnen Drehungen, wobei je nach Reihenfolge unterschiedliche Matrixelemente für die resultierende Drehmatrix zu erwarten sind. Hier wird der traditionellen Variante aus der Luftbildphotogrammetrie der Vorzug gegeben, wobei φ die Primär-, ω die Sekundär- und κ die Tertiärdrehung ist. Damit erhält man folgende Gesamtdrehmatrix, s. Gln. 4 und 5.

$$\mathbf{D} = \mathbf{D}_\varphi \cdot \mathbf{D}_\omega \cdot \mathbf{D}_\kappa \quad (4)$$

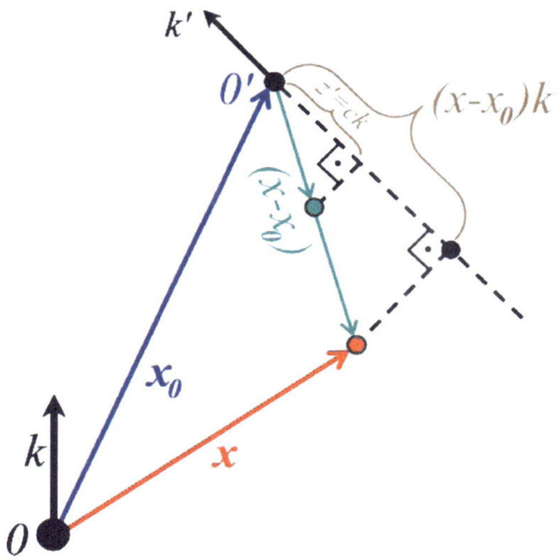

Abb. 67. Berechnung des Streckfaktors λ'

$$\mathbf{D} = \begin{pmatrix} a_1 & b_1 & c_1 \\ a_2 & b_2 & c_2 \\ a_3 & b_3 & c_3 \end{pmatrix} \text{ mit } \begin{cases} a_1 = \cos\varphi \cdot \cos\kappa + \sin\varphi \cdot \sin\omega \cdot \sin\kappa \\ a_2 = \cos\omega \cdot \sin\kappa \\ a_3 = -\sin\varphi \cdot \cos\kappa + \cos\varphi \cdot \sin\omega \cdot \sin\kappa \\ b_1 = -\cos\varphi \cdot \sin\kappa + \sin\varphi \cdot \sin\omega \cdot \cos\kappa \\ b_2 = \cos\omega \cdot \cos\kappa \\ b_3 = \sin\varphi \cdot \sin\kappa + \cos\varphi \cdot \sin\omega \cdot \cos\kappa \\ c_1 = \sin\varphi \cdot \cos\omega \\ c_2 = -\sin\omega \\ c_3 = \cos\varphi \cdot \cos\omega \end{cases} \tag{5}$$

2.1.4 Maßstabs- oder Streckfaktor

Der Streckfaktor λ' lässt sich unter der Annahme gewinnen, dass die Richtungskomponente von $\mathbf{r}'$ für k' stets den gleichen Abstand der Bildebene zum Projektionszentrum einhalten muss.

Um diesen Streckfaktor nun konkret zu ermitteln, wird Gl. 2 genutzt und durch Multiplikation mit k' nur die dritte Vektorkomponente betrachtet, s. Gln. 6 und 7.

$$\mathbf{r}' \cdot k' = z' = \lambda' \cdot \mathbf{D}^{-1} \cdot (\mathbf{x} - \mathbf{x}_0) \cdot k' \tag{6}$$

$$\lambda' = \frac{z'}{\mathbf{D}^{-1} \cdot (\mathbf{x} - \mathbf{x}_0) \cdot k'} = \frac{z'}{\underbrace{(\mathbf{x} - \mathbf{x}_0)'}_{\text{BKS}} \cdot k'} = \frac{z'}{\begin{pmatrix} (x - x_0)' \\ (y - y_0)' \\ (z - z_0)' \end{pmatrix} \cdot k'} = \frac{z'}{(z - z_0)'} \tag{7}$$

BKS bedeutet: Vektor liegt damit im Bildkoordinatensystem vor.

2.1.5 Berechnungsformel für die Bildkoordinaten

Nach dem Einsetzen von λ' und $\mathbf{D}^{-1}$ in Gl. 2 ergeben sich die Gln. 8 bis 12:

$$\mathbf{r}' = \begin{pmatrix} x' \\ y' \\ z' \end{pmatrix} = \frac{z'}{(z - z_0)'} \cdot \begin{pmatrix} (x - x_0)' \\ (y - y_0)' \\ (z - z_0)' \end{pmatrix} \tag{8}$$

$$\begin{pmatrix} x' \\ y' \\ z' \end{pmatrix} = \frac{z'}{(x - x_0) \cdot c_1 + (y - y_0) \cdot c_2 + (z - z_0) \cdot c_3} \cdot \begin{pmatrix} (x - x_0) \cdot a_1 + (y - y_0) \cdot a_2 + (z - z_0) \cdot a_3 \\ (x - x_0) \cdot b_1 + (y - y_0) \cdot b_2 + (z - z_0) \cdot b_3 \\ (x - x_0) \cdot c_1 + (y - y_0) \cdot c_2 + (z - z_0) \cdot c_3 \end{pmatrix} \tag{9}$$

$$x' = z' \cdot \frac{(x - x_0) \cdot a_1 + (y - y_0) \cdot a_2 + (z - z_0) \cdot a_3}{(x - x_0) \cdot c_1 + (y - y_0) \cdot c_2 + (z - z_0) \cdot c_3} \tag{10}$$

$$y' = z' \cdot \frac{(x - x_0) \cdot b_1 + (y - y_0) \cdot b_2 + (z - z_0) \cdot b_3}{(x - x_0) \cdot c_1 + (y - y_0) \cdot c_2 + (z - z_0) \cdot c_3} \tag{11}$$

$$z' = -ck \text{ (bei Positivbild)} \tag{12}$$

Damit sind die Bildkoordinaten (x', y') eines beliebigen Punktes $P\,(x, y, z)$ mit Kenntnis der Brennweite ck und des Projektionszentrums Z bzw. $O'\,(x_0, y_0, z_0)$ eindeutig berechenbar.

2.1.6 Besonderheiten der Computerperspektive im Fahrzeugbau

Die Gl. 1 wird im folgenden Schrägbild 68 nochmals veranschaulicht.

Die linke hintere Ecke (Punkt P) des Hüllkörpers wird auf die CAD-Bildebene projiziert. Das Projektionszentrum ist der Augpunkt O'. W bezeichnet den Ursprung des Weltkoordinatensystems (= Fahrzeugkoordinatensystem). Die gesuchten lokalen Koordinaten des Bildpunktes P' sind x' und y' in der hellblauen Bildebene.

2.2 Hilfsmittel aus der Projektiven Geometrie

Im folgenden Abschnitt werden manuelle Verfahren zur Auswertung von perspektivischen Designzeichnungen vorgestellt. Diese Verfahren beruhen auf dem Fluchtpunktverfahren, der Perspektiven Kollineation und der Invarianz des Doppelverhältnisses.

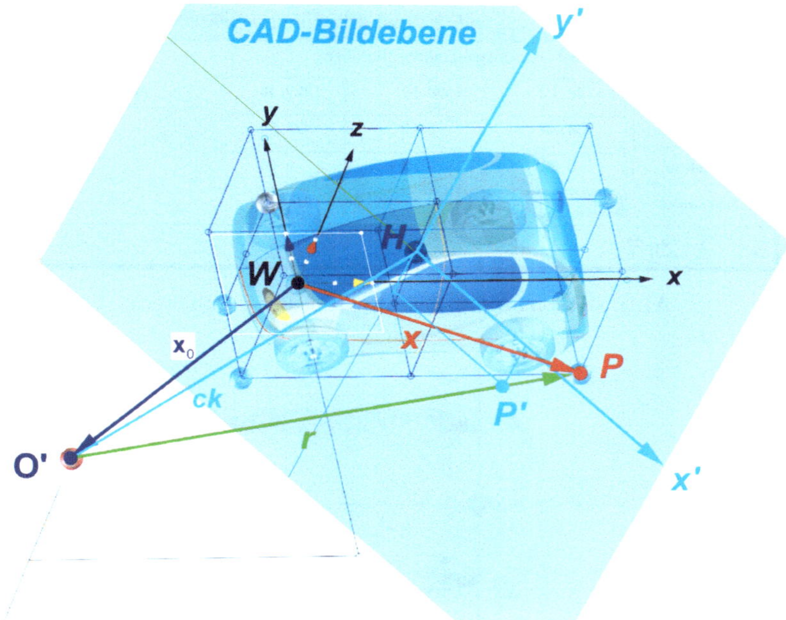

Abb. 68. Zentralperspektivische Abbildung im Fahrzeugbau

2.2.1 Anwendung in der Architektur

Aus methodischen Gründen lohnt sich ein Erinnern an diese aus Hochschulvorlesungen für die Architekten bekannten Anwendungen. Wenn man sich die Vorgehensweise bei der Rekonstruktion des wahren Grundrisses eines Gebäudes aus einem Foto klar macht, dann erkennt man die Zusammenhänge auch im Fahrzeugbau besser. Deshalb wurde im Anhang A.2, S. 192, eine Wiederholung des Stoffes angefügt.

2.2.2 Anwendung im Fahrzeugbau

2.2.2.1 Aufgabenstellung und Übersicht zu den Lösungsverfahren

Wir stellen uns nun die Aufgabe, eine zentralperspektivische Aufnahme von Hand völlig ohne CAD-Hilfsmittel konstruktiv (in Hauptebenen) zu entzerren. In unserem Testbeispiel seien die Daten der Zentralperspektive zur Kontrolle bekannt, s. Abb. 69.

In den Abb. 70 bis 72 erkennen wir den Augpunkt O (rot) und den Bildreferenzpunkt R (hier im Objektschwerpunkt). Die Aufgabe soll als gelöst gelten, wenn wir die Daten von O und R aus dem Perspektivbild (hier eine Designmodellskizze mit Hüllbox) mittels manueller Konstruktion genügend genau

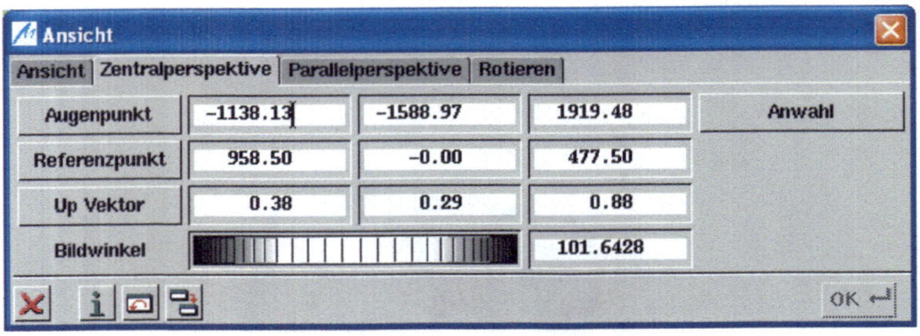

Abb. 69. Menü mit den Orientierungsparametern

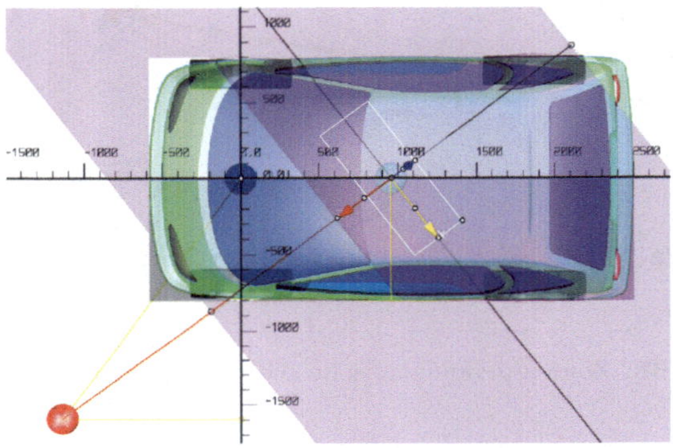

Abb. 70. Grundriss

reproduziert und exemplarisch ein Hauptprofil des Fahrzeuges, z. B. in der Längsmittelebene XZ, entzerrt haben, s. Abb. 73.

Die Hauptmaße (Länge, Höhe, Breite des Fahrzeuges) des Hüllquaders und die 3D-Koordinaten eines Eckpunktes der Hüllbox im Fahrzeugkoordinatensystem können dabei (als Teil der Vorgabe für den Designer in der sog. Packagezeichnung) als bekannt vorausgesetzt werden.

Der Ursprung des Fahrzeugkoordinatensystems liegt in der Mitte der Vorderachse. Der Augpunkt O befindet sich links oben vor dem Fahrzeug. Der Abstand d (auch CAD-Brennweite genannt) zwischen O und R beträgt hier 3000 mm. O wurde absichtlich etwas höher als sonst üblich gewählt, damit hier im Beispiel die drei Fluchtpunkte leicht zu kartieren sind.

Die Abb. 73 zeigt das Perspektivbild mit je einem rot eingezeichneten Längs- und Querprofil, welche zu entzerren sind. Man erkennt unmittelbar, wie die Fluchtpunkte gewonnen werden, s. Abb. 73.

Zur Lösung der Aufgabe werden je nach gegebener Geometrie verschiedene Verfahren verwendet, s. Anhang A.1, Tabelle 1.

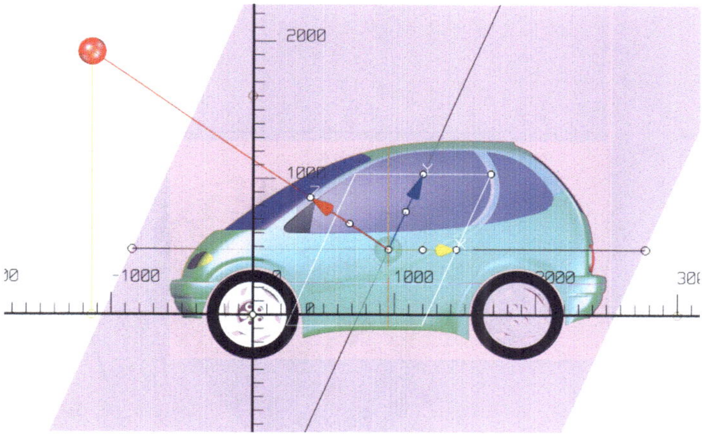

Abb. 71. Seitenriss

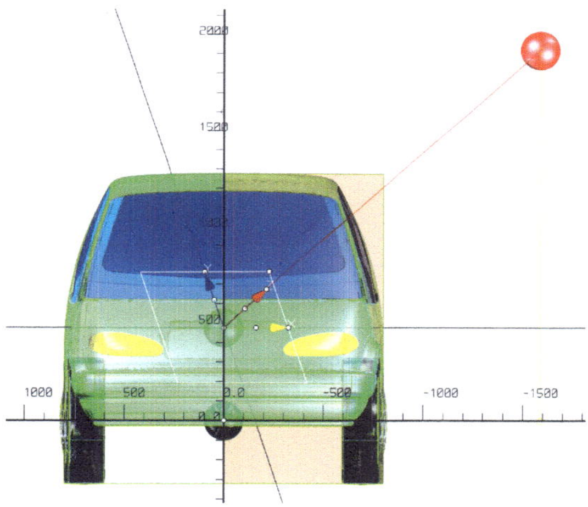

Abb. 72. Frontriss

Gemäß der Eigenschaften von geometrisch linearen Abbildungen (Projektionen) hat jede nicht durch das Projektionszentrum Z gehende Gerade g einen geradlinigen Riss g' (Geradentreue), s. [14].

Jeder bekannte Winkel zwischen sich schneidenden Geraden im abzubildenden Modell ist in gleicher wahrer Größe noch einmal im Augpunkt zu finden, wenn wir die jeweiligen Fluchtgeraden der beiden Geraden konstruieren können. Die zwei Fluchtgeraden erhalten wir, wenn wir Parallelen zu den beiden Geraden durch den Augpunkt ziehen. Handelt es sich um einen rechten Winkel, so wenden wir den Thaleskreis als Hilfskonstruktion an. Es lassen sich aber

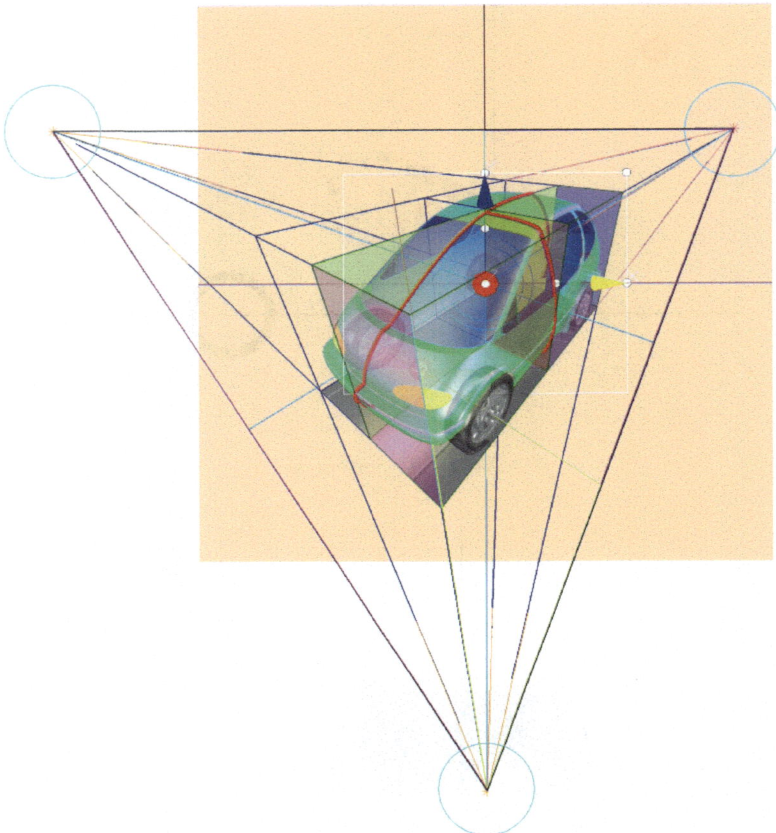

Abb. 73. Zentralperspektive

auch beliebige Winkel zwischen sich schneidenden Geraden im abzubildenden Modell rekonstruieren, s. Beispiel der Diagonalen eines Rechtecks.

Kommentar zum Fluchtpunktverfahren: Der Schnittpunkt der Höhen im Fluchtpunktdreieck definiert den Bildhauptpunkt, welcher mit der Projektion des Augpunktes in die Bildebene zusammenfällt. Auf der Basis von [14] wurde das Verfahren in [24] ausprobiert. Der Nachteil des Verfahrens ist, dass man es ohne eine vom Designer eingezeichnete vollständige oder abgerüstete Hüllbox (nur Längsmittelebene und eine Querebene) nicht anwenden kann. Zur Programmierung eines CAD-Hilfsmittels eignet sich das Verfahren deshalb nicht.

Das Verfahren des räumlichen Rückwärtseinschnittes ist universeller und nicht an die Existenz einer Hüllbox gebunden. Es können dabei auch beliebige Passpunkte auf dem Fahrzeugkörper selbst verwendet werden.

Hinweis zur Bestimmung von Augpunkt und Augdistanz: Um den umgeklappten Augpunkt in der Bildebene und damit die Augdistanz zu gewinnen, verwenden wir (über einer Höhe des Fluchtpunktdreiecks) den Thaleskreis. Dies wurde auch in [24] unter Verweis auf [14] demonstriert. Bei einem CAD-Hilfsmittel kann dieser Schritt vollkommen entfallen, da die Entzerrung automatisch mit abfällt.

Wir lösen die Aufgabe schrittweise:

2.2.2.2 Fluchtpunktverfahren sowie Bestimmung der Daten der inneren und äußeren Orientierung – Schritt 1

Die Daten der inneren Orientierung (Lage des Bildhauptpunktes H im lokalen Bildkoordinatensystem x', y' und Augdistanz d) bestimmen wir durch das Fluchtpunkt- oder alternativ durch das Doppelverhältnisverfahren.

Die Bildebene wird im Punkt R angeheftet. Ihr Normalenvektor zeigt von H nach Z. Wir benutzen die halbe Hüllbox links von der Fahrzeugmittelebene (in negativer y-Richtung) als Hilfsmittel, um die Verzerrungen bei der Perspektive darzustellen. Verlängern wir die Kanten des Hüllquaders in alle drei Richtungen, so erhalten wir die Fluchtpunkte.

Der Schnittpunkt der Höhen des Fluchtpunktdreiecks in der Bildebene ist der Bildhauptpunkt H. Lotrecht über diesem, der hier im CAD-System mit dem Bildreferenzpunkt R zusammenfällt, finden wir den Augpunkt O, also das Projektionszentrum Z.

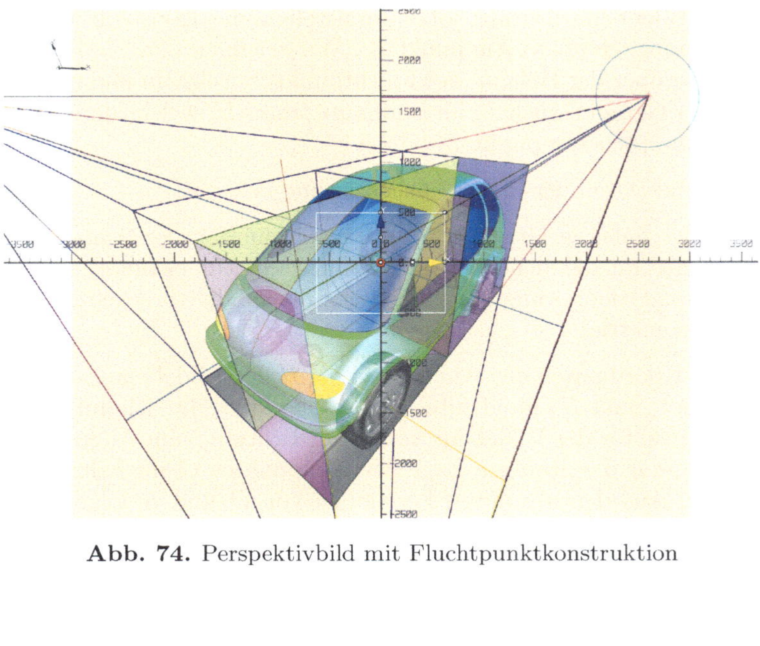

Abb. 74. Perspektivbild mit Fluchtpunktkonstruktion

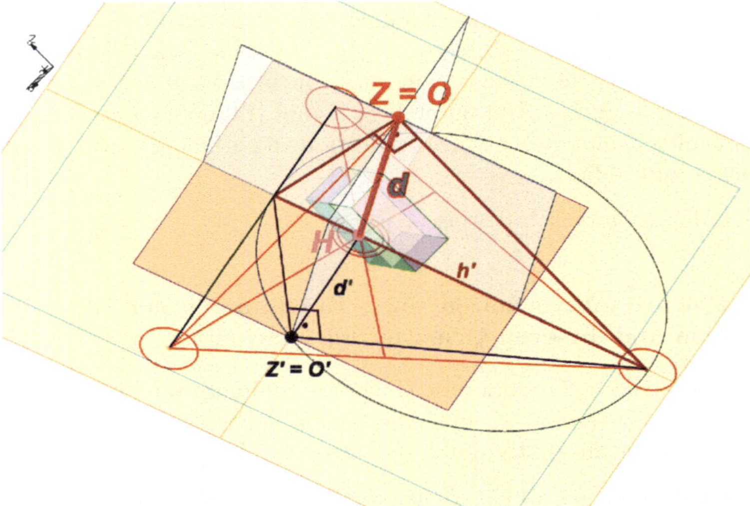

Abb. 75. Schrägbild von der Aufnahmesituation mit den drei Fluchtpunkten

Verbinden wir das Projektionszentrum Z mit den drei Fluchtpunkten, so erhalten wir eine Pyramide. Der Abstand **d** vom Projektionszentrum zum Bildhauptpunkt H entspricht der Augdistanz. Wir erkennen die Parallelität der Pyramiden- mit den Hüllboxkanten. Die drei vom Projektionszentrum ausgehenden Pyramidenkanten im Augpunkt schließen paarweise einen rechten Winkel ein. Ferner sieht man einen weiteren rechten Winkel in der Hilfsebene normal zur Bildebene. Daraus folgt unmittelbar die Konstruktionsmöglichkeit für den umgeklappten Augpunkt Z': Wir zeichnen den Thaleskreis k' in der Bildebene über der Höhe h' des Fluchtpunktdreiecks ein und errichten die Normale, hier Geradenstück d', im Bildhauptpunkt H, welche den Thaleskreis k' im umgeklappten Augpunkt Z' schneidet.

Damit sind die Daten der inneren Orientierung bekannt!

Die Daten der äußeren Orientierung (3D-Koordinaten des Augpunktes und drei Rotationen für die Sichtrichtung – somit sechs Unbekannte) ergeben sich aus der inneren Orientierung unter Bezugnahme auf die vorgegebene bekannte Hüllquadergeometrie.

Aus den 3D-Koordinaten des Anheftpunktes R der Bildebene (identisch mit dem Bildhauptpunkt H) im abzubildenden Objekt ergibt sich durch den Normaleneinheitsvektor der Bildebene von H in Richtung zum Augpunkt O und die Augdistanz d die absolute Lage des Augpunktes O im Fahrzeugkoordinatensystem. Aus den absoluten Positionen von O und R folgen unter der Nebenbedingung, dass die Bildhauptsenkrechte (in CAD-System Up-Vektor genannt) auch auf dem Bildschirm nach oben zeigt, alle drei Rotationen für die

Koordinatentransformation. Damit sind die sechs Unbekannten der äußeren Orientierung, also die drei Translationen, um im 3D-Raum vom Bildhauptpunkt H (= Bildreferenzpunkt R im Objektschwerpunkt) zum Augpunkt O zu gelangen und die drei Rotationen für die Sichtrichtung, bestimmt.

Neben der Fluchtpunktmethode gibt es noch andere Verfahren zur Augpunktbestimmung, die alle auf der Invarianz des Doppelverhältnisses beruhen. In den folgenden Abschnitt werden diese (4+2)-Passpunktverfahren vorgestellt.

Man kann dafür auch die Hüllbox verwenden oder sich davon lösen, s. Beispiel mit Passpunkten auf den Rädern und auf dem Karosseriekörper.

2.2.2.3 Alternative Verfahren zur Augpunktbestimmung auf Basis der Invarianz des Doppelverhältnisses

2.2.2.3.1 Anwendung des Doppelverhältnisses zur Augpunktbestimmung mit Verwendung der Hüllbox

Bei der punktweisen Entzerrung (s. Abschn. 2.2.2.5.1) eines Profilschnittes liegen alle Punkte (vier Ecken der Hilfsebene und der Neupunkt) exakt in der Ebene. Wir nehmen hier jedoch zwei Passpunkte P5 und P6 hinzu, die nicht in der Hilfsebene liegen.

Die Punkte P1 bis P4 spannen in Abb. 76 die Hilfsebene auf. Die Projektionsstrahlen vom Augpunkt O zu den beiden Punkten P5 und P6 außerhalb der Hilfsebene durchdringen diese in den Punkten D5 und D6. Die Rückprojektionsstrahlen von den Punkten P5 und P6 durch die beiden Durchstoßpunkte D5 und D6 schneiden sich im Augpunkt O, welcher hier zu bestimmen ist.

P1′ bis P4′ bzw. P5′ und P6′ sind die Bildpunkte der Ecken der vorderen linken Quaderseite bzw. der beiden (auf der Fahrzeugmittelebene) tieferliegenden Punkte. H ist der Bildhauptpunkt und W der Ursprung des Fahrzeugkoordinatensystems. Die vordere Ebene der gleichen Hüllbox ist in Abb. 78 im Schrägriss zu sehen.

Im perspektivischen Bild legen die gegebenen vier Bildpunkte (P1′ bis P4′) in der Ebene drei Strahlen von einem dieser vier Bildpunkte (z. B. P1′) nach den anderen drei (P2′ bis P4′) fest. Ein zusätzlicher vierter Strahl wird nun zu dem Schnittpunkt P5′ = D5′ des Projektionsstrahles mit der Ebene zu dem außerhalb der Ebene liegenden Punkt, P5 eingezeichnet. Die vier von P1′ ausgehenden Strahlen legen unabhängig von der Lage einer Schnittgeraden (z. B. näherungsweise quer zum Strahlenbüschel) das Doppelverhältnis fest. Als Schnittgerade g bietet sich z. B. eine Diagonale im Passpunktviereck an.

Es besteht die Aufgabe, die Doppelverhältnisse zu den Bildpunkten P5′ = D5′ und P6′ = D6′, in obigem Perspektivbild zu bestimmen und in das geometrische Modell zu übertragen, damit wir im 3D-Modell die Punkte D5 und

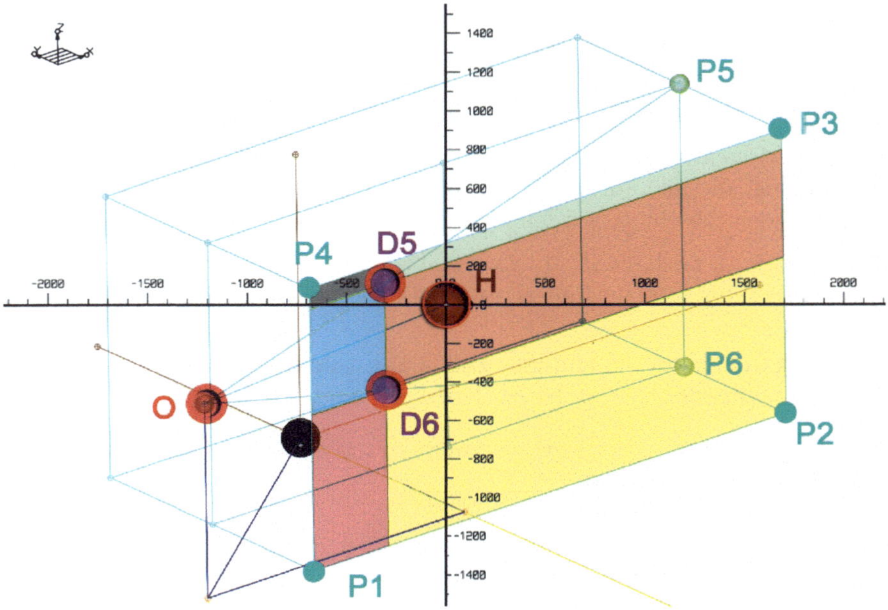

Abb. 76. Gesamtsituation zum Hüllboxverfahren 4+2 Punkte, Parallelprojektion (Schrägbild)

D6 selbst gewinnen können. Im obigen Bild koinzidieren die Bilder von P5 bzw. P6 mit den Bildern von D5 bzw. D6. Der Bildhauptpunkt H und der Augpunkt O fallen ebenfalls zusammen (Mitte Fadenkreuz).

Ersichtlich handelt es sich bei dem im Bild 79 ebenen Strahlenbüschel in der hellblauen Hilfsebene (Hilfsdreieck P4′, P3′, P1′ in der Bildebene) um eine Zentralprojektion des ebenen braunen Strahlenbüschels (Hilfsdreieck P4, P3, P1 im räumlichen Modell) in der vorderen Seitenebene des Quaders.

Schneidet man die Strahlenbüschel mit den Hilfsgeraden d1′ bzw. d1, dann ergeben sich die Doppelverhältnisse in Form der Punktmenge Ap, Bp, Cp, Dp im Bild bzw. Ar, Br, Cr, Dr im 3D-Modell.

Da die Doppelverhältnisse (DV's) gegenüber Projektionen invariant sind, können wir also die im Bild ermittelten DV's auf das räumliche Modell übertragen. Im Bild wird dies für das DV1 des Punktes P5 demonstriert.

Analog werden alle DV's ermittelt, welche für die Ermittlung der Durchstoßpunkte D5 und D6 im Modell notwendig sind.

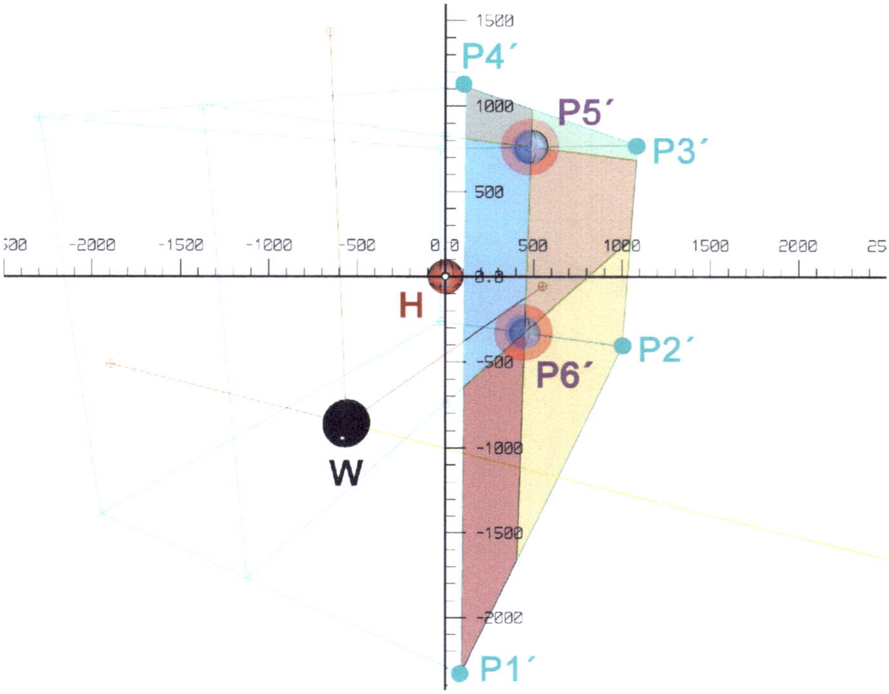

Abb. 77. Zentralperspektivisches Bild der Hüllbox mit den Bildern der sechs (4+2) Passpunkte

2.2.2.3.2 Anwendung des Doppelverhältnisses zur Augpunktbestimmung mit Verwendung von Radpasspunkten

In der zentralperspektivischen Abb. 80 spannen die Radpasspunkte P1′ bis P4′ die Hilfsebene auf. Zusätzlich entnehmen wir zwei Bildpunkte, P5′ und P6′, aus dem Bild des Längsmittelschnittes $Y = Y0$.

In Abb. 81 sind alle Bildpunkte grün mit kleiner Beschriftung und alle Punkte im Weltkoordinatensystem violett oder blau mit großer Beschriftung dargestellt. Die hellockerfarbene Hilfsebene aus den Radpasspunkten liegt im Weltkoordinatensystem. Ihr zentralperspektivisches Bild ist rot coloriert. Die grünen Bildpunkte P5′ und P6′ und die grünen Eckpunkte der roten Hilfsebene nutzen wir zur Bestimmung der DV's.

Man erkennt sofort, dass die Rückwärtsstrahlen von den Bildpunkten P5′ bzw. P6′ zu dem Modellpunkten P5 bzw. P6 sich im Augpunkt O schneiden.

Hinweis zu den Abkürzungen: DV 51 ist die Kurzform für Punkt P5, DV1 usw.

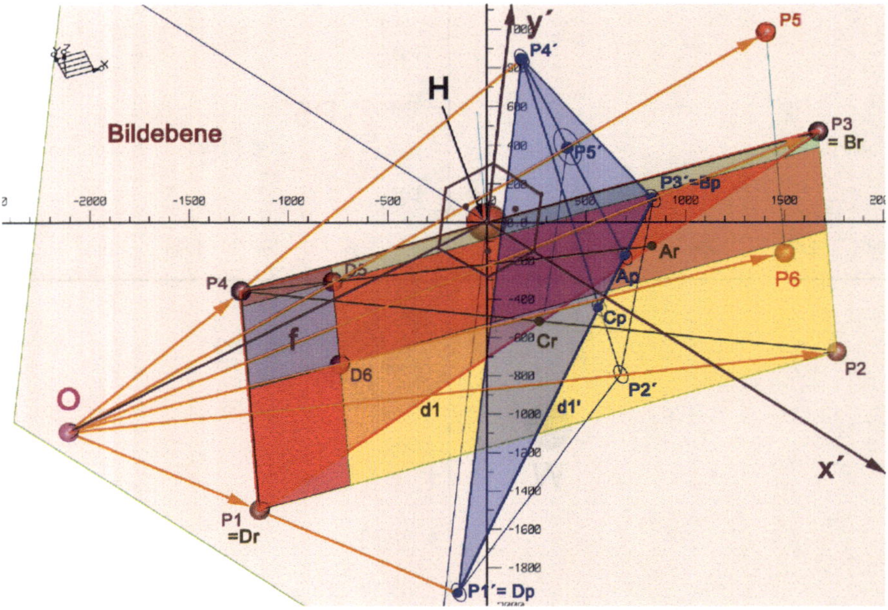

Abb. 78. Schrägbild zur vorhergehenden zentralperspektivischen Abb. mit dem Doppelverhältnis DV1 zu P5′. H – Bildhauptpunkt, O – Augpunkt

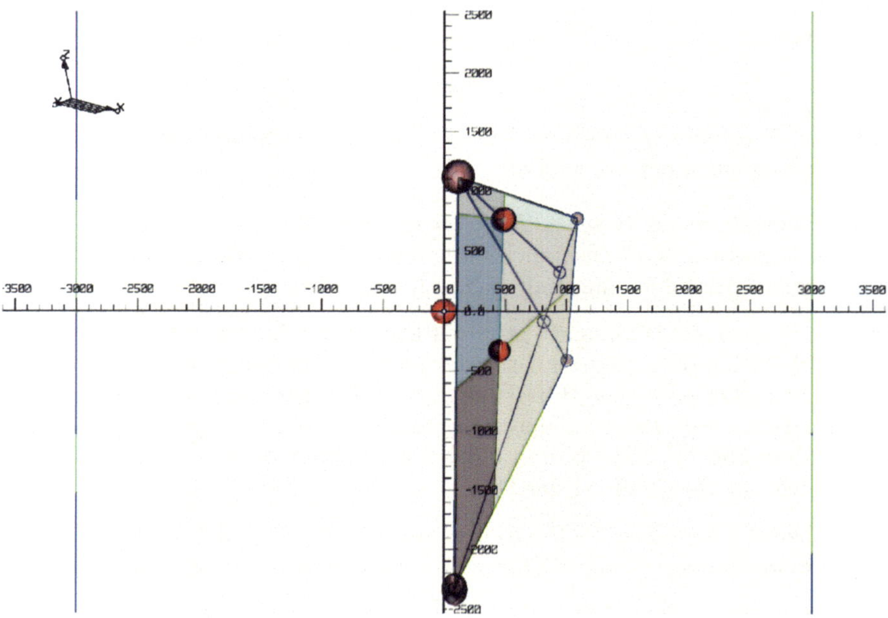

Abb. 79. Doppelverhältnis DV1 zu P5′ in der Bildebene

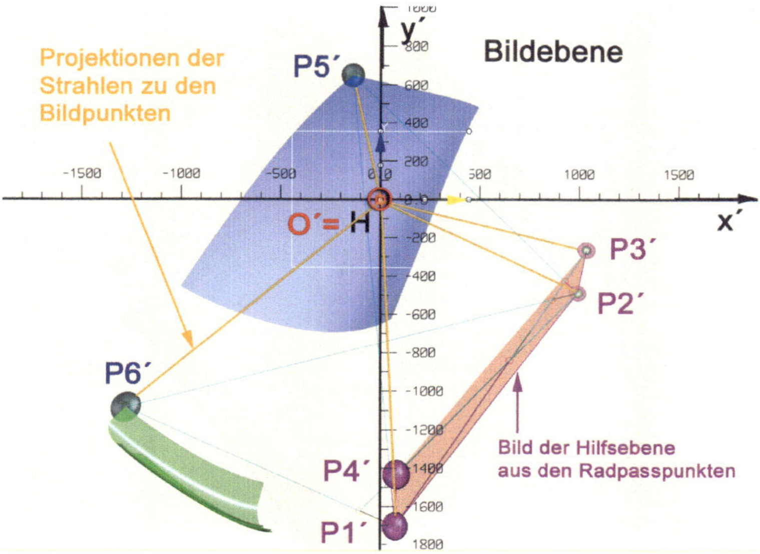

Abb. 80. Gesamtsituation zum Hüllboxverfahren 4+2 Punkte

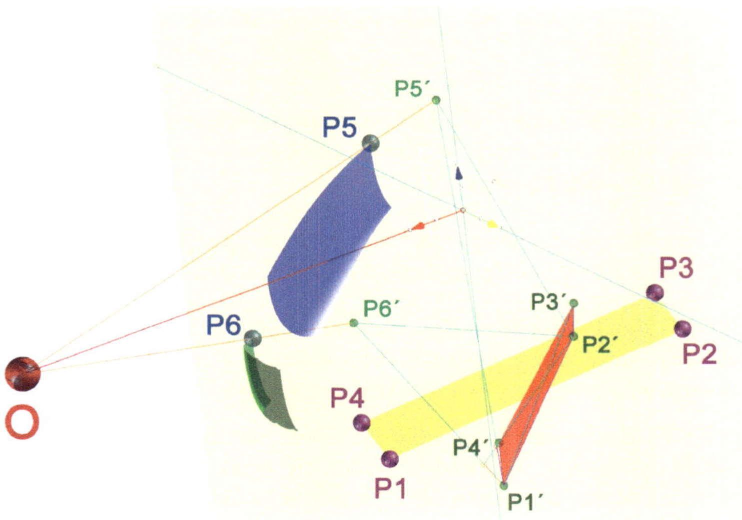

Abb. 81. Schrägbild für die gleiche Situation

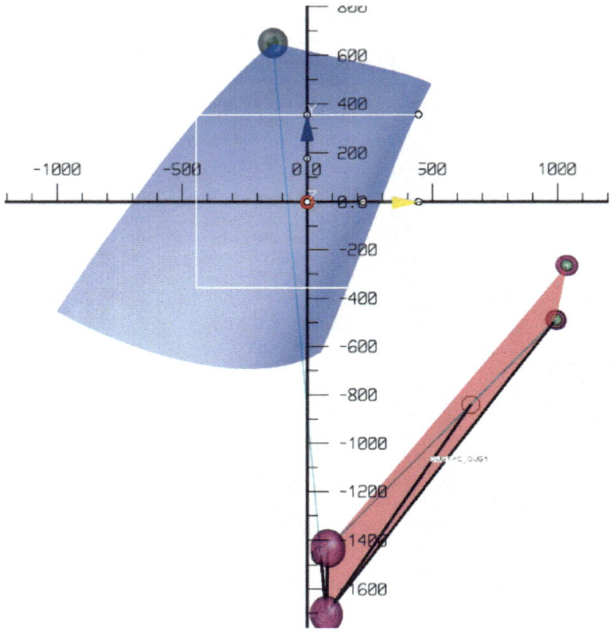

Abb. 82. Doppelverhältnis DV 51

In den Abb. 82 bis 85 finden wir die Zusammenstellung aller Strahlen, welche die vier notwendigen DV's im jeweiligen Bild bestimmen. Die Fadenkreuzmitte markiert stets den Bildhauptpunkt H.

2.2.2.3.3 Anwendung des Doppelverhältnisses zur Augpunktbestimmung bei Verwendung von Passpunkten auf der Karosserieoberfläche

Die Punkte P1′ bis P4′ im zentralperspektivischen Bild spannen die Hilfsebene auf. Zusätzlich entnehmen wir zwei Bildpunkte, P5′ und P6′, aus dem Bild des Hauptquerschnittes $X = X1$, s. Abb. 86 und 88.

Es folgt die Zusammenstellung aller Strahlen, welche die vier notwendigen DV's im Bild bestimmen. Die Fadenkreuzmitte markiert stets den Bildhauptpunkt H. Für DV 52 hätte man als Zentralpunkt auch P3′ statt P1′ nehmen können, s. Abb. 89 bis 92.

Nun wählen wir im CAD-System den Polygonzug mit den Bildkoordinaten der Passpunkte an, s. Abb. 94. Das Messpolygon (rosa) verbindet insgesamt sechs Messpunkte im importierten Hintergrundbild. P1′ bis P4′ bzw. P5′ und P6′ sind die Bildeckpunkte des Hilfsebenenstückes bzw. die beiden Zusatzpunkte. Der resultierende Augpunkt O ergibt sich gemäß den Abb. 95 und 96.

Siehe auch Rechnerprotokoll im Anhang B.1, S. 197.

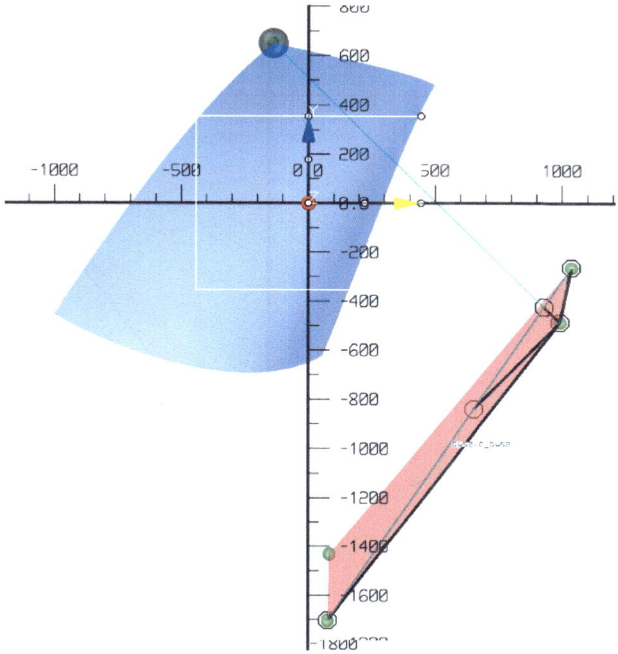

Abb. 83. Doppelverhältnis DV 52

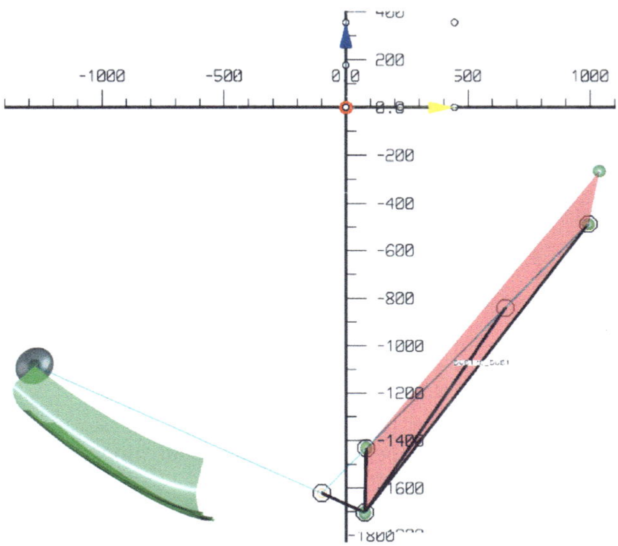

Abb. 84. Doppelverhältnis DV 61

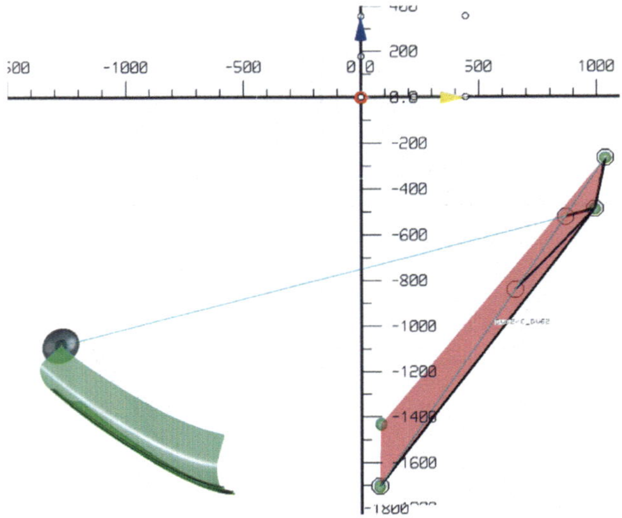

Abb. 85. Doppelverhältnis DV 62

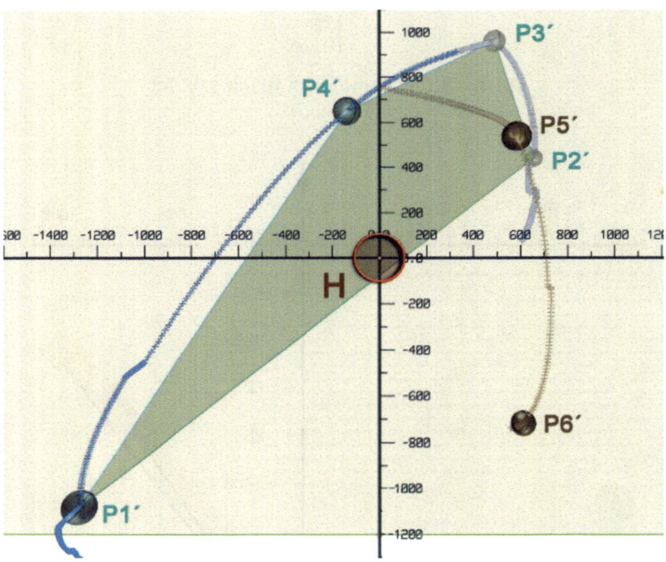

Abb. 86. (4+2) gegebene Passpunkte, Zentralperspektive

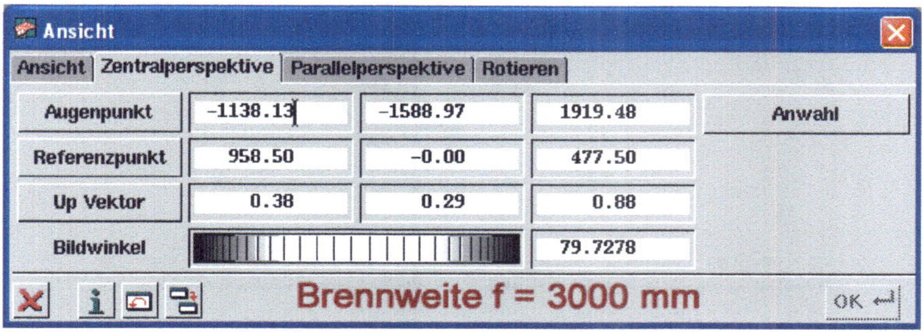

Abb. 87. Parameter der Zentralprojektion

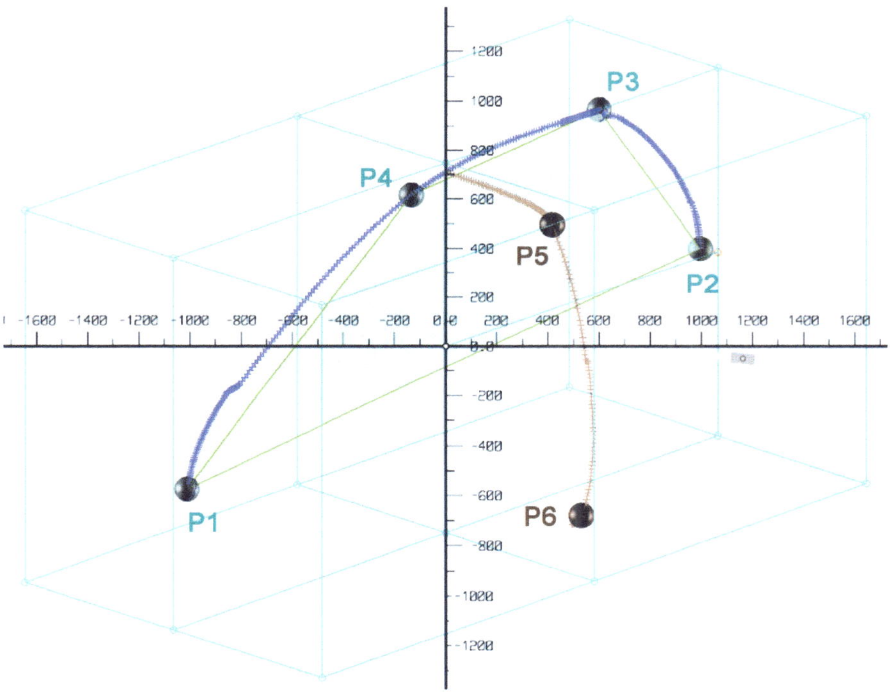

Abb. 88. Wie in Abb. 86, nur in Parallelprojektion (Schrägbild)

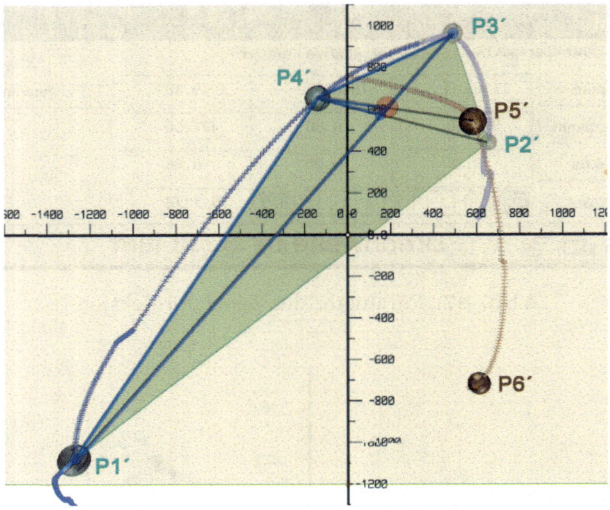

Abb. 89. Doppelverhältnis DV 51

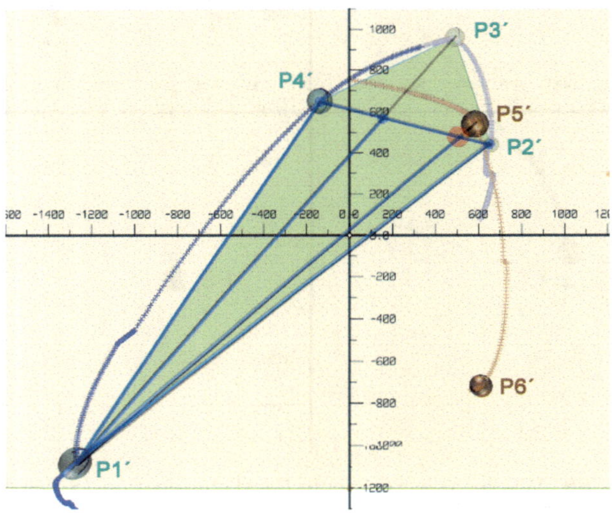

Abb. 90. Doppelverhältnis DV 52

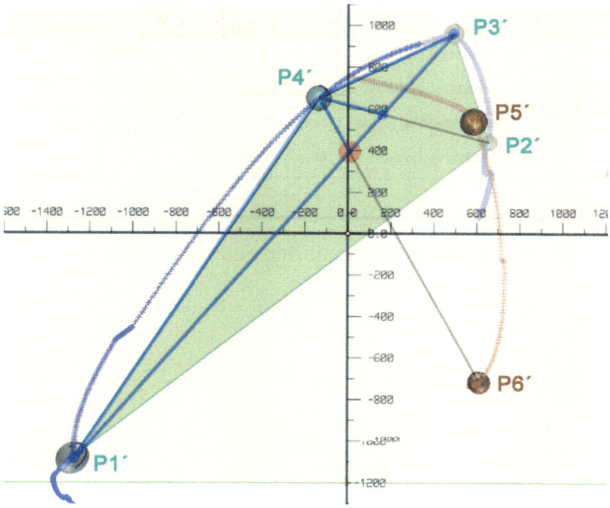

Abb. 91. Doppelverhältnis DV 61

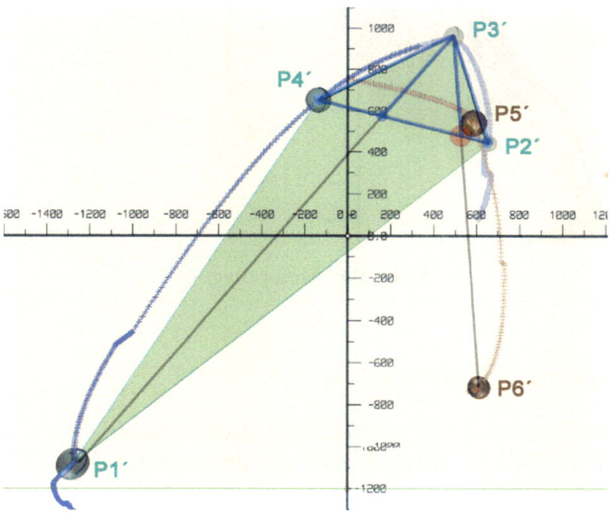

Abb. 92. Doppelverhältnis DV 62

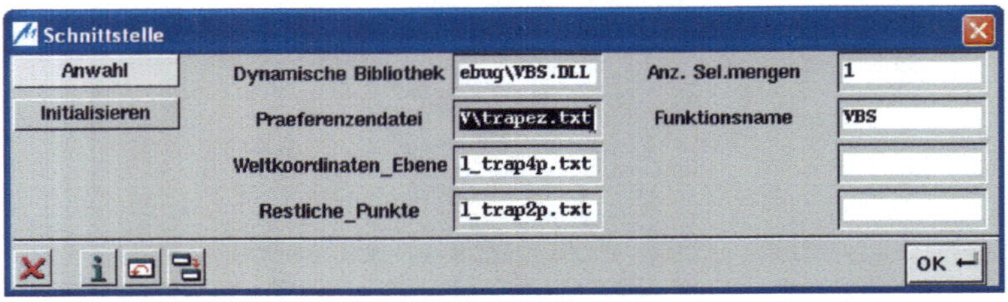

Abb. 93. Aufruf der Schnittstelle

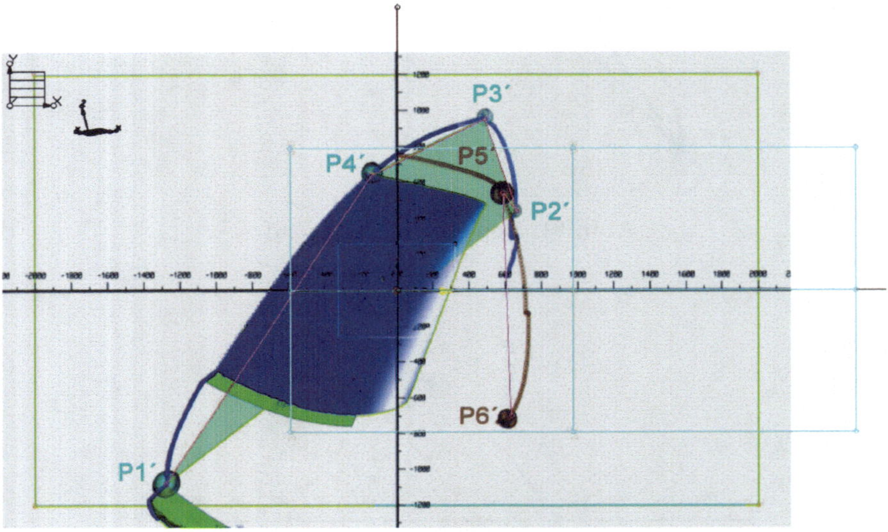

Abb. 94. Messpolygon

2.2.2.4 Perspektive Kollineation

2.2.2.4.1 Grundgedanken der Perspektiven Kollineation, Entzerrung des Bildes der Grundfläche der Hüllbox – Schritt 2

Zur Einführung s. auch Anhänge A.2, 192 und A.3, S. 192.

Das Projektionszentrum haben wir bereits im vorangegangenen Abschnitt bestimmt. Um die Entzerrung des perspektivischen Bildes der Grundfläche in der Bild- bzw. Zeichenebene selbst vornehmen zu können, bedienen wir uns des Tricks der Umwandlung der räumlichen in eine ebene Situation. Wir nutzen dabei die Geradentreue bei der Zentralprojektion im Allgemeinen und bei der Perspektiven Kollineation im Besonderen aus:

Durch eine erste Drehung um den Bildhorizont h (sog. Gegenachse) wird der Augpunkt O (Projektionszentrum Z) in die Bildebene geklappt und gleich-

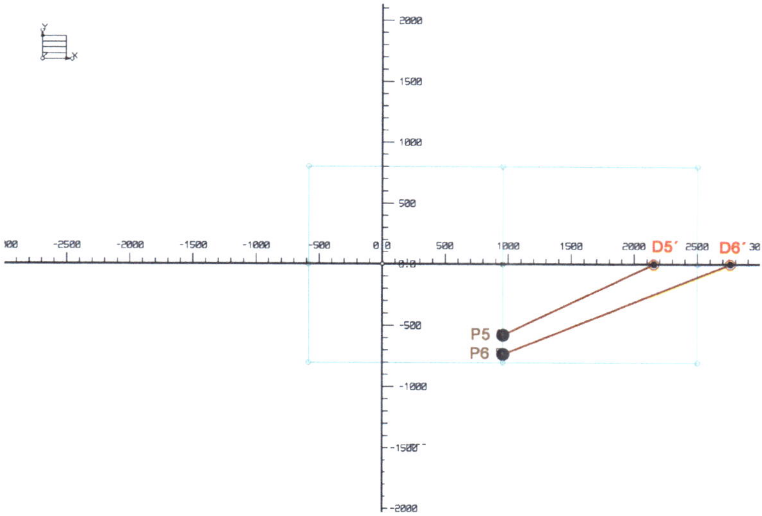

Abb. 95. Hier sind die Durchstoßpunkte D5′ und D6′ in der Hilfsebene XZ zu sehen

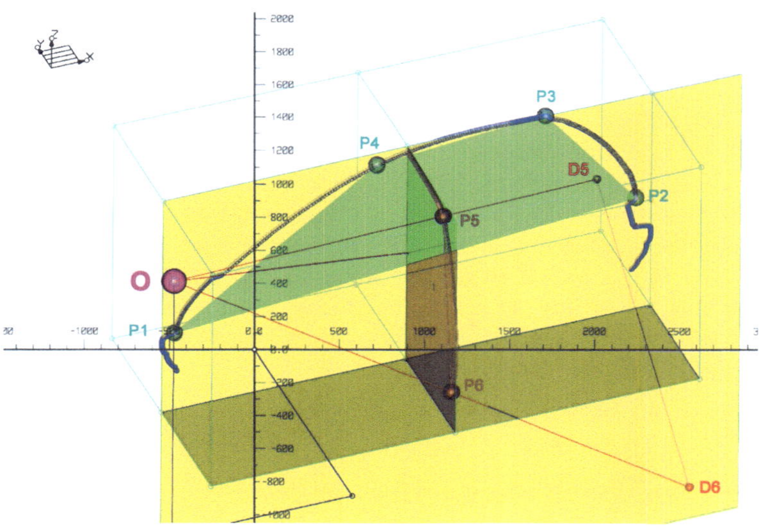

Abb. 96. Die Strahlen von D5 nach P5 und von D6 nach P6 schneiden sich im Augpunkt O

zeitig folgt der (hier erst zu bestimmende) Raumpunkt P durch gleichsinnige Drehung um die 2. Drehachse (sog. Kollineationsachse h_1) dieser Bewegung. Dadurch wird der räumliche Projektionsstrahl vom Augpunkt O nach einem

Punkt im 3D-Modell in den ebenen Strahl in der Bildebene vom umgeklappten Augpunkt (Drehsehnenfluchtpunkt) nach dem umgeklappten (noch zu bestimmenden entzerrten) Punkt in der Bildebene umgewandelt. Beide Strahlen schneiden sich im zentralperspektivischen Bild des Punktes in der Bildebene, s. Abb. 98. Als Raumpunkt P haben wir dort den Eckpunkt G_3 der Grundfläche ausgewählt.

Wir verlängern in der Bildebene den ebenen Strahl vom umgeklappten Augpunkt nach dem zentralperspektivischen Bildpunkt und ermitteln den entzerrten Punkt in der Bildebene mit Hilfe von weiteren geometrischen Eigenschaften. Zum Beispiel hilft uns die Kenntnis von der Parallelität der Fluchtgeraden zu den Hüllboxseiten und vom rechten Winkel zwischen benachbarten Seiten und Fluchtgeraden mehrfach, um die entzerrte Grundfläche zu bestimmen.

Durch ein Zurückdrehen um den gleichen Drehwinkel wie bei der Umklappung in die Ebene schwenkt man zuletzt die zunächst in der Bildebene liegende entzerrte Grundfläche in die ursprüngliche räumliche Lage der Grundfläche, welche hier zu bestimmen ist.

Der allgemeine Punkt P wird im folgenden Text durch die Eckpunkte der Grundfläche der Hüllbox ersetzt.

In Abb. 97 wird die gleichzeitige Drehung um die 1. und 2. Drehachse und die Umwandlung der räumlichen Projektionsstrahlen in ebene Strahlen in der Bildebene demonstriert.

Wir blicken in Richtung der Kollineationsachse g. Der Sichtstrahl führt vom Augpunkt O zum Bildreferenzpunkt R im Objektschwerpunkt. Der Abstand beträgt d. Die Bildebene (Spur grün) steht normal zur Sichtrichtung und ist gegen die Standebene des Beobachters – Spur schwarz – um den Winkel ϕ geneigt. Bei horizontaler Sichtrichtung auf eine vertikale Bildebene wäre der Winkel $\phi = 90°$. Dieser Fall kommt aber im Fahrzeugdesign seltener vor. Meistens blickt man aus der normalen Beobachterposition mit etwa 1,70 m Augenhöhe leicht schräg von oben auf das Fahrzeug, so dass sich drei endliche Fluchtpunkte ergeben.

Anwendungsbeispiele für den Sonderfall $\phi = 90°$ finden wir in der Malerei, wie z. B. bei *Albrecht Dürer's* Gemälden.

Zunächst folgen Übersichten zu den Teilschritten:

Umklappung des Projektionszentrums Z und Konstruktion des Strahlenbüschels durch das umgeklappte Projektionszentrum Z – Schritt 2.1

Wir klappen das Projektionszentrum Z in die Bildebene um. Bei dieser Umklappung hilft uns der Thaleskreis in der Bildebene. Dadurch gewinnen wir auch die umgeklappten Fluchtgeraden durch Z zu den beiden Fluchtpunkten $F1$ und $F2$ des Horizontes. Wir bezeichnen diese Geraden in der Bildebene mit x_0 und y_0. Die Geraden legen die Richtung der Seiten der Grundfläche

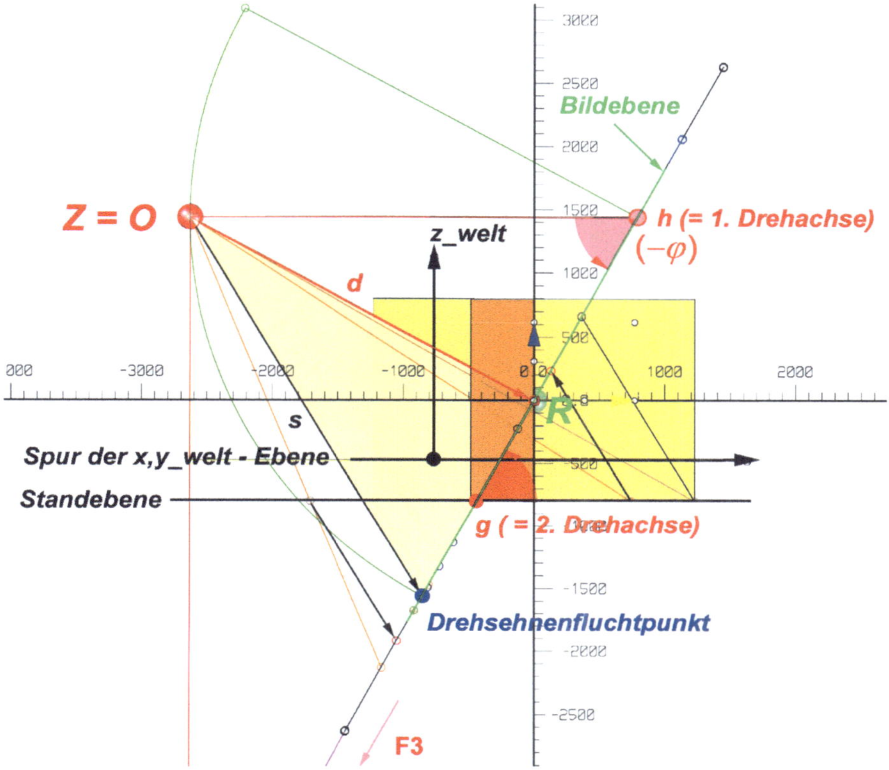

Abb. 97. Perspektive Kollineation, Darstellung im Fahrzeugkoordinatensystem, Normalprojektion

fest, nämlich parallel zu x_0 bzw. zu y_0. Wir bezeichnen das umgeklappte Projektionszentrum als Drehsehnenfluchtpunkt. In diesem Punkt finden wir den rechten Winkel zwischen der kurzen und der langen Seite des Grundrissrechtecks wieder. Wir ziehen vom Drehsehnenfluchtpunkt aus in der Zeichenebene Strahlen zu den Bildern der Eckpunkte der Grundfläche. Damit ist der 1. geometrische Ort zu den entzerrten Eckpunkten in der Bildebene gefunden.

Konstruktion des entzerrten Grundrisses in der Bildebene – Schritt 2.2

Ein ähnliches entzerrtes Bild ist bereits durch die o. g. Strahlen festgelegt. Die genaue maßstäbliche Kartierung der entzerrten Grundfläche in der Bildebene gelingt genau dann, wenn man ein Vergleichsmaß, z. B. die wahre Länge oder Breite der Grundfläche kennt.

Zurückdrehen der entzerrten Grundfläche in die echte räumliche Lage – Schritt 2.3

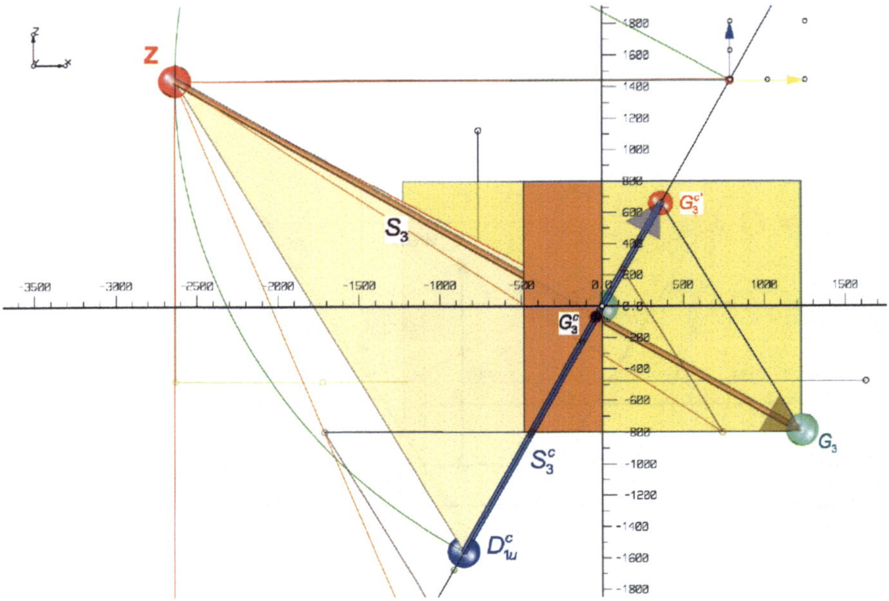

Abb. 98. Strahl S_3 geht in Strahl S_3^c über. Beide schneiden sich im Bildpunkt G_3^c

Das Zurückdrehen um die Kollineationsachse erfolgt in umgekehrter Richtung als beim Umklappen des Augpunktes in die Bildebene um den Winkel ϕ. Damit wird die in der Bildebene entzerrte Grundfläche in die ursprüngliche räumliche Lage zurücktransformiert.

Es folgen im nächsten Abschnitt weitere Bilder und Kommentare zu den o. g. Teilschritten.

2.2.2.4.2 Konstruktion des Strahlenbüschels durch das umgeklappte Projektionszentrum – Schritt 2.1

Es wird zunächst durch Umklappung des Projektionszentrums Z in die Bildebene π und mit Hilfe des Thaleskreises der Drehsehnenfluchtpunkt D_{1u}^c in der Bildebene π bestimmt. Drehachse ist die Verbindungsstrecke zwischen den Fluchtpunktbildern $X_u^c = F_1$ und $Y_u^c = F_2$. Der Drehwinkel ist $-\phi$, s. Abb. 104.

Im Schrägbild, s. Abb. 99, sind dargestellt:

- die (eigentlich erst zu bestimmende) Grundfläche der Hüllbox im Raum als grün berandetes Parallelogramm mit grünen Vollkreis-Eckpunktsignaturen

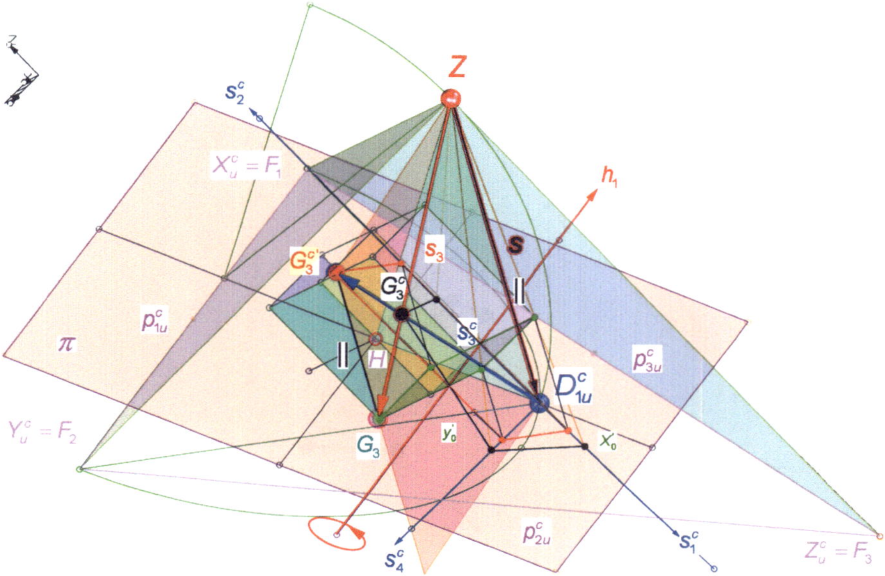

Abb. 99. Prinzip der Perspektiven Kollineation

- das zentralperspektivische Bild der Grundfläche in der Bildebene als schwarzes Viereck (ohne Flächeneinfärbung) mit schwarzen Vollkreis-Eckpunktsignaturen in der Bildebene π
- die entzerrte Grundfläche in der Bildebene als rotes Parallelogramm (ohne Flächeneinfärbung) mit roten Vollkreis-Eckpunktsignaturen in der Bildebene π.

In Abb. 100 erkennt man das Büschel der Projektionsstrahlen noch besser.

Die Projektionsstrahlen von Z nach den Eckpunkten der Hüllboxgrundfläche (grau) durchschneiden die Bildebene. Diese Schnittpunkte bilden das zu entzerrende Viereck (schwarz dargestellt) in Abb. 100.

Betrachten wir nun in Abb. 99 z. B. den Quadereckpunkt G_3.

Der Projektionsstrahl S_3 von Z nach G_3 geht über in den Strahl s_3^c von D_{1u}^c nach G_3^c. Beide Strahlen schneiden sich im Bildpunkt G_3^c in der Bildebene π.

Die genannten Strahlen s_3 und s_3^c liegen in einer Hilfsebene, welche sich im Strahl s_3^c mit der Bildebene π schneidet. Zu den Bezeichnungen beachte man auch Anhang A.3, Tabelle 2 auf S. 195. Der Strahl s_3^c ist der erste geometrische Ort für den entzerrten Bildpunkt $G_3^{c'}$.

Da die räumlichen Eckpunkte der Grundfläche der Hüllbox noch nicht bekannt sind, müssen wir uns den jeweiligen zweiten geometrischen Ort für die entzerrten Bilder der Eckpunkte auf anderem Wege beschaffen.

Siehe Teilschritt 2.2.

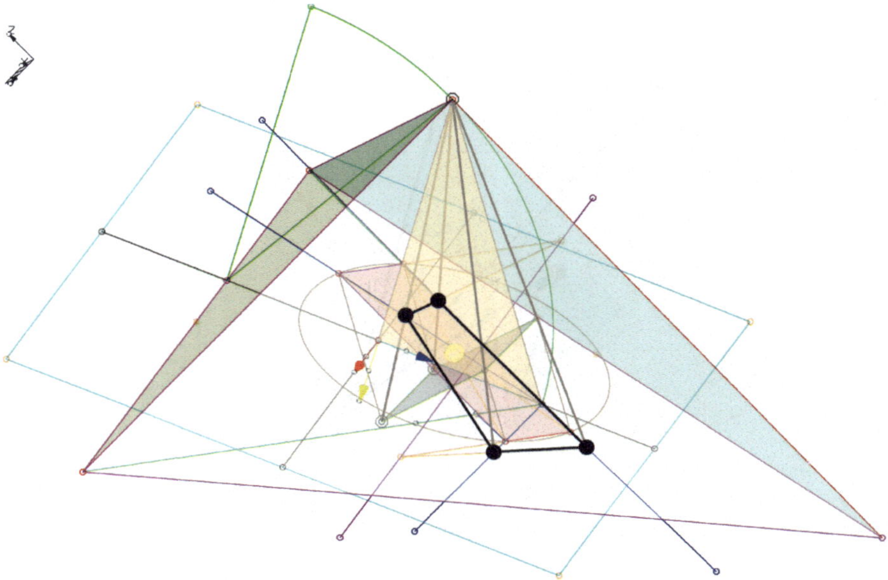

Abb. 100. Zu entzerrendes Viereck

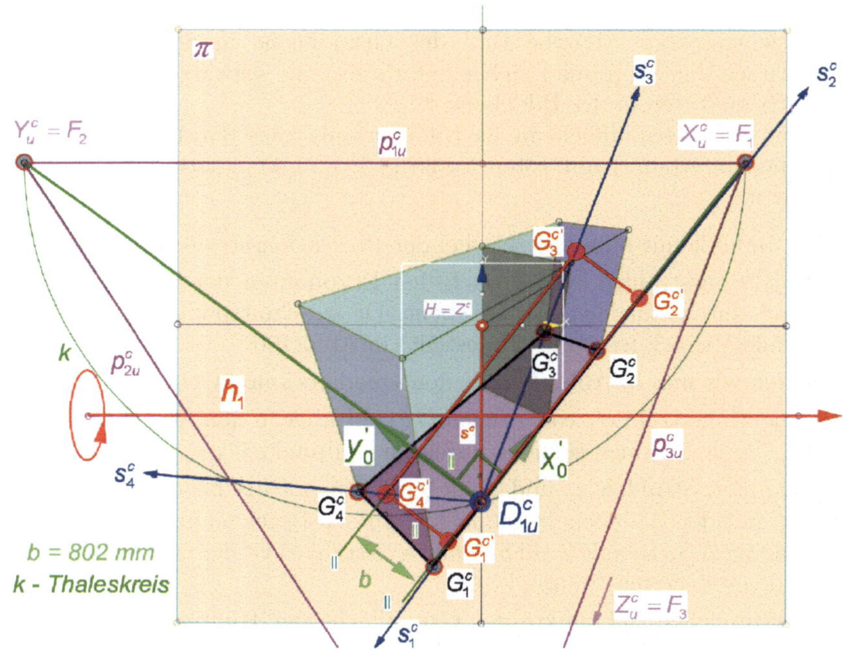

Abb. 101. Ablauf der Entzerrung der Grundfläche der Hüllbox

2.2.2.4.3 Konstruktion der entzerrten Grundfläche in der Bildebene – Schritt 2.2

Die Projektion der Hüllquadergrundfläche (schwarzes Viereck mit den Eckpunkten G_1^c bis G_4^c) auf die Bildebene ist gegeben. Gesucht ist das entzerrte rote Rechteck mit den Eckpunkten $G_1^{c'}$ bis $G_4^{c'}$. Die Überführung des schwarzen Vierecks in das rote Rechteck gelingt mit Hilfe der blauen Projektionsstrahlen vom Drehsehnenfluchtpunkt D_{1u}^c zu den Eckpunkten G_1^c bis G_4^c. Unter Ausnutzung der bekannten wahren Breite b (hellgrün) wird zunächst $G_4^{c'}$ bestimmt. Wir wissen auch, dass die schmale bzw. die lange Seite des roten Rechtecks parallel zu y'_0 bzw. x'_0 liegen müssen. Der Schnittpunkt zwischen dem Strahl s_4^c und der Parallelen zu x'_0 im Abstand b ist der gesuchte Punkt $G_4^{c'}$. Alle weiteren roten Eckpunkte $G_1^{c'}$ bis $G_3^{c'}$ ergeben sich ausgehend vom ersten Punkt $G_4^{c'}$ durch Parallelverschiebung (in Bezug auf die Hilfsachsen x'_0 und y'_0) und Markieren des jeweiligen Schnittpunktes mit den zugehörigen blauen Projektionsstrahlen s_1^c bis s_3^c.

2.2.2.4.4 Zurückdrehen der entzerrten Grundfläche in die echte räumliche Lage – Schritt 2.3

Vergleichen wir die entzerrte Grundfläche mit dem perspektivischen Grundriss (in der Bildebene), s. Abb. 102, so erkennen wir die Konstruktionsmöglichkeit für die Kollineationsachse h_1: Die paarweise korrespondierenden schwarzen und roten Seiten schneiden sich in der Kollineationsachse h_1. Der gegebene perspektivische bzw. gesuchte entzerrte Grundriss ist grau bzw. rosa dargestellt.

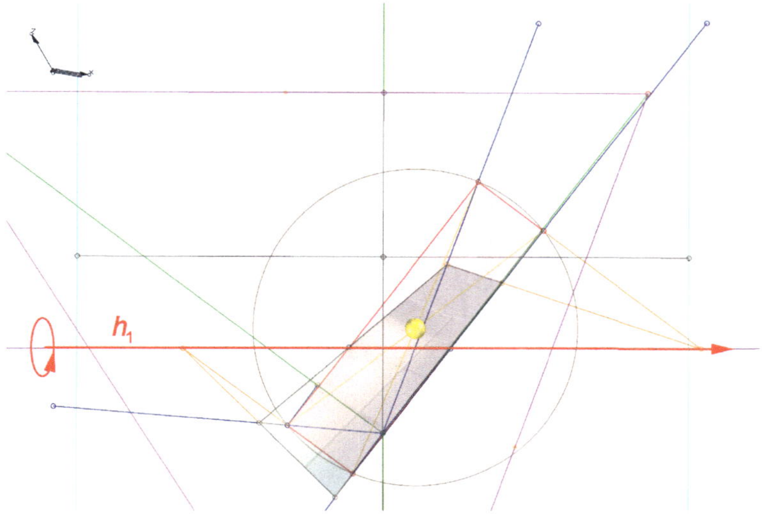

Abb. 102. Kollineationsachse, Darstellung in Zentralprojektion

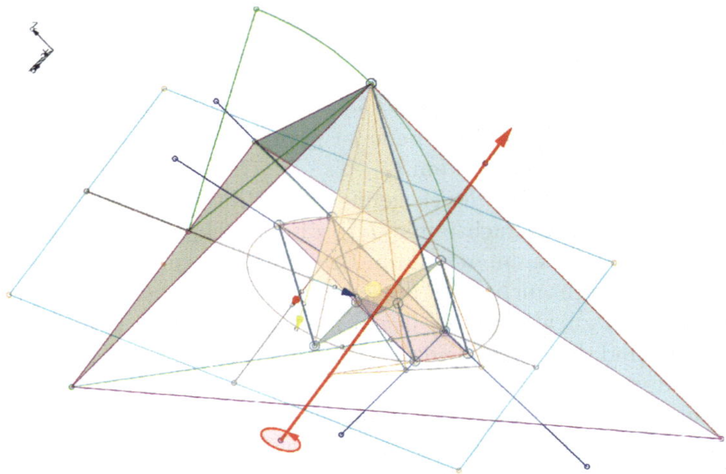

Abb. 103. Kollineationsachse im Schrägbild bei Normalprojektion

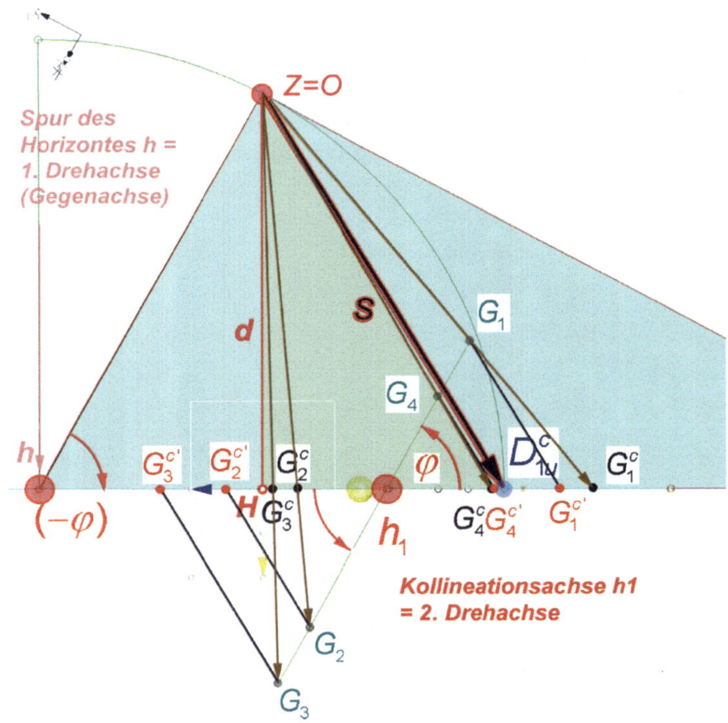

Abb. 104. Blick (in Normalprojektion) in Richtung der Kollineationsachse mit den Parallelen zur Drehsehne s

Die Parallelen zur Drehsehne s durch die Eckpunkte der entzerrten rosa Fläche verbinden das entzerrte Rechteck in seinen Eckpunkten in der Bildebene mit den Eckpunkten der Grundfläche der Hüllbox. Daraus folgt die Rekonstruktionsmöglichkeit der Original-Grundfläche (graue Fläche) aus der rosa Fläche in der Bildebene mittels der Parallelen zur Drehsehne. Es erfolgt eine Drehung um die rote Kollineationsachse, s. Abb. 104. Die Parallelen durchschneiden eine Ebene, welche parallel zur Grundrissebene des Fahrzeugkoordinatensystems (Standebene) liegt und durch die Kollineationsachse (in der Bildebene) geht. Die roten Eckpunkte in der Bildebene werden zu den grauen Eckpunkten in der auffangenden Grundflächenebene des Hüllquaders (Drehung um den Winkel ϕ). Damit haben wir den Kreis geschlossen und die Originalgeometrie der Grundfläche der Hüllbox reproduziert: Die grauen Eckpunkte der grünen Grundfläche wurden zunächst als schwarze Bildpunkte auf die Bildebene projiziert, deren Spur in Türkis zu sehen ist. Die schwarzen Eckpunkte konnten in der Bildebene durch die Geradentreue der Projektionsstrahlen bei Umklappung um minus ϕ in die roten verwandelt werden und diese nun durch die entgegengesetzte Drehung um die Kollineationsachse h_1 wiederum in die Originaleckpunkte.

2.2.2.4.5 Entzerrung des Bildes einer Seitenfläche der Hüllbox – Schritt 3

Für die Reproduktion der vollständigen Geometrie der Hüllbox reicht es nun, eine Seitenfläche der Box hinzuzunehmen. Die restlichen vier Boxflächen erge-

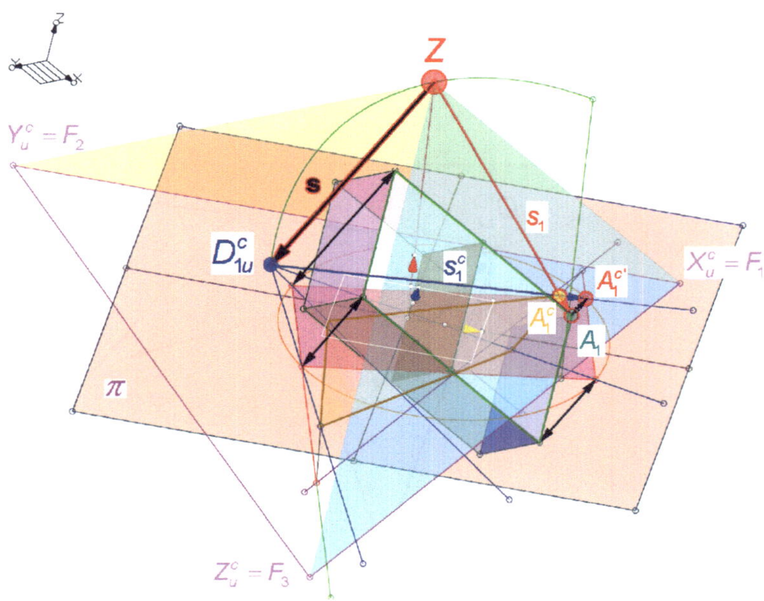

Abb. 105. Prinzip der punktweisen Entzerrung der Seitenfläche im Schrägbild

ben sich dann durch Parallelverschiebung. Für die Entzerrung des Bildes der Seitenfläche (Viereck mit brauner Berandung) benötigen wir den Drehsehnenfluchtpunkt D^c_{1u}, der sich aus der Umklappung des Projektionszentrums Z in die Bildebene π ergibt. Drehachse ist die Verbindungsstrecke zwischen den Fluchtpunktbildern $X^c_u = F_1$ und $Z^c_u = F_3$.

In Abb. 105 sind dargestellt:

- Die Hüllquader-Seitenfläche (grünes Parallelogramm)
- Die zentralperspektivische Projektion der Hüllquader-Seitenfläche auf die Bildebene π – braun umrandetes Viereck mit beiger Flächeneinfärbung. Die Projektionsstrahlen wurden hier bis auf s_1 weggelassen.

Gesucht ist das entzerrte rote Rechteck, welches im Schrägbild als Parallelogramm mit karminrotem Flächencolorit erscheint und dessen entzerrter Eckpunkt der Punkt $A^{c'}_1$ ist.

In Abb. 105 demonstrieren wir die Perspektive Kollinearität am Beispiel des Eckpunktes A_1 der vorderen Seitenfläche.

Der Strahl s_1 von Z nach A_1 geht über in den Strahl s^c_1 von D^c_{1u} nach $A^{c'}_1$. Beide Strahlen schneiden sich im Bildpunkt A^c_1.

Wie der Punkt $A^{c'}_1$ in der Bildebene π kartiert wird, geht aus Abb. 106 hervor. Die Konstruktion läuft analog zur Vorgehensweise bei der Grundfläche der

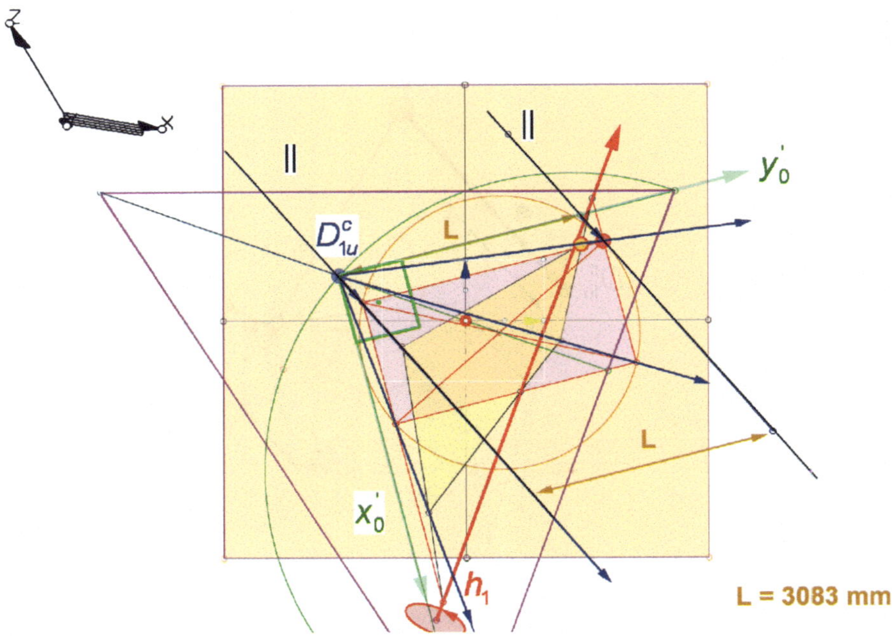

Abb. 106. Konstruktion der entzerrten Seitenfläche in der Bildebene π

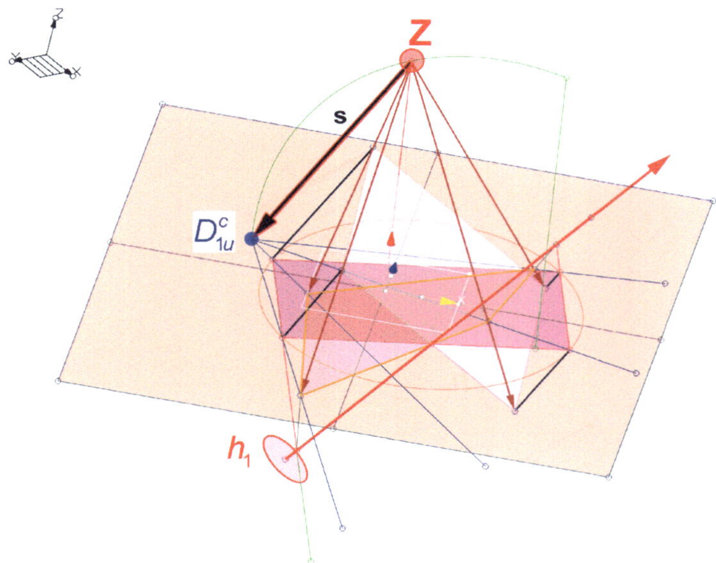

Abb. 107. Drehung um die Kollineationsachse h_1

Hüllbox ab. Hier wird die Länge (in mm) $L = 3083$ der Hüllbox als bekanntes Maß verwendet.

In Abb. 108 erkennen wir wiederum die Möglichkeit, mittels der Parallelen zur Drehsehne s die entzerrten roten Bildpunkte auf eine XZ-Ebene im Fahrzeugkoordinatensystem zu projizieren, um damit die Originalseitenfläche zu reproduzieren.

2.2.2.5 Manuelle Entzerrung

2.2.2.5.1 Punktweise Entzerrung des Längsmittelschnittes $Y = 0$ mittels Doppelverhältnis – Papierstreifenmethode – Schritt 4

Nachdem wir mit Hilfe der Perspektiven Kollineation die sechs Seiten der Hüllbox entzerrt haben, fehlt nun noch die Entzerrung der charakteristischen Profile in den Hüllboxseiten. Exemplarisch entzerren wir hier den Längsmittelschnitt Y = 0 unseres Beispieles mit Hilfe des Doppelverhältnisses. Wir übertragen mit Hilfe der Doppelverhältnisse DV1 und DV2 (s. Abb. 109 und 110) einen Punkt P′ aus dem Bild in einen Punkt P im entzerrten Mittelschnitt Y = 0, s. Abb. 112 und 113.

Zunächst bestimmen wir im zentralperspektivischen Bild, s. Abb. 109, das DV 1 unter Verwendung des Zentralpunktes P4′ und der Schnittdiagonalen d1′. Die Fadenkreuzmitte markiert wiederum den Bildhauptpunkt H.

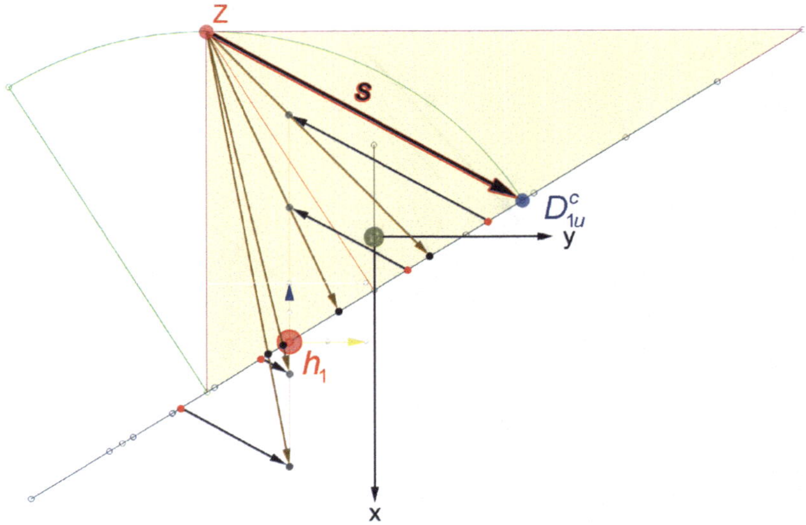

Abb. 108. Blick in Richtung der Kollineationsachse h_1

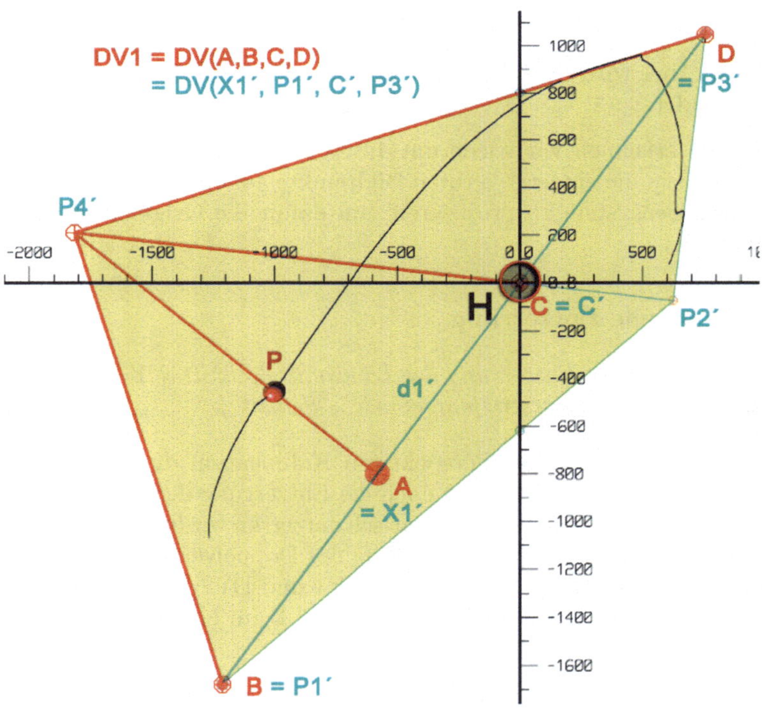

Abb. 109. Bestimmung des Doppelverhältnisses DV 1

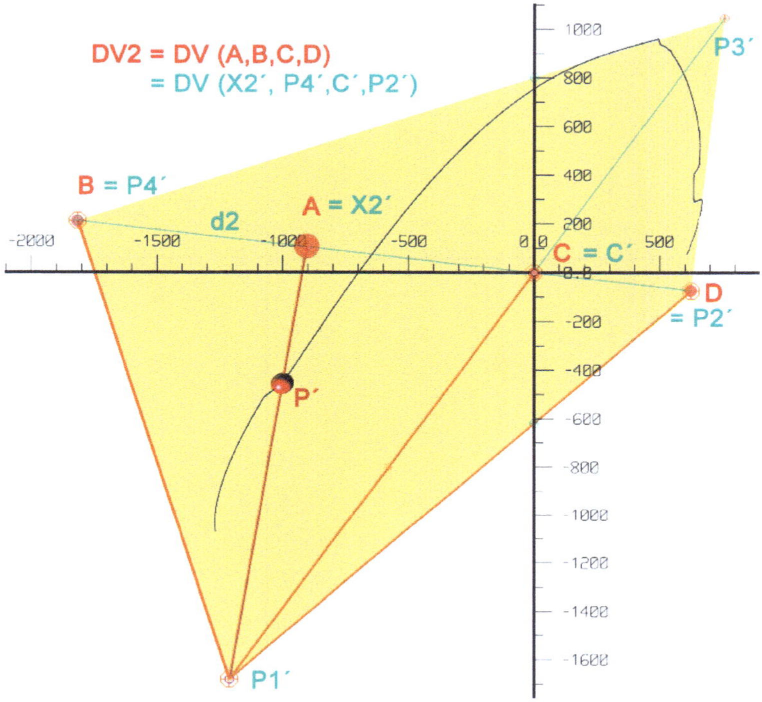

Abb. 110. Bestimmung des Doppelverhältnisses DV 2

Der Ursprung des jeweiligen ebenen lokalen Strahlenbüschels zur Ermittlung der DV's, hier mit Zentralpunkt bezeichnet, hat nichts mit dem eigentlichen Projektionszentrum der Zentralperspektive (Augpunkt O) zu tun.

In den zentralperspektivischen Bildern (Abb. 109 bzw. 110) bestimmen wir das DV 1 bzw. DV 2 unter Verwendung des Zentralpunktes P4′ bzw. P1′ und der Schnittdiagonalen d1′ bzw. d2′.

Wir übertragen nun die ermittelten Doppelverhältnisse auf das räumliche Modell, hier in die Längsmittelebene Y = 0, s. Abb. 112.

Hinweis: Das beschriebene Verfahren wird in der klassischen Photogrammetrie als sog. *Papierstreifenmethode* zur Bestimmung von Neupunkten (in der entzerrten Karte) aus (verzerrten) Luftbildern benutzt.

2.2.2.5.2 Entzerrung des Längsmittelschnittes Y = 0 mittels eines Projektiven Netzes – Schritt 4a –

Das zentralperspektivische Bild des Längsmittelschnittes Y = 0, s. Abb. 115, entzerren wir mittels eines perspektiven Netzes. Die schrittweise Konstruktion eines solchen Netzes wird in den Abb. 118 und 119 erklärt.

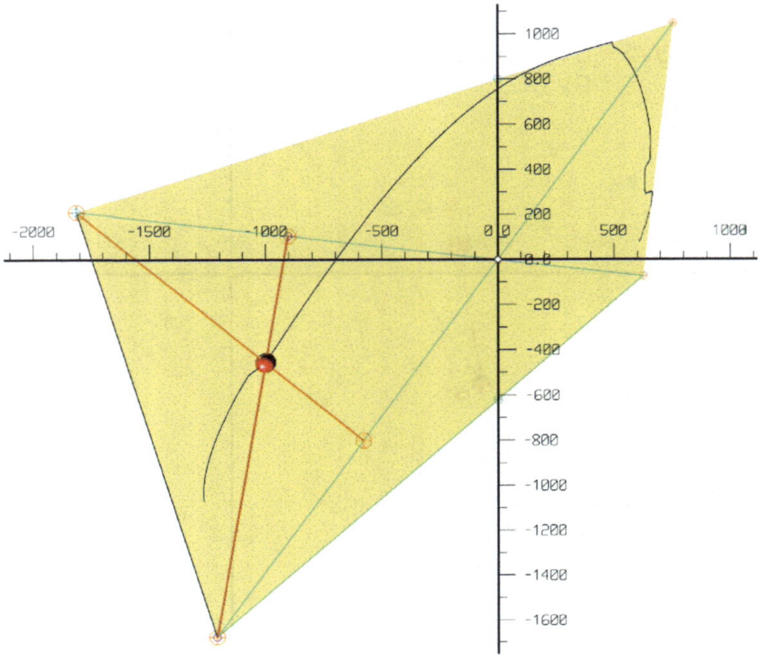

Abb. 111. Die Strahlen vom jeweiligen Zentralpunkt zu den Zwischenpunkten X1′ und X2′ schneiden sich im Bildpunkt P′

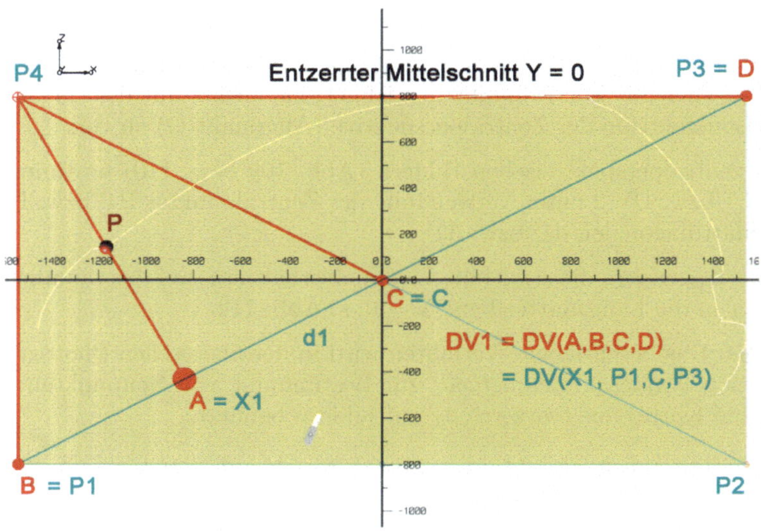

Abb. 112. Übertragung des Doppelverhältnisses DV 1

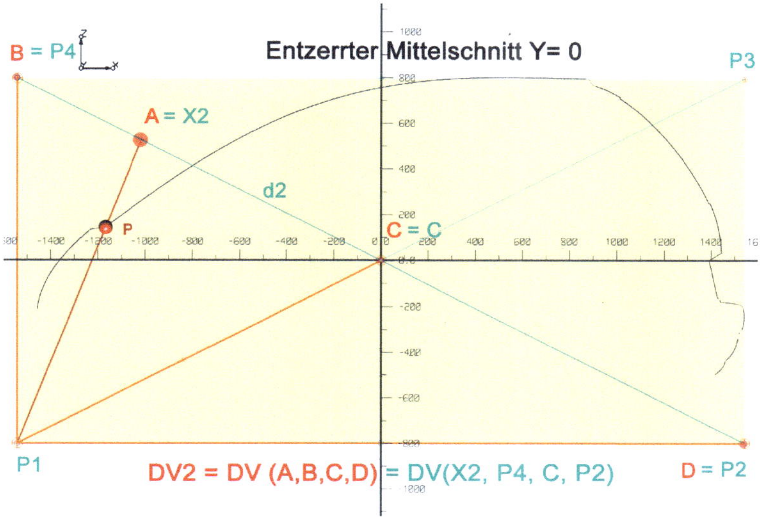

Abb. 113. Übertragung des Doppelverhältnisses DV 2

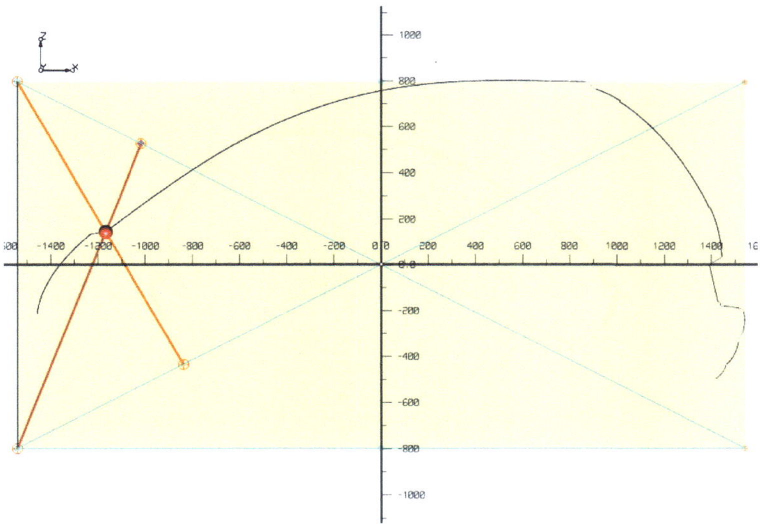

Abb. 114. Resultat

Die Abb. 116 zeigt das Ergebnis der Entzerrung. In Abb. 117 werden das zentralperspektivische Bild und die Normalprojektion des Längsmittelschnittes $Y = 0$ auf die Ebene $Y = 0$ übereinander gelegt.

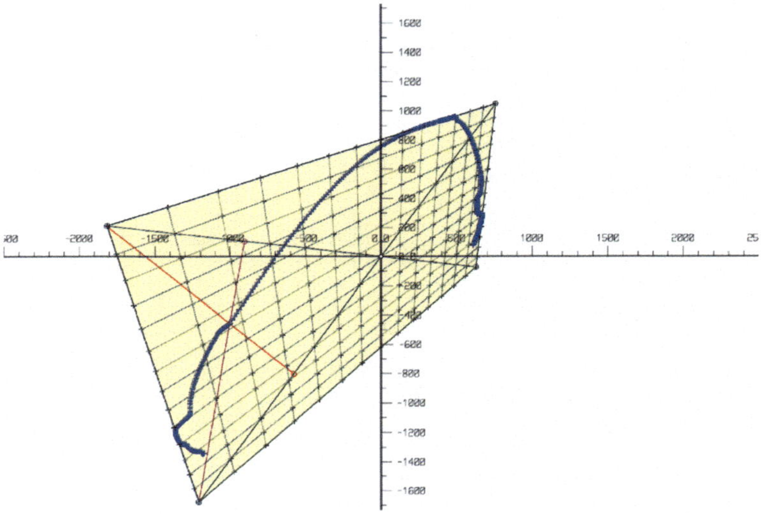

Abb. 115. Verzerrter Längsmittelschnitt

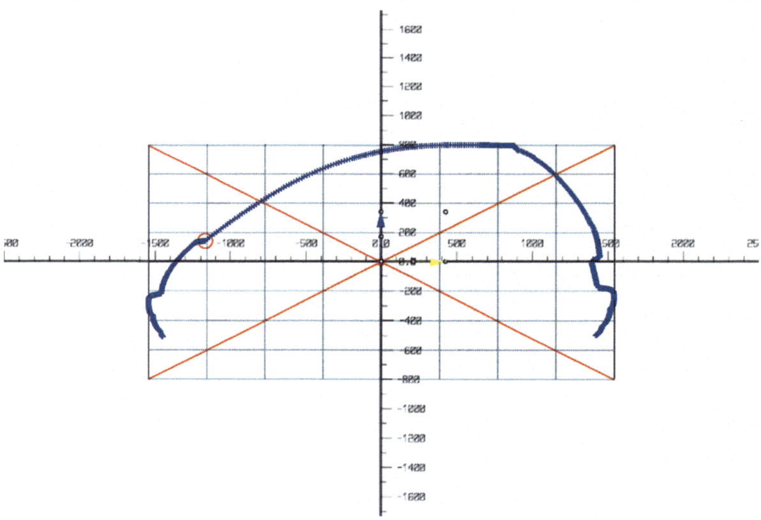

Abb. 116. Entzerrter Längsmittelschnitt

Sind die Fluchtpunkte bekannt, so lässt sich mit Hilfe der Diagonalen des Rechteckes (hier als Rastermasche betrachtet) ein beliebig dichtes Raster von Netzlinien erzeugen. Der Schnittpunkt der Diagonalen einer Rastermasche ist jeweils der neue Teilungspunkt, durch den die (im Objekt) parallelen Linien zum Rand der Masche laufen müssen. Verbindet man den aktuellen Dia-

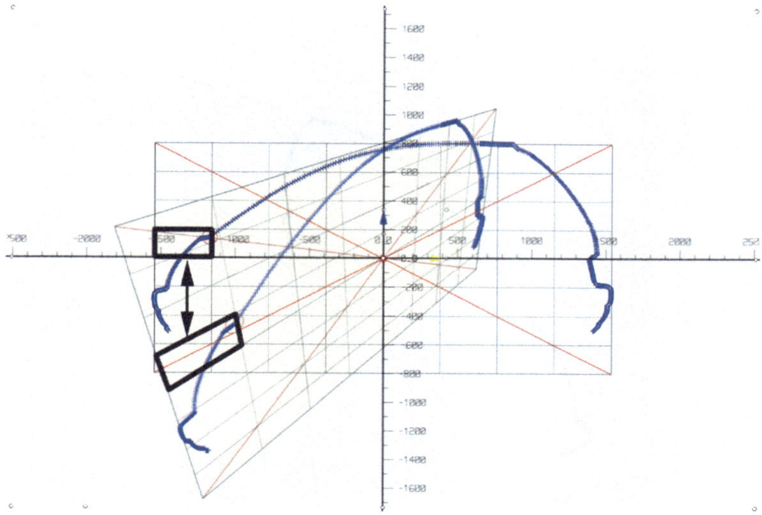

Abb. 117. Vergleich Verzerrt – Entzerrt

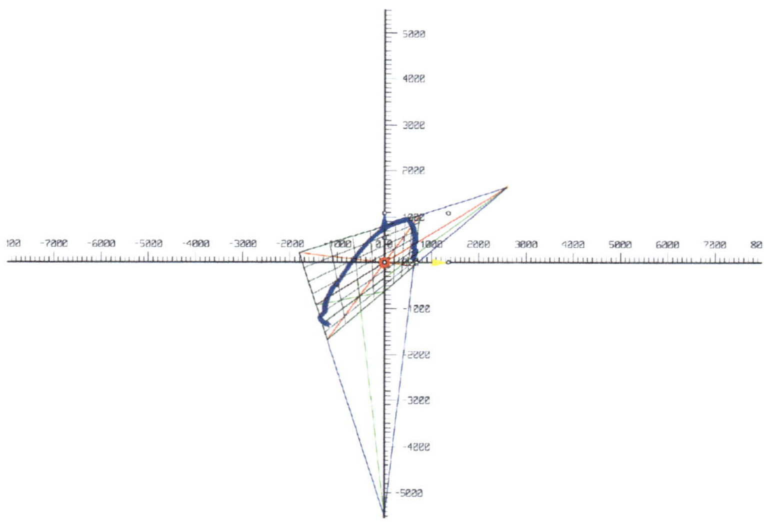

Abb. 118. Prinzip der Verdichtung zu einem perspektiven Netzlinienraster

gonalenschnittpunkt mit den zuständigen Fluchtpunkten, so erhält man die gesuchten Bilder der neuen Rasterlinien.

Hat man die zugeordneten Rastermaschen des projektiven Netzes und des unverzerrten Netzes auf dem Objekt konstruiert, so gelingt die Übertragung der

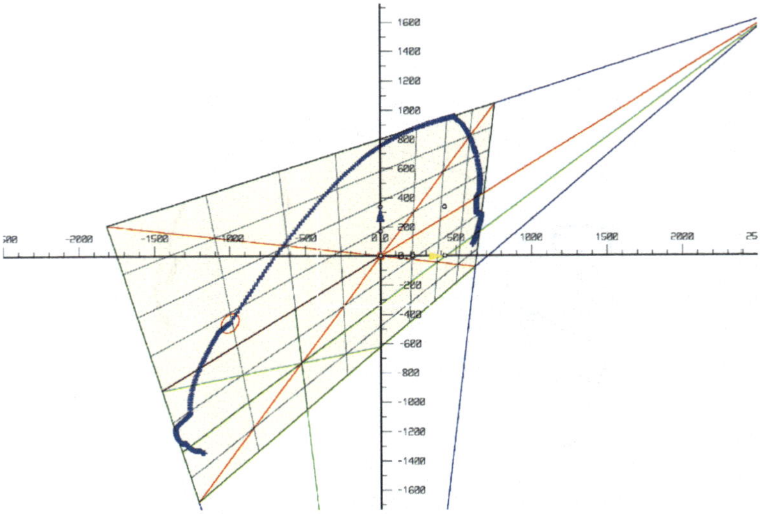

Abb. 119. Wie vorhergehende Abb., nur gezoomt

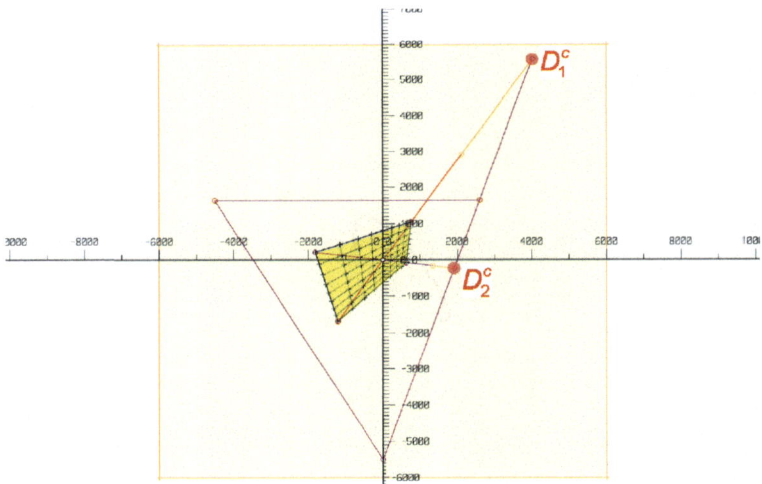

Abb. 120. Mit Hilfe der Diagonalen des Rechteckes ermitteln wir die beiden Diagonalenfluchtpunkte

Profilkontur mit Hilfe von hinreichend dicht verfeinerten korrespondierenden Maschen.

Den wahren Winkel α zwischen den Diagonalen können wir aus den beiden Diagonalenfluchtpunkten und dem Augpunkt O rekonstruieren. Zur Kontrolle

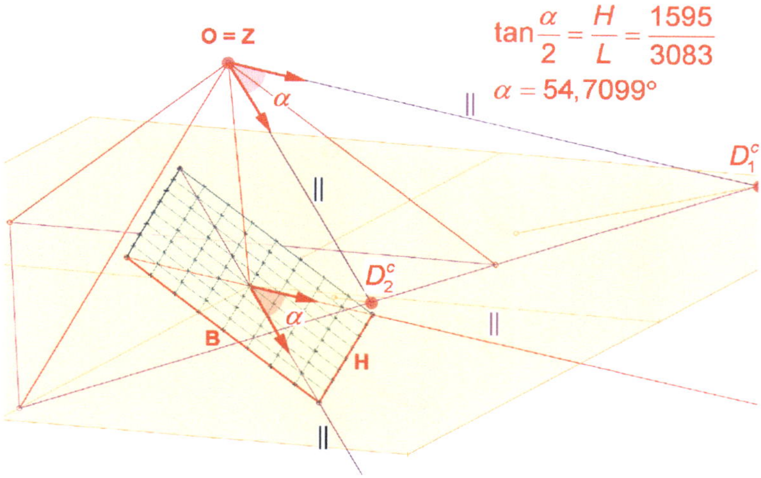

Abb. 121. Wahrer Winkel α zwischen den Diagonalen

können wir diesen Winkel auch aus den Hüllboxmaßen bestimmen, s. Formel in Abb. 121.

2.3 Entzerrung mit Hilfe eines CAD-Systems

In den vorangegangenen Abschnitten wurden die Lage des Augpunktes O und des Bildreferenzpunktes R im Fahrzeugkoordinatensystem ermittelt. Übernimmt man die Orientierungsparameter für die Zentralprojektion in das CAD-System, so ergibt sich die in Abb. 122 dargestellte Ansicht. In Abb. 122 erkennen wir die grau dargestellte Bildebene. Diese enthält das Hintergrundpixelbild mit der farbigen Designzeichnung. Wir wählen die Fahrzeugmittelebene XZ (gelb) als aktuelle Arbeitsebene und kartieren die markanten Knickpunkte auf dem verzerrten Längsprofil der Designzeichnung. Die Schnittpunkte der Projektionsstrahlen werden von der Fahrzeugmittelebene XZ im CAD-Modellraum aufgefangen. Die Bildpunkte der Designzeichnung und die entzerrten Punkte im 3D-Modellraum liegen hier im Bild genau übereinander. Das Auge des Betrachters befindet sich im Projektionszentrum Z. Deshalb sieht man auch die Projektionsstrahlen nur als Punkt.

Betrachtet man diesen Abbildungsvorgang nicht mehr in Zentralprojektion, sondern in Parallelprojektion schräg von der Seite, so erkennt man die Projektionsstrahlen als solche, s. Abb. 123 bis 125.

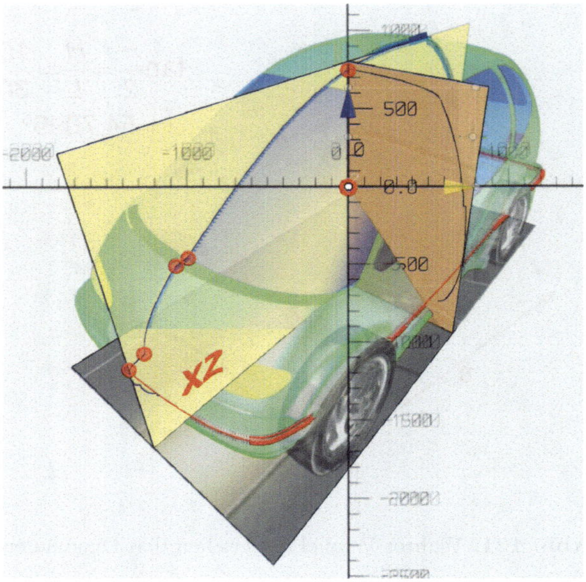

Abb. 122. Zu entzerrendes Profil, Zentralprojektion

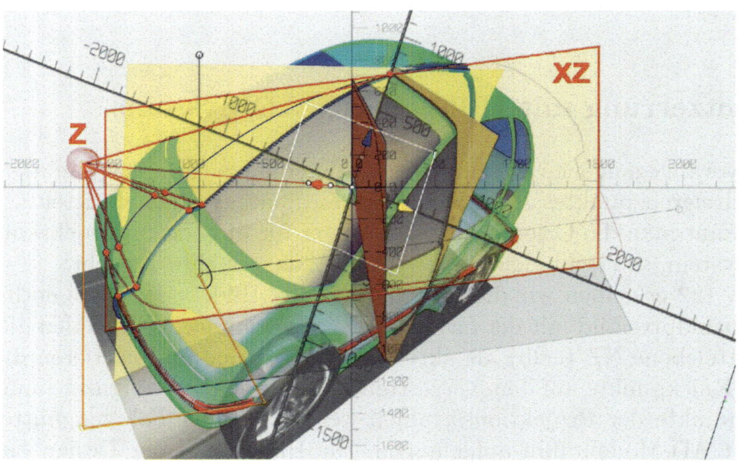

Abb. 123. Schrägansicht der Bildebene mit dem Pixel-Hintergrundbild

Die Projektionsstrahlen vom Augpunkt O (= Projektionszentrum Z) zu den markanten Punkten auf dem Längsprofil durchschneiden die gelbe Fahrzeugmittelebene XZ in den gesuchten entzerrten Punkten.

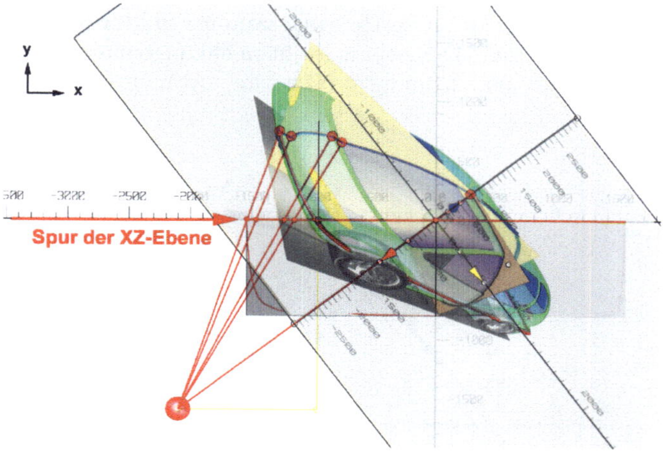

Abb. 124. Riss XY des Abbildungsvorganges. Die auffangende Arbeitsebene XZ ist nur als Spur zu erkennen

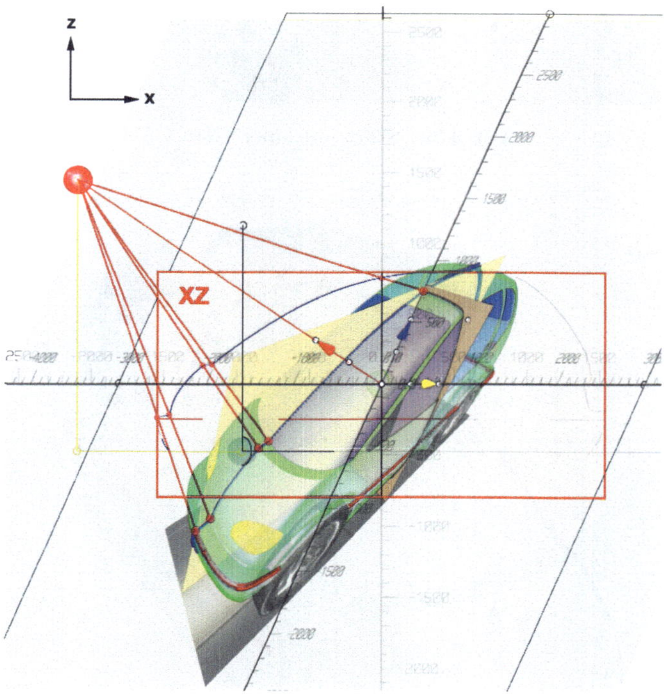

Abb. 125. Riss XZ des Abbildungsvorganges. Die auffangende Arbeitsebene XZ ist in wahrer Größe zu sehen

Die Konturen zwischen den entzerrten markanten Punkten in der Ebene XZ kann man mit Hilfe des CAD-Systems leicht nachkonstruieren. Wir beginnen mit einer Bézierkurve der Ordnung 2 (Gerade – Abb. 126) und erhöhen auf Ordnung 3, s. Abb. 127.

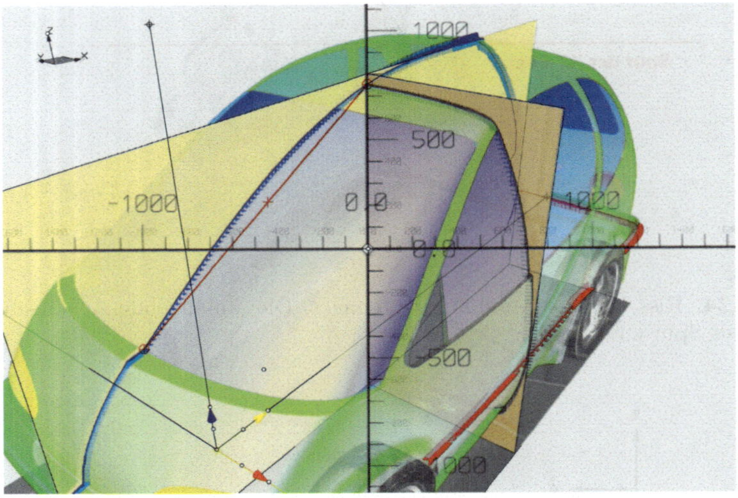

Abb. 126. Start mit einer Geraden

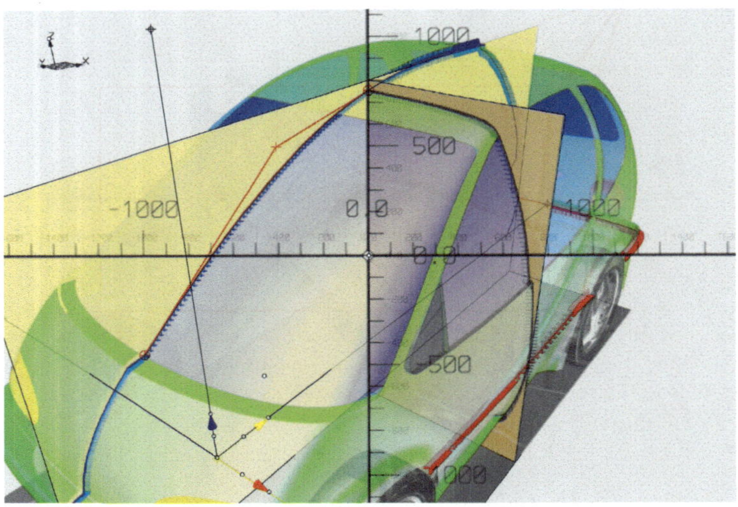

Abb. 127. Die Kurve der Ordnung 3 ziehen wir mit Hilfe des mittleren Kontrollpunktes bei fixierter Koordinate y in die gewünschte Form

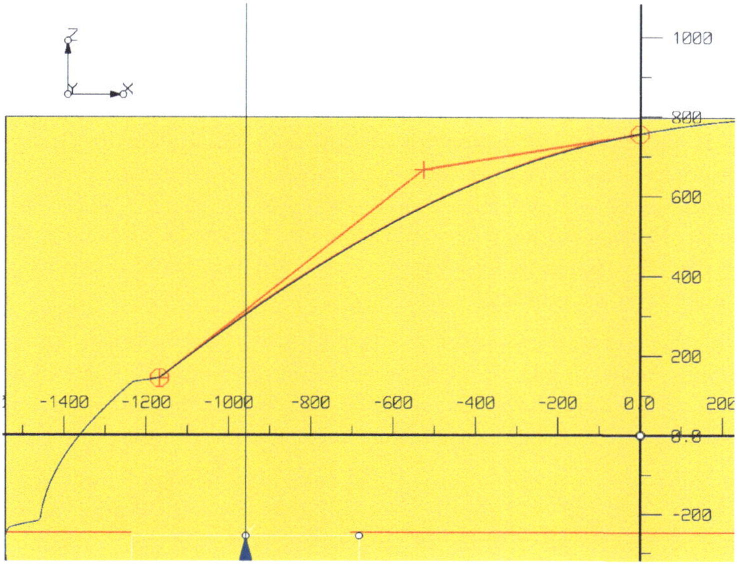

Abb. 128. Die resultierende entzerrte Kurve liegt genau in der Ebene XZ

Hinweis: Die Bézierkurven und deren Modifikationsmöglichkeiten (Grad- bzw. Ordnungserhöhung und Ziehen an den Kontrollpunkten zwecks Formänderung) werden im Abschn. 4.2.1 ab S. 115 erklärt.

2.4 Zusammenfassung

Auch wenn kein CAD-Programm zur Auswertung von perspektivischen Zeichnungen vorhanden ist, kann man verzerrte Profilschnitte prinzipiell entzerren. Die abgehandelten Beispiele sind aber nur zum Trainieren des räumlichen Vorstellungsvermögens und zur Erklärung der theoretischen Zusammenhänge bei Zentralprojektion geeignet. Denn das manuelle Verfahren erfordert viel Aufwand und ist an bestimmte Voraussetzungen gebunden. Sind diese nicht erfüllt, so wird die Lösung schwierig, wenn nicht sogar aus rein praktischen Gründen unlösbar. Nicht immer fallen die drei Fluchtpunkte auf das Zeichenblatt. In diesem Falle kann man Hilfskonstruktionen bemühen, um die benötigten Seitengeraden des Fluchtpunktedreiecks zu bestimmen, s. dazu [14]. Auch die in der Architektur oft vorkommenden Sonderfälle mit nur zwei Fluchtpunkten oder (seltener) mit einem Fluchtpunkt werden dort abgehandelt. Das manuelle Verfahren setzt beim Fluchtpunktverfahren die Hüllbox des Objektes voraus. Ist aber nur das Designobjekt selbst mit seinen Hauptprofilen ohne den umhüllenden Quader gezeichnet worden, dann versagt das Verfahren.

Die Bestimmung des Augpunktes gelingt aber bei folgenden Voraussetzungen auch ohne Hüllbox: Man kennt zumindest die Koordinaten von vier Punkten des zu entzerrenden Profiles in einer Hilfsebene des Objektes, z. B. in der Längsmittelebene, die ein nicht entartendes Viereck aufspannen müssen. Dazu seien noch zwei weitere Punkte des Designobjektes außerhalb dieser Ebene, also entweder davor oder dahinter, z. B. in einer Querebene X = const. bekannt. Dann lassen sich mit Hilfe des Doppelverhältnisses die Bilder der beiden zusätzlichen Punkte in der Hilfsebene (hier die Längsmittelebene) identifizieren und die Bestimmung des Augpunktes wird mit Hilfe eines räumlichen Vorwärtseinschnittes möglich.

Die zeichnerische Bestimmung o. g. Bildpunkte ist umständlich, sodass auch dieser manuelle Weg nicht praktikabel ist. Zumal man auch nicht ohne Rechnung oder aufwändige graphische Hilfskonstruktionen auskommt, um den Augpunkt mit Hilfe eines Vorwärtseinschnittes zu bestimmen.

Programmiert man jedoch die o. g. Hilfskonstruktionen und stellt sie in einer Art Vorbibliothek [22, 23] für das passpunktbasierende numerische Iterationsverfahren RWS zum räumlichen Rückwärtseinschnitt [18, 19, 20, 22, 23] zur Verfügung, dann können Näherungswerte für die Daten der inneren und äußeren Orientierung bestimmt werden. Damit lässt sich die Konvergenz des Verfahrens beschleunigen. Für den CAD-Anwender läuft dies unbemerkt im Hintergrund ab, da er selbst nur die Passpunkte anwählt, die Rechnung aber dem CAD-Programm überlässt. Das Programm RWS liefert vollautomatisch die Orientierungsdaten einer Designzeichnung auf der Basis von fünf angemessenen Passpunkten oder halbautomatisch bei drei Passpunkten (reine Sichtrichtungsbestimmung) mit einem interaktiven Zusatzvorgang (Abgleich der Augdistanz).

Der anschließende Teil des Verfahrens, nämlich die eigentliche Entzerrung, fällt praktisch als Nebenprodukt sofort im CAD-System mit ab.

3

Beispiel eines Rohlingsaufbaus aus Designskizzen

Bei den folgenden Aufbauschritten zum Designrohling (auf Basis der Urdaten aus [1]) werden

- die Class A – Regeln noch nicht vollständig beachtet. Dies wird erst später an anderen geeigneten Strakbeispielen geschehen. Zu Grundregeln s. Abschn. 4.3.2, ab S. 130 und zu Anwendungen Abschn. 6, ab S. 153.
- CAD-Begriffe zu Kurven und Flächen (Bézier und B-Spline) vorgreifend schon benutzt, obwohl die theoretischen Grundlagen dazu erst im Abschn. 4.2 behandelt werden. Dies wird absichtlich in Kauf genommen, um das einführende Beispiel nicht zu überfrachten.
  Als Hilfe sei hier nur erklärt, dass die Ordnung einer Bézierkurve gleich der Anzahl der Kontrollpunkte ist und die Kontrollpunkte als Steuerpunkte für die Kurve selbst dienen, s. Abschn. 4.2.1.
  Analog gilt dies für Bézierpatches, nur eben in zwei Richtungen. Mehrere Bézierpatches bilden einen Bézierpatchverband, kurz eine Bézierfläche.
  Bei B-Spline-Kurven und -Flächen ist es bezüglich Ordnung und Wirkung der Steuerpunkte komplizierter, deshalb müssen wir auf den Abschn. 4.2.2 verweisen.

Beginnend mit einem leeren Bildschirm wird auf Grundlage von Designzeichnungen mittels CAD Schritt für Schritt ein Rohlingskörper für ein Designmodell eines kompakten Kleinwagens aufgebaut. Die Designzeichnungen stammen aus der (unter diesem Traditionsnamen) bekannten Wagenbauschule Hamburg. Es werden dabei grundsätzliche CAD-Möglichkeiten aufgezeigt, wie aus 2D-Hintergrund-Pixelbildern 3D-Formen geschaffen werden können.

Hinweis zu den Abbildungen: Die Konturen der Hintergrund-Pixelbilder sind blau-schwarz dargestellt. Der Designer hat meistens die lokale horizontale Achse H und die vertikale Achse V mit eingezeichnet. Die jeweils hervorzuhebenden Kurven sind an der violetten Farbe zu erkennen.

Hinweis zur Literatur

Die Literaturverweise im Kap. 3 beziehen sich auf das Literaturverzeichnis von Kap. 1.

3.1 Definition von charakteristischen Kurven

3.1.1 Definition von ebenen Kurven in der Längsmittelebene $y = 0$

Der Bildschirm ist anfangs geometrisch leer. Was wir in diesem Stadium auf dem Bildschirm sehen, ist nur das Pixelbild (die eingescannte Skizze des Designers) als Hintergrundbild im Seitenriss XZ bzw. $y = 0$. Auf dieser Vorlage wollen wir nun konstruieren! Zunächst bleiben wir in der Ebene $y = 0$ und definieren zwei Kurvenzüge in dieser Ebene des Längsmittelschnittes. Die Kurve c besteht aus sieben an Knickstellen positionsstetig verbundenen Kurvenabschnitten und definiert die Silhouettenkontur der Seitenansicht des Designmodells.

Hinweis: Die direkte Kurvenkonstruktion ist im Anhang in den Abschn. D.1.4.1 und D.1.4.2 angedeutet. Alternativ dazu gibt es noch den Umweg über die Rohdaten, s. ebenfalls Anhang, Abschn. D.1.2 und D.1.3.
Hier wurde wegen des leeren Bildschirms die direkte Kurvenkonstruktion auf dem Hintergrundbild bevorzugt. Wenn jedoch Rohdaten vorliegen, dann kann die Entscheidung auch anders ausfallen.

Die ebenso strukturierte Kurve d' definiert die Projektion der räumlichen Kontur der Außenkante d des Designmodells in der Arbeitsebene $y = 0$, s. Abb. 129.

3.1.2 Umwandlung einer ebenen in eine räumliche Kurve

Die zu erzeugende Raumkurve d ist in den beiden folgenden Abb. 130 und 131 grün dargestellt. Wir erzeugen die Raumkurve d aus der ebenen Kurve d', in dem wir die Koordinaten x und y von d' fixieren, und mit Hilfe der Kon-

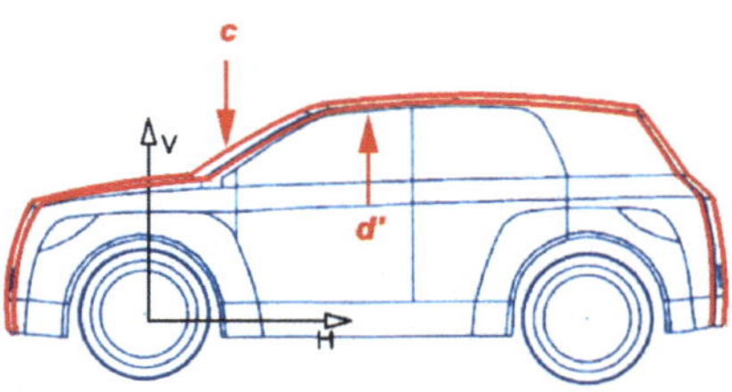

Abb. 129. Konstruktion der ebenen Kurven c und d' in der Arbeitsebene $y = 0$

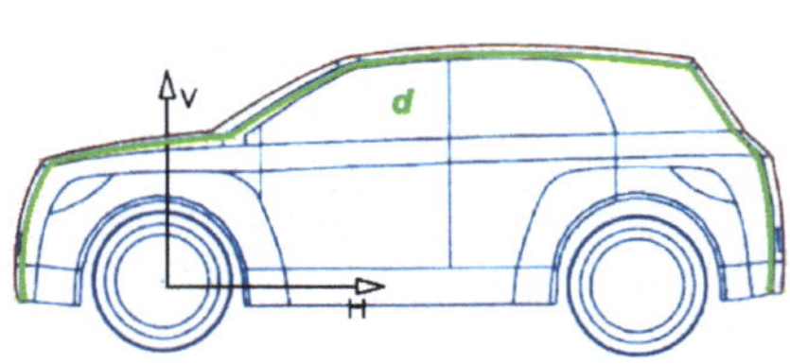

Abb. 130. Raumkurve d im Seitenriss

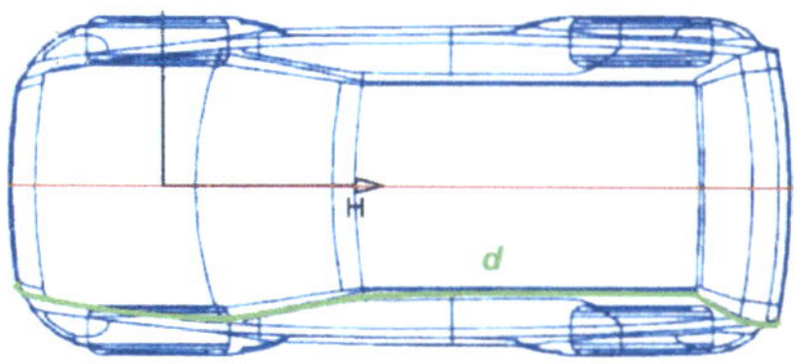

Abb. 131. Raumkurve d im Grundriss

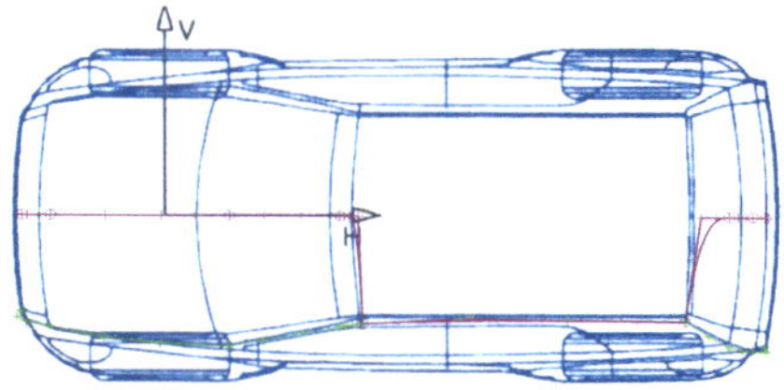

Abb. 132. Kontrollpunktmodifikation bei fixierten X- und Z-Koordinaten

trollpunkte die Kurve im Riss auf die Position der Außenkante ziehen. Die Abb. 132 ist eine Momentaufnahme während der Kontrollpunktmodifikation. Hinweis: Zur Kontrollpunktmodifikation bei Bézierkurven s. Anhang H.1, ab S. 243.

Es gibt noch eine Alternative zu dieser Vorgehensweise: Wenn es gelingt, eine 2. allgemeine Zylinderfläche über dem Grundriss aufzubauen, dann kann man die Raumkurve auch durch den Schnitt der beiden allgemeinen Zylinder erzeugen und vermeidet das Ziehen an den Kontrollpunkten. Im CAD-System heißt dieser Weg 2×2D. Ein Beispiel dafür finden wir im Abschn. 3.3 bei der Konstruktion der Gürtellinie.

Zur Erinnerung an den geometrischen Term *allgemeine Zylinderfläche*: Eine beliebige 2D-Kurve z. B. im Grundriss wird durch eine normal dazu stehende Geradenschar zu einer solchen Fläche.

3.2 Erzeugen der mittenübergreifenden Patches

Nun können wir die ersten Patches erzeugen. Wir generieren zunächst Regelflächen, die im CAD-System mit einer Bézierfläche z. B. der Ordnung 4×2 repräsentiert werden. Das Resultat sehen wir in Abb. 133. Die (in Fahrtrichtung linksseitigen) Patches haben noch keine Symmetrieeigenschaft und Krümmung in y-Richtung. In Abb. 134 erkennen wir nach der Spiegelung an der Längsmittelebene $y = 0$ (auch mit Hilfe der Highlightkonturen) noch deutlich den Knick in Querrichtung.

Highlights sind Linien gleicher Helligkeit (Isophoten). Das CAD-System berechnet im aktuellen Flächenpunkt die Flächennormale und den Winkel, den der einfallende Lichtstrahl einer Lichtquelle mit der Flächennormale einschließt. Dieser Einfallswinkel wird in einen Helligkeitswert umgerechnet. Verbindet man alle Flächenpunkte mit gleichem Helligkeitswert (bzw. gleichem Winkel), so entsteht eine *Isophote*. Unterschiedliche Helligkeitswerte werden vorzugsweise in unterschiedlichen Farbwerten dargestellt. So entsteht eine regenbogenfarbige Diagnose. Noch aussagekräftiger (aber auch rechenzeitintensiver) sind die *Reflexionslinien*, die den Betrachterstandpunkt mit einbeziehen.

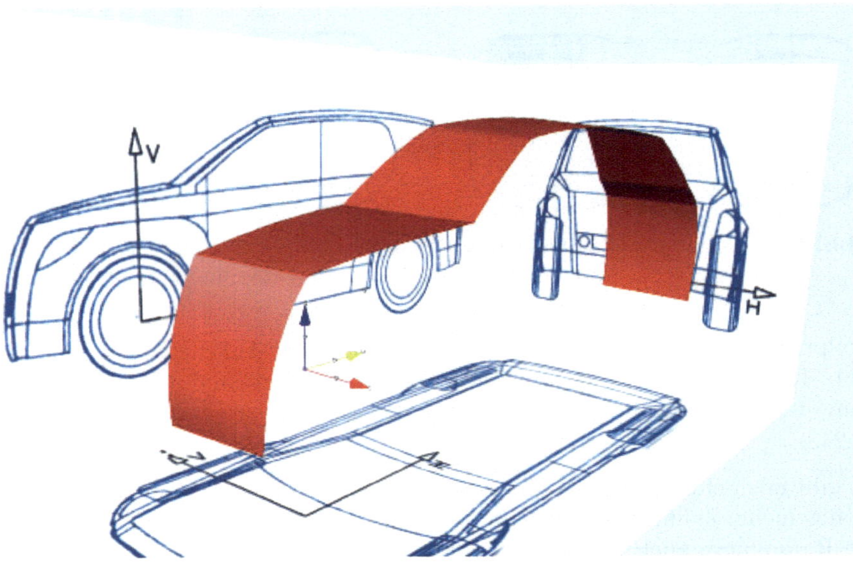

Abb. 133. Anfängliche Patches, beginnend an der Mittelebene $y = 0$

Eine Reflexionslinie verbindet alle Flächenpunkte, in denen der Einfallswinkel zwischen der Flächennormale und dem einfallenden Lichtstrahl gleich dem Ausfallswinkel zwischen der Flächennormale und dem Strahl zum Auge des Betrachters ist.

Im Rahmen dieser Einführung wird die Flächenqualität nur mit Highlights geprüft. Für erste Gesamtdarstellungen eines Fahrzeugkörpers wählt man oft Z als Richtung des einfallenden Lichtstrahles. Für einzelne Oberflächengebiete wird man jedoch von Fall zu Fall anders entscheiden. Vorzugsweise wird man eine Richtung wählen, bei welcher der Lichtstrahl sehr flach auf das zu prüfende Oberflächengebiet auftrifft. Fehler werden am deutlichsten sichtbar, wenn man den Einfallswinkel zusätzlich variiert, s. dazu Anhang H.3, S. 246.

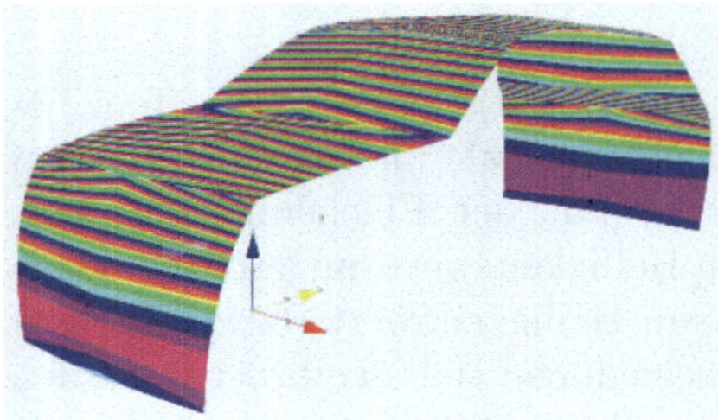

Abb. 134. Vor der Justierung

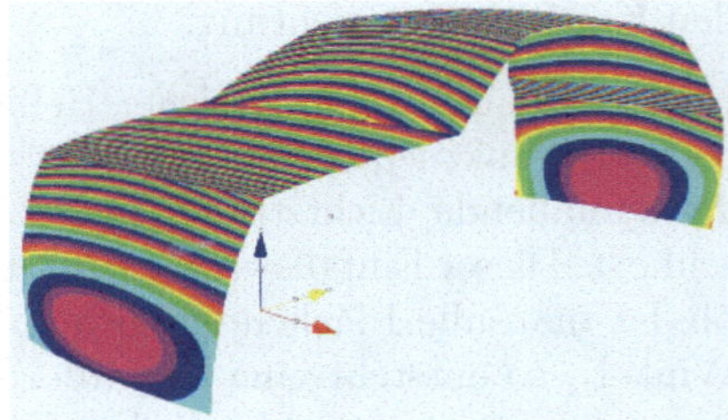

Abb. 135. Nach der Justierung

Die Highlights haben für die Beurteilung der Qualität des Grenzüberganges von Oberflächen an der Nahtstelle zwischen zwei benachbarten Patches folgende besondere, nützliche Eigenschaft: Im Falle eines Knickes bzw. eines tangentenstetigen bzw. krümmungsstetigen Überganges der Highlights ist die untersuchte Oberfläche selbst immer noch tangentenstetig bzw. krümmungsstetig bzw. krümmungsänderungsstetig.

Nach der Justierung mit Hilfe der Symmetriefunktion des CAD-Systems, s. auch S. 222 im Anhang D, ergibt sich das Resultat in Abb. 135.

3.3 Erzeugen der Gürtellinie

Die gesuchte Raumkurve der Gürtellinie ergibt sich als Schnitt zweier allgemeiner Zylinder über den Rissen XZ und XY. Diese allg. Zylinderflächen werden mit der sog. Abstell- oder auch mit der Schiebeflächenfunktion des CAD-Systems erzeugt, s. auch Anhang D, S. 223, Abb. D.13.

3.3.1 Definition einer Abstellfläche im Seitenriss

Wir definieren die Projektion der Gürtellinie im Seitenriss XZ (Abb. 136) und entwickeln daraus die Abstellfläche mit der erzeugenden Kurve im Riss XZ bei Verschieberichtung minus Y (Abb. 137).

3.3.2 Definition einer Abstellfläche im Grundriss

Die Projektion (rot dargestellt) der Gürtellinie in den Grundriss XY ist im Pixelbild erkennbar, s. Abb. 138. Wir verwenden den Grundriss der Gürtellinie als „Erzeugende Kurve“ oder „Leitkurve“ für die Abstellfläche in Richtung Z und stellen beide Abstellflächen dar, s. Abb. 139.

3.3.3 Gürtellinie als Durchdringungskurve der beiden Abstellflächen

Die Schnittkurve der beiden Abstellflächen ist die gesuchte Gürtellinie.

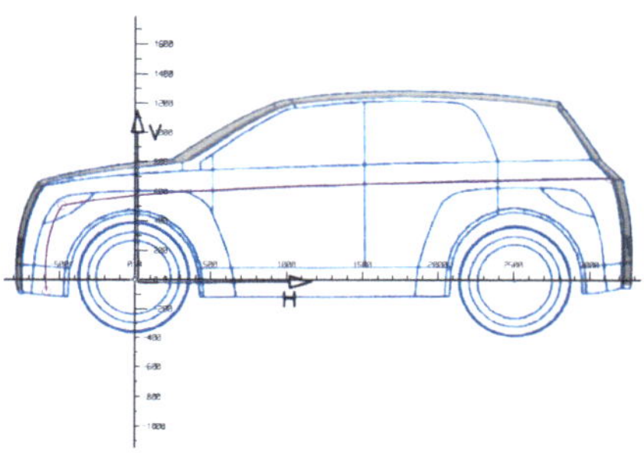

Abb. 136. Leitkurve im Riss XZ

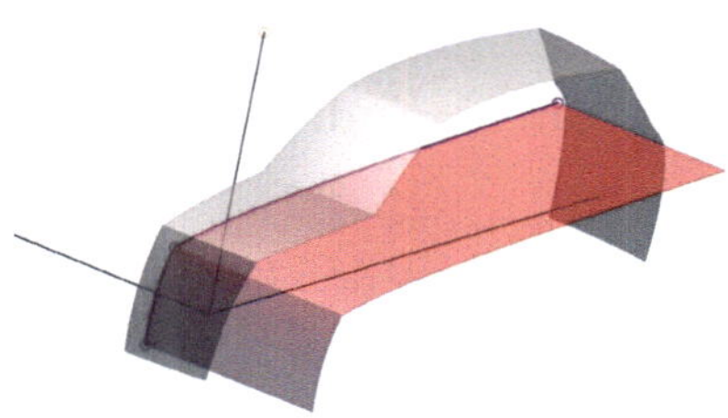

Abb. 137. Abstellfläche in Richtung minus Y

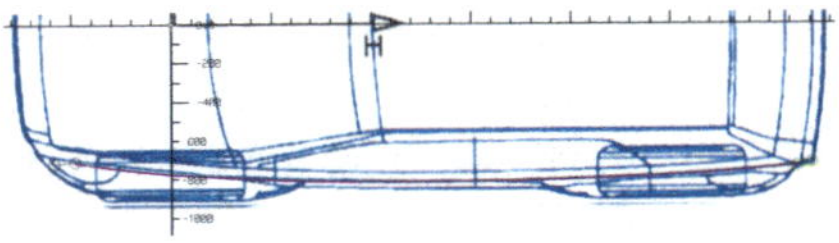

Abb. 138. Leitkurve im Riss XY

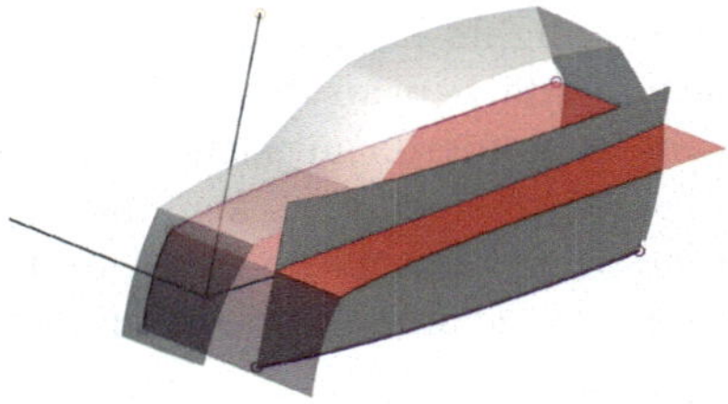

Abb. 139. Beide Abstellflächen in Richtung minus Y und in plus Z

3.4 Aufbau der Seitenfläche

3.4.1 Definition der oberen Begrenzung

Mit der Gürtellinie haben wir die obere, näherungsweise horizontale Randkurve der Seitenfläche gewonnen.

3.4.2 Definition der vorderen und hinteren Begrenzung

Die vordere näherungsweise vertikale Begrenzung definieren wir auf Basis des Pixelbildes Frontriss. Die zunächst im YZ-Riss definierte ebene Kontur projizieren wir in Richtung X auf die Abstellfläche, s. auch Anhang D, S. 224, Abb. D.14 und D.15. Die hintere Begrenzung ist identisch mit dem Rand des achten Symmetrie-Patches.

3.4.3 Definition der unteren Begrenzung

Die untere, näherungsweise horizontale Begrenzung ergibt sich entweder automatisch durch den Flächenerzeugungsalgorithmus aus den drei schon definierten Randkurven, oder man legt nach dem Grundrisspixelbild eine ähnliche Kurve zur oberen Kurve fest, s. Abb. 140.

Beide Varianten werden in Abb. 141 und 142 verglichen. Es sind Ausschnitte aus dem Frontriss YZ.

3.4.4 Patch aus drei bzw. vier Randkurven

Wir erzeugen das gesuchte Patch mit der CAD-Funktion *Patch aus Randkurven*, hier konkret drei bzw. vier Begrenzungskurven, s. Abb. 143 und 144.

Ersichtlich passt sich das Patch aus vier Randkurven besser an das Designmodell an. Wir verwenden deshalb dieses Patch für unser Modell und stellen alle bisher gewonnenen Patches bei gleichzeitiger Spiegelung dar, s. Abb. 145.

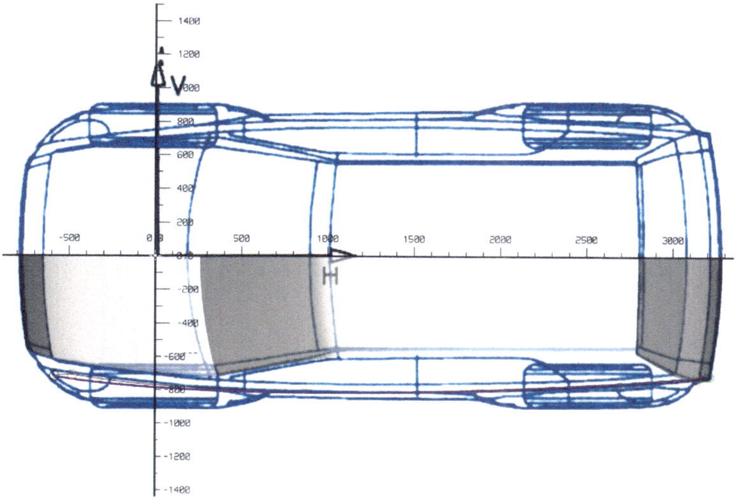

Abb. 140. Definition der unteren Randkurve

3.5 Aufbau der Profilfläche für die obere Fahrgastzelle

3.5.1 Definition des mittleren Profils

Wir entnehmen den mittleren Profilschnitt aus dem Hintergrund-Pixelbild, indem wir eine entsprechende Kurve darüberlegen, s. Abb. 146.

3.5.2 Verschieben des Profils an weitere Stützstellen

Die neuen Stützprofile gewinnen wir in zwei Schritten, s. Abb. 147, 148 und 149.

Zunächst verschieben wir das mittlere Profil ohne Rotation, d. h. ohne Anschlagen an die Oberkante der Fahrgastzelle. Die wandernde Zwischenebene der Profilfunktion, in welcher die Zwischenprofile erzeugt werden, bewegt sich parallel zur Hauptebene YZ, s. auch Anhang D.1.11, S. 225, Abb. D.17.

Diese Zwischenebene wird als Ebenenstück mit blauem Rahmen dargestellt. Sie hat das Koordinatendreibein x (gelb), y (blau) und z (rot). Das Weltkoordinatensystem hat die Achsen X, Y, Z.

y (blau) wird hier in Richtung minus Y eingestellt.
z (rot) verläuft gemäß Vorgabe (Ebenenparallel YZ) parallel zu minus X.
x (gelb) steht normal zu y und z (Dreibein-Kreuzprodukt).

Im zweiten Schritt lassen wir per Rotation um die Achse z (rot) das verschobene Profil an die Kante der Fronthaube anschlagen und gewinnen somit das neue Zwischenprofil am Eckpunkt der Seitenfläche, s. Abb. 149.

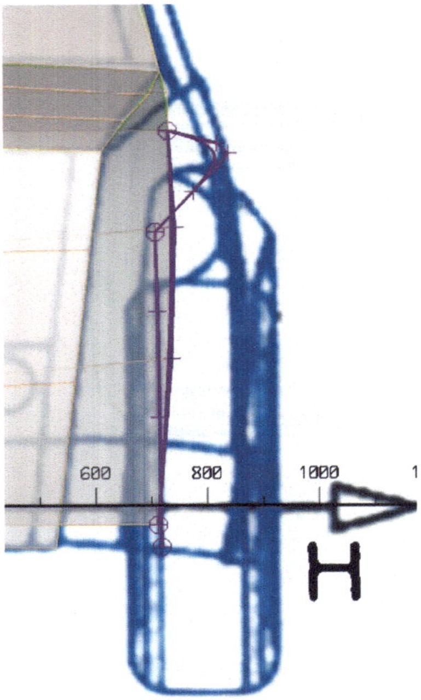

Abb. 141. Es sind nur drei Randkurven vorgegeben

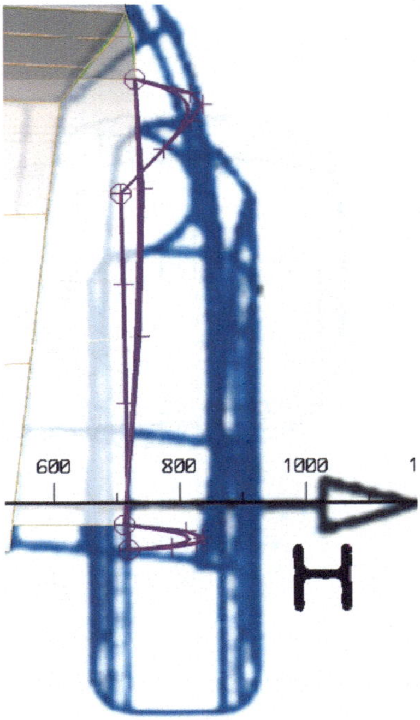

Abb. 142. Es sind alle vier Randkurven vorgegeben

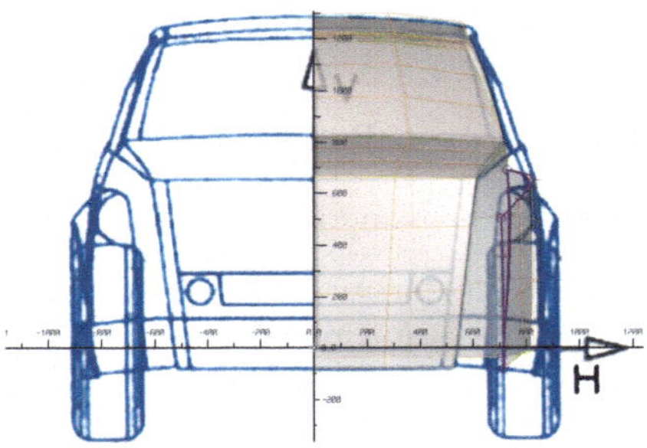

Abb. 143. Patch aus drei Randkurven

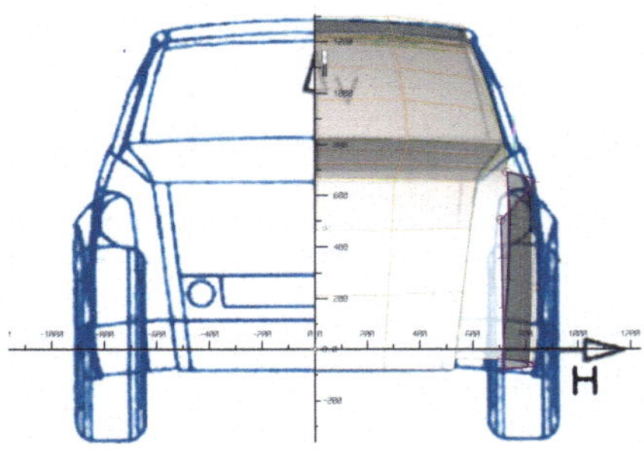

Abb. 144. Patch aus vier Randkurven

Zur Kontrolle legen wir noch einen Schnitt x = const. (schwarze Kontur) genau durch den Eckpunkt der Seitenfläche, um den Anschlagpunkt auf der Fronthaube zu kontrollieren.

Auch hier gilt, dass die ästhetische Form der späteren Trägerfläche für die Seitenscheiben den Vorrang vor dem genauen Anschlagen hat. Es ist ja ebenso möglich, die seitliche Begrenzung der Fronthaube etwas zu verändern, indem man das Fronthaubenpatch etwas extrapoliert.

Analog gehen wir beim Zwischenprofil am Heck vor.

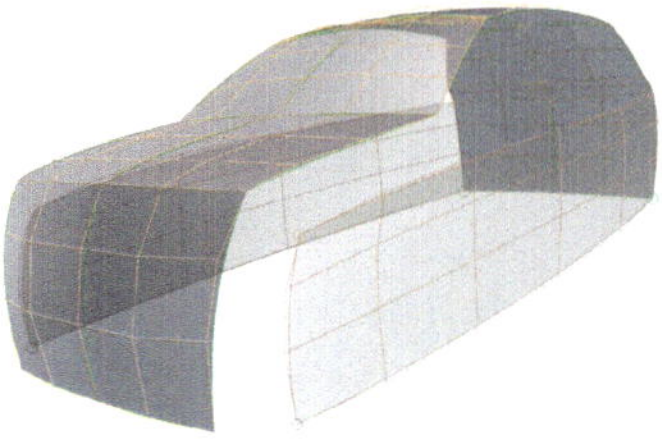

Abb. 145. Wir erkennen die noch zu schließenden Lücken.

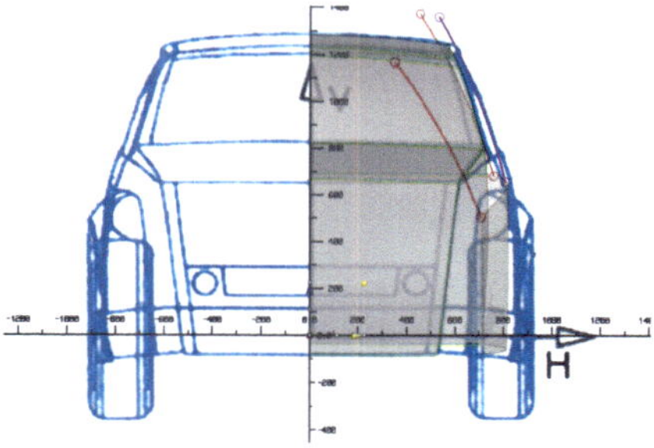

Abb. 146. Definition des mittleren Profils

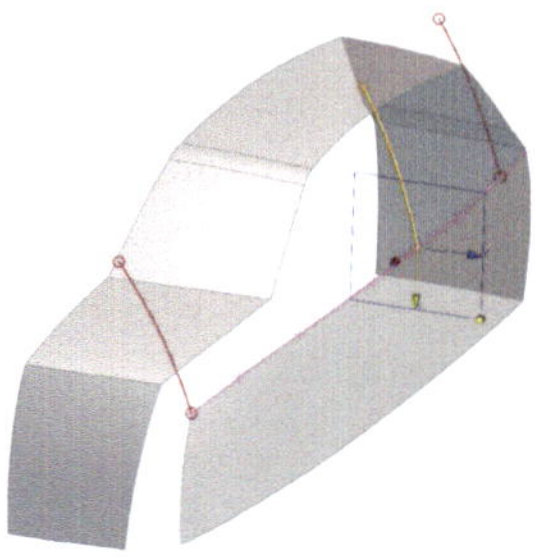

Abb. 147. Verschieben des mittleren Profils mit gleichzeitigem Anschlagen an die obere Begrenzung

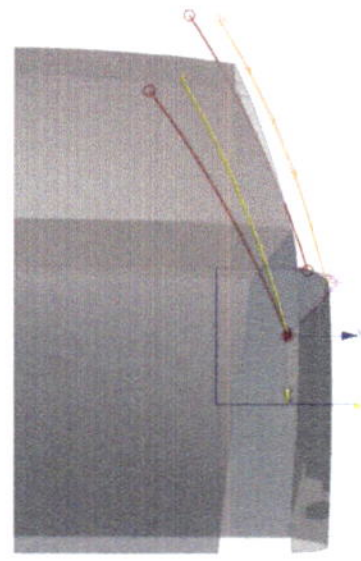

Abb. 148. Bewegung parallel zur Hauptebene YZ

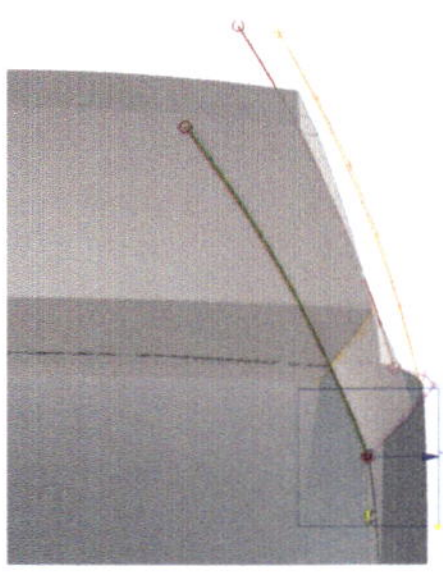

Abb. 149. Rotation des Zwischenprofiles (grün)

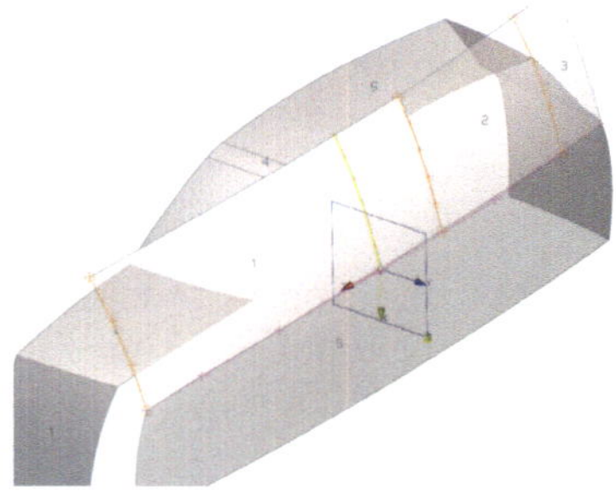

Abb. 150. Profilfläche mit drei Bézier-Segmenten

3.5.3 Erzeugung der Profilfläche

Wir könnten nun aus dem mittleren Profil und den beiden zusätzlich gewonnenen Profilen eine Profilfläche erzeugen. Es steht eine Leitkurve zur Verfügung, nämlich die obere Randkurve der Seitenfläche, die hier gleichzeitig die Anheftkurve für alle Zwischenprofile ist.

Die Zwischenprofile sollen letzten Endes alle an der Oberkante der Fahrgastzelle anschlagen. Diese Oberkante ist durch die Patchränder der mittensymmetrischen Patches definiert. Wir verzichten aber, um eine möglichst glatte Fläche zu erzeugen, vorläufig auf diese Forderung und selektieren nur die drei Zwischenprofile.

Unsere Absicht ist, die exakte Oberkante später durch den Schnitt zweier allgemeiner Zylinder zu erzeugen und auf diese Schnittkontur zu trimmen.

Ebenfalls verzichten wir deshalb auf die Möglichkeit der Skalierung der Zwischenprofile auf den jeweiligen Abstand zwischen Leitkurve und Anschlagkurve. Somit erzeugen wir eine theoretische Fläche, die über die Oberkante hinausgeht.

Mit diesen Bedingungen erhalten wir im vorliegenden Falle (Verfahren „Rotation"; Bewegungsgesetz „Ebenenparallel" YZ) der Profilfunktion eine dreisegmentige Bézier-Profilfläche der Ordnung 7×7, s. Abb. 150. Zu den Menüparametern s. auch Anhang D, S. 225, Abb. D.17.

Betrachten wir aber die gewonnene Profilfläche im Riss YZ, so erkennen wir eine nicht erwünschte gewellte Fläche, s. Abb. 151 und 153.

Wir verzichten deshalb auf das mittlere Profil und erzeugen das Patch nur aus drei Randkurven (beide Zwischenprofile vorn und hinten sowie die obere Randkurve der Seitenfläche), ohne die Profilfunktion zu benutzen, s. Abb. 152.

Ersichtlich ist das erzeugte Patch konvex gekrümmt und trifft unsere Erwartungen an die Form besser, s. Abb. 154.

Wir justieren die Patchform noch etwas, indem wir in Querrichtung den Grad von 4 auf 3 erniedrigen, um damit eine noch glattere Fläche zu erzeugen. Durch Ziehen an der mittleren Kontrollpunktreihe passen wir die Form an das Hintergrundpixelbild an.

In Längsrichtung erhöhen wir die Ordnung. Solche Graderhöhungen in Längsrichtung können mit der Verwendung von Kreisbogensegmenten für Formcharakter tragende Längskonturen und deren Approximation zusammenhängen, s. Abschn. 5.3.

In Abb. 155 sind beide Patches dargestellt, wobei für das modifizierte Patch die violette Farbe gewählt wurde. Das Ursprungspatch erkennen wir am orangefarbigen Kontrollpunktnetz. Die Schnitte durch beide übereinander liegende Patches decken sich.

Das modifizierte Patch ist in Abb. 156 zu sehen.

Nun extrapolieren wir dieses modifizierte Patch, s. Abb. 157, damit wir über die gesamte Länge der Seitenwand den Schnitt erzeugen können.

In den Abb. 158 bis 160 erkennen wir die Situation nach der Extrapolation, jedoch vor der Durchdringung.

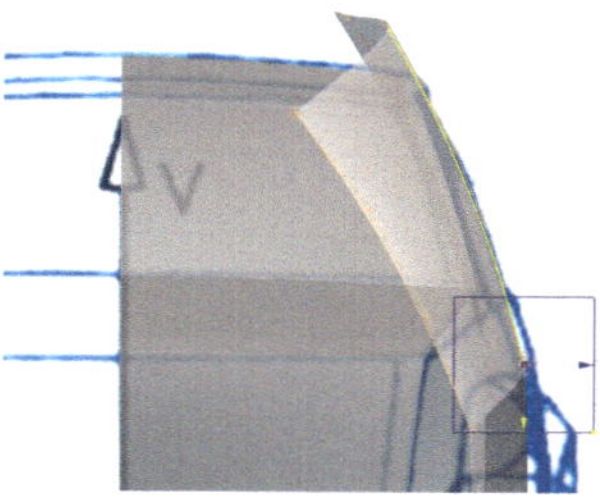

Abb. 151. Vergleich mit der Designzeichnung im Riss YZ

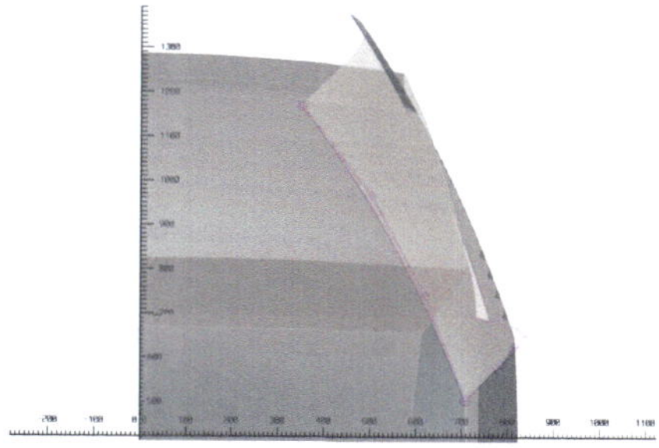

Abb. 152. Bézierpatch aus drei Randkurven

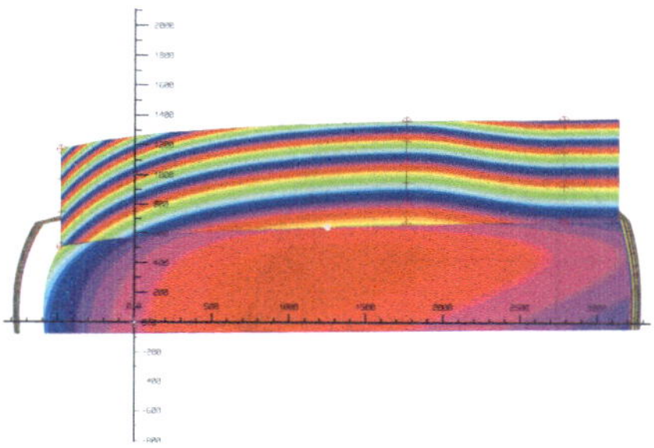

Abb. 153. Highlightdarstellung zur dreisegmentigen Profilfläche

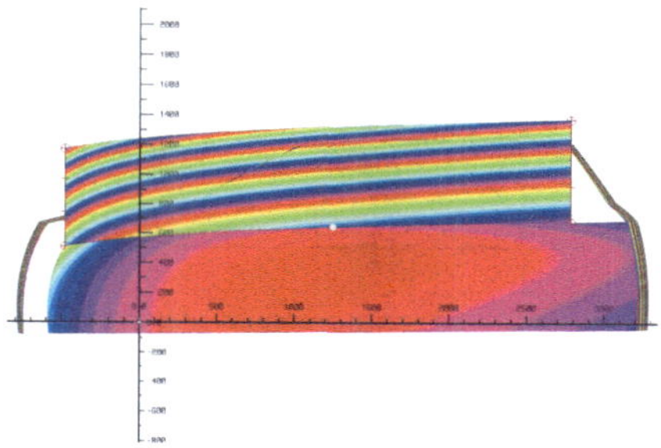

Abb. 154. Highlightdarstellung zum Bézierpatch der Ordnung 4×6

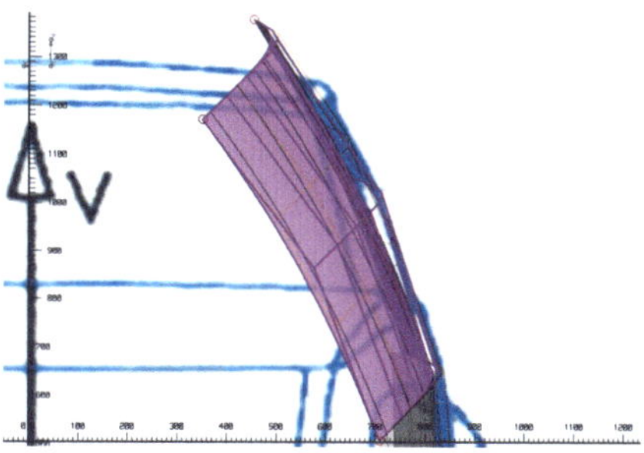

Abb. 155. Gradmodifikation von 6×4 zu 3×8, Riss YZ

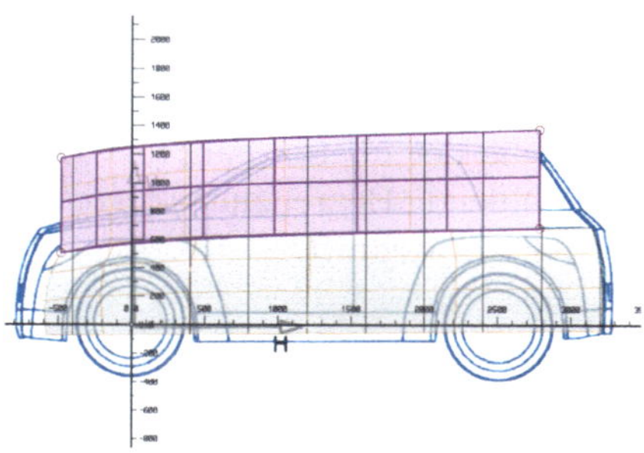

Abb. 156. Modifiziertes Bézierpatch vor Extrapolation

Die symmetrischen Patches und das extrapolierte Bézierpatch der Ordnung 3×8 sind noch nicht aufeinander abgestimmt, s. Abb. 161. Um dies zu erreichen, extrapolieren wir die symmetrischen Patches, s. Abb. 162.

Wir schneiden (trimmen) die violetten symmetrischen Patches an der orangefarbigen Bézierfläche ab, s. Abb. 163.

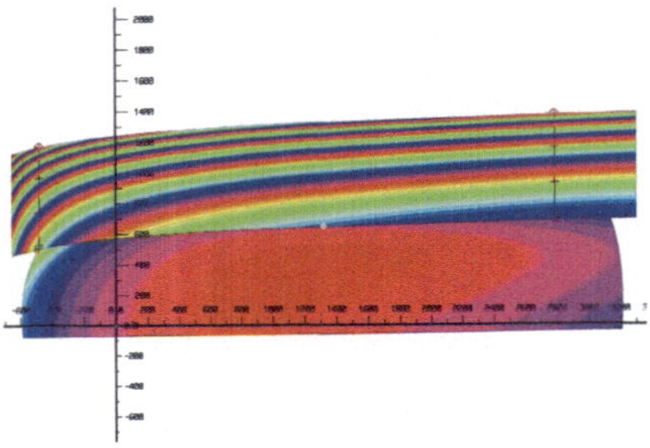

Abb. 157. Extrapoliertes Bézierpatch

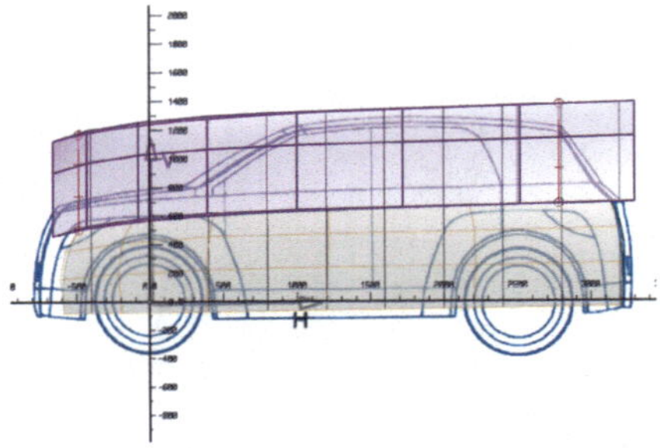

Abb. 158. Extrapoliertes Bézierpatch 3×8 im Riss XZ mit Kontrollpunkten

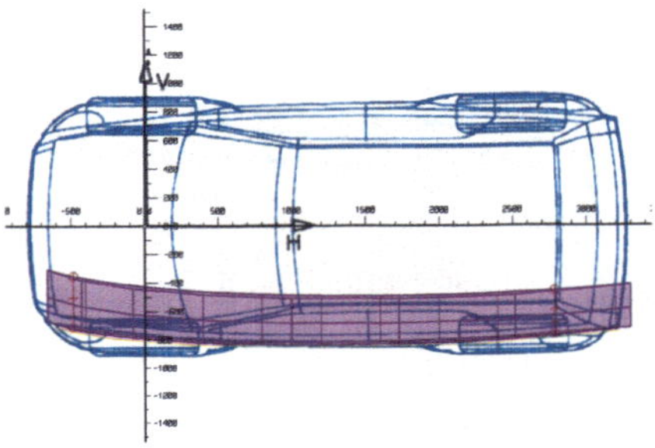

Abb. 159. Extrapoliertes Bézierpatch 3×8 im Riss XY mit Kontrollpunkten

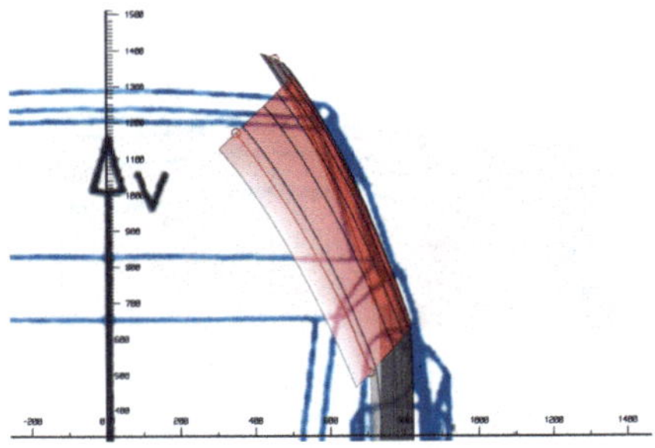

Abb. 160. Extrapoliertes Bézierpatch 3×8 im Riss YZ ohne Kontrollpunkte, aber mit Schnitten $x = \text{const.}$

Bevor wir nun auch das orangefarbige Trägerpatch auf die eigentlich benötigte Fläche der oberen Fahrgastzelle zurückschneiden können, müssen wir die noch fehlende Begrenzungskurve zur Frontpartie konstruieren. Dies erfolgt im nächsten Abschnitt.

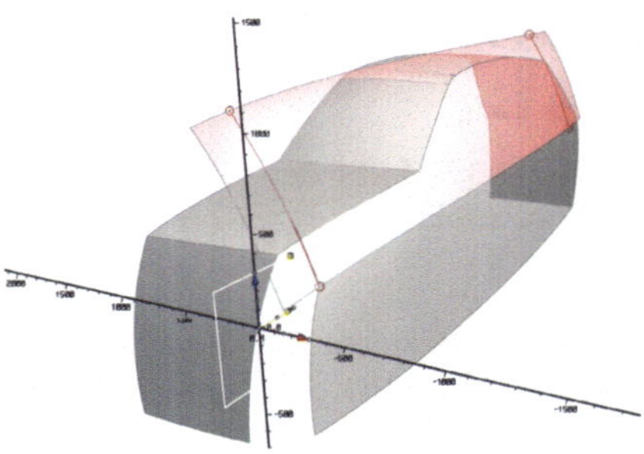

Abb. 161. Ursprüngliche symmetrische Patches

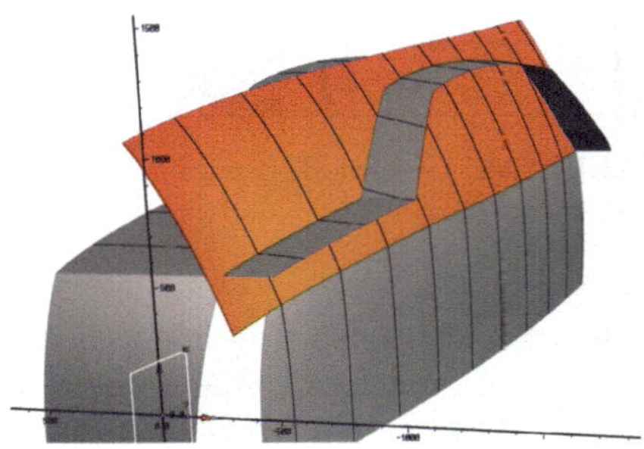

Abb. 162. Extrapolierte symmetrische Patches

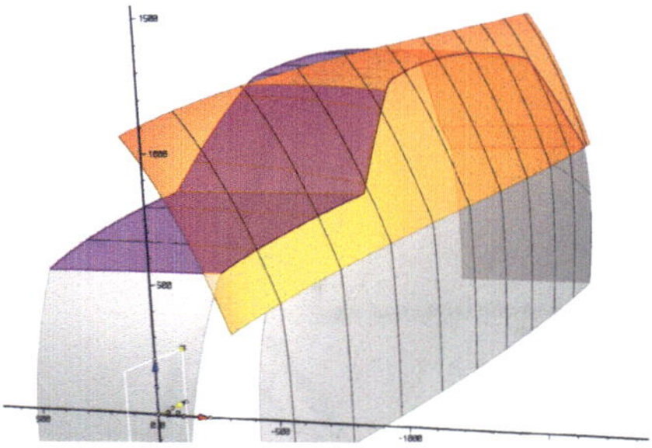

Abb. 163. Getrimmte symmetrische Patches

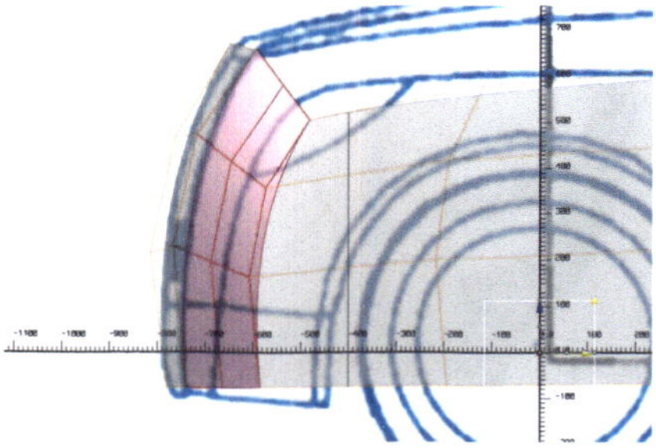

Abb. 164. Füllendes Bézierpatch aus zwei Randkurven

3.6 Komplettierung des Rohlings ohne Radwülste

3.6.1 Hinzufügen eines weiteren Bézierpatches für die Frontpartie

Aus den beiden anliegenden Randkurven der Nachbarpatches konstruieren wir ein Füllpatch der Ordnung 4×3, s. Abb. 164.

3.6.2 Anpassen des Füllpatches an die Umgebung – Positionsstetigkeit C^0

Die obere Randkurve des Füllpatches ist positionsstetig (C^0) noch nicht an das darüberliegende Trägerpatch angeschlossen, s. Abweichungen in Abb. 165. Die Abweichungen sind in Patchnormalenrichtung gemessen, betragen max. 2,14 mm und sind 100-fach überhöht dargestellt.

Die untere Randkurve passen wir interaktiv durch Ziehen an der mittleren Kontrollpunktreihe an die Kontur des Pixelbildes im Grundriss an und mit Hilfe der Anschlussfunktion saugen wir die obere Randkurve an das obere Trägerpatch an. Der positionsstetige Anschluss gelingt bis auf eine Abweichung von max. 0,0591 mm, s. Abb. 166. In Anbetracht der geringen Ordnung 3 ist dies für den Rohling hier ausreichend.

3.6.3 Trimmen der oberen Profilfläche

Nun ist die Umgebung des Trägerpatches für die obere Seitenfläche der Fahrgastzelle komplett und wir können die überstehenden Patchteile abschneiden. Wir nennen diesen Vorgang facen. Das Trägerpatch bleibt dabei bestehen, es werden nur außerhalb der Begrenzung die nicht benötigten Teile ausgeblendet.

In den Abb. 167 bzw. 168 ist der Zustand vor bzw. nach dem Ausblenden zu sehen.

Abschließend stellen wir den Rohling mit Highlights dar, s. Abb. 169.

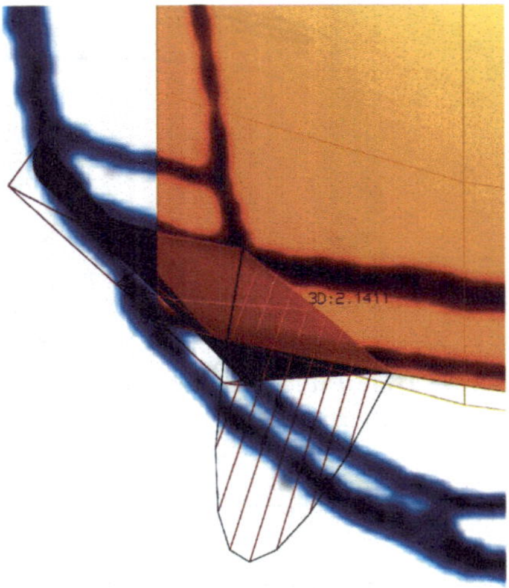

Abb. 165. Diagnostizierte Abweichungen, dargestellt durch Strichcode

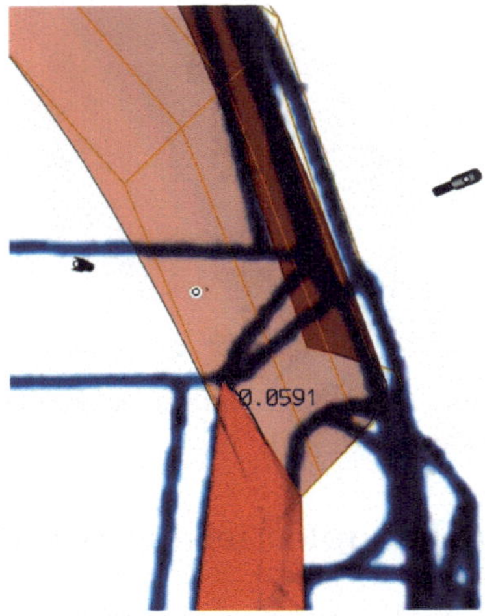

Abb. 166. Nach dem Anschluss verbleibende geringe Restabweichung

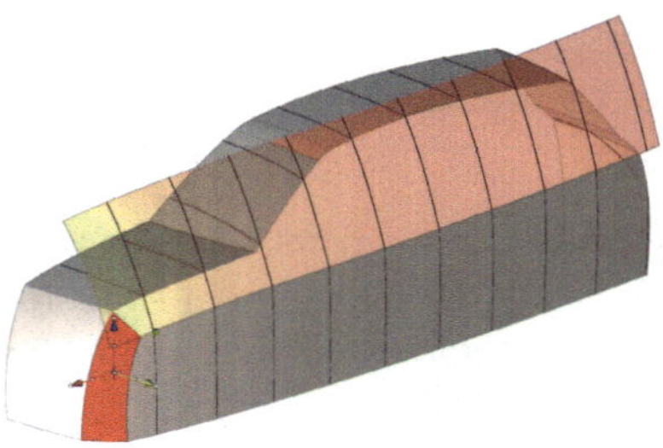

Abb. 167. Trägerpatch vor dem Vorgang des Facens

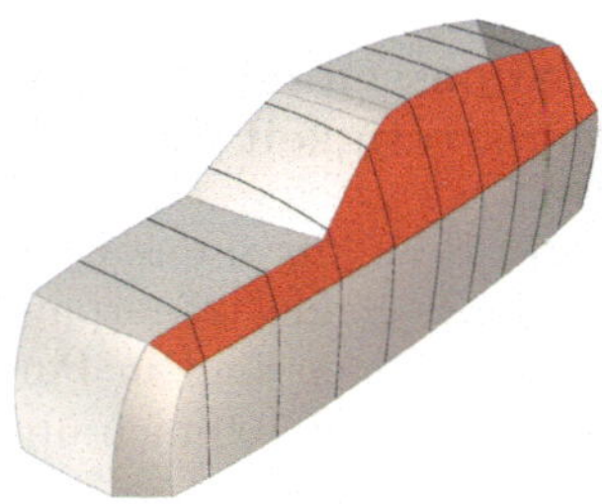

Abb. 168. Resultierendes Face

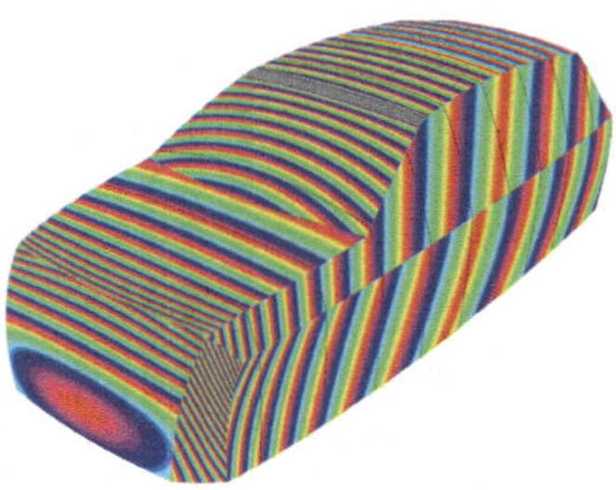

Abb. 169. Fertiger Rohling mit Highlights

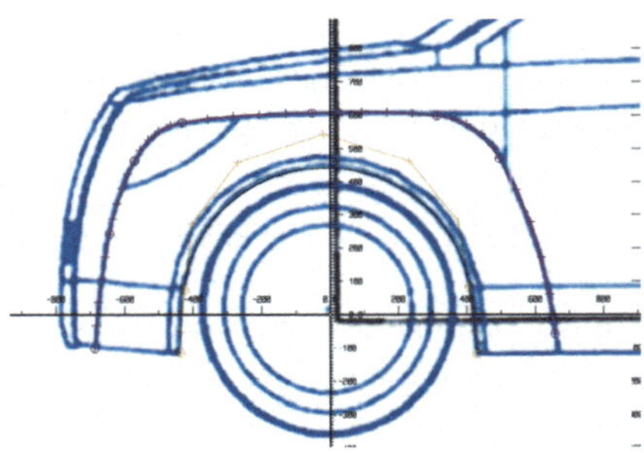

Abb. 170. Definition der äußeren Kontur des Radhauses im Riss XZ

3.7 Aufsetzen einer Radwulst

Wir legen auf den Seitenriss XZ der Designzeichnung eine mehrsegmentige Kurve, s. Abb. 170. Diese Kurve entwickeln wir zu einer Abstellfläche (einem Flansch), s. Abb. 171. Wir schneiden die Abstellfläche mit den bereits konstruierten Flächen der Seitenwand und erhalten eine Rohdatenkontur, also eine Punktfolge, s. Abb. 172. In dieser Abbildung erkennt man einen korrekturbedürftigen Verlauf. Wir wandeln zwar diese Kontur zunächst dennoch in eine mehrsegmentige Kurve um, wissen aber, dass wir diese Kurve noch glätten müssen, s. Abb. 173. Wir ersetzen die Segmente in den Ecken durch (hier violett dargestellte) Kurvenblends mit tangentialem Anschluss und glätten auch die restlichen Kurventeile. Damit gewinnen wir eine tangentenstetige Startkurve für die Radwulst auf der Fahrzeugoberfläche. Zum Vergleich ist die ursprüngliche Rohdatenkontur in rosa mit eingeblendet, s. Abb. 174 und 175. Der Knick in der Rohdatenkontur wird von dem nicht tangentenstetigen Übergang zwischen dem Fronteckpatch und dem benachbarten Face verursacht. Spätestens in der Strakphase wird diese Stelle durch eine geeignetere Patchstruktur bereinigt. Hier helfen wir uns zunächst mit einem Kurvenblend,

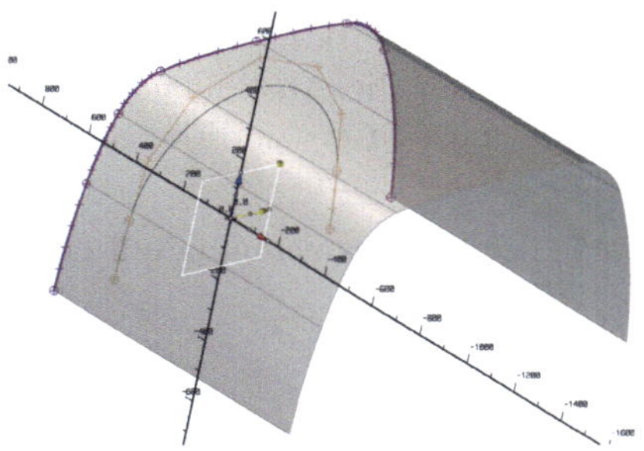

Abb. 171. Erzeugen einer Abstellfläche aus der äußeren Kontur

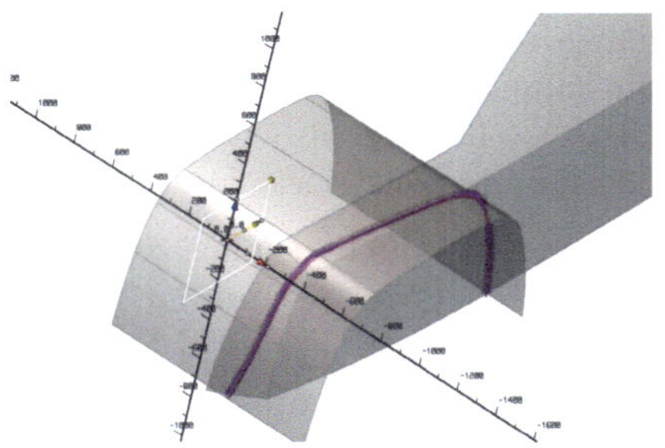

Abb. 172. Projektion der Y = 0-Kontur auf die Flächen der Rohlings

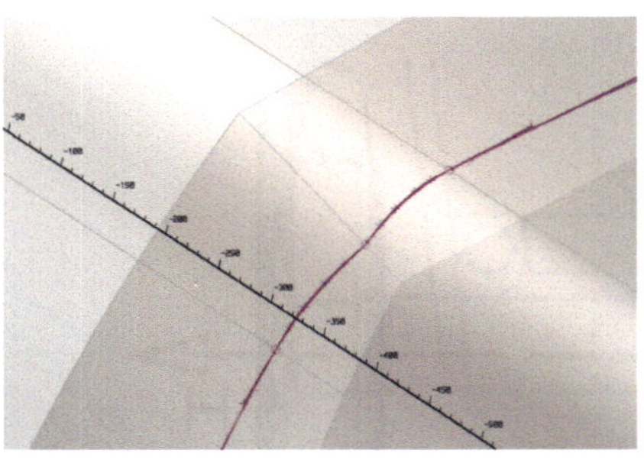

Abb. 173. Korrekturbedürftige Ecke

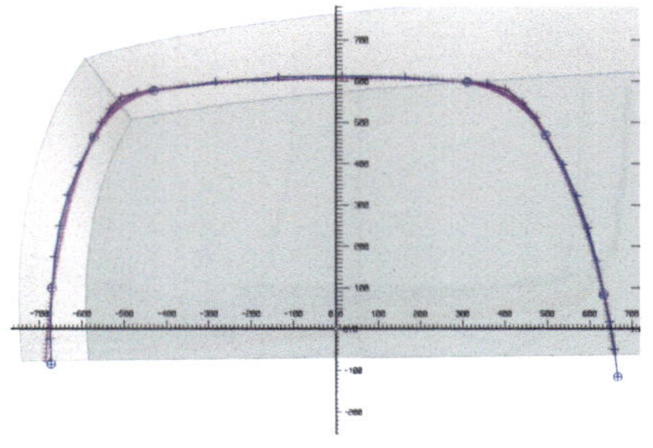

Abb. 174. Geglättete Kurve mit eingeschobenen Kurvenblends, Riss XZ

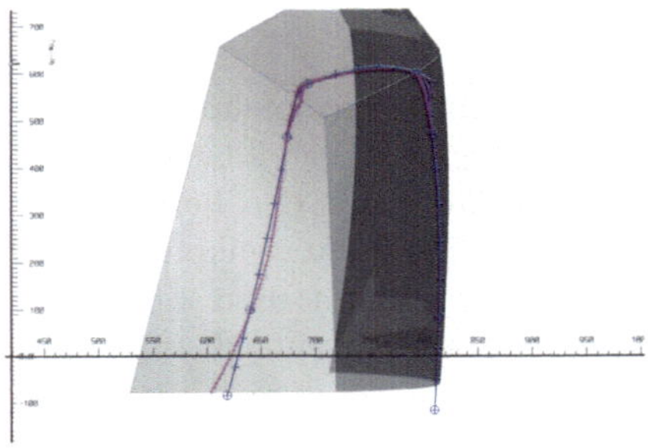

Abb. 175. Riss YZ, in der Breite auseinander gezogen

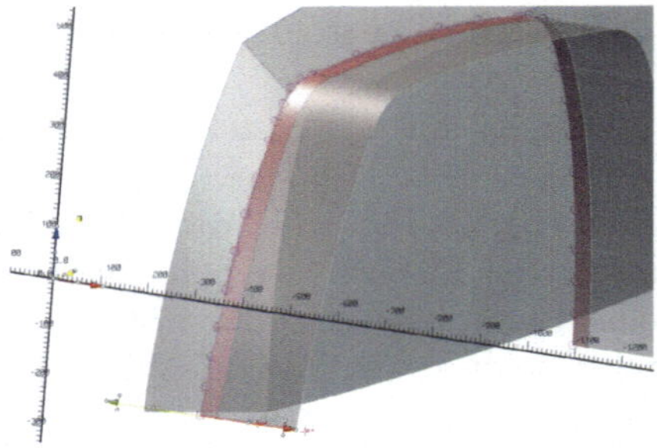

Abb. 176. Test-Flansch 200 mm (grau) und endgültiger Flansch 35 mm (rötlich)

s. Abb. 174, um eine glatte Startkurve für den kommenden Radwulstaufbau zu erzeugen.

3.7.1 Erzeugen einer Abstellfläche in y-Richtung

Wir bauen nun auf dieser Startkurve auf und erzeugen zunächst eine Abstellfläche in Y-Richtung. Die Startkurve wählen wir als Leitkurve an, nehmen die minus Y-Richtung als Abstellrichtung und ziehen die Abstellfläche (den Flansch) heraus. In der Abb. 176 wird dies mit einer zu großen Flanschtiefe 200 mm demonstriert, damit man das Prinzip besser erkennt.

Wir treffen jedoch die eingezeichnete Kontur in der Designzeichnung mit einer Flanschlänge von 35 mm am besten, s. Abb. 177.

3.7.2 Erzeugen eines Hilfspatches

Wir definieren nun im Riss YZ die Endbegrenzung der Radwulst und legen dazu zunächst eine Hilfskurve fest. Diese soll die Silhouette einer Translationsfläche sein, die sich in X-Richtung ausdehnt, s. Abb. 178 und 179.

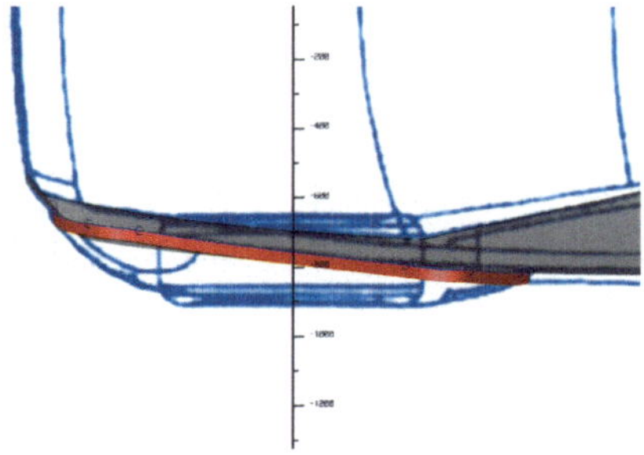

Abb. 177. Flansch 35 mm, Riss XY

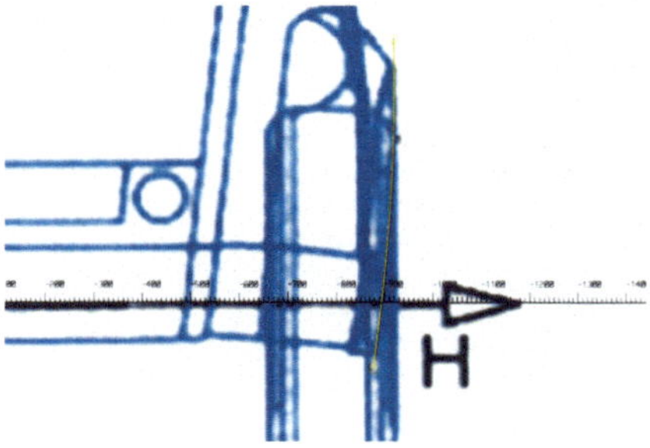

Abb. 178. Endbegrenzung der Radwulst

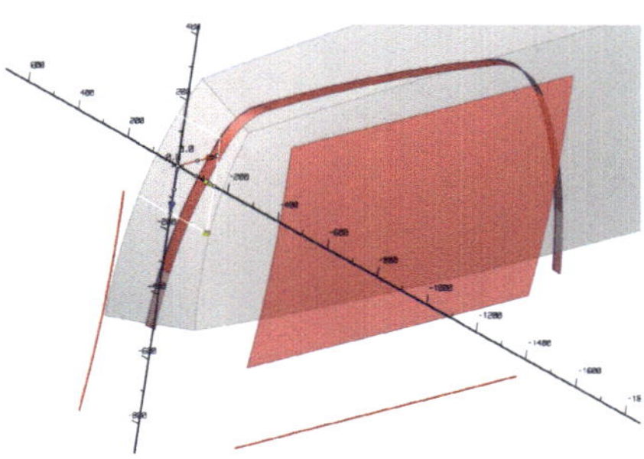

Abb. 179. Schiebefläche in x-Richtung

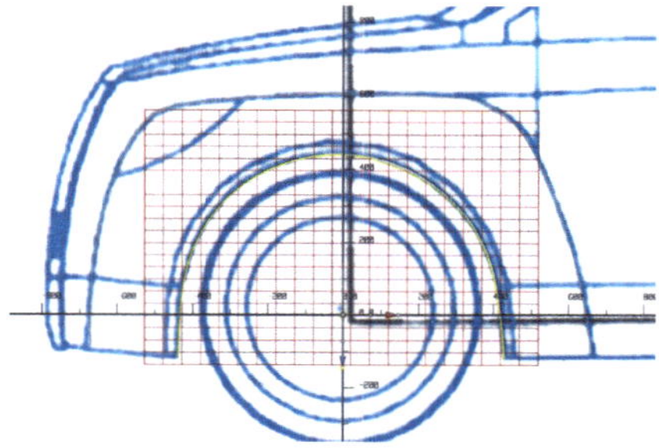

Abb. 180. Radausschnitt-Kurve (gelb) im Riss XZ

3.7.3 Definition des Radausschnittes im Hilfspatch

Diese Schiebefläche (Bézierpatch der Ordnung 3×2) soll die äußere Begrenzungskontur am Radausschnitt auffangen. Das auffangende Patch ist in Abb. 180 durch dichte Isolinien (rot) angedeutet.

3.7.4 Projektion der Radausschnitt-Kurve auf das Hilfspatch

Die projizierte Kurve ist in Abb. 181 violett gezeichnet.

3.7.5 Erzeugen einer Offsetkurve auf dem Hilfspatch

Wir generieren nun eine Parallelkurve im Abstand von 36 mm auf dem Hilfspatch, s. Abb. 182. Die Offsetkurve wurde in Ordnung und Segmentierung an die für die Profilfläche benötigte gegenüberliegende Kurve angepasst. In Abb. 183 sind die Segmentgrenzen erkennbar.

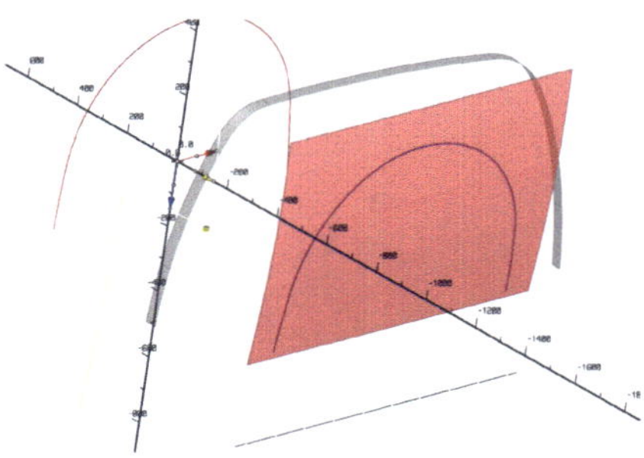

Abb. 181. Auf das Hilfspatch projizierte Radausschnitt-Kurve

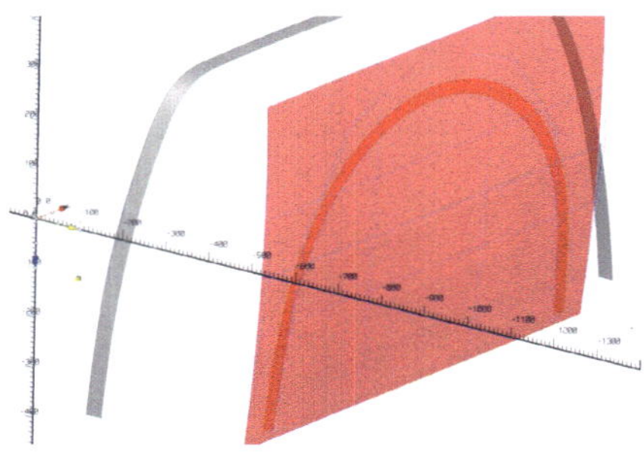

Abb. 182. Offsetkurve auf dem Hilfspatch

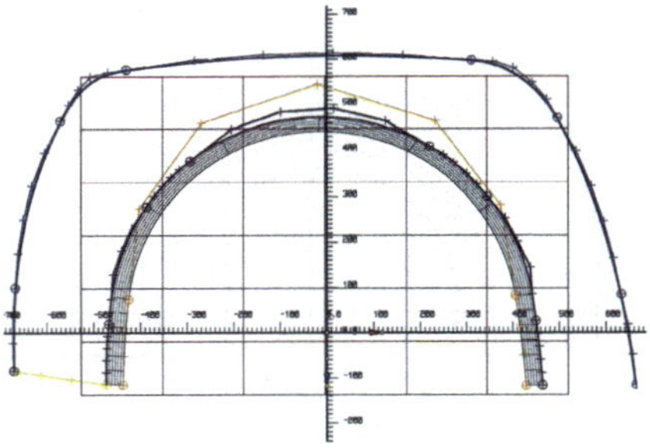

Abb. 183. Angepasst segmentierte Offsetkurve

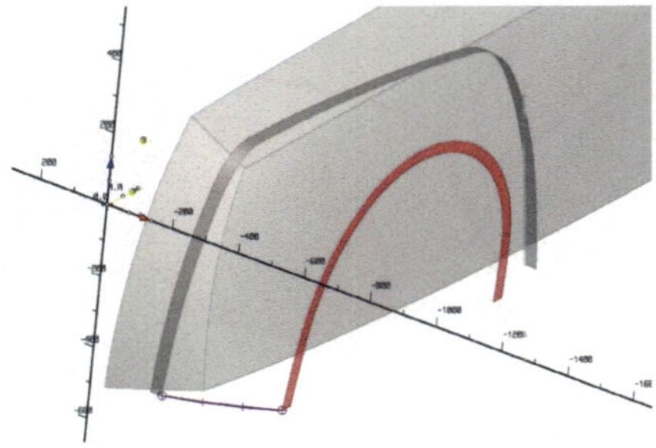

Abb. 184. Füllfläche (rot) zwischen den Parallelkurven

3.7.6 Radwulstabschlussfläche als Element des Hilfspatches

Diese Fläche wird aus den beiden Randkurven erzeugt, s. Abb. 184.

3.7.7 Erzeugen der gewünschten Profilfläche

Nehmen wir nun noch ein Querprofil dazu, in Abb. 184 ist es bereits violett eingezeichnet, so haben wir alle Eingabedaten für die Profilfunktion (Verfahren Rotation und Radial zur Leitkurve) bereitgestellt, s. Abb. 185.

Wir wählen der Reihe nach folgende Kurven an, wobei sich die Farbangaben auf die Abb. 185 beziehen:

1. Leitkurve (rot): Vorher extra konstruiert, als glatte Bézierkurve der Ordnung 4, sorgt für einen sauberen Bewegungsablauf der Zwischenebene. Hinweis: Man kann auch die Anheftkurve als Leitkurve anwählen, also beide zusammenfallen lassen und die Anwahl einer extra Anheftkurve unterlassen, dann aber würde sich in diesem Falle die Profilfläche selbst durchdringen, da die Zwischenebene immer normal zur Leitkurventangente (sog. Fall Radial) ausgerichtet wird, s. Abb. 189.

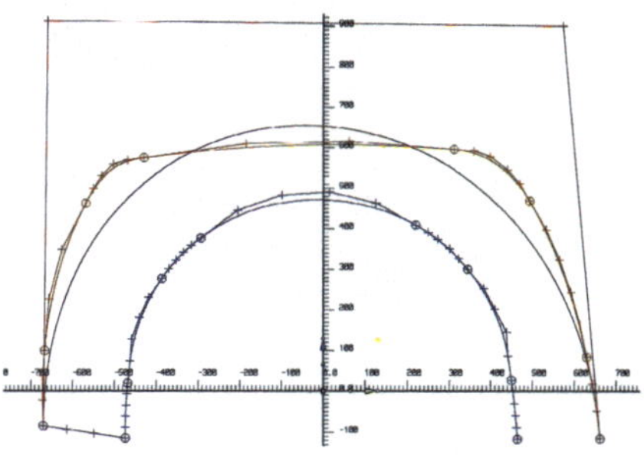

Abb. 185. Eingabedaten für die Profilfunktion

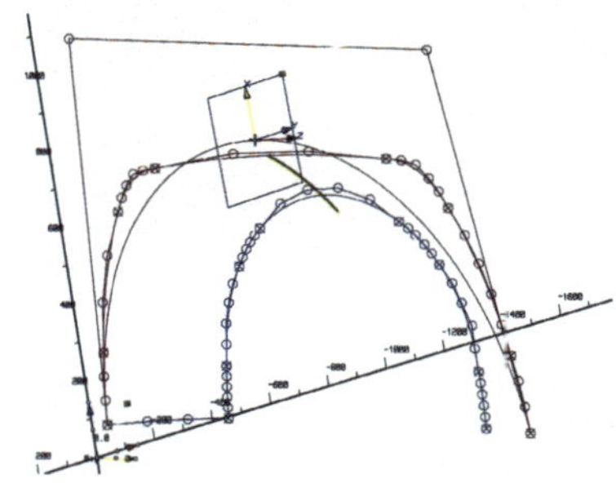

Abb. 186. Zwischenebene für die Profilfunktion

2. Profilkurve: Profil 1 (violett).
3. Anheftkurve (orange): Das wandernde Profil soll an der Begrenzungskurve des „35 mm-Flansches" beginnen.
4. Anheftpunkt: Es sei der Anfangspunkt des Profiles 1 (violett).
5. Anschlagkurve (blau): Das wandernde Profil (violett) soll an der Offsetkurve des Radausschnittes anschlagen.

Vergleiche auch Anhang D, S. 225, Abb. D.18.

In der Abb. 186 ist das Ebenensymbol für die wandernde Zwischenebene (blauer Rahmen) sowie das wandernde Zwischenprofil (hier an der Stelle $t = 0{,}5$) in gelb-grüner Farbe mit dargestellt. Die lokale y-Achse (blau) wurde auf minus Y (Welt) ausgerichtet. Die lokale z-Achse (rot) zeigt in die aktuelle Tangentenrichtung der Leitkurve. Der 3. Vektor x (gelb) steht normal zu y und z (Kreuzprodukt). Der Tangentenrichtung sei hier der Vorrang eingeräumt, d. h. sie wird beim Bewegen der Zwischenebene exakt eingehalten. Darüber hinaus legen wir fest, dass die Profile sich zwischen Anheft- und Anschlagkurve einpassen sollen, d. h. sie sollen entsprechend skaliert werden.
Da wir den Fall Bézier eingestellt haben, erhalten wir die Profilfläche als Bézierflächenverband, s. Abb. 187. Wir hatten auch mittels des Menüs für die Approximatonsfunktion, s. Anhang D, S. 226, Abb. D.19 verfügt, dass die Mindestanzahl der Segmente (in Bewegungsrichtung der Zwischenebene) 7 sein soll.

Im Falle B-Spline erhalten wir das in Abb. 188 dargestellte Resultat. Die inneren Segmentgrenzen der B-Spline-Fläche sind hier nicht abgebildet.

Analog erfolgt die Ankonstruktion des hinteren Radwulstes.

Nun stellen wir den gesamten Rohling komplett mit allen Radwülsten dar, s. Abb. 190. Für den ersten Formentwurf sei die Struktur zunächst ausreichend! Die Patchstruktur würde man jedoch beim Straken noch verbessern müssen.

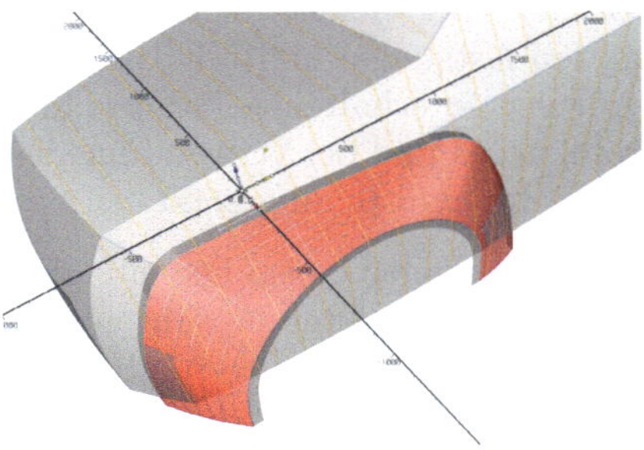

Abb. 187. Bézier-Profilfläche mit x-Schnitten

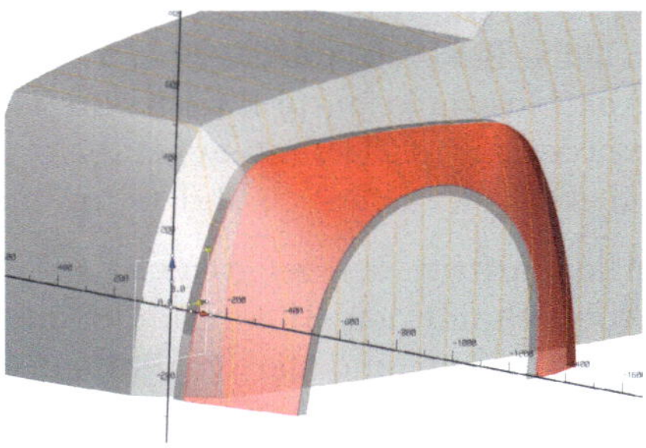

Abb. 188. B-Spline-Profilfläche mit x-Schnitten

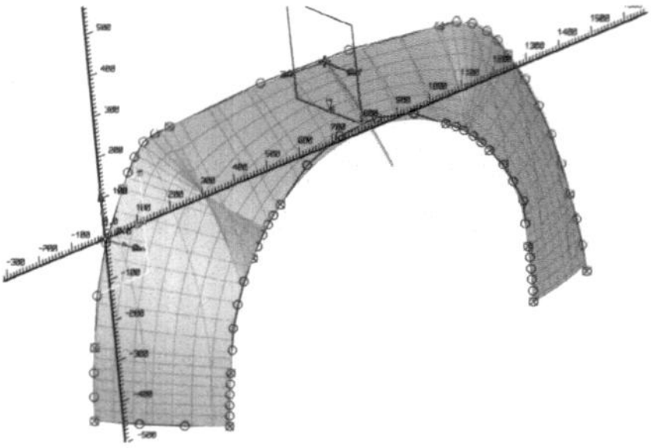

Abb. 189. Sich selbst durchdringende Profilfläche beim Verzicht auf die separate Leitkurve

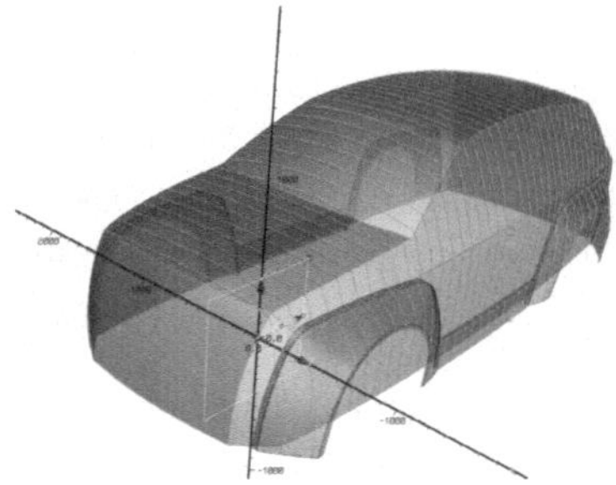

Abb. 190. Fertiger Rohling

3.8 Zusammenfassung

Zum Aufbau des Rohlingskörpers auf der Basis von Designzeichnungen wurden folgende (hier nur stichpunktartig erwähnte) Schritte abgehandelt:

Definition Form bestimmender ebener Kurven, Übergang zu Raumkurven, Erzeugen spiegelsymmetrischer Flächenstücke (Patches) beiderseits der Längsmittelebene (mittenübergreifend), Definition der Gürtellinie mittels Einsatz der Abstell- bzw. Flanschfunktion und der Berechnung von Durchdringungskurven von sich schneidenden Flächen, Aufbau der Seitenfläche aus drei oder vier Randkurven, Festlegung der anschließenden oberen Trägerfläche für die Seitenscheibe mittels Profilfunktion. Je nach gewünschter geometrischer Form wurde die Graderhöhung (zwecks Erhöhung der Flexibilität) für die Patches eingesetzt. Der Verband der mittenübergreifenden Flächen und die Trägerfläche für die Seitenscheibe wurden jeweils extrapoliert und miteinander verschnitten. An der Schnittkurve wurde der nicht benötigte Teil der Trägerfläche optisch abgetrennt (sog. Facen). Eine Flächenlücke zwischen Frontpartie und Seitenwand konnte durch Patcherzeugen aus zwei Randkurven geschlossen werden. Die Abweichung dieses Patches von der Trägerfläche für die Seitenscheibe ließ sich mittels einer Diagnosefunktion feststellen und mit Hilfe der Anschlussfunktion praktisch eliminieren. Auf den so erhaltenen Formrohling wurden mittels Definition von Leit- und Profilkurven und bei Verwendung der Abstell-, der Offset- und der Profilfunktion die Radwülste aufgesetzt.

Alle schrittweise erzeugten Geometrieelemente unterlagen einem begleitenden Abgleich mit den Hintergrundbildern, um den Formcharakter zu wahren! Die Flächenform- und die Qualitätsprüfung erfolgte mittels Schnitt- und Highlightdarstellungen.

Teil II

CAD-Flächenmodellierungstechniken

4

Grundlagen und Übersichten zu CAD-Flächenmodellierungstechniken

Anfangs wird die Stellung der Freiformflächen in der Prozesskette Karosseriebau kurz beleuchtet. Um die CAD-Werkzeuge für diese Flächen zweckentsprechend einsetzen zu können, wird das notwendige Minimum an theoretischem Grundwissen zu Kurven und Flächen (basierend auf [14] und [15]) vermittelt. Die Vor- und Nachteile der mathematischen Ansätze (Bézier und B-Spline) werden gegenübergestellt, damit der CAD-Nutzer je nach Anwendungsgebiet selbst den richtigen Ansatz auswählen kann. Für tiefere Studien wird auf die entsprechende mathematische Literatur verwiesen. Weitere Unterabschnitte behandeln die Oberflächenklassifizierung, – gebräuchlicherweise mit *Classes A, B und C* englisch bezeichnet – und bewährte Regeln und Empfehlungen zum so genannten *Straken* im Falle von Class A-Flächen. An einem Beispiel wird aufzeigt, wie man importierte B-Spline-Geometrien erforderlichenfalls (zwecks Qualitätsverbesserung) durch stückweise Konvertierung in zusammengesetzte Béziergeometrien verwandeln kann.

4.1 Stellung der Freiformflächen in der Prozesskette Karosseriebau

In allen Schritten der Prozesskette Karosseriebau sind Freiformflächen zu entwerfen oder zu modifizieren, s. folgende Übersicht in Abb. 191.

Der Designer erhält seine Aufgabenstellung von der sog. Vorentwicklung. Basis für seine Arbeit sind das Pflichtenheft und die sog. Sitzkiste.

In der Designphase entsteht der Entwurf für die zukünftige Form des Designobjektes.

Es gibt dabei verschiedene Vorgehensweisen:

- Beim klassischen Weg wird meistens ein Tonmodell handgefertigt. Dieses Modell wird mit geeigneten Mitteln digitalisiert, d. h. in eine Punktwolke oder ein Facettenmodell verwandelt.

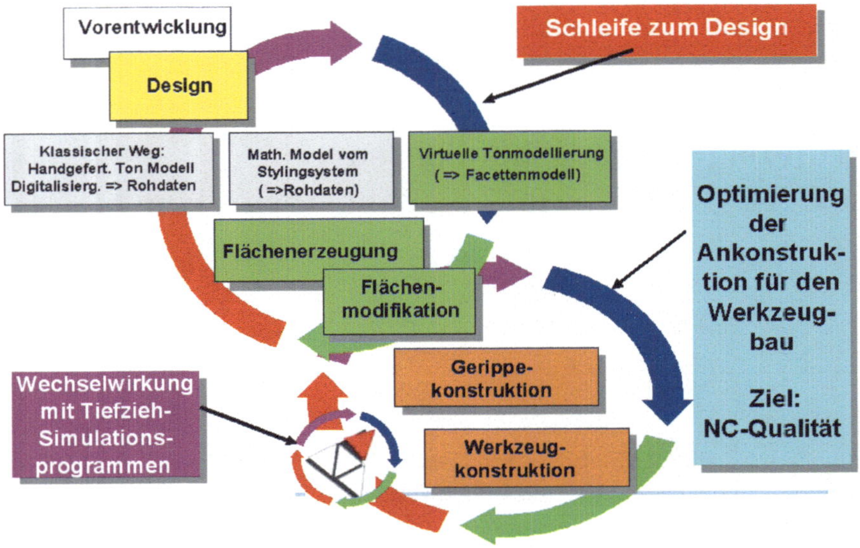

Abb. 191. Schritte in der Prozesskette, in denen Freiformflächen erzeugt oder modifiziert werden

- Man kann auch ohne Tonmodell auskommen, sondern nur auf Basis von Skizzen mit Hilfe eines CAD-Systems die Rohform erzeugen. Dieser Weg wurde im Kap. 1 beschrieben.
- Es gibt auch sog. virtuelle Ton-Modellierungsysteme, die rechnerunterstützt aus einfachen Flächen oder Körpern Facettenmodelle generieren können, die dann ihrerseits virtuell modelliert werden.

In allen drei Varianten wird das Ergebnis nur als Rohdatenmodell betrachtet. Man schneidet das Facettenmodell mit Hauptebenen oder speziellen Schnittebenen, extrahiert zusätzlich noch Formleitlinien und nimmt diese Datenmenge als Grundlage für den nachfolgenden Flächenmodellierungsprozess, der mit Produktionsqualität für die Form des Designobjektes abgeschlossen werden muss.

Die Flächenmodellierung zerfällt in zwei Phasen, die Erzeugungs- und die Modifikationsphase. Mehr als 80% der Modellierungsarbeiten entfallen auf die Modifikation. An den Formen wird immer und immer wieder im Detail (Struktur und Übergangsqualität) gefeilt, bis die endgültige Form gefunden ist, die in Form eines CAD-Modells in der Prozessdatenbank abgespeichert wird.

Dies ist mit der sog. Designschleife angedeutet, in welcher der Straker das ursprüngliche Designmodell in ein produktionsreifes Flächenmodell zu verwandeln hat.

Auf der Grundlage dieses Flächenmodells entsteht durch den sog. Methodenplaner im Werkzeugbau das Konzept für alle Umformschritte und die notwendigen Umformwerkzeuge. Auch dieses ist ein schleifenartiger Iterationsprozess, bei dem auch Tiefziehsimulationsprogramme eingesetzt werden, um die Werkzeugform zu optimieren.

In allen genannten Phasen bilden die Freiformflächen ein wesentliches Element.

Ohne Einsatz von entsprechenden CAD/CAM-Programmen ist der Gesamtprozess heute nicht mehr denkbar.

Im Rahmen von Parallelarbeiten (sog. concurrent engineering) werden heute die Iterationsschleifen noch weiter gezogen. So werden sogar schon im Designstadium Konzeptmodelle, die noch nicht Class A-Qualität aufweisen müssen, bereitgestellt, um Festigkeiten von zukünftigen Teilen und in der Umformtechnik die Fertigbarkeit zu prüfen.

4.2 Mathematische Grundlagen für Designer und Konstrukteure

Der folgende Abschnitt ist als Einführung für CAD-Anwender mit Design- und Ingenieur-Ausbildung gedacht. Der Abschnitt soll und kann mathematische Abhandlungen und Bücher über *CAGD – Computer Aided Geometric Design* – wie [8], [9] [11], [12], [10], [13], [16] und [17] nicht ersetzen. Alle basieren ihrerseits auf Urquellen wie [1], [2], [3], [4], [5] und [7], um nur die bekanntesten zu nennen. In [6] wurde die Verbindung zwischen Quelle [5] und den Bernsteinpolynomen nachgewiesen.

4.2.1 Bézierkurve

Die Kontrollpunkte $\mathbf{c}_i$ einer Bézierkurve haben wir schon kennen gelernt. Eigentlich sollten wir diese Punkte $\mathbf{c}_i$ treffender *Steuerpunkte* nennen, weil die Kurvenform damit gesteuert werden kann, aber die CAD-Anwender verwenden gewohnheitsmäßig den Begriff *Kontrollpunkte*.

Multiplizieren wir diese Kontrollpunkte mit den Mischungsfunktionen $B_i^n(t)$, so erhalten wir die Gl. 13 einer Bézierkurve.

$$\mathbf{x}(t) = \sum_{i=0}^{n} \mathbf{c}_i B_i^n(t) \qquad t \in [0, 1] \tag{13}$$

Der Kurvenparameter t durchläuft das Intervall von 0 bis 1.

Die Koeffizienten $\mathbf{c}_i$ in Gl. 13 heißen auch *Bézier-Punkte*. Der Streckenzug durch die Bézierpunkte wird als *Bézier-Polygon* bezeichnet. Da dieses Polygon die Kurve praktisch einhüllt und auch noch weitere angenehme geometrische Eigenschaften daraus ablesbar sind, kann man sagen, dass die Steuer-

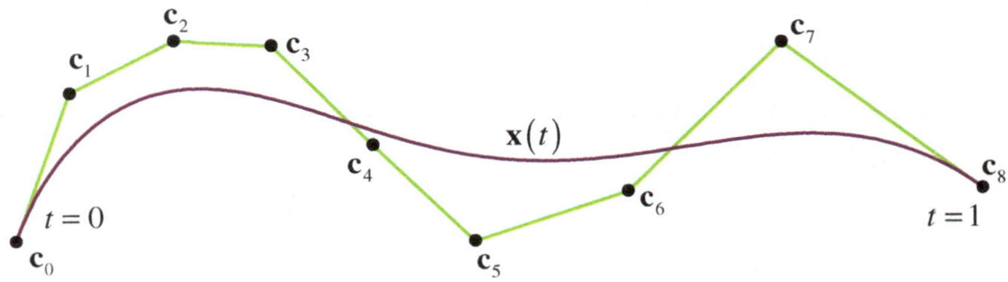

Abb. 192. Bézierkurve, Grad 8, Ordnung 9

oder Kontrollpunkte eine unmittelbare geometrische Bedeutung haben. Damit wird die interaktive graphische Arbeit des Designers bzw. des Konstrukteurs wesentlich erleichtert. Siehe dazu auch Anhang E.1, S. 227 und [11].

In der Matrixform erkennt man sofort das Skalarprodukt und kann sich die Entstehung eines Kurvenpunktes an der Parameterstelle t besser vorstellen, s. Gl. 14.

$$\mathbf{x}(t) = \begin{pmatrix} \mathbf{c}_0 \ldots \mathbf{c}_n \end{pmatrix} \begin{pmatrix} B_0^n(t) \\ \vdots \\ B_n^n(t) \end{pmatrix} \qquad t \in [0,1] \tag{14}$$

Die Mischung der Kontrollpunkte zur Kurve gelingt durch die Anwendung der Bernsteinpolynome, s. Gl. 15.

$$B_i^n(t) = \binom{n}{i} (1-t)^{n-i} t^i \tag{15}$$

Wie man aus den Kontrollpunkten numerisch bzw. graphisch einen Kurvenpunkt ermitteln kann, wird im Anhang E.2, ab S. 228 erklärt.

Wenden wir uns nun unserer Beispielkurve, s. Gl. 16, in Abb. 192 zu und konzentrieren uns auf die Wirkung eines beliebigen inneren Kontrollpunktes!

$$\mathbf{x}(t) = \mathbf{c}_0 B_0^8(t) + \mathbf{c}_1 B_1^8(t) \ldots + \mathbf{c}_8 B_8^8(t) \qquad t \in [0,1] \tag{16}$$

Wenn wir den hier ausgewählten Kontrollpunkt $\mathbf{c}_4$ mit Hilfe von Computermaus und Cursor verändern, beobachten wir eine globale Ausstrahlung über das gesamte Intervall des Kurvenabschnittes von $t = 0$ bis $t = 1$, s. Abb. 193!

4.2.2 B-Spline-Kurven

Wir beziehen uns aus Vergleichsgründen auf das gleiche einführende Beispiel wie bei den Bézierkurven und verwenden auch die gleichen Kontrollpunkte des Beispieles. Nur bezeichnen wir diese nunmehr als *de Boor-Punkte* $\mathbf{d}_i$. Diese Punkte bilden das *de Boor-Polygon*, s. Abb. 194.

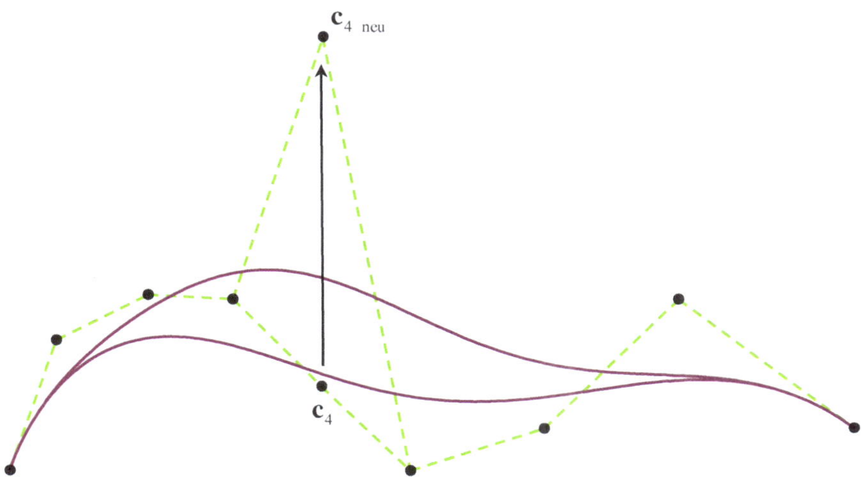

Abb. 193. Bézierkurve nach Modifikation des Kontrollpunktes $\mathbf{c}_4$

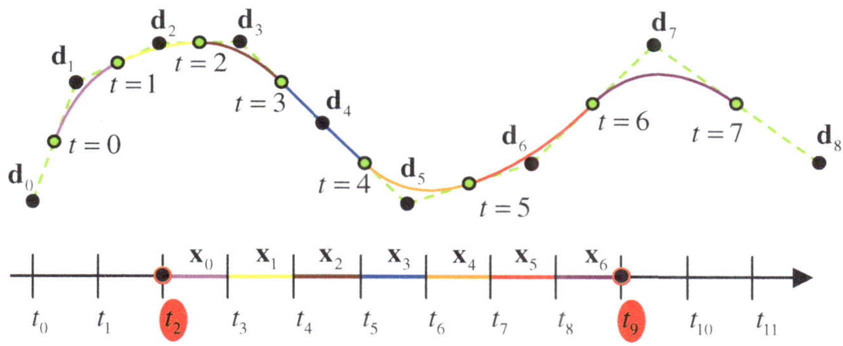

Abb. 194. Natürliche B-Spline-Kurve, $m = 8$, $n = 2$, $k = 3$ mit Trägervektor $\mathbf{T}$

Diesmal ist die geometrische Bedeutung der Kontrollpunkte schwieriger zu durchschauen, weil die Mischungsfunktionen anders definiert werden.

Ein Kontrollpunkt wirkt nicht mehr auf die gesamte Kurve, sondern nur noch auf Teilbereiche. Statt einer einsegmentigen Kurve entsteht dieses Mal eine mehrsegmentige, s. auch [11], ab S. 169.

$$\mathbf{x}(t) = \sum_{i=0}^{m} \mathbf{d}_i N_i^n(t) \qquad t \in [t_n, t_{m+1}] \qquad \text{wobei} \qquad m \geq n-1 \qquad (17)$$

Würde man $m = n$ setzen, ginge die B-Spline-Kurve in eine Bézierkurve über.

Bleiben wir aber bei den B-Spline-Kurven und beobachten die Wirkung des ausgewählten Kontrollpunktes $\mathbf{d}_4$. Wenn wir diesen Punkt interaktiv mit Hilfe von Computermaus und Cursor verändern, so registrieren wir nur eine lokale Ausstrahlung über drei innere Segmente der Kurve von $t = 0$ bis $t = 7$, s. Abb. 195!

B-Spline-Kurven sind für beliebige Kontrollpunkte $(n - 1)$-mal stetig differenzierbar. In unserem Beispiel mit $n = 2$ herrscht also C^1-Stetigkeit (Tangentenstetigkeit) zwischen den Kurvensegmenten. Würden wir $n = 3$ wählen, wäre die C^2-Stetigkeit (Krümmungsstetigkeit) garantiert.

Die selektive Mischung der Kontrollpunkte zu Teilkurven gelingt mit Hilfe der Mischungsfunktionen $N_i^n(t)$. Diese Mischungsfunktionen sind segmentweise aufgebaute B-Spline-Basisfunktionen der Ordnung k bzw. vom Grade $n = k - 1$. Den Segmenten sind Parameterwerte zugeordnet, die wir in einem Trägervektor $\mathbf{T}$ abspeichern.

Die Mischungsfunktionen können rekursiv aufgebaut werden. Man beginnt dabei mit der Basisfunktion 0. Grades und ermittelt daraus die Basisfunktionen 1. Grades. Daraus werden wiederum die Basisfunktionen 2. Grades berechnet usw.

Die Rekursionsformel lautet allgemein, s. Gln. 18 und 19,

$$N_i^0(t) = \begin{cases} 1: & t \in [t_i, t_{i+1}) \\ 0: & \text{sonst} \end{cases} \tag{18}$$

$$N_i^n(t) = \frac{t - t_i}{t_{i+n} - t_i} N_i^{n-1}(t) + \frac{t_{i+n+1} - t}{t_{i+n+1} - t_{i+1}} N_{i+1}^{n-1}(t) \qquad t \in [t_i, t_{i+n+1}) \tag{19}$$

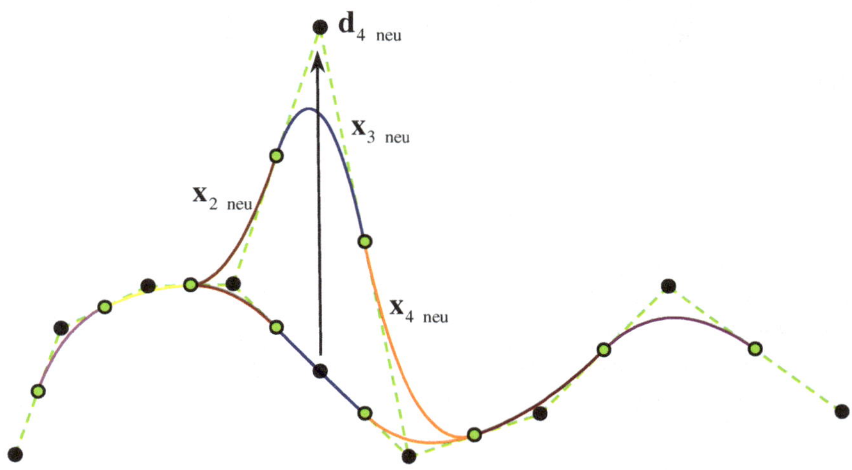

Abb. 195. Modifikation des de Boor-Punktes $\mathbf{d}_4$

Analog zum Anhang F, s. Beispiel ab S. 233, könnten wir die Basisfunktionen $N_i^2(t)$ unseres Beispiels mit Grad $n = 2$ bzw. Ordnung $k = n+1 = 3$ ermitteln und das Zusammenspiel zwischen den Mischungsfunktionen und den Kontrollpunkten nachempfinden. Wir heben uns diese Übung aber für ein Beispiel mit weniger Kontrollpunkten und höherem Grad auf, s. S. 234.

Die Basisfunktionen werden in die Gl. 17 eingesetzt und wir erhalten damit die Gl. 20.

$$\mathbf{x}(t) = \mathbf{d}_0 N_0^2(t) + \mathbf{d}_1 N_1^2(t) \ldots + \mathbf{d}_8 N_8^2(t) \qquad t \in [t_2, t_7] \tag{20}$$

Betrachtet man die Bilder der Basisfunktionen analog zum Beispiel auf S. 234 über ihrem jeweiligen Definitionsbereich, so erkennt man, wie die selektive Mischung der Kontrollpunkte hier, bezogen auf Gl. 20, erreicht wird: Nur dort, wo die jeweils benötigten Basisfunktionen > 0 sind, fallen die Kontrollpunkte ins Gewicht. Bei Ordnung 3 ist dies jeweils nur über die drei entsprechenden Intervalle des Trägervektors (Definitionsbereich) pro Basisfunktion der Fall. Somit können wir auch sagen, dass die entsprechende Teilkurve nur aus den zugeordneten $k = 3$ Kontrollpunkten gemischt wird, weil die anderen Kontrollpunkte durch den Faktor 0 herausfallen.

Die Anzahl der generierenden Kontrollpunkte für eine Teilkurve entspricht also der Ordnung k der Mischungsfunktionen!

Die Kurve wird über dem Trägervektor $\mathbf{T}$ aufgebaut, der von t_n bis $t_m + 1$ reicht, also hier im Beispiel von t_2 bis t_9, s. Abb. 194. Der vollständige Trägervektor $\mathbf{T}$ lautet:

$$\mathbf{T} = (t_0, t_1, t_2, t_3, t_4, t_5, t_6, t_7, t_8, t_9, t_{10}, t_{11}) \tag{21}$$

Das heißt, die 1. Teilkurve $\mathbf{x}_0$ im Teilintervall $t = 0$ bis $t = 1$ wird aus den ersten drei Kontrollpunkten $\mathbf{d}_0$, $\mathbf{d}_1$ und $\mathbf{d}_2$, die 2. Teilkurve $\mathbf{x}_0$ im Teilintervall $t = 1$ bis $t = 2$ aus der ersten Dreiergruppe $\mathbf{d}_1$, $\mathbf{d}_2$ und $\mathbf{d}_3$ usw. generiert. Es wird also nach der 1. Teilkurve die Gruppe der drei generierenden Kontrollpunkte um einen Kontrollpunkt verschoben (Shiftoperator $s = 1$):

Es entstehen nun nacheinander so viele Teilkurven, wie sich die Dreiergruppe innerhalb des Gesamtpolygons der Kontrollpunkte um den Shiftoperator $= 1$ verschieben lässt. In unserem Fall ist dieser Endzustand erreicht, wenn sich die Gruppe aus den Kontrollpunkten $\mathbf{d}_6$, $\mathbf{d}_7$ und $\mathbf{d}_8$ zusammensetzt.

Es sind dabei sieben Teilkurven $\mathbf{x}_0$ bis $\mathbf{x}_6$ über dem Gesamtintervall von $t = 0$ bis $t = 7$ entstanden.

Allgemein gilt: Die Anzahl $(l + 1)$ der Teilkurven $\mathbf{x}_0$ bis $\mathbf{x}_l$ ist $(m + 1 - k) + 1$.

Da der Kontrollpunkt $\mathbf{d}_4$ nur in den Dreiergruppen $(\mathbf{d}_2, \mathbf{d}_3, \mathbf{d}_4)$, $(\mathbf{d}_3, \mathbf{d}_4, \mathbf{d}_5)$ und $(\mathbf{d}_4, \mathbf{d}_5, \mathbf{d}_6)$ vorkommt, kann er sich also nur in den Teilkurven $\mathbf{x}_2$, $\mathbf{x}_3$ und $\mathbf{x}_4$ über dem Teilintervall von $t = 2$ bis $t = 5$ auswirken, s. Abb. 195!

Kommentar zu den beiden Abb. 194 und 195:

Bei der natürlichen B-Spline-Kurve mit dem Trägervektor mit folgenden Werten, s. Gl. 22 beginnt die Kurve nicht am 1. Kontrollpunkt, sondern zwischen dem 1. und 2. Kontrollpunkt. Analoges gilt für den Endpunkt.

$$\mathbf{T} = (0, 1, 2, 3, 4, 5, 6, 7, 8, 9, 10, 11) \tag{22}$$

Mit einem Trick kann man dies aber wieder reparieren, damit sich Bézier- und B-Spline-Kurven gleichartig bezüglich der Anfangs- und Endbedingungen verhalten:

Wir setzen den Anfangs- und den Endparameterwert jeweils k-fach, s. auch Abb. 196, im Beispiel also dreifach:

$$\mathbf{T} = (t_0, t_0, t_0, t_1, t_2, t_3, t_4, t_5, t_6, t_7, t_7, t_7) \tag{23}$$

oder hier konkret

$$\mathbf{T} = (0, 0, 0, 1, 2, 3, 4, 5, 6, 7, 7, 7) \tag{24}$$

Symbolisch kann man dies auch wie in Abb. 197 darstellen.

Die Kurve beginnt in Abb. 194 bei $t = 2$ und endet bei $t = 7$, also $t \in [t_2, t_7]$. Die Intervalle vor bzw. nach dem Anfangs- bzw. Endpunkt der Kurve haben die Länge Null.

Das erste Parameterintervall von t_0 nach t_1 wird noch $(k-1) = 2$ mal von links vom Anfangspunkt t_2 angesetzt. Damit ist es praktisch $k = 3$ mal existent und bildet den Definitionsbereich für die benötigte Basisfunktion (> 0) am Anfang der Kurve. Analoges gilt für das Endintervall von t_6 nach t_7, nur eben nach rechts angesetzt.

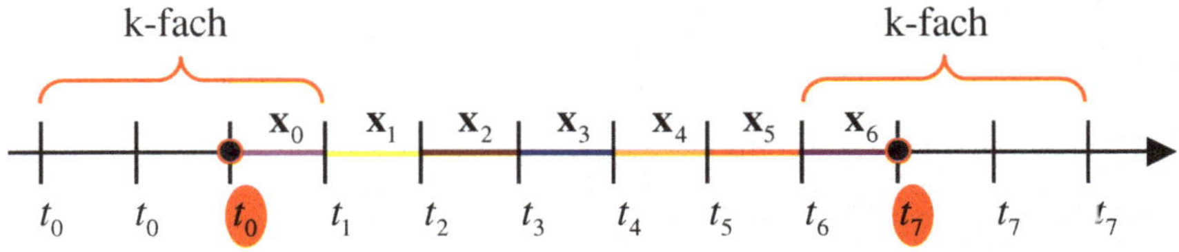

Abb. 196. Vollständiger Trägervektor mit je k-fachen Endintervallen

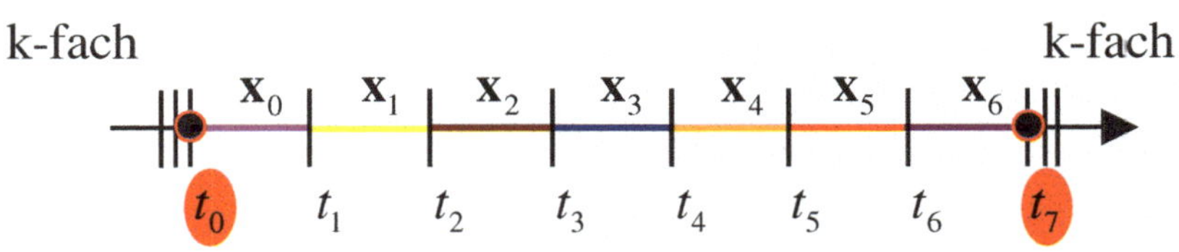

Abb. 197. Verkürzter Trägervektor mit Vielfachheiten

Statt des vollständigen (s. Gl. 23) kann man auch den sog. *verkürzten* Trägervektor schreiben, wenn man zusätzlich einen Vektor der Vielfachheiten einführt, s. Gl. 25.

$$\mathbf{T} = (t_0, t_1, t_2, t_3, t_4, t_5, t_6, t_7) \quad mit \quad \mathbf{V} = (k, 1, 1, 1, 1, 1, 1, k) \tag{25}$$

Der Vektor **V** drückt die Wertigkeit der Parameterwerte aus. Der erste und letzte Parameterwert sind somit k-fach zu zählen, alle inneren Parameterwerte nur einfach. Erhöht man einen inneren Parameterwert in der Wertigkeit um 1, dann sinkt die Qualität des Übergangs an dieser Segmentübergangsstelle um den Grad 1.

In unserem Beispiel lautet der Vektor der Vielfachheiten

$$\mathbf{V} = (3, 1, 1, 1, 1, 1, 1, 3) \tag{26}$$

Damit haben wir das Gewünschte erreicht, s. Abb. 198 und 199: Der Anfangs- bzw. der Endpunkt der Kurve fällt dann mit dem ersten bzw. dem letzten

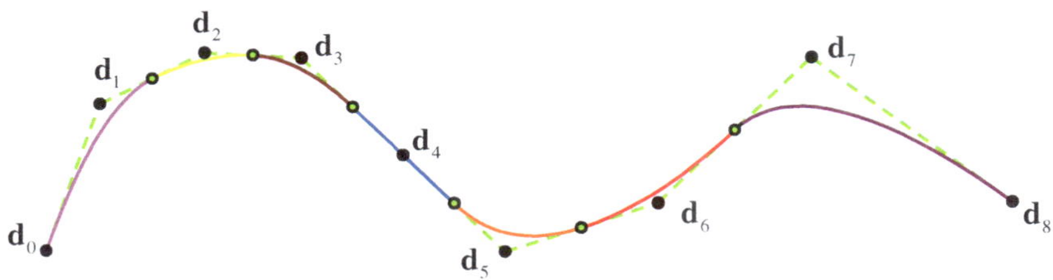

Abb. 198. B-Spline-Kurve, $m = 8$, $n = 2$, $k = 3$, mit korrektem Anfangs- und Endpunkt

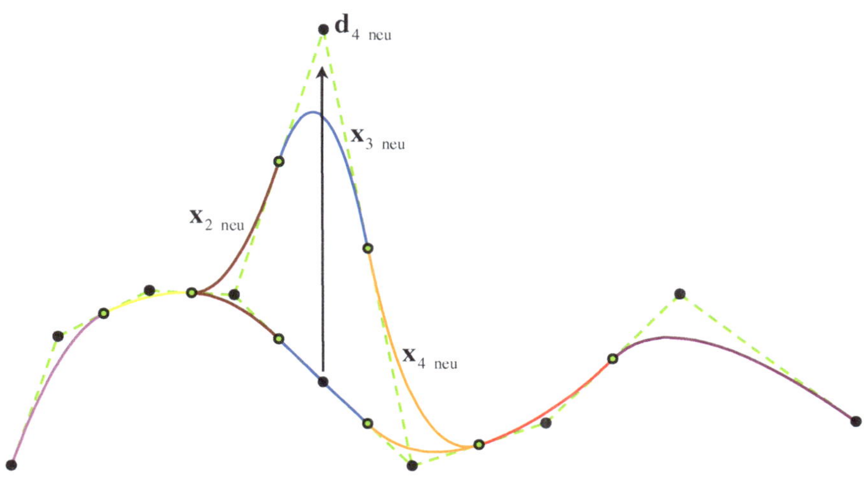

Abb. 199. Gleiche B-Spline-Kurve mit modifiziertem Kontrollpunkt $\mathbf{d}_4$

Kontrollpunkt zusammen. Die erste bzw. die letzte Polygonseite gibt die Anfangs – bzw. die Endtangentenrichtung an.

4.2.3 Weitere Begriffe im Zusammenhang mit Kurven

Da die Parameterwerte gleichabständig auf der Achse von **T** liegen, spricht man von einem *uniformen* Trägervektor. Gibt man diese Bedingung *gleichabständig* auf, dann handelt es sich um einen *non-uniformen* Trägervektor. Daraus leiten sich die Abkürzungen NUBS und NURBS ab. NU heißt also non-uniform. BS steht für B-Splines.

Das in der Abkürzung enthaltene R bedeutet *(engl.) rational* und entspricht dem deutschen Begriff *gebrochen rational.* Der Vorteil des rationalen Ansatzes sowohl bei den Bézierkurven, als auch bei den B-Spline-Kurven besteht darin, dass Kreise und Kegelschnitte math. exakt, also ohne Approximation, dargestellt werden können.

Im gebrochen rationalen Falle erhalten die Kontrollpunkte zusätzlich zu ihren 2 bzw. 3 Koordinaten noch ein sog. Gewicht. In den CAD-Systemen wird dieses als 4. Koordinate mitgeführt. Man spricht dann von *homogenen* Koordinaten, s. z. B. [18].

Die Zusammenhänge zwischen homogenen $(\tilde{x}, \tilde{y}, \tilde{z}, w)$ und euklidischen Koordinaten (x, y, z) ergeben sich wie folgt:

$$\begin{pmatrix} x \\ \\ y \\ \\ z \end{pmatrix} = \begin{pmatrix} \frac{\tilde{x}}{w} \\ \\ \frac{\tilde{y}}{w} \\ \\ \frac{\tilde{z}}{w} \end{pmatrix} . \tag{27}$$

Die Gewichte w können als zusätzliche Steuerparameter für die Kurvenform dienen. Bei höheren Gewichten als 1 wird die Kurve in die Knickpunkte des Kontrollpunktpolygons weiter hineingezogen, bei geringerem Gewicht als 1 von den Knickpunkten weiter entfernt. Schrumpft ein Gewicht auf Null, so liegt der zugehörige Punkt im Unendlichen. Es lassen sich somit z. B. auch die bei der Zentralprojektion vorkommenden Fernpunkte algorithmisch exakt in die Rechnung einbeziehen.

Sind die Gewichte der Kontrollpunkte alle gleich 1, dann handelt es sich um den Fall *(engl.) non-rational* = *ganz rational,* also um ganz normale Bézier- oder B-Spline-Kurven.

4.2.4 Vergleich der Eigenschaften und Entscheidungshilfe bei der Anwendung in der Karosseriekonstruktion

Wie man sieht, wirkt eine Kontrollpunktmodifikation bei Bézier über den gesamten Kurvenabschnitt hinweg. Da man beim Straken wegen der Glattheitsforderungen und ohne unerwünschte Wendepunkte im Krümmungsverlauf meistens mit den niedrigen Ordnungen 3 oder 4 auszukommen versucht, erreicht man bei Bézierkurven sehr überschaubare Wirkungen über die gesamte Form (global). Die Kurvenform ist intuitiv gut steuerbar!

Den Nachteil der eingeschränkten Flexibiltät einer niedriggradigen Bézierkurve kann man überwinden, indem man Bézierkurvenabschnitte zu einer Gesamtkurve zusammensetzt. Man spricht dann auch von Bézier-Spline-Kurven.

Bei B-Spline-Kurven niedriger Ordnung ist die Wirkung einer Kontrollpunktänderung lokal begrenzt. Es kann zu Wellenbildungen in der Form kommen. Auch stört oft die Mehrsegmentigkeit im Design.

Deshalb bevorzugt der Straker für seine Arbeit den Bézieransatz.

Im Werkzeugbau hingegen, wo es bei Ankonstruktionen auf die genaue mathematische Erfassung von Ziehwülsten ankommt, ist oft der B-Spline-Ansatz vorteilhafter!

Eine Gegenüberstellung der Vor- und Nachteile beider Ansätze finden wir in den Tabellen 7 und 8 im Anhang G, ab S. 241.

4.2.5 Übergang von Kurven zu Flächen

Nach der Einführung in beide am meisten verwendeten Kurvenansätze sei hier zur Theorie der Flächen nur folgendes hinzugefügt:

Das Kontrollpunktpolygon der Kurve wird zum Kontrollpunktnetz erweitert. Hatten wir bisher bei Kurven von einem Parameter t gesprochen, so benötigen wir bei den Flächen zwei Parameter, einen in u-Richtung und einen weiteren in v-Richtung. Beide Richtungen stehen im Parameternetz orthogonal zueinander.

Die Eigenschaften der Kurven kann man 1:1 auf die Flächen übertragen. Mit Hilfe der CAD-Systeme werden sowohl Bézier- als auch B-Spline-Flächen generiert bzw. modifiziert. Analog zu den Kurven, die aus Segmenten bestehen können, werden Flächenstücke (Patches) zu Flächen zusammengesetzt.

In den CAD-Systemen wird ein Patch in den meisten Fällen als sog. Tensorprodukt-Flächenstück erzeugt und abgespeichert.

Es ist z. B. üblich, aus einem Netz von Rohdatenkonturen (Punktfolgen bzw. Polygone) mit Quer- (u) und Längskonturen (v) ein solches Einzelflächenstück (Patch) in zwei Schritten gemäß der in den Abb. 200 und 201 angedeuteten Vorgehensweise zu erzeugen, wobei die Einzelschritte vom CAD-Anwender unbemerkt bleiben. Der Anwender wählt nur das Netz von Rohdatenkonturen an und erhält sofort das Patch als Ergebnis, s. Anhang I, S. 251.

Intern wird im CAD-System das oben erwähnte Netz von Rohdatenkonturen zunächst in die grün angedeutete Linienstruktur verwandelt. Diese besteht aus vier Randkonturen und mehreren inneren Zwischenkonturen in der Querrichtung. Zwischenkonturen in Längsrichtung (v) werden weggelassen, aber in der Diagnosephase zur Beurteilung der Abweichungen zwischen Patch und den ursprünglichen Rohdaten wieder hinzugenommen.

Im ersten Generierungsschritt ermittelt man die schwarz dargestellten Bézier-Polygone für die Rand- und Zwischenkonturen in u-Richtung, s. Abb. 200, wobei die Ordnung des Bézier-Ansatzes vom Nutzer bestimmt wird. Hier war Ordnung 4 bzw. Grad 3 gewählt worden, s. Gl. 28.

$$\mathbf{z}_j(u) = \begin{pmatrix} \mathbf{z}_{0j} & \mathbf{z}_{1j} & \mathbf{z}_{2j} & \mathbf{z}_{3j} \end{pmatrix} \begin{pmatrix} B_0^3(u) \\ B_1^3(u) \\ B_2^3(u) \\ B_3^3(u) \end{pmatrix} \qquad u \in [0,1] \tag{28}$$

mit $j = 0, ..., 3$.

Man denkt sich nun die i-ten Bézierpunkte aller Quer-Bézierpolygone (u) durch je eine theoretische Kontur pro Längskontur (v) verbunden. In der Abb. 200 sind diese gedachten Konturen grau dargestellt.

Im zweiten Generierungsschritt verwendet man jene gedachten Konturen im Inneren des zukünftigen Patches zusätzlich zu den Rand-Längspolygonzügen und gewinnt aus ihnen übergeordnete Bézier-Polygone in v-Richtung. Auch hierbei kann die Ordnung in v-Richtung vom Nutzer vorgegeben werden.

Durch diesen Trick hat man die Quer-Bézierpolygone (u) des 1. Schrittes zu Funktionen der Längsrichtung (v) gemacht, d. h. wir haben damit die Veränderungen der u-Bézierpunkte beim Fortschreiten in v-Richtung ermittelt.

In der Matrixform, s. Gl. 29, erkennen wir die Struktur des gewonnenen Kontrollpunktnetzes am besten, vergleiche auch Abb. 201.

$$\mathbf{X}(u,v) = \begin{pmatrix} B_0^3(u) & B_1^3(u) & B_2^3(u) & B_3^3(u) \end{pmatrix} \begin{pmatrix} \mathbf{c}_{00} & \mathbf{c}_{01} & \mathbf{c}_{02} & \mathbf{c}_{03} \\ \mathbf{c}_{10} & \mathbf{c}_{11} & \mathbf{c}_{12} & \mathbf{c}_{13} \\ \mathbf{c}_{20} & \mathbf{c}_{21} & \mathbf{c}_{22} & \mathbf{c}_{23} \\ \mathbf{c}_{30} & \mathbf{c}_{31} & \mathbf{c}_{32} & \mathbf{c}_{33} \end{pmatrix} \begin{pmatrix} B_0^3(v) \\ B_1^3(v) \\ B_2^3(v) \\ B_3^3(v) \end{pmatrix} \tag{29}$$

wobei $u, v \in [0,1]$.

Die Matrix mit den Elementen c_{ij} (Kontrollpunkte) ist meistens im Editor des CAD-Systems einsehbar. Die Koordinaten der Kontrollpunkte können somit editiert werden.

Die Bernsteinfunktionen $B_i^3(u)$ bzw. $B_i^3(v)$ sind uns inzwischen von den Kurven her schon bekannt. Diese werden nur intern im Programm abgerufen.

Die beiden inneren Quer-Bézierpolygone $\mathbf{z}_{i,1}(u)$ und $\mathbf{z}_{i,2}(u)$ in Abb. 200 sind interne Zwischenergebnisse, die im Endergebnis (Flächengleichung 29) nicht mehr auftauchen.

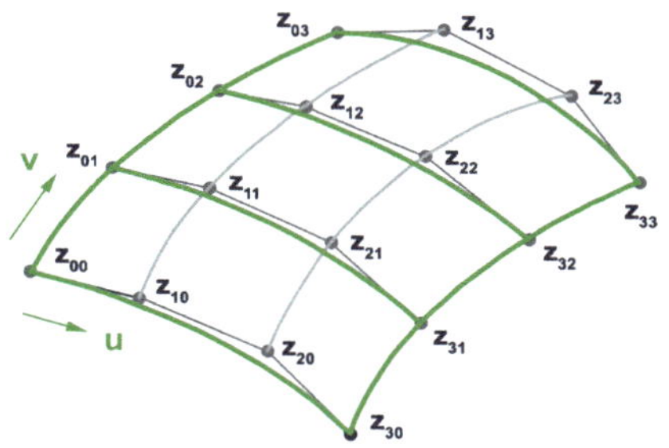

Abb. 200. TP-Bézier-Patch, Schritt 1: Ermittlung der Zwischen-Bézier-Punkte $\mathbf{z}_{i,j}$ in u-Richtung

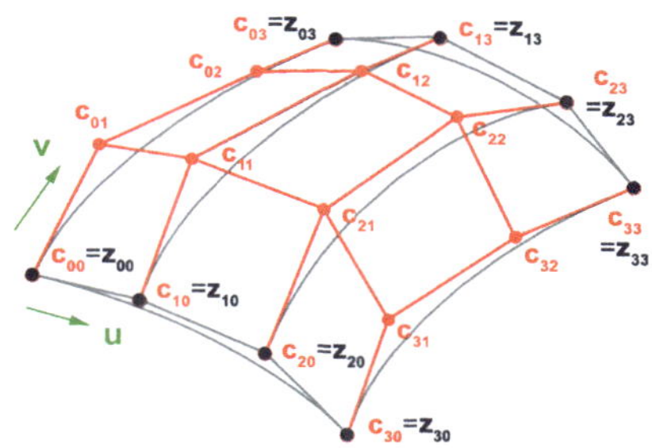

Abb. 201. TP-Bézier-Patch, Schritt 2: Ermittlung der endgültigen Patch-Bézier-Punkte $\mathbf{c}_{i,j}$

Die roten und die schwarzen Bézier-Punkte in Abb. 201 bilden in ihrer Gesamtheit die Kontrollpunkte des Patches. Die Anzahl ist Ordnung u x Ordnung v, hier also 4×4. Die beiden inneren grauen Hilfskonturen in v-Richtung kann man sich wieder entfernt denken, dann bleiben die vier Randkurven des Patches übrig.

Analog zur Vorgehensweise beim Bézier-Ansatz ließe sich ein B-Spline-Flächenstück erzeugen, s. ebenfalls Anhang I, Tensorproduktflächen, S. 251.

Auch wenn von Fall zu Fall je nach geometrischer Aufgabenstellung und gegebenen Daten andere Algorithmen zur Flächen- oder Patcherzeugung dienen, die Form der Abspeicherung in der Datenbasis bleibt in der Regel immer die oben verwendete.

Durch Ausgleichungsrechnung mit Nebenbedingungen lassen sich auch geometrische Vorgaben wie zusätzliche Längs- und Quertangenten, zusätzliche Zwischenkurven und sogar unterliegende Punktwolken zumindest approximativ berücksichtigen.

Oft werden auch nur Randkurven zu einer Fläche gemischt, z. B. nach [2].

Gleichgültig, welcher Weg beschritten wurde, am Ende lassen sich alle speziellen Darstellungsformen in die oben vorgestellten Formen mit den Basisfunktionen (Bernstein oder B-Spline) umwandeln.

Da Designer und Oberflächenmodelleure (Straker) die approximativen Ansätze kaum verwenden, sondern in der Regel bei Vorhandensein von Rohdaten aller Art (Klassische Rohdaten, Punktewolken bzw. Scans und Facettenmodelle) die erwünschten glatten Flächen schnell und effektiv mit einer manuellen Methode, s. Abschn. 5.1.2.2 in Form ziehen, wird hier auf entsprechende weitere Ausführungen verzichtet.

4.3 Einführung in die Flächenmodellierung

Wenn die Designstudie fertig ist und das Ergebnis an den Straker übergeben wird, dann gilt es für ihn, Flächen in Produktionsqualität zu erzeugen. Die Ausgangsdaten sind meistens Scans oder klassische Rohdaten (in Schnitten über die Oberflächen gelegt), s. Abb. 202.

Der Begriff des *Strakens* kommt ursprünglich aus dem Schiffbau. Dort hat man mit Wasser- und Spantenlinien die Form des Schiffskörpers definiert. Als Hilfsmittel zum Glätten (Straken) der Kurven hat man biegsame Holz- oder Kunststoffleisten benutzt, die sog. Straklatten. Siehe Abb. 203. Die Straklatte wird mit Hilfe der Gewichte zunächst grob in die beabsichtige Form über der gezeichneten Kontur gezwungen. Dann geht man wie folgt vor: In der ersten Dreiergruppe der Gewichte (Gewichte 1, 2, 3) wird das mittlere angehoben. Die Latte springt geringfügig entsprechend der natürlichen Biegelinie. Dann

Abb. 202. Fotomontage zur symbolischen Darstellung der Tätigkeit beim Straken mittels CAD: Aus dem Rohdaten- wird das Flächenmodell entwickelt

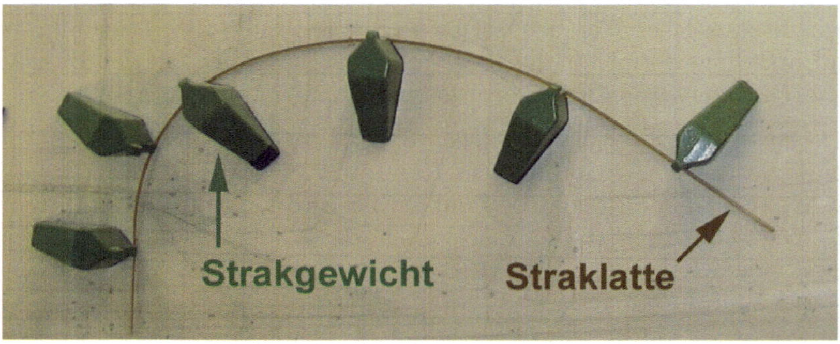

Abb. 203. Historie: Kurvenglätten mit Straklatte und -gewichten

nimmt man die nächste (um ein Gewicht verschobene) Dreiergruppe (Gewichte 2, 3, 4) und hebt wiederum das mittlere Gewicht an. Die Latte verändert wiederum ihre Lage nach den physikalischen Gesetzen. Die Prozedur wird bis zum Ende der Kontur fortgesetzt. Dabei entsteht ausgleichend eine glatte Kurve über der gezeichneten Kontur.

Das Straken wurde vom Automobilbau übernommen, nur wurden im CAD-Zeitalter die Straklatten durch interaktive grafische Methoden ersetzt, mit deren Hilfe entweder ein Netz von Formleitlinien (Skelett) erzeugt wurde, welches dann zum Flächenmodell umgewandelt werden kann oder aber man erzeugt aus den Rohdaten in einer Rasterstruktur sofort Flächen bzw. Patches, die ihrerseits miteinander verschnitten werden und somit die theoretischen Kanten oder Formleitlinien erst erzeugen.

Der erste Weg über das Kurvennetz und das Füllen der Netzmaschen wird als Kurven basierendes Generieren von Flächen bezeichnet, der zweite ist der Weg der direkten Flächenmodellierung ohne den Umweg über die Kurven. Er funktioniert natürlich nur, wenn rasterartige Rohdaten oder unterliegende Punktwolken vorhanden sind.

Die Erzeugung eines Flächenmodells ist nun keineswegs einfach nur ein mosaikförmiges Aneinandersetzen von großen und kleinen Flächenstücken (Patches), sondern ein systematisches, z. T. hierarchisches Aufbauen. Man beginnt mit möglichst großen Flächenstücken niedriger Ordnung, um die notwendige Glattheit zu erreichen, wobei diese Trägerpatches von theoretischen Kanten begrenzt werden, die später in der Regel wieder verschwinden. Diese Trägerpatches werden z. B. nur in Ausschnitten genutzt, d. h. aus ihnen werden aktive Teile herausgeschnitten und der verbleibende Rest wird unsichtbar gemacht, den Vorgang nennt man *Facen*. Oder die Trägerflächen werden in Teilstrukturen untergliedert, um Details herauszuformen, welche ihrerseits entweder ein regelmäßiger Flächenverband sein können oder wiederum aus Faces und Patches kombiniert sein können. Abschließend gehört auch das Verrunden aller scharfen Kanten am Fahrzeug zum Flächenmodellieren. Ständig wird beim Flächenaufbau für einen sauberen Übergang zwischen Patches oder zwischen Faces und Patches mittels sog. Anschlussfunktionen gesorgt und die Flächenqualität wird mittels ständiger Diagnosen durch Schnitte, auch mit Krümmungsbildern, Schattierung, Highlights, Reflexionslinien oder Entformkanten überwacht.

Das Straken ist also eine komplexe Aufgabe, die einerseits räumliches Vorstellungsvermögen erfordert, und andererseits auch die Beherrschung der CAD-Techniken verlangt. Die „Kunst“ des Strakens kann auch als die am höchsten entwickelte Art der Oberflächenmodellierung angesehen werden.

Ein technisches, manuelles Verfahren, welches sich sehr schnell erlernen lässt und auf einfache Weise eine hohe Flächenqualität für ein Einzelpatch garantiert, ist das schon erwähnte „In-Form-Ziehen“ (mittels der Kontrollpunkte) von anfangs ebenen Patches (bei Beobachtung von Schnitten durch die Fläche) in die doppelt gekrümmte Form. Statt „In-Form-Ziehen" sagt der Straker auch „Heranmodellieren" an das Rohdatenmodell, z. B. den Scan.

4.3.1 Definition von Oberflächenklassen

Alle stilistisch relevanten Oberflächen des Exterieurs (Abb. 204) und Interieurs von Fahrzeugen (Abb. 205) werden „Class A-Flächen" genannt. Sie sollen ästhetisch schön aussehen und erfordern vom „Straker" besondere Sorgfalt.

Verborgene innere Strukturen (z. B. Gerippeteile), die keine ästhetische, sondern nur eine funktionelle Aufgabe erfüllen, ordnet man oft in die Kategorie „Class B-Flächen" ein. Abb. 206 zeigt Beispiele dafür. In dieser Klasse werden bevorzugt auch parametrische Systeme eingesetzt, s. z. B. [19], [20] und [21].

Zusätzlich ankonstruierte Flächen, sog. Ankonstruktionen, für den Werkzeugbau, wie z. B. Blechhalterflächen oder Ziehwülste, die nach der Umformung ohnehin zum Abfall werden, nennt man oft „Class C-Flächen". Das grün dargestellte, eigentliche Teil in Abb. 207 muss um alle anderen Ankonstruktionen ergänzt werden, damit das Blech tiefgezogen werden kann.

Abb. 204. Class A-Flächen im Exterieur, Jaguar XK8. Ein Teil der Fronthaube wurde absichtlich mit Flächenstrukturgrenzen dargestellt

Abb. 205. Class A-Flächen im Interieur, Jaguar XK8

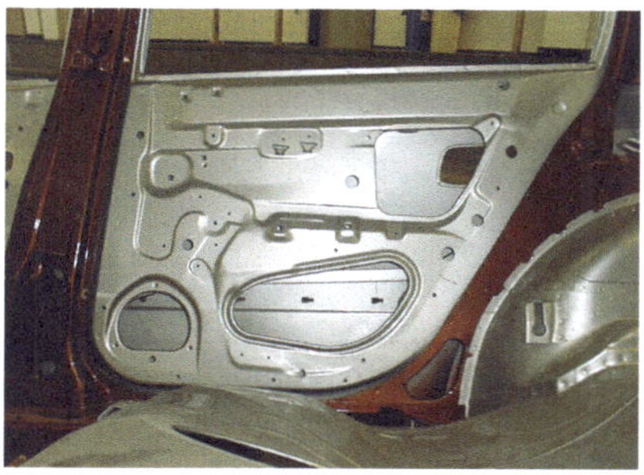

Abb. 206. Class B-Flächen, Aluminium-Gerippeteile des Audi A2

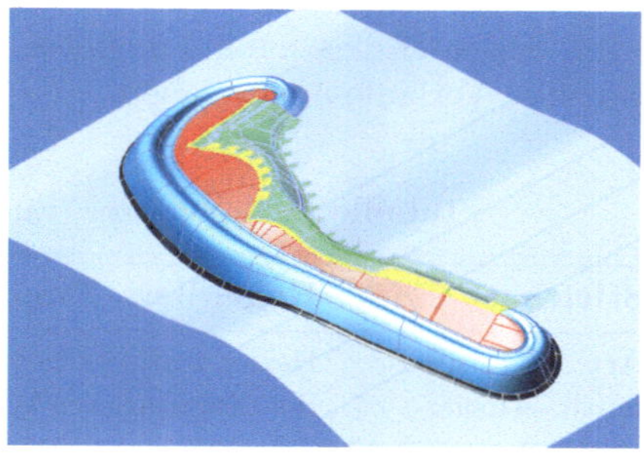

Abb. 207. Class C-Flächen für den Werkzeugbau, C-Säule Audi A2

Hinweis: Die Abb. 204 bis 207 wurden von den jeweiligen Herstellerfirmen freundlicherweise zur Verfügung gestellt.

In Abb. 208 sehen wir, stellvertretend für viele andere Industrieprodukte mit doppelt gekrümmten Formen, ein Beispiel aus dem Konsumgüterbereich. Prinzipiell gehört die Oberfläche zwar auch zu „Class A", jedoch sind die Anforderungen sicher nicht mit denen bei Karosserieoberflächen zu vergleichen. Trotzdem sind grundsätzlich die gleichen CAD-Mittel anwendbar.

Es gibt aber keine exakten Definitionen für die genannten Oberflächenklassen, es ist vielmehr über einen langen Anwendungszeitraum im CAD herausgebildeter Sprachgebrauch.

Bei den „Class A-Flächen" gibt es zumindest gewisse Regeln, die der CAD-Anwender einhalten sollte, damit die geforderte Qualität auch erreicht wird.

Abb. 208. Anwendung aus dem Konsumgüterbereich, Quelle: Virtuelles Studio Maximilian Binder, Ingolstadt

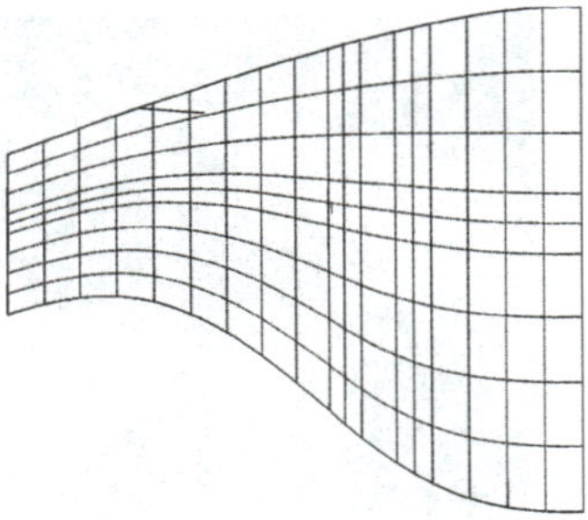

Abb. 209. B-Spline-Patch mit 18 × 9 Segmenten, Fortsetzung in Abb. 211

4.3.2 Grundregeln bei der Erzeugung von Class A-Flächen

Beachtenswerte Regeln seien hier in den Tabellen 1 und 2, s. S. 130 und S. 131, aufgeschrieben. Wenn dabei auf „harmonische“ Verteilungen gedrungen wird, bedeutet dies, es sind monoton wachsende oder fallende oder gleichmäßig verteilte Verläufe anzustreben.

Tabelle 1. Regeln bzw. Empfehlungen zum Class A-Straken

Stichwort	**Regel bzw. Empfehlung**
Art der Patches/ math. Ansatz	Bézier-Patches bevorzugen!, B-Spline-Patches möglichst wegen der Neigung zur Wellenbildung vermeiden!
Ordnung	Ordnung der Patches so niedrig wie möglich: 3, 4, höchstens 5, in Ausnahmefällen 6, an den Radwülsten max. 8
Anzahl	So wenig wie möglich, aber so viel wie notwendig!
Größe/ Abweichung zw. Rohdaten/Scans und Patches	So groß wie möglich, solange die angestrebte niedrige Ordnung dies noch erlaubt! Abweichung zu den Rohdaten beobachten, dabei geht Design-Idee vor Abweichung!
Form der Patches	Vierseitig, möglichst rechtwinklig oder fächerartig! Entartete Patches (Schrumpfen einer Seite zu Null oder 180 Grad-Ecken) vermeiden, es sei denn, es ist die einzige Möglichkeit, eine Form zu erfassen. Sonst mit Faces arbeiten, z. B. durch Begrenzungskurve Ecke abschneiden, wenn die normale Methode (vierseitige Patches) versagt! Kontrolle, ob ein Patch gut gelungen, durch Extrapolieren! Bei gutartigem Verhalten ist das Patch in Ordnung. Wenn Kontrollpunkte zappeln, dann nicht! Patches in drei Hauptansichten ansehen! Krümmungsbilder in Isolinienrichtung hinzunehmen! Auch Krümmungsbilder von Schnitten!

Tabelle 2. Fortsetzung

Stichwort	Regel bzw. Empfehlung
Patch-Segmentierung	Im Patch keine Wendepunkte! Segmentgrenzen zwischen Nachbarpatches entsprechend legen! Segmentgrenzen dorthin legen, wo die Krümmungsänderung einen Betrag übersteigt, der vom niedriggradigen Patch nicht mehr geleistet werden kann. Dies ist Gefühlssache des Konstrukteurs, der jedoch diese Erfahrung schnell gewinnt!
Patch-Anschlüsse	Anschlüsse zwischen Nachbarpatches: Positions-, Tangenten-, Krümmungsstetigkeit, manchmal sogar Krümmungsänderungsstetigkeit, wo notwendig! Hängt von der bevorzugten Blickrichtung der Designer und Kunden ab. Die Isolinien und Kontrollpunkte müssen bei Patchstreifenverbänden von Patch zu Patch harmonisch in einander fließen, ebenso die Krümmungsbilder von Isolinien und Schnitten. Wichtig sind die Bilder vor allem quer zur gemeinsamen Grenze.
Patch-Mindest-krümmung	Keine absolut flachen Patches! Aus ziehtechnischen Gründen muss eine gewisse Mindestkrümmung eingehalten werden: 0,1 mm Pfeilhöhe über eine Sehne von 100 mm Länge.
Highlight- u. Reflexionslinien-verteilung	Harmonische Verläufe! Keine Knicke, möglichst tangentenstetige Übergänge, keine Wellenbewegung! In mehreren Richtungen ansehen!
Patch-Isolinien- und Kontroll-punkt-Verteilung	Abstände harmonisch! Gemäß den Regeln der klassischen Austragung Netz der Kontrollpunkte beobachten: Je gleichmäßiger die Länge der Polygonseiten (hoher Glättfaktor), umso glatter ist ein Patch! Keine Spitzen oder Wellen im Kontrollpunkt-Netz erlaubt!
Schattenverläufe	Harmonisch!
Fugenabstände	Konstant bzw. konstant in einer bevorzugten Blickrichtung!
Toleranzen	Je nach Teileklasse! Wenn Weiterverarbeitung zu Volumen-Modellen, dann Position: 0,001 mm, Tangenten: $0°10'$
3er-Patch-Kombinationen	In der Mitte flaches Masterpatch, rechts und links davon stärker gekrümmte Anschlusspatches oder rechts und links gering gekrümmte Masterpatches, dazwischen stark gekrümmte Mischfläche

4.3.3 Nachträgliche Verbesserung der Flächenqualität von Importgeometrie

Da in der Prozesskette oftmals Daten von unterschiedlichen CAD-Systemen zu einem Gesamtdatensatz für eine Karosserieoberfläche zusammengefasst werden müssen, besteht für den Straker die Aufgabe, auch konzeptionelle Vorarbeiten ohne Class A-Anspruch mit einzubeziehen und erforderlichenfalls flächenqualitätsmäßig zu verbessern.

Am Beispiel ([5] in Kap. 5) eines Teiles einer Armaturentafel, s. Abb. 209 bis 214, sei dies hier demonstriert. Das importierte B-Spline-Patch, s. Abb. 209 und 211, hat ein unruhiges Highlightbild, s. Abb. 213, welches wir zu verbessern suchen. Wir wählen dazu zwei Ecksegmente an, z. B. links oben und rechts unten und haben damit den Segmentbereich definiert, der zu konvertieren ist. Das Resultat, ein Bézierpatch der Ordnung 4×4, ist in der Abb. 212 zu sehen. Zur Menüführung s. Anhang J, Seite 259.

Analog wandeln wir auch den 2. Teil des Nurbspatches um.

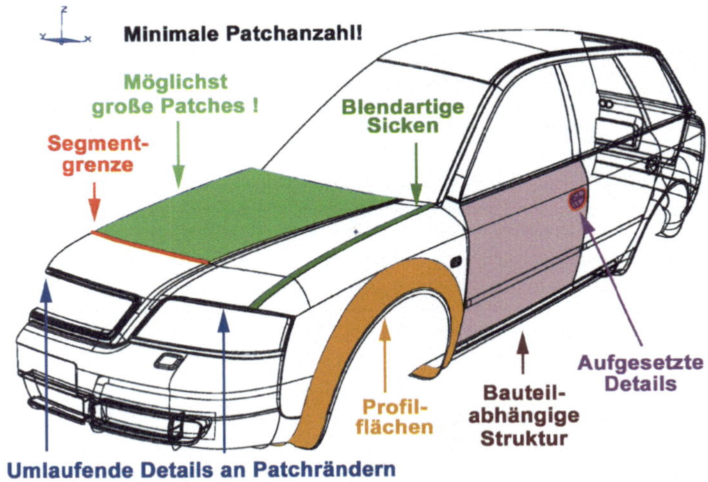

Abb. 210. Flächenstruktur, Audi A6 Avant, Form der 90er Jahre

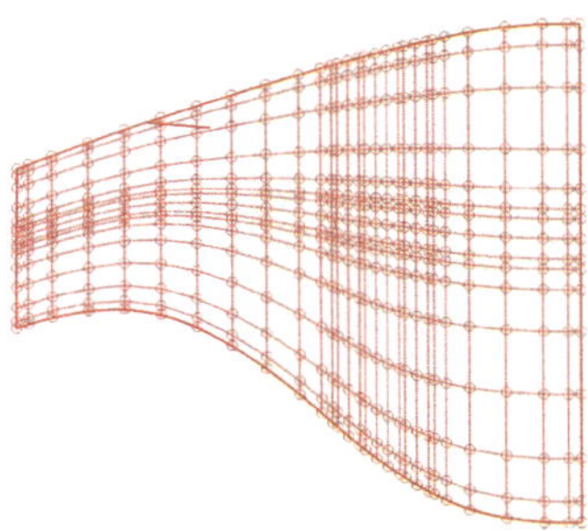

Abb. 211. Wie Abb. 209, diesmal mit 29×16 Kontrollpunkten

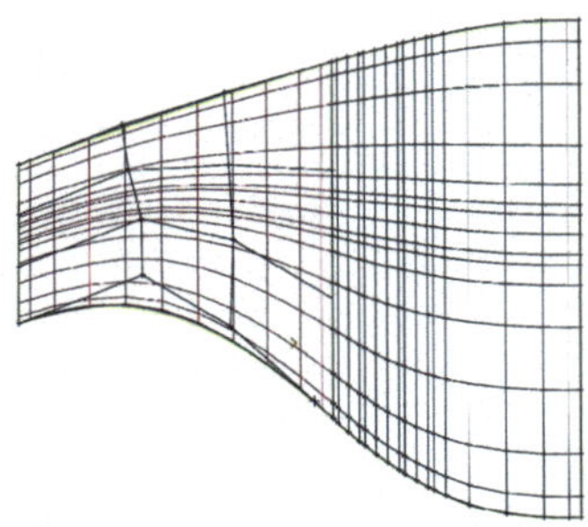

Abb. 212. Konversion eines Teiles eines B-Spline- in ein Bézier-Patch

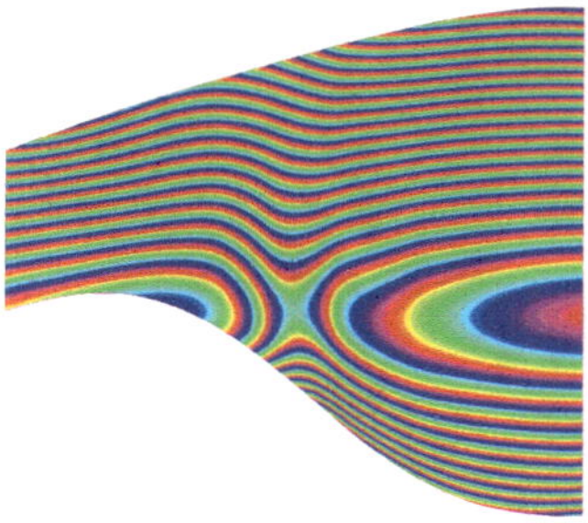

Abb. 213. B-Spline-Patch mit Highlights

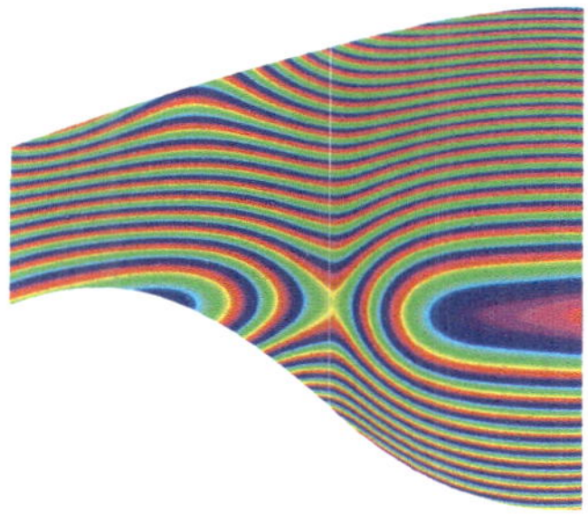

Abb. 214. Nach Konversion in zwei Béziersegmente mit Highlights

Die Abweichung des 1. bzw. 2. Bézierpatches zum Originalpatch beträgt 0,717 mm bzw. 0,523 mm. Wir erhöhen die Ordnung beider Bézierpatches von 4 auf 7 und schließen beide krümmungsstetig aneinander an. Das Resultat sehen wir in Abb. 214. Die Patchgrenze wurde absichtlich sichtbar gemacht. Dem Designer obliegt es, zu beurteilen, ob nach der Konversion mit Glättungseffekt die Designidee zur Formgebung noch getroffen wird. Unter Umständen muss dann die Segmentanzahl auch bei Bézier erhöht werden.

4.4 Zusammenfassung

In einer schematischen Übersicht von der Vorentwicklung bis zum Werkzeugbau fanden wir die Freiformflächen durchgängig in der Prozesskette Karosseriebau eingebettet. Nicht alle Oberflächenarten erfordern dabei Class A-Qualität. Für die stilistisch bedeutsamen Flächen wird diese jedoch gewünscht. Nach einer (für Designer und Ingenieure geeigneten) Einführung in die zugrunde liegenden mathematischen Kurven- und Flächenarten mit ihren Vor- und Nachteilen sowie besonderen Eigenschaften folgte dann eine Zusammenstellung darüber, was bei der Class A-Modellierung bezüglich folgender Punkte beachtet werden sollte:

- Mathematischer Ansatz (Bézier oder B-Spline)
- Ordnung, Anzahl und Größe
- Abweichungen zu den Rohdaten
- Segmentierung
- Anschluss
- Mindestkrümmung
- Isolinien- und Kontrollpunktverteilung
- Schattenwurf, Highlight- und Reflexionslinienverteilung

von Patches und Flächenverbänden, sowie der Toleranzen zwischen diesen geometrischen Elementen bzw. Gruppen untereinander.

Literaturverzeichnis

1. *Casteljau de, P.:* Outillage méthods calcul. Paris, André Citroen Automobiles S.A. 1959.
2. *Coons, S.A.:* Surfaces for computer aided design of space forms, MIT project MAC-TR-41, 1967.
3. *Schoenberg, I.J.; Greville, T.N.E.:* On spline functions. in Shisha, O. (ed.): Inequalities. Academic Press (1967) S. 255–291.
4. *Cox, M.G.:* The numerical evaluation of B-splines. Nat. Phys. Lab. England: Teddington 1971.
5. *Bézier, P.:* Numerical Control, Mathematics and Applications, John Wiley & Sons 1972.
6. *Forrest, A.R.:* Interactive interpolation and approximation by Bézier polynomials. Computer Journal 15 (1972), S. 71–79.
7. *Boor de, C.:* On calculating with B-splines. Journal of Approximation Theory 6 (1972) S. 50–62.
8. *Faux, I.; Pratt, M.:* Computational Geometry for Design and Manufacture, Ellis Horwood 1979.
9. *Boehm, W.; Farin, G.; Kahmann, J.;* A survey of curve and surface methods in CAGD, Computer Aided Geometric Design, vol. 1, No. 1 (1984), pp 1–60.
10. *Geise, G.:* Kurven und Flächen (Geometrische Verfahren), CAGD, Vorlesung an der TU Dresden, Institut für Geometrie, 1989.
11. *Hoschek, J.; Lasser, D.:* Grundlagen der geomerischen Datenverarbeitung, 2. erw. Auflage, B.G. Teubner Stuttgart 1992.
12. *Farin, G.:* Kurven und Flächen im Computer Aided Geometric Design. Eine praktische Einführung 2. Auflage, Vieweg 1994, als deutsche Ausgabe von Curves and Surfaces for CAGD, A practical Guide, 3rd Edition, Copyright 1993 by ACADEMIC PRESS, INC.
13. *Böhm, W.; Prautzsch, H.:* Geometric Concepts for Geometric Design. A.K. Peters, Ltd., 1994.
14. *Bonitz, P.:* Kurven und Flächen in CAD-Systemen für den Karosseriebau ICEM Technologies, Interner Kurs, Hannover 1994.
15. *Bonitz, P.:* Kurven und Flächen in CAD-Systemen für den Karosseriebau, Vorlesungen an der Westsächsischen Hochschule Zwickau, 1990 bis 2005.
16. *Piegl, L.; Tiller, W.:* The NURBS-Book. 2nd Edition Springer-Verlag Berlin Heidelberg 1997.

17. *Cohen, E.; Riesenfeld, R.F.; Elber, G.:* Geometric Modeling with Splines – An Introduction AK Peters, 2001.
18. *Grosche, G.:* Projektive Geometrie I und II, Teubner, 1957.
19. *Klepzig, W.; Weißbach, L.:* 3D-Konstruktion mit Catia V5, Fachbuchverlag Leipzig, 2004.
20. *Braß, E.:* Konstruieren mit Catia V5, Carl Hanser Verlag, München Wien, 2005.
21. *Grabner, J., Nothhaft, R.:* Konstruieren von PKW-Karosserien, Beispiele mit Catia V4 und V5, 3. erw. Auflage, Springer-Verlag, Berlin Heidelberg, 2006.

5

CAD-Werkzeuge und -Methoden zur Oberflächenmodellierung

Klassische Verfahren der manuellen Austragung einer Karosserie werden hier nicht behandelt, s. dazu z. B. [1] und [2]. Es geht in unserem Kapitel rein um die rechnergestützte Entwicklung einer Karosserieoberfläche, wie sie sich in den letzten zwei Jahrzehnten unter CAD-Einfluss in der Industrie durchgesetzt hat. Bevor aber ein Praxisbeispiel im Kap. 6 vorgestellt wird, soll hier noch etwas über allgemeine Inputdaten, Hilfsmittel und Verfahren sowie Resultate im CAD-Prozess mitgeteilt werden.

5.1 Klassische Arbeitsweise

5.1.1 Inputdaten für den Flächenaufbau

Am Anfang stehen meistens entweder Rohdaten in Form von punktweise digitalisierten Formleitlinien sowie Quer- und Längsprofilen zur Erfassung des Flächeninneren oder sog. flächenhafte Scandaten (Punktwolken), die in vernetzter Form den Namen „Facettenmodelle“ tragen. Als Messverfahren werden entweder taktile (mittels 3D-Messmaschinen) oder stereophotogrammetrische oder Laserscan-Verfahren eingesetzt. Die Datendichte wird meistens automatisch krümmungsabhängig festgelegt.

5.1.1.1 Klassische Rohdaten-Punktfolgen

Am Beispiel einer Fronthaube seien hier die klassischen Rohdatenkonturen vorgeführt. Siehe Abb. 215 und 216.

Endziel ist es, aus diesen Punktdaten Flächen zu erzeugen, s. Abb. 217.

Aus den Patchrändern lässt sich für Ankonstruktionen bei Bedarf ein Kurvennetz ableiten, s. Abb. 218, s. auch Anhang C3.

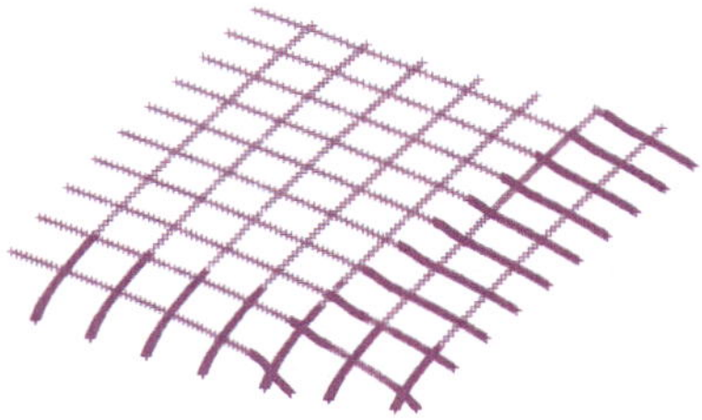

Abb. 215. Klassische Rohdatenkonturen, innere Quer- und Längskonturen

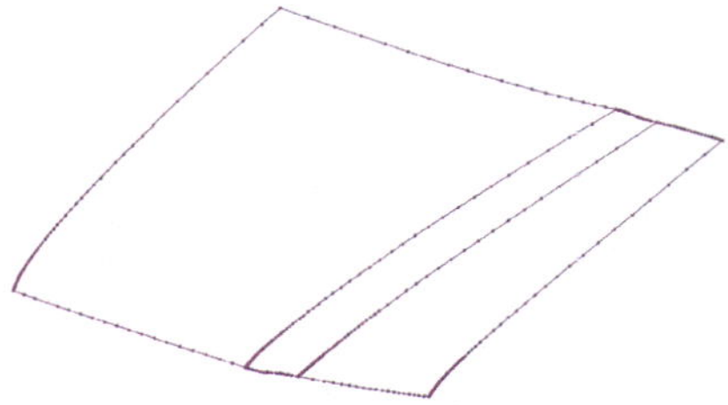

Abb. 216. Rohdatenkonturen, Ränder und Sicken

Abb. 217. Patches einer Fronthaube

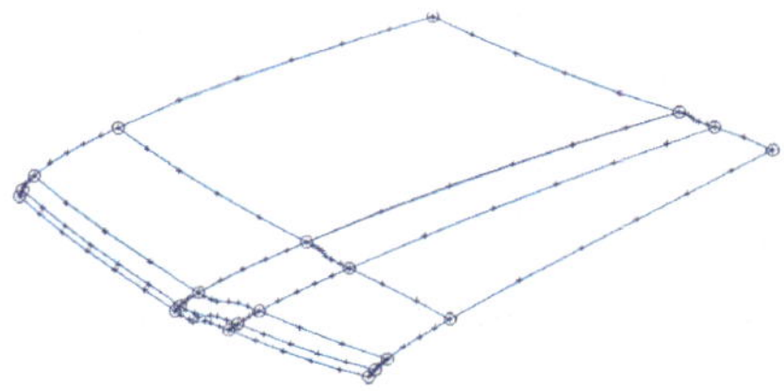

Abb. 218. Aus Patchrändern abgeleitetes Netz von Randkurven

5.1.1.2 Punktwolken/Facettenmodelle

Vorhandene Ton/Clay-Designmodelle werden heute vorwiegend in digitale Punktwolken (Scans) umgewandelt, s. Abb. 219 und 220.

Die Punktwolken können im CAD-System „auf Knopfdruck“ auch als Facettenmodelle (Standard sind Dreiecksfacetten) dargestellt werden, s. Abb. 221.

Facettenmodelle können wie Quasi-Flächen behandelt werden. Man kann sie schattieren, mit Ebenen schneiden und Highlights darauf berechnen. Ein solch regelmäßiges Raster aus Längs- und Querkonturen wie in Abb. 215 kann also auch aus einem Scan abgeleitet sein. Sogar lokale und globale Modellierungen dieser virtuellen Tonmodelle sind interaktiv möglich.

In den folgenden Abbildungen ist stets nur eine Modellhälfte dargestellt.

5.1.2 Aufbau bzw. Erzeugung und Modifikation beliebiger Patches

5.1.2.1 Hilfsmittel zur Strukturierung

Einem erfahrenen Straker gelingt die Segmentierung einer Oberfläche auch recht gut nach Augenmaß. Trotzdem können entsprechende CAD-Mittel hilfreich sein! Ein Programm kann in einem Scan *Featurelines*, d. h. Form tragende Charakterlinien erkennen und somit ein Netz von Formleitlinen herausschälen helfen, s. Abb. 222. Oder man kann in einen Facettenmodell Regionen

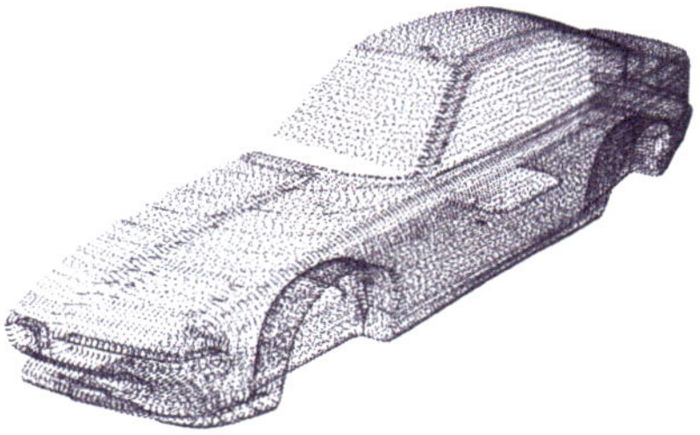

Abb. 219. Punktwolke eines PKW-Modells

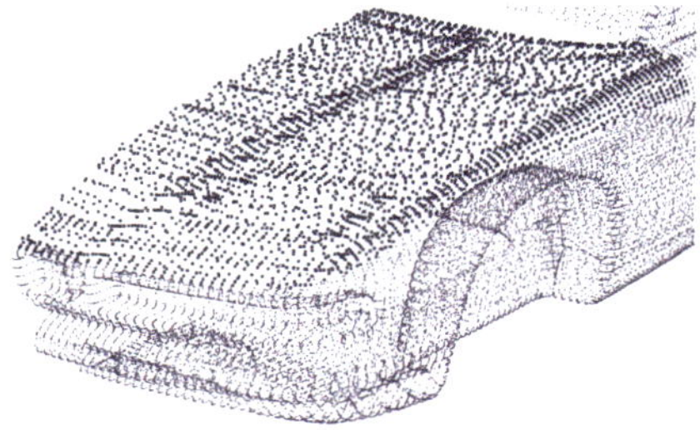

Abb. 220. Punktwolke der Fronthaube hervorgehoben

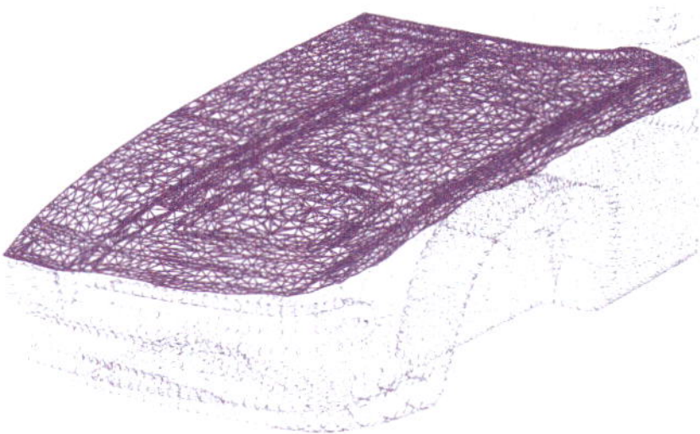

Abb. 221. Punktwolke der Fronthaube facettiert

Abb. 222. Featurelines (orange) auf blaugrau schattiertem Scan

bestimmen, die in sich etwa gleichmäßige Krümmung besitzen und somit für ein niediggradiges Bézierpatch geradezu prädestiniert sind.

Um solche Bereiche mit in sich etwa gleichmäßiger Krümmung herauszufiltern, bedient man sich z. B. einer Diagnose, die „*Normalenvariation*“ genannt wird: Durch interaktives Anklicken bestimmt man eine Dreiecksfacette, deren Normale als Referenz genommen werden soll. Stellt man nun im entsprechenden Funktions-Menü den maximalen Winkel auf eine bestimmte Gradzahl ein, so werden alle Nachbarfacetten ausgewählt, deren Normale nicht mehr von der Referenznormalen abweicht, als durch die festgelegte Zahl erlaubt, s. Abb. 223 oder 231. Über dem selektierten Gebiet lässt sich dann per Knopfdruck ein Patch erzeugen, s. Abb. 224 bzw. 232.

5.1.2.2 Steuerung mit Hilfe von Kontrollpunkten

Ein Oberflächenstück (Patch) kann man virtuell auch aus einem Ebenenstück entwickeln. Man beginnt mit einem Bézierpatch der Ordnung 2×2, schaltet geeignete Schnitte ein und zieht interaktiv systematisch am Kontrollpunktnetz, entweder an einzelnen Kontrollpunkten oder an bestimmten Gruppen, um die Form zu gestalten. Dabei kann man gleichzeitig noch weitere Diagnosen einschalten, um die Form zu überwachen.

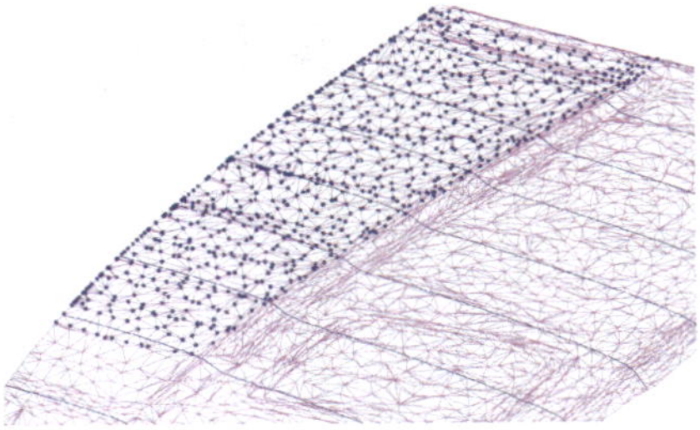

Abb. 223. Auswahlbereich auf Scan ist durch die blauen Sternchen markiert, 10 Grad Normalenvariation

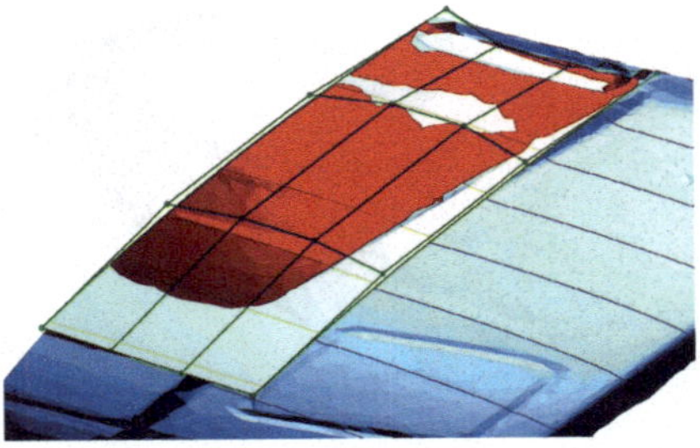

Abb. 224. Automatisch approximiertes Bézierpatch der Ordnung 4×4 auf Scanbereich

Statt mit einem Ebenenstück, kann man auch mit einer anderen einfachen Fläche, wie z. B. einer Regelfläche, beginnen.

Diese manuelle Methode der Kontrollpunktmodifikation ist bei Mathematikern nicht gerne gesehen. Ihr Bestreben geht dahin, ein Patch mit Hilfe von geometrischen Glättheitsbedingungen, sofort aus den Rohdaten ohne solche manuellen Iterationen zu erzeugen. Trotz aller Erfolge bei automatischen Approximationen, die sich auch durchaus förderlich im Entwicklungsprozess auswirken, hat sich die manuelle Methode aufgrund der Einfachheit, übersichtlichen Wirkung und gezielten Formgebungsmöglichkeit bei Praktikern hartnäckig behauptet.

So bestehen beide Wege gleichberechtigt nebeneinander und werden je nach Aufgabenstellung eingesetzt.

„In-Form-Ziehen" unter Beobachtung von Schnitten

Reihenfolge:

1. Anwahl der beiden Randkurven oben und unten, Erzeugen der Blendfläche als Bézierpatch (grau) der Ordnung 2×7 s. Abb. 225. Wir erzeugen x-Schnitte (gelb dargestellt) an genau den x-Positionen der Rohdatenkonturen (violett).
2. Erhöhen der Ordnung auf 3×7 und Ziehen der mittleren KP-Reihe in die gezeigte Position bei fixierter x-Koordinate, s. Abb. 226. Ersichtlich lässt sich die vordere Begrenzung gut treffen. Dahinter reicht die Ordnung in Querrichtung nicht aus.
3. Deshalb erhöhen wir auf 4×7 und ziehen an den einzelnen KP in die gezeigte Position bei fixierter x-Koordinate, s. Abb. 227 bis 229.

5.1.3 Aufbau bzw. Erzeugung und Modifikation von mittenübergreifenden, symmetrischen Patches

Wir wählen ein komplexes Mittensymmetrie-Beispiel aus [6], bei dem folgende Teilaufgaben sequentiell miteinander verbunden werden können:

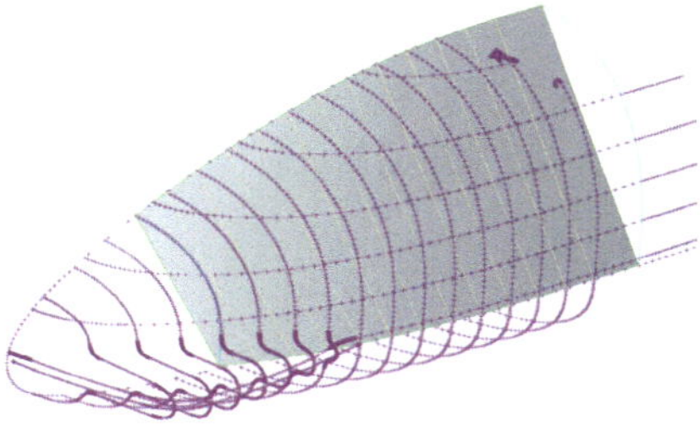

Abb. 225. Regelfläche, Bézier, Ordnung 2×7

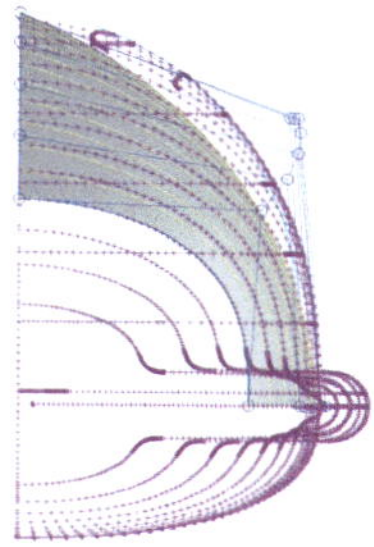

Abb. 226. Graderhöhung auf 3×7 und Ziehen der mittleren KP-Reihe in die neue Position bei geklemmter x-Koordinate

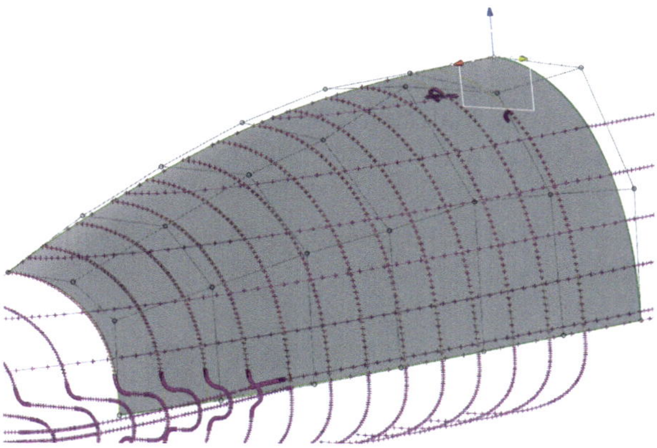

Abb. 227. Graderhöhung auf 4×7 und Ziehen der inneren Kontrollpunkte (einzeln!) in die neue Position bei geklemmter x-Koordinate

1. Auswahl eines geeigneten Gebietes mit geringer Krümmungsänderung (für ein niedriggradiges Bézierpatch) auf einem Scan mit Hilfe eines CAD-Systems, s. Abb. 231.
2. Erzeugen und Glätten (mit Glättfaktor) eines Masterpatches, hier automatische Approximation eines 4×4-Bézierpatches über einem Scangebiet, s. Abb. 232.
3. Symmetrieprüfung durch X-Highlights vor dem Erzeugen der Mittensymmetrie, Abb. 235.
4. Erzeugen der Mittensymmetrie, s. Abb. 233 und 234.
5. Prüfung der Krümmungsbilder vor G^3-Anschluss, s. Abb. 237.
6. Erneutes Prüfen des Krümmungsplots nach dem G^3-Anschluss, s. Abb. 238 und 240 sowie der Highlights, Abb. 239.
7. Prüfen der Abweichungen zum unterliegenden Scan, s. Abb. 241 und 242.

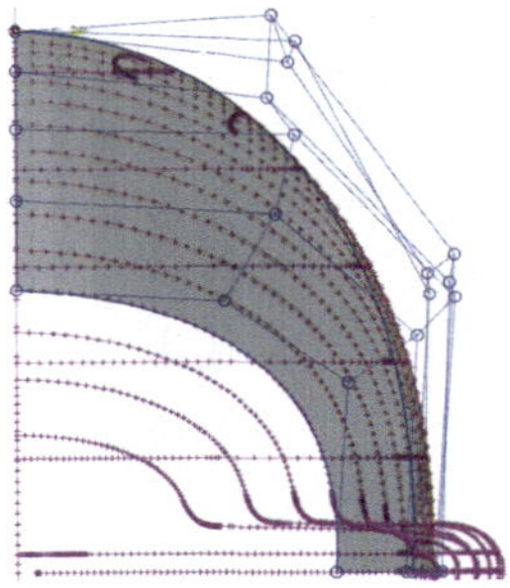

Abb. 228. Gleiches Bild nur in Riss YZ

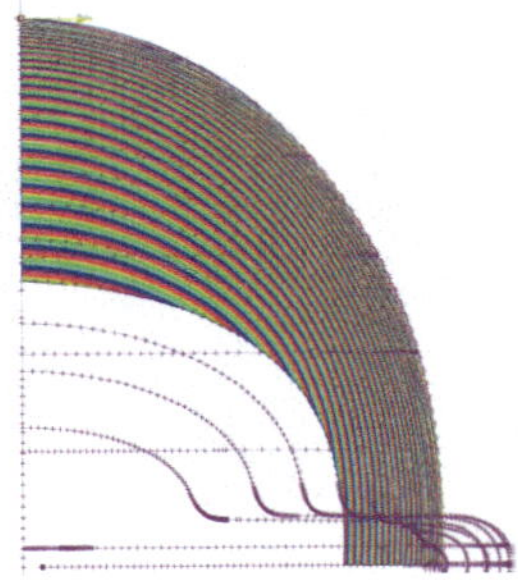

Abb. 229. Resultat mit Highlights

8. Eventuell Wiederholung der vorgenannten Schritte, falls die Abweichungen zum unterliegenden Scan zu groß sind und die Patchstruktur geändert werden muss.
9. Wenn alles korrekt ist, dann genügt das Masterpatch den Class A-Forderungen. Es kann dann mit einer Begrenzungskurve auf die benötigte Größe zurückgeschnitten werden. Nach Hinzufügen von weiteren Anschlusspatches ist ein mögliches Resultat in Abb. 243 zu sehen.

Zur Interpretation der farbig dargestellten Abweichungen in Abb. 242 benötigen wir die Farbtabelle in Abb. 230:

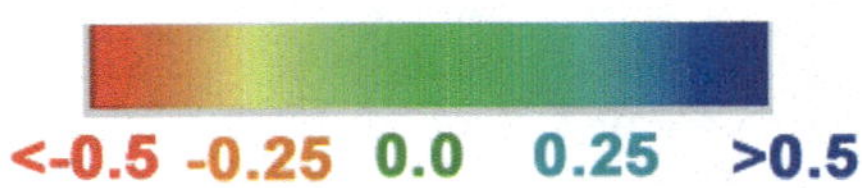

Abb. 230. Farblegende zu den Abweichungen

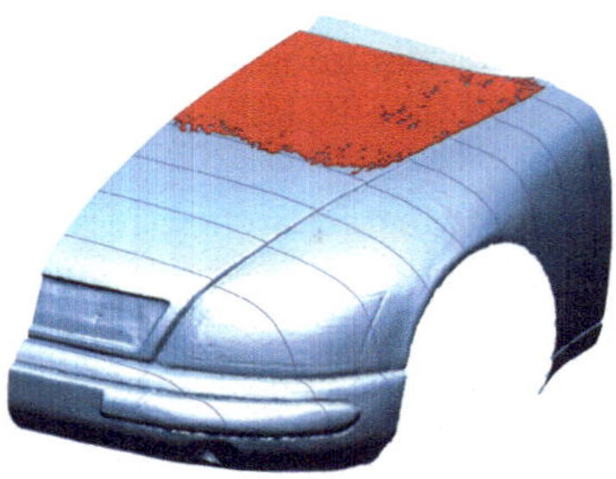

Abb. 231. Auswahl eines Scanbereiches (rot) mit 5-Grad-Normalenvariation

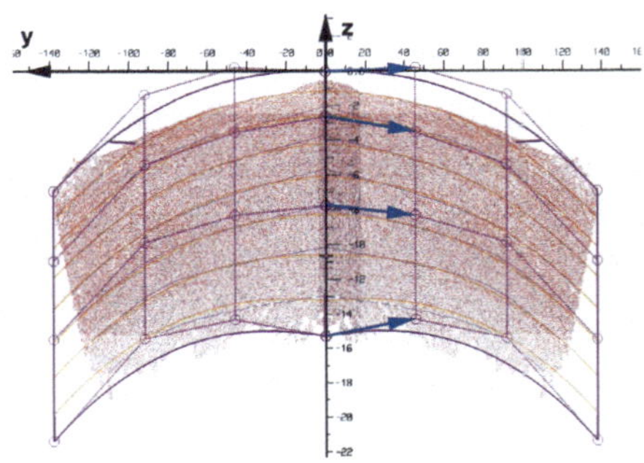

Abb. 232. Patcherzeugung (Ordnung 4 × 4) auf Scanbereich 5 Grad, Riss YZ, verzerrte Darstellung, Symmetrie noch nicht gegeben

Das Beispiel demonstriert den einseitigen Aufbau eines Masterpatches auf der linken Fahrzeughälfte. Der korrespondierende rechte Teil wird nur virtuell im CAD-System gespiegelt. Die Geometrie dazu existiert nicht.

Wir begnügen uns hier mit dem Aufbau eines Masterpatches direkt über einem Scanteilgebiet, ohne zunächst Skelettkurven (Charakterkurven) aus dem Formleitlinienmodell zu verwenden. Damit wird der direkte Ansatz „Patch aus (flächenhaften) Rohdaten" praktiziert.
Wie beide Ansätze „Patch aus (flächenhaften) Rohdaten" und „Patch aus Randkurven" sinnvoll miteinander verbunden werden können, wird im Anhang L.5 ab S. 293 vorgestellt.

Die Mittensymmetrie wird (vergleiche Abschn. 3.2, S. 93) durch eine normale Ausrichtung der 1. Polygonseite quer zur Symmetrieebene Y = 0 erreicht. In den Abb. 232 bis 236 ist das Patch nur virtuell gespiegelt. Ab Abb. 237 wurde das Patch echt geometrisch gespiegelt, um die beiden Patches G^3- stetig aneinander (mit Mittelbildung) anschließen zu können. Vor dem Anschließen erhöhen wir noch die Querordnung, damit der Anschlussvorgang die beiden Patchformen nur in der Nähe der Symmetrieebene verändert.

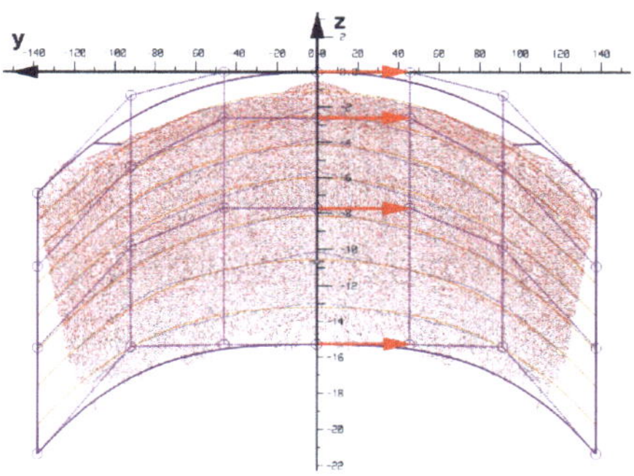

Abb. 233. Mittensymmetrisches Patch, Riss YZ, verzerrte Darstellung

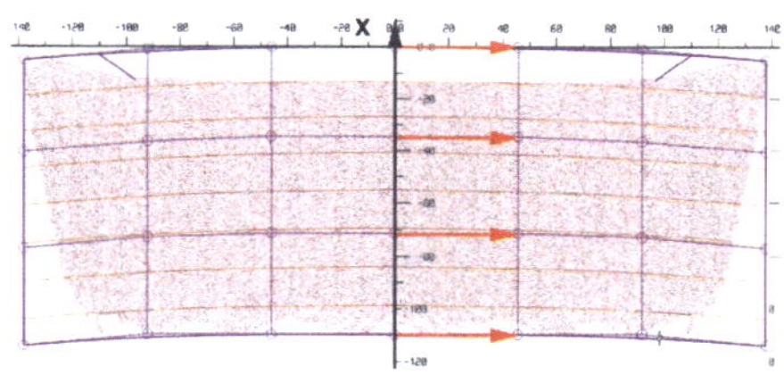

Abb. 234. Mittensymmetrisches Patch, Blick von schräg oben, Sichtstrahl in der Ebene XZ

Abb. 235. Prüfung des Patches mit X-Highlights vor dem Erzeugen der Mittensymmetrie

Abb. 236. X-Highlights nach dem Erzeugen der Mittensymmetrie, aber vor G^3-Anschluss. Punktwolke schimmert durch

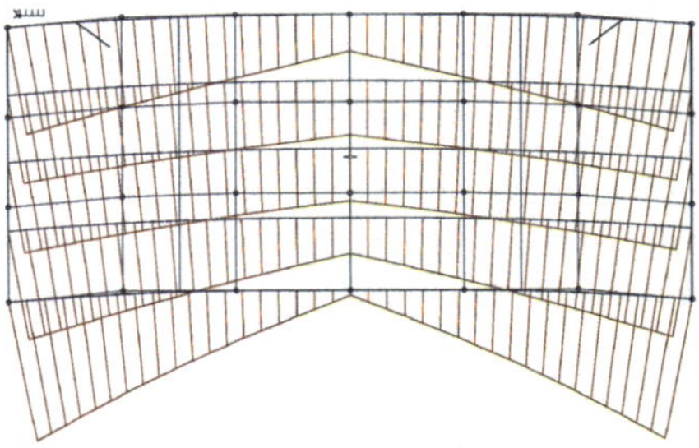

Abb. 237. Krümmungsbilder vor G^3-Anschluss, ohne Patchschattierung

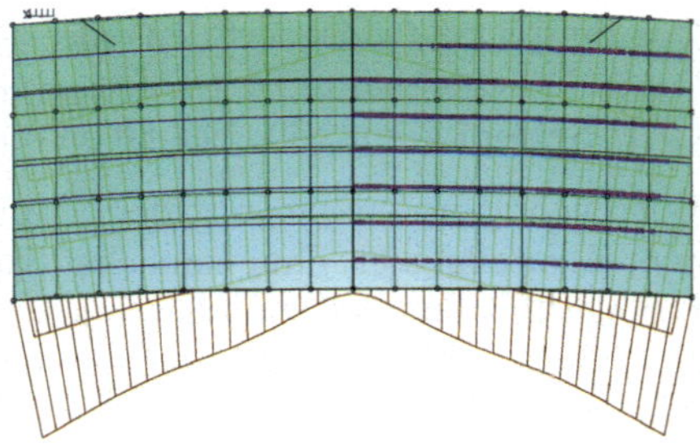

Abb. 238. Patches nach G^3-Anschluss, Querordnung war vorher auf 9 erhöht worden

Abb. 239. X-Highlights nach G^3-Anschluss

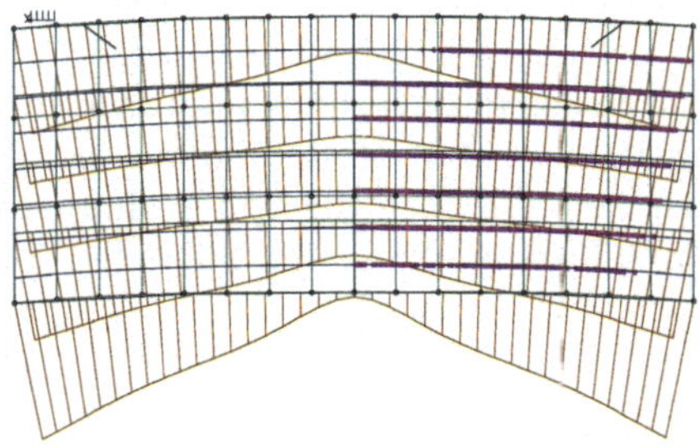

Abb. 240. Krümmungsbilder nach G^3-Anschluss, ohne Patchschattierung, mit Schnitten x = const.

In Abb. 238 werden auch die Schnitte x = const. durch Patch (blau) und Scan (halbseitig – violett) dargestellt. Bei einer Überhöhung der Ordinaten über den Abszissen (wie in Abb. 241) erkennt man mit Hilfe eines Maßstabes die verbleibenden Abweichungen. Auch die Farbdiagnose weist Abweichungen im Bereich von −0,5 mm bis +0,5 mm aus.

5.2 Verweis auf Referenzhandbuch des CAD-Systems

Da wir hier nicht alle Funktionen eines CAD-Systems für Karosserieflächen abarbeiten wollen und aus Platzgründen auch nicht können, sei hier nur auf entsprechende Kapitel eines Referenzhandbuches zu den CAD-Funktionen z. B. in [3] verwiesen. Das hier vorliegende Buch ist vielmehr auf Beispiele mit geometrischer Schrittfolge orientiert und schiebt, wie schon beim Thema *Von 2D zu 3D* praktiziert, nur im Anhang Erklärungen zu den verwendeten CAD-Funktionen und Menüs mit Parametern nach, falls ein Leser sich die Software und die Datenbasen von der zuständigen CAD-Vertriebsfirma zusenden lässt und die Übungsbeispiele selbst nachempfinden möchte.

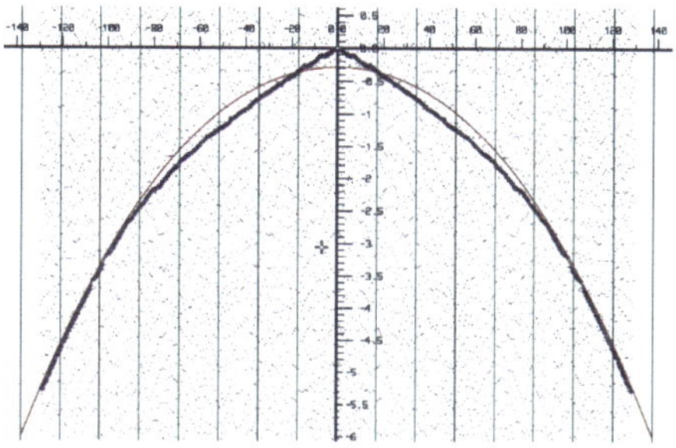

Abb. 241. Vergleich eines Schnittes durch Scan (violett) und Patches (orange) in verzerrter Darstellung

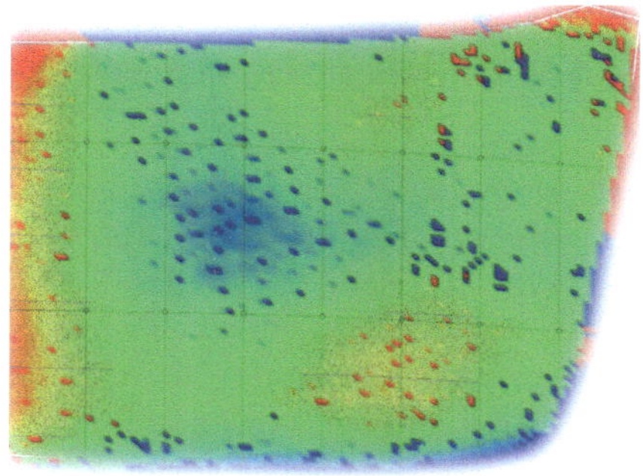

Abb. 242. Farbige Abweichungsdiagnose, Legende s. Abb. 230

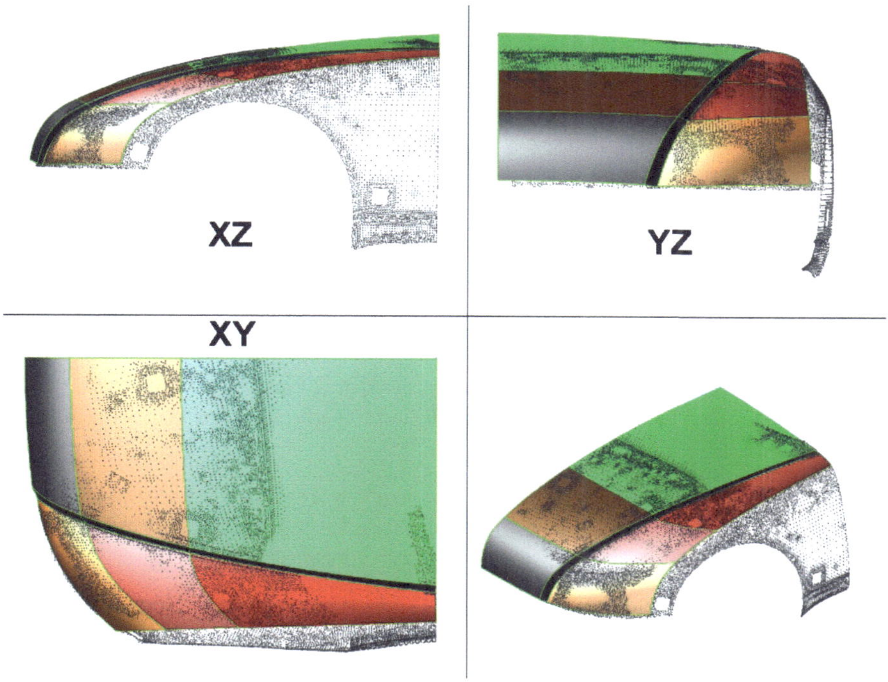

Abb. 243. Krümmungsabhängig segmentierter Patchverband in vier Ansichten

5.3 Kniffe und Tricks beim Straken

5.3.1 Kreisbogensegmente in Hilfsebenen

Eine Rohdatenkontur oder eine Scankante mit erkennbaren Krümmungsänderungspunkten, die als ideale Segmentgrenzen prädestiniert sind, sei gegeben.

Man erinnert sich an einen alten Grundsatz der klassischen Karosseriekonstruktion und versucht, segmentweise ebene Kreisbögen aneinander zu setzen.

Kreisbögen sind exakt durch gebrochen rationale Bézierkurven der Ordnung 3 zu beschreiben. Diese müssen näherungsweise durch ganzrationale Bézierkurven höherer Ordnung ersetzt werden. Das CAD-System bietet diese Umwandlung mit an. Standard ist dabei Ordnung 7. Die dabei entstehenden Abweichungen sind dabei jedoch so gering, dass sie designmäßig nicht relevant sind. Der Kreisbogencharakter bleibt erhalten, obwohl eine hohe Ordnung vorliegt. Für G^3-Anschlüsse werden manche Segmente sogar nochmals in der Ordnung erhöht, ohne dass zunächst die Geometrie dadurch verändert wird.

Sieht man diese (für die Strakpraxis nicht sichtbare) Abweichung vom exakten Kreisbogen als vernachlässigbar an, dann kann man von einem näherungsweisen (ganzrationalen) kubischen Bézierspline sprechen.

Auch beim Finden der Segmentgrenzen kann der Kreisbogenansatz helfen. Man beginnt in einer approximierenden Hilfsebene mit dem Selektieren von drei Kreisperipheriepunkten und erhält somit ein Kreisbogensegment. Dann wird so lange nach außen extrapoliert, bis der extrapolierte Teil von den Rohdaten abhebt und sogar noch so weit darüber hinaus, wie man einem Bézierkurvenabschnitt der Ordnung 7 noch zutraut, die Krümmungsänderung zu beherrschen. Danach wandelt man das extrapolierte Kreissegment in einen Bézierkurvenabschnitt der Ordnung 7 (als Kreisbogenersatz) um. Da bei der Extrapolation Abweichungen von der Rohdatenkontur entstehen, muss der extrapolierte Teil durch Ausnutzung der freien Kontrollpunkte 5 bis 7 unter Beobachtung der Krümmungsbilder wieder herangeführt werden. Die Kontrollpunkte 1 bis 4 lassen wir dabei unangetastet. Damit wird garantiert, dass sich der anfangs gefundene Kreisbogenersatz weiterhin am Kurvenanfangspunkt bis zur 3. Ableitung anschmiegt.

Ein Beispiel zur Entwicklung eines Bézierkurvenabschnittes aus einem Kreisbogensegment mit Anpassung an die Rohdaten finden wir im Anhang L.1, auf S. 279. Dabei wird gleichzeitig die Mittensymmetrie beachtet.

Bei nicht symmetrischen Kurven beginnt man mit einer jener Zonen der Rohdatenpunktfolge, in der man einen Kreisbogen zu erkennen glaubt. Der Vorgang läuft sonst analog ab.

5.3.2 Feinjustieren am Kontrollpolygon bzw. Kontrollpunktnetz mit Deltawerten

Da das freie Verändern von Kontrollpunkten per Hand nicht immer ganz einfach ist, bietet das CAD-System zusätzlich eine feinfühlige Justiermöglichkeit an. Näheres s. Anhang L.2, S. 283.

5.3.3 Steuerung durch Tangenten- bzw. Tangentenflächen mit Hebelwirkung (Wippe)

Die Endtangente eines Referenz-Kurvensegmentes kann zu Steuerzwecken benutzt werden. Dazu deklariert man die Endtangente des Referenz-Kurvensegmentes zur Anfangstangente eines anzuschließenden Folgekurvensegmentes. Ändert man nun diese Anfangstangente in ihrer Steigung, so lässt sich rückwärts die Endtangente des Referenz-Kurvensegmentes wie beim Hebelgesetz (wippenartig) beeinflussen, indem man einfach die Anschlussfunktion umgekehrt benutzt. Das Folgesegment wird dann zum neuen Referenzsegment und das ehemalige Referenzsegment wird nun zum anzuschließenden Segment erklärt.

Durch ungleichlange End- bzw. Anfangstangenten um den Segmenttrennpunkt kann man eine sehr feine Steuerung auf der Seite des kurzen Hebelarmes erreichen. Am Ende des langen Hebels kann man die Position des selektierten Kontrollpunktes viel deutlicher modifizieren, um am anderen Hebelende den zu beeinflussenden Kontrollpunkt nur gering zu verändern. Solche geringen, ja winzigen Positionsänderungen sind auf direkten Wege (durch Selektion des betreffenden Kontrollpunktes und Bewegung mittels Cursor) schlecht oder überhaupt nicht per Hand in der erforderlichen Genauigkeit ausführbar.

Analog gilt alles für Kontrollpunktnetze bei Flächenstücken, nur dass man dann die Hebelwirkung über Tangentenhilfsflächen erreicht.

Bei Flächen nutzt man die Hebelwirkung in umgekehrter Richtung auch zur Qualitätsprüfung von Patches aus. Dazu braucht man das betreffende Patch nur über den Rand hinaus zu extrapolieren. Geringste Unsauberkeiten im Kontrollpunktnetz des Patches werden dabei am extrapolierten Rand umso mehr sichtbar, je weiter man extrapoliert.

Anwendungsbeispiele zu Kurven- und Flächen s. Anhang L.3, S. 285.

5.3.4 Hilfsregelflächen als virtueller Unterbau für Flächenverbände

Entlang von charakteristischen Kurven normal zur Kurventangente treffen oftmals Flächenverbände in einem Winkel aufeinander. Sie bilden eine Knickkante. Oder eine charakteristische Kurve bildet die Ausgangskontur für einen einseitigen Flächenverband links oder rechts der Richtung der Kurventangente. Dann ist es hilfreich, schmale stützende Regelflächen (Abstell- oder Flanschflächen) mit einem konstanten Neigungswinkel (gegenüber einer Referenzrichtung) entlang der charakteristischen Kurve zu konstruieren. Die eigentlichen Flächenverbände lässt man dann tangential in diese Hilfsflächen einlaufen. Damit erreicht man Flächeneinläufe, die konstant gegen eine Referenzrichtung geneigt sind bzw. dass zwei sich berührende Flächenverbände immer den gleichen Winkel zur gemeinsamen Kurventangente einschließen. Die Hilfsflächen selbst werden in der endgültigen Visualisierung nicht mehr dargestellt, denn sie gehören zum vorübergehenden, virtuellen Unterbau der eigentlichen Flächenverbände. Zum System der formbestimmenden Kurven, auch manchmal Drahtmodell genannt, kommt also ein anhängendes System von schmalen Regelflächen hinzu, die dem Karosseriekörper mehr Formstabilitität verleihen. Im Anwendungsbeispiel des Kap. 6 finden wir mehrfach solche Abstellhilfsflächen, z. B. an der Schwellerunterkante, s. S. 158 oder an der Brüstung zur Vorbereitung der Brüstungshauptfläche, s. S. 158 oder zum Aufbau der Übergangszone (Schulterfläche) zwischen Seitenwandstrak und Radband, s. S. 168.

5.3.5 Extrahieren von Knickkanten aus Punktwolken bzw. Facettenmodellen

Steht im CAD-System keine spezielle Funktion zur Erkennung von Knickkanten in Scans zur Verfügung, so kann man sich mit einem Umweg über ebene Schnitte helfen. Diese Schnitte sollten dabei so liegen, dass sie die festzulegende Knickkontur nahezu rechtwinklig schneiden. Pro Schnitt legt man rechts und links von der Knickkante je eine Hilfskurve, z. B. ein Kreisbogensegment. Der aktuelle Knickkantenpunkt ergibt sich als Schnittpunkt der aktuell extrapolierten Kreisbogensegmente. Sammelt man alle Schnittpunkte auf, ergibt sich eine Rohdatenpunktfolge, die ihrerseits in eine Kurve verwandelt werden kann. Ein Beispiel dazu finden wir im Anhang L.4, S. 287.

5.4 Zusammenfassung

Als Basisdaten für die Flächenerzeugung stehen klassische Rohdaten (Punktfolgen auf Formleitlinien und flächenhaft verteilte Längs- und Querprofile) und moderne Scandaten (flächenhafte Punktwolken oder Facettenmodelle mit krümmungsabhängig dichten Dreiecksfacetten) gleichberechtigt nebeneinander. Weil die zu erzeugenden Kurven bzw. Patches quasi auf diese Punktdaten „projiziert" werden, spricht man auch von der *Projektionsbasis.*

Zur linien- oder flächenhaften Strukturerkennung stehen dem CAD-Anwender meist entsprechende Hilfsmittel zur Verfügung. So lassen sich auf Facettenmodellen sog. Formleitlinien (im CAD-System auch *Feature Lines* genannt) halbautomatisch erkennen oder über einem selektierten Scanbereich kann sofort, ohne Umwege über Kurven, ein Basispatch erzeugt werden.

Ein Herzstück des Strakens ist das „*In-Form-Ziehen eines Patches*" auf der Projektionsbasis. Um den Vorgang zu erklären, wird eine aus [5] bekannte Datenbasis benutzt.

Das Zusammenwirken von interaktiver Geometrieerzeugung auf Grundlage eines Facettenmodelles und simultaner Qualitätskontrolle mittels verschiedenartiger Diagnosen und Schnittberechnungen erläutern wir anhand eines Beispieles [6].

Ein Abschnitt wird auch hilfreichen Erfahrungen und Kniffen bzw. Tricks aus der täglichen Praxis des Strakens gewidmet:

Ebene Rohdaten-Charakterlinien kann man vorteilhaft mit Kreisbogenstücken in Hilfsebenen erfassen. Die extrapolierten Kreisbogensegmente können dabei näherungsweise ohne praktischen Verlust des Kreisbogencharakters in Bézierkurvensegmente der Ordnung 7 umgewandelt werden. Abweichungen von den Rohdaten im extrapolierten Teil beseitigt man durch Modifikation der Kontrollpunkte unter Beobachtung des Krümmungsbildes.

Für das Feinjustieren des Kontrollpolygons von Kurvensegmenten oder des Kontrollpunktnetzes von Patches ist die Arbeit mit dem Parameter *Delta* im Zusammenhang mit dem Beobachten der Krümmmungsbilder hilfreich.

Für feine Kontrollpunktänderungen im Zusammenwirken zweier Nachbarsegmente wird außerdem die Wirkung von (an der Segmentgrenze angesetzten) Tangenten bzw. Tangentenflächen nach dem Hebelgesetz (sog. Wippe) erklärt.

Flanschartige lange, schmale Regelflächen bieten eine Hilfe beim (neigungsmäßig) einheitlichen Einlaufen von Flächen entlang von Charakterkanten.

Es wird ein manueller Weg zur Definition von Knickkanten auf Scans vorgestellt.

Literaturverzeichnis

1. *Heyden, J., Körprich, E., Pohle, K.:* Fachkenntnisse für Karosserie- und Fahrzeugbauer, 7. Auflage, Verlag Handwerk und Technik, Hamburg 1985.
2. *Pippert, H.:* Karosserietechnik, 2. Auflage, Vogel Buchverlag, Würzburg, 1992.
3. *ICEM Technologies GmbH:* ICEM Surf 4.7.3, 2008.
4. *ICEM Technologies GmbH:* Alle Referenz-Handbücher und Online-Hilfen der Jahre 1990 bis 2008.
5. *ICEM Technologies GmbH:* Alle internen Trainingsunterlagen der Jahre 1990 bis 2008.
6. *Preller, F.:* Schneller Karosserieflächenaufbau auf Basis von Punktwolken und Facettenmodellen, Diplomarbeit, Westsächsische Hochschule Zwickau, 2001.

6 Ablauf der Konstruktion eines Karosseriekörpers

An der Karosserieaußenhaut kann man Teile der gesamten Oberfläche zu Gruppen zusammenfassen, die sich sinnvollerweise als Teilkomplexe separat und parallel zueinander bearbeiten lassen:

1. Seitenflächen mit Radlauf und Anformung zu den Seitenflächen
2. Alle Flächen der oberen Fahrgastzelle (Greenhouse)
3. Alle mittensymmetrischen Frontflächen wie Frontklappe und Front-Stoßfänger
4. Alle mittensymmetrischen Heckflächen wie Heckklappe und Heck-Stoßfänger.

Hinweise:

Die Seitenflächen schließen Schweller- und Brüstungsflächen ein. Die obere Fahrgastzelle umfasst alle mittensymmetrischen Flächen wie Dach, Windschutzscheibe und Heckscheibe. Dazu gehören auch die Seitenscheiben, die Scheibenöffnungslinie (SOEL) und die Türöffnungslinie (TOEL). Ebenso ist der Übergangsbereich zur Brüstung mit Anschluss an die Seitenwand zu beachten.

Im Rahmen dieser Einführung soll hier nur die Konstruktion bzw. das Straken der Seitenflächen behandelt werden. Der Strakvorgang läuft bei den anderen Oberflächengruppen ähnlich ab. Dort, wo mittensymmetrische Flächen verwendet werden, sind jedoch Besonderheiten zu beachten, s. Abschn. 5.1.3, S. 140 und Anhang L.6, S. 293.

6.1 Begriffe

Die Scandaten (Punktwolken und Facettenmodelle) werden in der Praxis auch als „Tastdaten“ oder „Tastung“ bezeichnet.

Für die Beschreibung der Konstruktionsschritte benötigen wir eine Übersicht zu den formtragende Kurven und ihren Abhängigkeiten untereinander. Die Abkürzungen in Abb. 244 und 245 werden in Tabelle 3 erklärt. Wir verwenden hierbei die Termini von BMW [1].

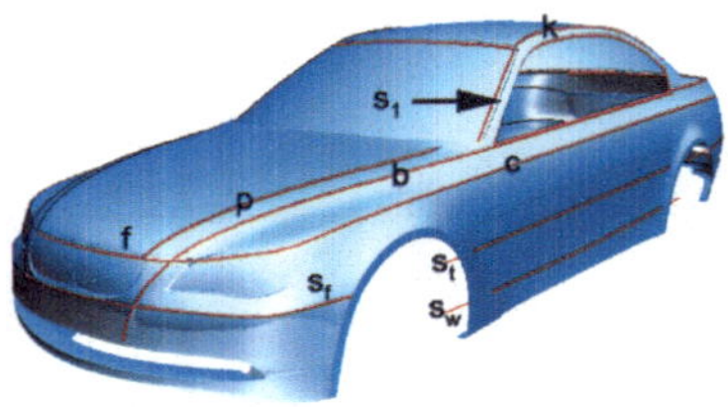

Abb. 244. Formgebende Kurven, Blick von vorn links

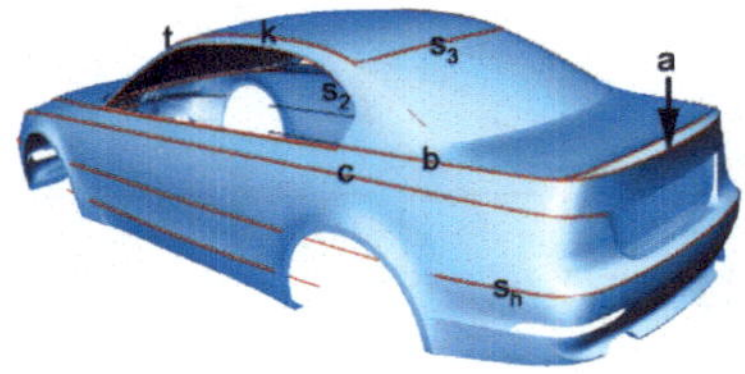

Abb. 245. Formgebende Kurven, Blick von hinten links

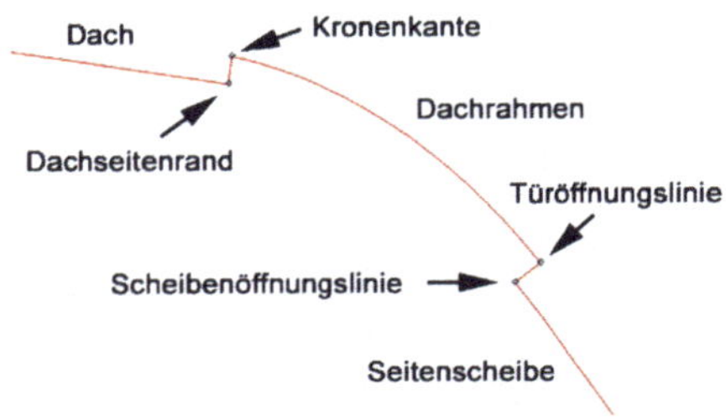

Abb. 246. Formgebende Kurven, x-Schnitt

Tabelle 3. Termini zu formgebenden Kurven

Abkürzung	**Begriff**	**Erläuterung bzw. Abhängigkeiten**
a	Abrisskante	Bezug zu **b** im Heckbereich
b	Brüstungslinie	Abhängigkeit zu **c**
c	Charakterlinie	Form entscheidend im Seitenstrak
f	Frontklappenlinie	Läuft in **c** ein
k	Kronenkante	Offsetkurve des Dachseitenrandes Bezug zu **t**
p	Powerdom Curve	Tendenz zu **b**
$\mathbf{s}_f$	Master Curve Stoßfänger	Grundlinie zum Flächenaufbau des Frontstoßfängers
$\mathbf{s}_t$	Stoßleistenlinie	Bezug zu $\mathbf{s}_f$
$\mathbf{s}_w$	Schwellerlinie	Abhängigkeit zu **c**
$\mathbf{s}_1$	Scheibenöffnungslinie Front	obere Scheibenlinie ist Offset der Dachvorderkante
$\mathbf{s}_2$	Scheibenöffnungslinie Seite	Bezug zu **k** Offset zu **b**
$\mathbf{s}_3$	Scheibenöffnungslinie Heck	obere Scheibenlinie ist Offset der Dachhinterkante
t	Türöffnungslinie	Offset zu $\mathbf{s}_2$

6.2 Beispiel Seitenflächen

6.2.1 Hauptcharakterlinien

Die Hauptcharakterlinien der Seitenwand werden an die erkennbaren Charakterkanten des Scan anmodelliert, d. h. unter Minimierung der Abweichungen vom Scan mittels der Kurvenkontrollpunkte in Form gezogen. Dabei beobachten wir ständig die Krümmungsbilder in verschiedenen Ansichten und auch mit absichtlichen Verzerrungen. Die Krümmungsbilder zeigen die Strichdarstellung zur Krümmung, also den Kehrwert des Krümmungsradius. Die Werte sind 500-fach überhöht dargestellt.

Stets wird auch auf krümmungsänderungsstetige Anschlüsse (G^3) bei den Übergängen zwischen den Kurvensegmenten geachtet. Dies ist durch gleiche Strichwerte und den tangentialen Übergang des Krümmungsplots an den Übergangsstellen belegt, s. Abb. 248 bis 254. In den Abb. 253 und 254 ist eine Design-Besonderheit zu erwähnen: Die obere Charakterkurve weist – dem klassischen Rolls-Royce-Stil entsprechend – Krümmungswechsel auf.

Wir erinnern uns auch an die beiden alternativen Wege zur Kurvendefinition:

1. Man beginnt sofort mit der Definition einer mehrsegmentigen Kurve nach dem im Anhang K.1, S. 261, beschriebenen Verfahren der segmentweisen Approximation von Rohdatenkonturen. Dabei startet man mit einer relativ niedrigen Ordnung und erhöht die Ordnung nur dort, wo es die verbleibenden Abweichungen von den Rohdaten erfordern.
2. Man nutzt modifizierte Kreisbogensegmente, wie schon in Abschn. 5.3, S. 146 mit Bezug auf Anhang L.1, S. 279 erklärt.

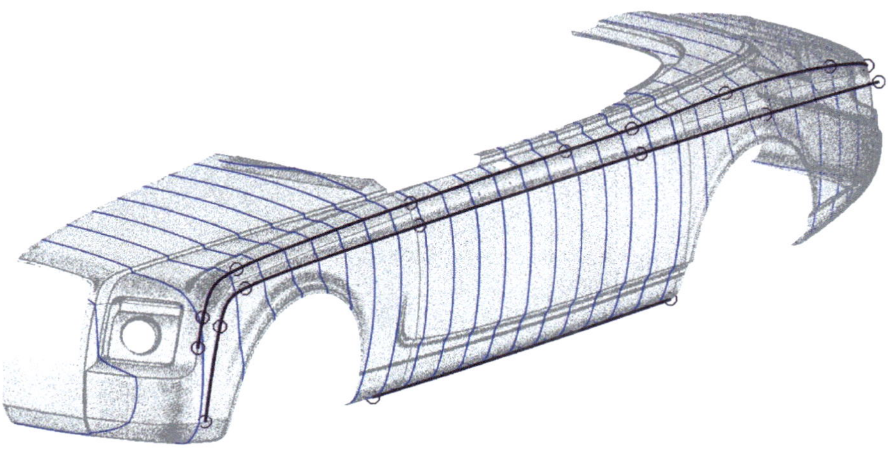

Abb. 247. Hauptcharakterlinien der Seitenwand

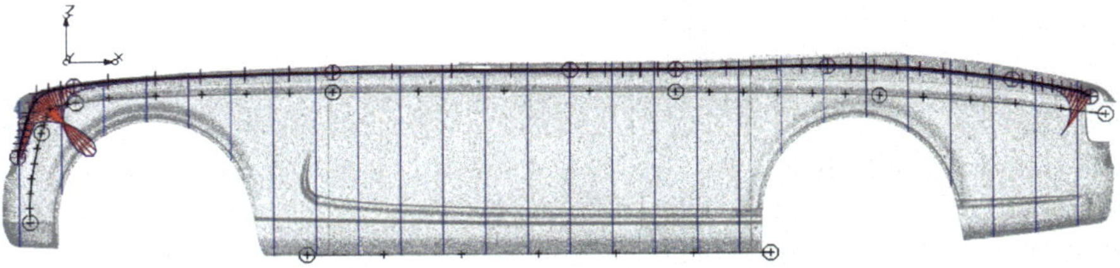

Abb. 248. Brüstung, Oberkante, mit Krümmungsplot, Riss XZ

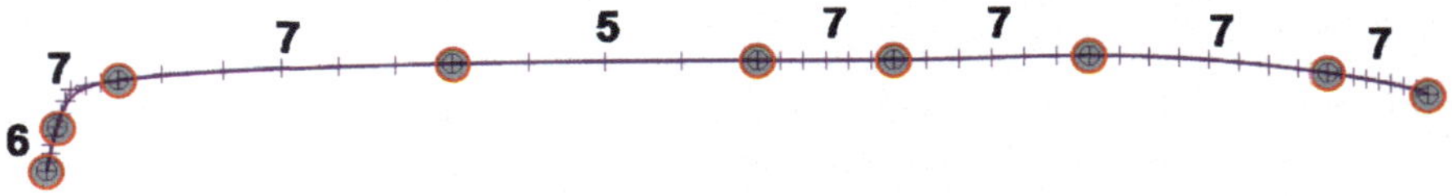

Abb. 249. Brüstung, Oberkante, Riss XZ, Segmente mit Ordnungen

Abb. 250. Unterkante, Riss XZ

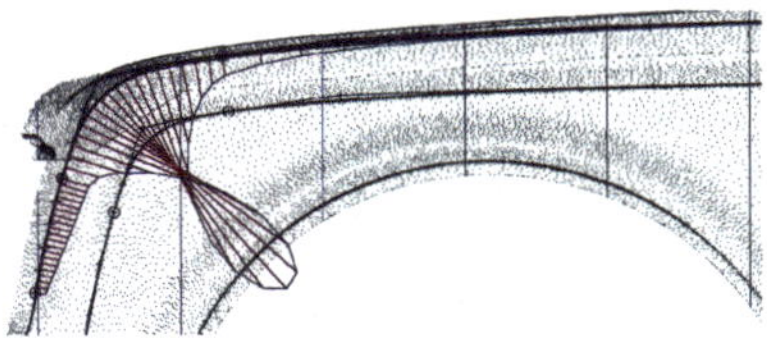

Abb. 251. Brüstung, Oberkante, vorn, Segmentgrenzen sind durch Kreissignaturen und Kontrollpunkte durch kleine Kreuze dargestellt, Riss XZ

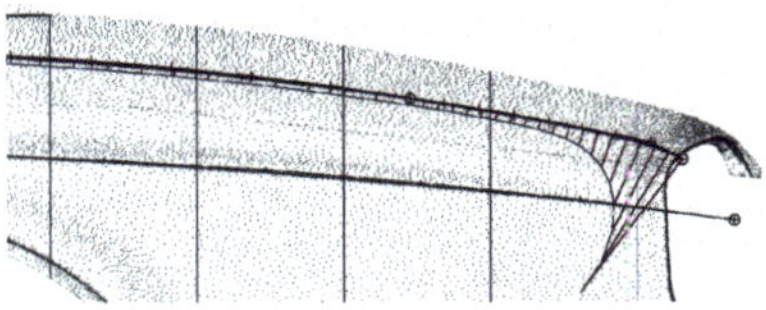

Abb. 252. Wie vorher, nur hinterer Bereich

Bei unserem Beispiel der Hauptcharakterlinien wurde dieser zweite Weg verfolgt. Wir beginnen mit der Ober- bzw. Unterkante der Brüstung, s. Abb. 248 bzw. 250. Um das Krümmungsverhalten besser beurteilen zu können, sehen wir uns die Endbereiche von Ober- und Unterkante in den Abb. 251 bis 256 an.

6.2.2 Hauptflächen

6.2.2.1 Seitenstrakhauptfläche

Wir verwenden nun die gewonnenen Hauptcharakterkurven gemeinsam mit dem unterliegenden Scan, um die Seitenstrakflächen aufzubauen. Zunächst

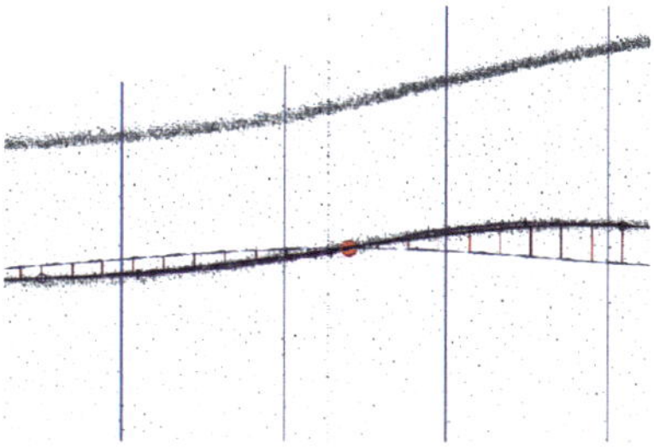

Abb. 253. Wie vorher, nur Bereich der Wendestelle

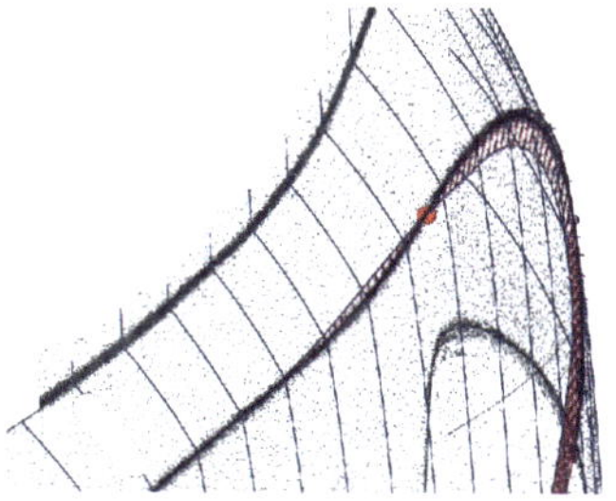

Abb. 254. Gleiche Wendestelle im Schrägbild

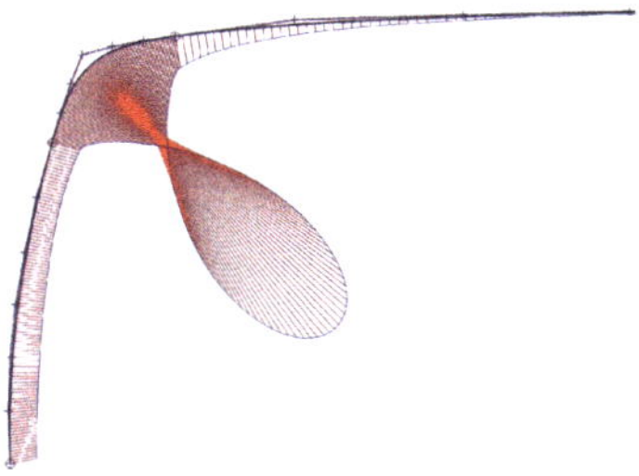

Abb. 255. Unterkante, vorn, Riss XZ, sonst wie bei Oberkante

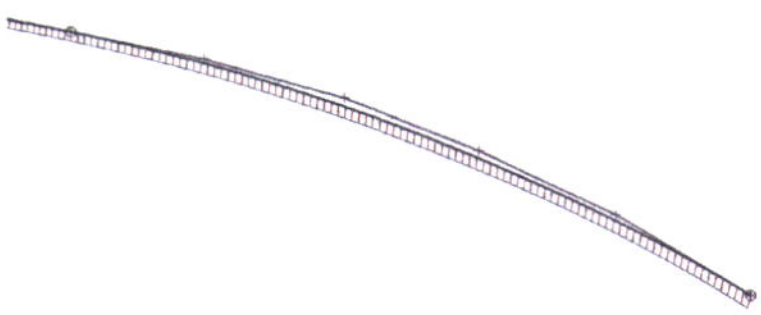

Abb. 256. wie vorher, nur hinterer Bereich und in z-Richtung verzerrt

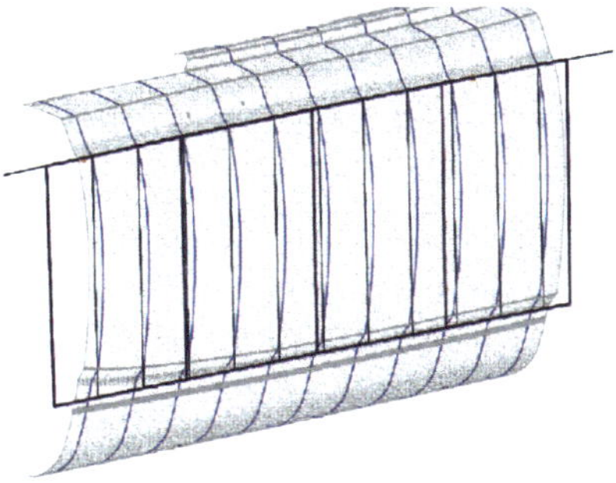

Abb. 257. Abstellfläche an Unterkante mit konstanter Abstellrichtung

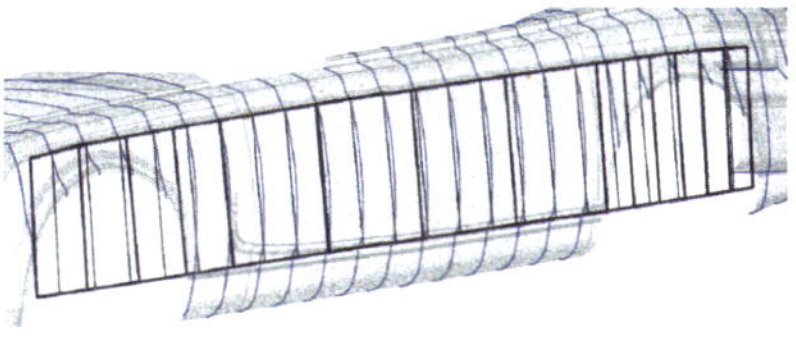

Abb. 258. Zwei weitere Abstellflächen rechts und links mit variabler Abstellrichtung

konstruieren wir eine Abstellfläche (über dem Gebiet der Tür) in Richtung minus Z an die Unterkante der Brüstung, s. Abb. 257. Dann nehmen wir weitere Abstellflächen hinzu, um die gesamte Länge der Unterkante zu erfassen, s. Abb. 258. Dabei weichen wir aber ein wenig von der vertikalen Abstellrichtung am Anfang und am Ende der Unterkante der Brüstung ab, weil der Scan in diesen Bereichen eine geringere Fahrzeugbreite dokumentiert und wir mit der Abstellrichtung $-Z$ uns zu sehr vom Scan entfernen würden.

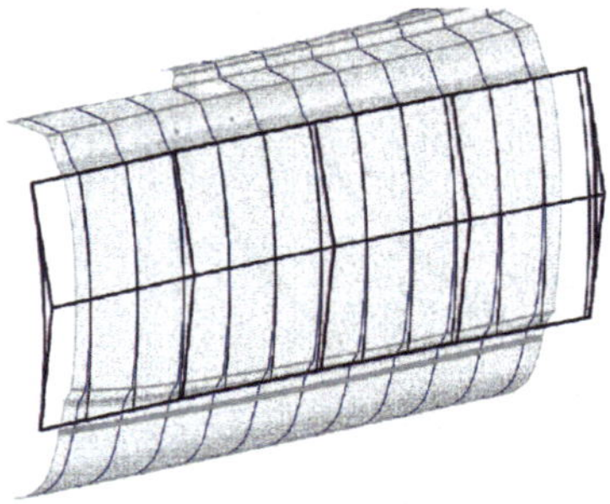

Abb. 259. Ordnungserhöhung auf 3

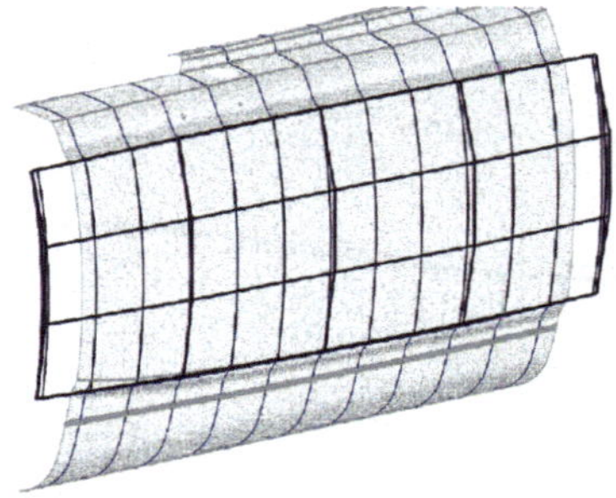

Abb. 260. Ordnungserhöhung auf 4

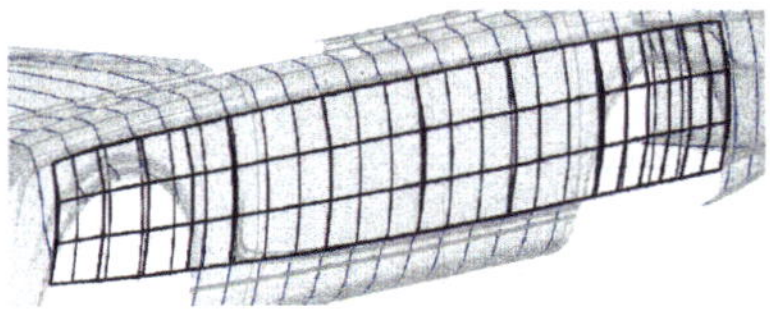

Abb. 261. Resultierende Gesamtform

Abb. 262. Highlightkontrolle

In der nun schon bekannten Weise erhöhen wir die Ordnung der Patches und ziehen die Patches (unter Beobachtung der Schnitte durch den Scan) in Form.

Die oberen Highlights in der Abb. 262 sollen eine zur begrenzenden Kante parallele Anmutung aufweisen!

6.2.2.2 Schwellerhauptfläche

Wir starten hier mit einer Abstellung in y-Richtung mit einem konstanten Offsetmaß ausgehend von der Unterkante der Seitenstrakhauptfläche, s. Abb. 263. Damit findet sich der Charakter der Hauptfläche in der Schwellerfläche wieder. Die so gewonnene Hinterkante der Stufe verwenden wir als Startkurve für eine erneute Abstellung in Richtung minus Z, s. Abb. 264. Der weitere Ablauf entspricht dem vorhergehenden bei der Seitenstrakhauptfläche. Wir erhöhen die Ordnung und ziehen in Form, s. Abb. 265. Es folgt die Konstruktion einer unteren Begrenzungsfläche (Abb. 266) und einer Verrundung zwischen beiden Flächen, s. Abb. 267. Die Abb. 269 zeigt den Zwischenstand mit extrapolierten Flächen.

6.2.2.3 Brüstungshauptfläche

Die Brüstungsflächen konstruieren wir unter Verwendung von Charakterkurven und Hilfsabstellungen.

Zunächst erzeugen wir eine Abstellung konstanter Breite in y-Richtung ausgehend von der unteren Charakterkurve, s. Abb. 268. Diese Abstellfläche hat

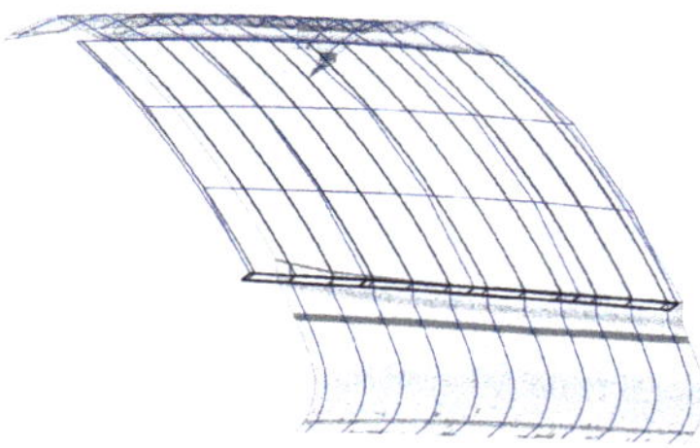

Abb. 263. Abstellung in y-Richtung

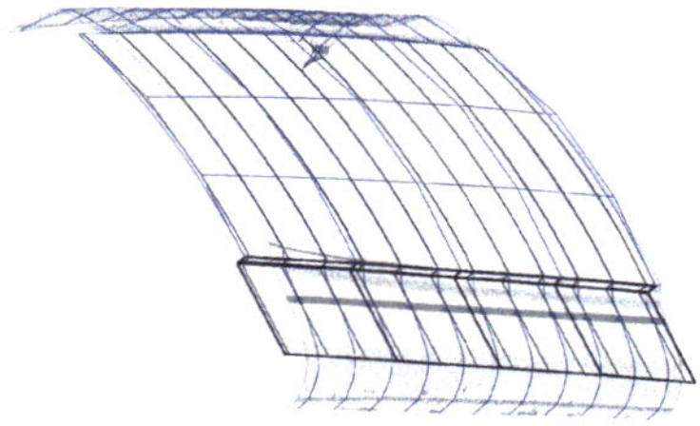

Abb. 264. Abstellung in minus z-Richtung ergibt die anzupassende Rohform für die Schwellerhauptfläche

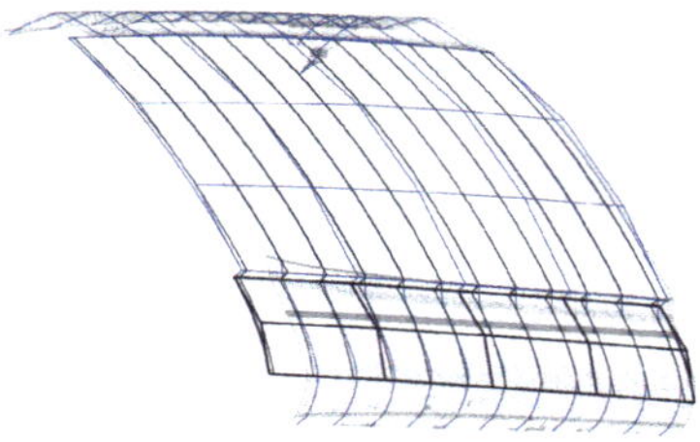

Abb. 265. Erhöhung auf Ordnung 3 und Krümmungsanpassung an die Tastdaten

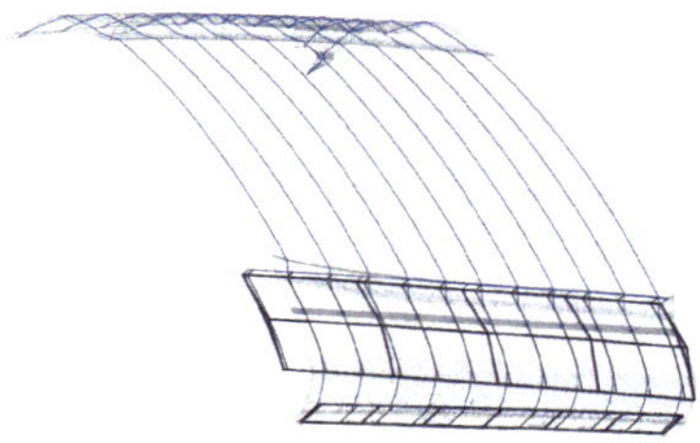

Abb. 266. Untere Abstellfläche am Schweller

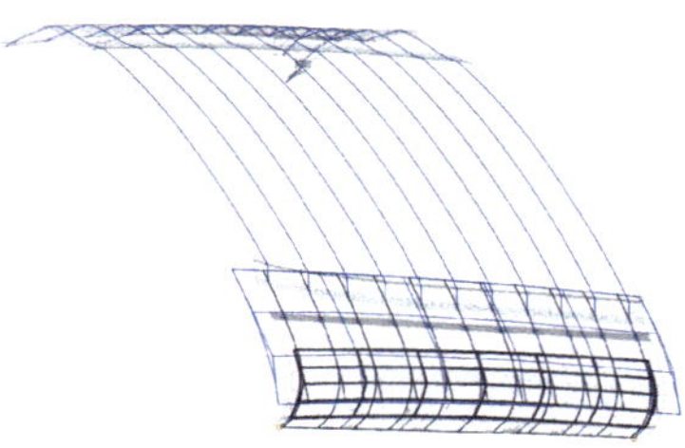

Abb. 267. Verrundung (Fillet) im unteren Schwellerbereich

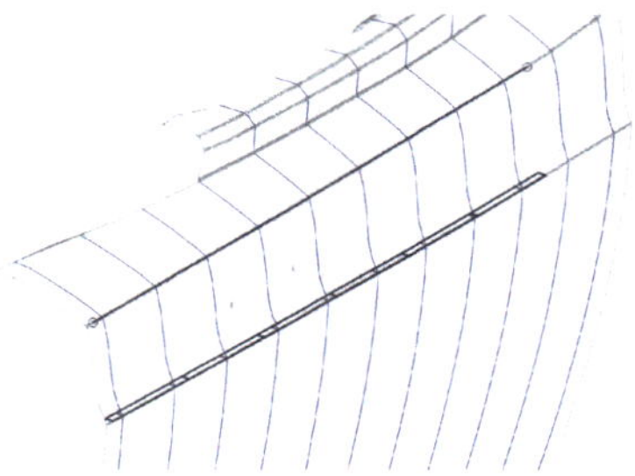

Abb. 268. Hilfsabstellung an die untere Charakterkurve

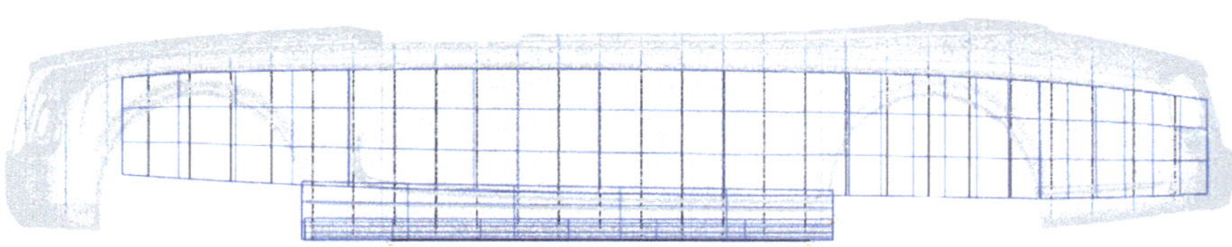

Abb. 269. Zwischenstand nach Extrapolation

nur eine Hilfsfunktion. Sie wird später überlagert. Ihre Aufgabe ist es, ein konstantes Offset zwischen Seitenstrakhauptfläche und der zu erzeugenden Brüstungshauptfläche zu garantieren und damit eine Fortsetzung des Charakters der Highlights und des Schattenverlaufes der primären Seitenstrakhauptfläche in die sekundäre Brüstungshauptfläche abzusichern.

Die hintere Kante der Abstellfläche bildet die untere Begrenzungskurve für die zu konstruierende Brüstungshauptfläche. Diese entsteht als z. B. Regel- oder Blendfläche vom Grad 2 in der Querrichtung zwischen der oberen Charakterkurve und der unteren Begrenzungskurve, s. Abb. 270. Alternativ kann auch die Funktion *Patch aus Randkurven*, hier konkret 2, benutzt werden. Die Ordnung wird nun schrittweise erhöht und an die Tastdaten heranmodelliert, s. Abb. 271 und 272.

In der Situation der Abb. 272 erkennen wir, dass das Patch nahe des oberen Randes in Querrichtung einen stärkeren Krümmungszuwachs aufweist. Der Straker spricht dann auch von einer stärkeren Beschleunigung. Man könnte sich auch eine profilartige Querschnittskurve durch das Patch denken. Diese Kurve sollte bei Bewegung in Längsrichtung möglichst immer die gleiche Parametrisierung aufweisen, dann wird man Unruhe im Highlightbild des Patches vermeiden können. Der Straker kontrolliert diese gleichbleibende Parametrisierung am einfachsten so: Er schaut in Längsrichtung in spitzem Winkel gegen die Tangente in Längsrichtung (oder stumpfem Winkel gegenüber der Patchnormale), also flach auf das Patch und beobachtet das Verhalten der Längskontrollpunktreihen (gleichbedeutend der Querkontrollpunkte mit gleichem Index) des Patches. Diese sollten nicht schwingen, sondern in Blickrichtung ruhig bleiben. Genau dann hat man die gleiche Parametrisierung in Querrichtung erreicht.

Die bisher in Abb. 272 erreichte Form trifft im unteren Bereich der Brüstung noch nicht die X-Schnitte durch die Tastdaten. Die erforderliche Anpassung an die stärkere Krümmung der Tastung im unteren Bereich erfordert eine Segmentierung des bisherigen Patches. Wir trimmen dazu das bisherige Patch an einer Isolinie in Längsrichtung. Als Trimmpunkt selektieren wir einen Punkt, an dem sich die Tastung vom bisherigen Patch abzuheben beginnt. Es entsteht dabei das Patch (mit der gleichen Ordnung 5), welches in Abb. 273 zu sehen ist. Schaltet man die Option *Duplizieren* ein, bleibt das ursprüngliche Patch zusätzlich erhalten.

Nun schließen wir das neue Patch positionsstetig an die untere Charakterkurve an, s. Abb. 274.

Dabei beobachten wir die Abweichung zur Tastung und prüfen stets, ob beim weiteren Modellieren zumindest der stetige Krümmungsübergang (G^2) zum ursprünglichen Teil der Brüstungshauptfläche erhalten bleibt. Die ersten drei Kontrollpunktreihen in Längsrichtung dürfen sich dabei nicht verändern. Behält man sogar die ersten vier Kontrollpunktreihen in Längsrichtung bei, dann handelt es sich um einen stetigen Krümmungsänderungsübergang (G^3).

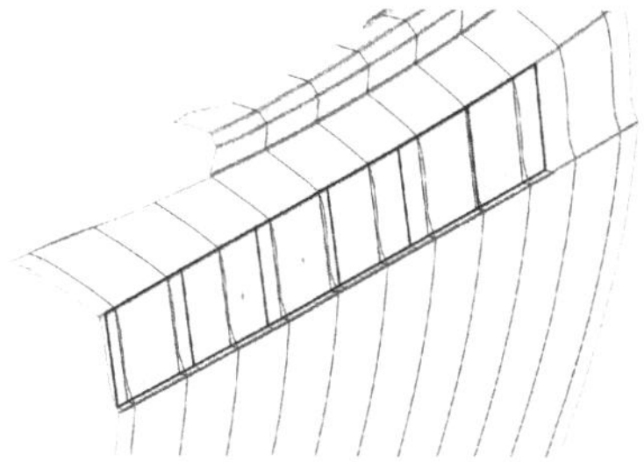

Abb. 270. Regel- oder Blendfläche als zu modellierende Rohform

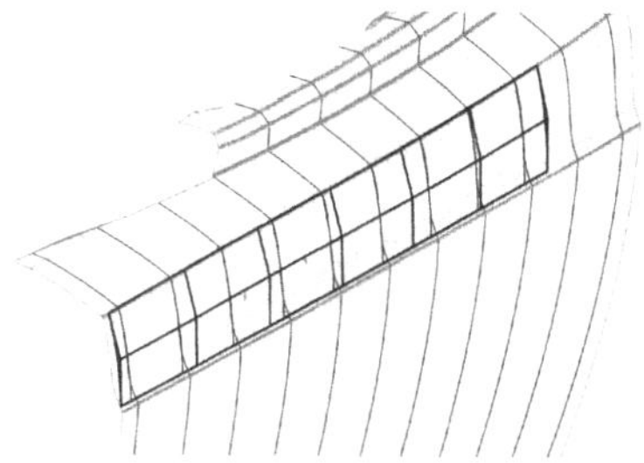

Abb. 271. Nach Erhöhung der Ordnung der Rohform auf 3

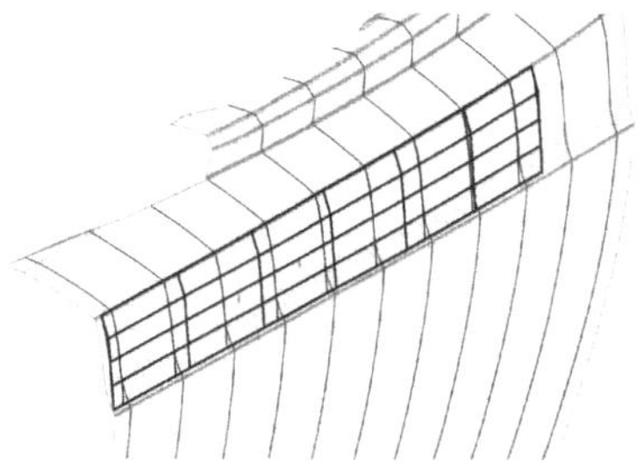

Abb. 272. Nach Erhöhung der Ordnung auf 5 und Anpassung an die Tastdaten

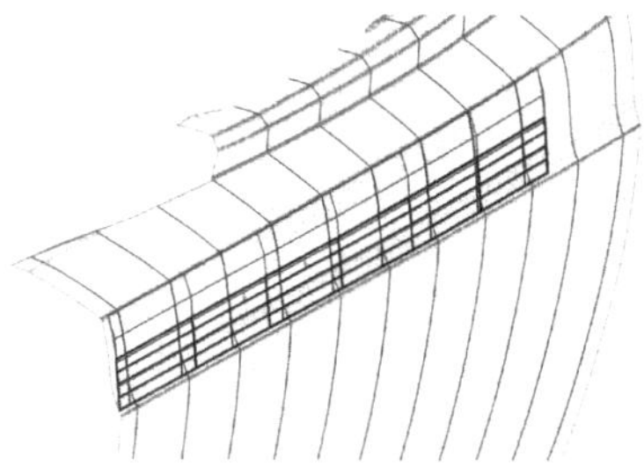

Abb. 273. Getrimmtes Patch im Anpassungsbereich

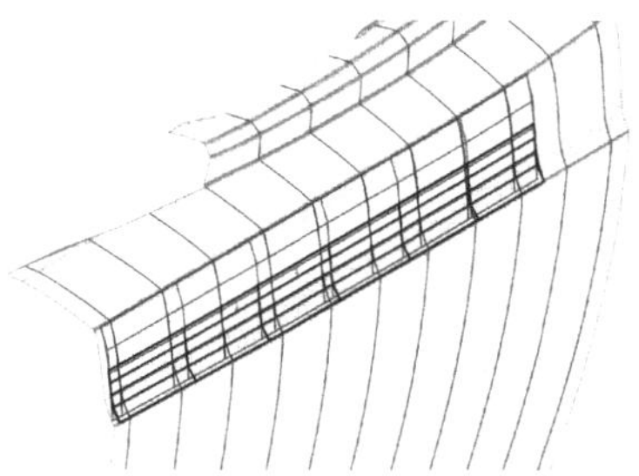

Abb. 274. Positionsstetiger Anschluss an die untere Charakterkurve

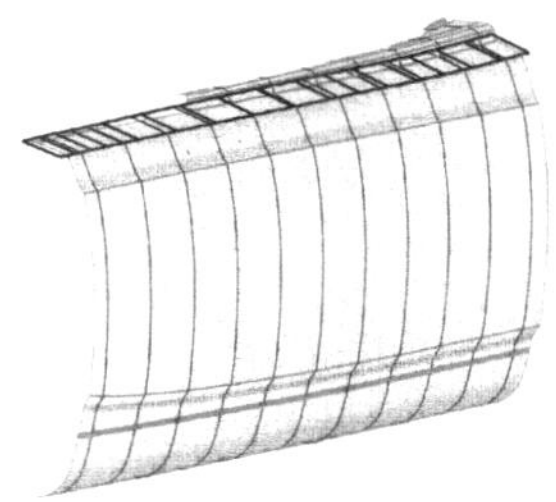

Abb. 275. Horizontale Abstellung

Weicht die Form noch vom Scan ab, so kann man die Trennkurve, an der das Patch getrimmt worden ist, verändern, d. h. das getrimmte Patch wird größer oder kleiner.

Bemüht man wieder das Bild einer gleichzeitig durch das alte und neue Patch wandernden profilartigen Querschnittskurve, so erhalten wir (im Bereich des neuen Patches) eine neue Querschnittskurve, die in die alte Querschnittskurve (durch das ursprüngliche Patch) am Trimmpunkt krümmungsänderungsstetig (G^3) einläuft.

Der Teil einer (G^2)- oder (G^3)- einlaufenden Kurve in eine unterliegende Basiskurve wird auch *Anlaufstrecke* der Kurve genannt. Durch das Verschieben des obigen Trimmpunktes kann man also diese Anlaufstrecke verkürzen oder verlängern.

In diesem Zusammenhang sei an die sog. *Anlaufverrundung* erinnert. Stoßen zwei Teilkurven mit einem Knick aneinander, so kann man den Knick durch einen beiderseits tangential (G^1) einlaufenden Kreisbogen verrunden. Das ist die *einfache Verrundung.* Ersetzt man den Kreisbogen durch eine Bézierkurve entsprechend hoher Ordnung und schließt diese Kurve an beiden Enden krümmungsstetig (G^2) an, so spricht man von einer Anlaufverrundung.

Nach o. g. Anpassung ergibt sich die Brüstungshauptfläche wie in Abb. 278.

Es fehlt nun noch der (nahezu) horizontale Bereich der Brüstung, der oberhalb der Brüstungshauptfläche an deren Rand (Knickkante) angesetzt wird.

Wir gehen wie nun schon gewohnt vor: Zunächst beginnen wir mit einer horizontalen Abstellung, s. Abb. 275, dann erhöhen wir die Ordnung und bombieren das Patch, bis die Tastdaten getroffen werden, s. Abb. 276. Beim Bombieren ist auf Entformbarkeit zu achten, d. h. es muss zur Ziehrichtung des Blechteils, hier ist es die Y-Richtung, ein vorgeschriebener Mindestwinkel eingehalten werden, damit sich das Blechteil nach dem Umformvorgang aus dem Umformwerkzeug lösen lässt.

In Abb. 279 sehen wir den oberen Teil der Brüstungsfläche. Im Heckbereich ist schon mal vorweggenommen, wie sich dieser Teil in die Heckklappe fortsetzt.

6.2.3 Aufsatzelement Stufe

Das Designelement Stufe ist hier ein Beispiel dafür, wie ein Scan zwar als Grundlage für die erste CAD-Modellierung – s. Abb. 277 – dienen, jedoch im Zuge der Modellierung mit Visualisierung der Zwischenstände noch modifiziert werden und damit vom Scan wieder abweichen kann.

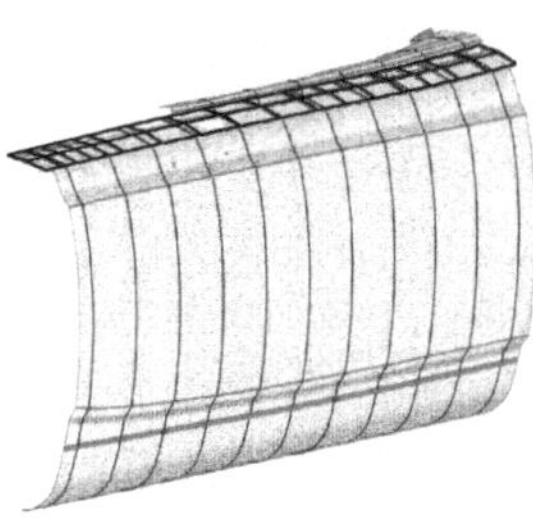

Abb. 276. Nach Ordnungserhöhung und Bombiervorgang

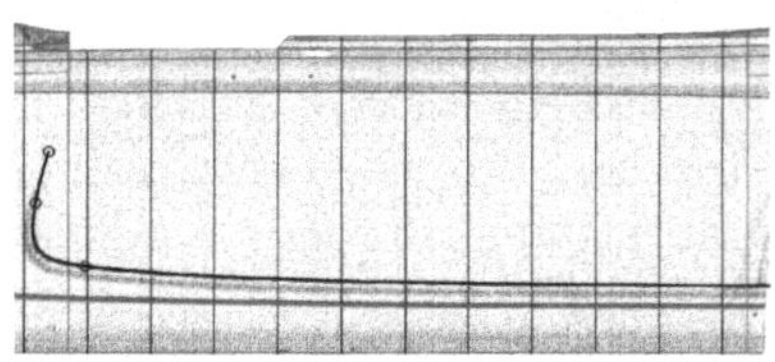

Abb. 277. Formtragende Hauptkurve der Stufe in der Urform

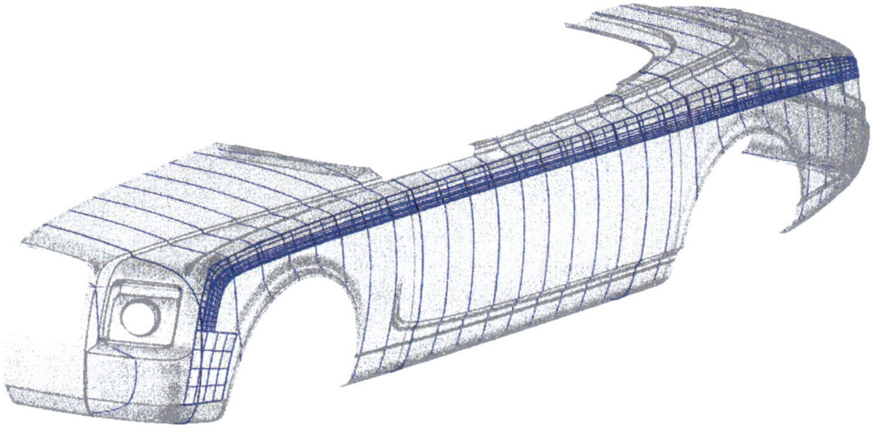

Abb. 278. Brüstungshauptfläche

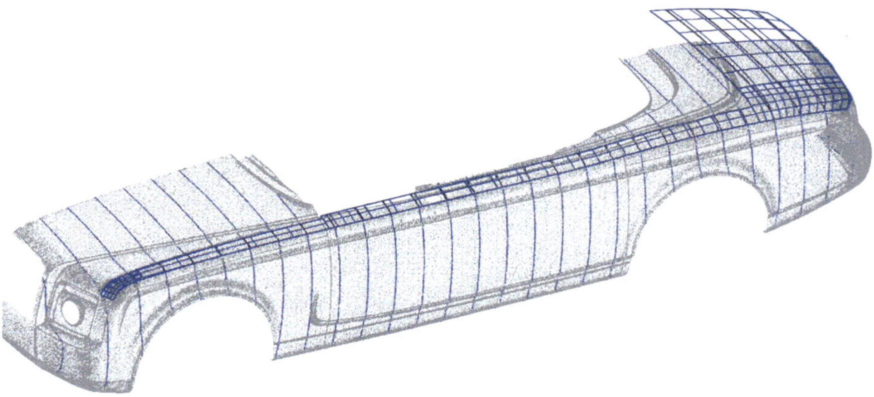

Abb. 279. Oberer Teil der Brüstungsfläche

Zunächst halten wir uns an die Tastung, s. Abb. 280. Diese zeigt uns blau dargestellte Schichtlinien bzw. Schnitte $y = \text{const.}$ in einer Äquidistanz von 5 mm auf dem Scan.

Da die Seitenstrakfläche als Referenz bereits existiert, genügt es, die Form tragende Hauptkurve in der XZ-Ebene (Leitkurve) in der Seitenansicht zu modellieren. Die Leitkurve besteht hier aus drei Abschnitten: Einem langen schwach gekrümmten, genähert in horizontaler Richtung, einem kurzen Endstück genähert in vertikaler Richtung und einem mittleren Blendstück zwischen beiden Abschnitten.

Das lange Kurvenstück oberhalb des Schwellers entwickeln wir, Abschn. 5.3.1. S. 145, mittels eines Kreisbogens über drei Punkte. Wir extrapolieren nach vorn, wandeln in eine Bézierkurve um, und modellieren das Kurvenstück so, dass ein harmonischer Kurvenverlauf entsteht.

Das kurze Endstück entsteht ebenfalls aus einem Kreisbogen. Das mittlere Kurvenstück erzeugen wir als ein sog. G^3-Blend. Schließlich wird die so erzeugte ebene dreisegmentige Kurve auf die Seitenstrakhauptfläche projiziert, s. Abb. 277.

Im Zuge des Design-Feintunings wurde nun diese Leitkurve unter Wahrung ihres Formcharakters etwas in Richtung $-x$ verschoben, s. Abb. 281. Die beiden Versionen werden in den Abb. 283 und 284 noch einmal miteinander verglichen.

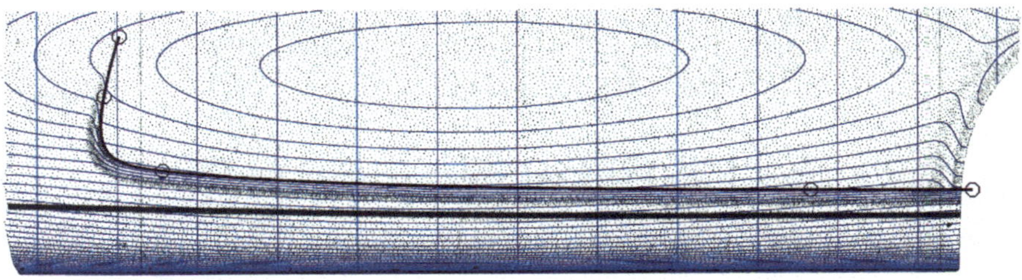

Abb. 280. Leitkurve auf Oberkante der böschungsartigen Stufe

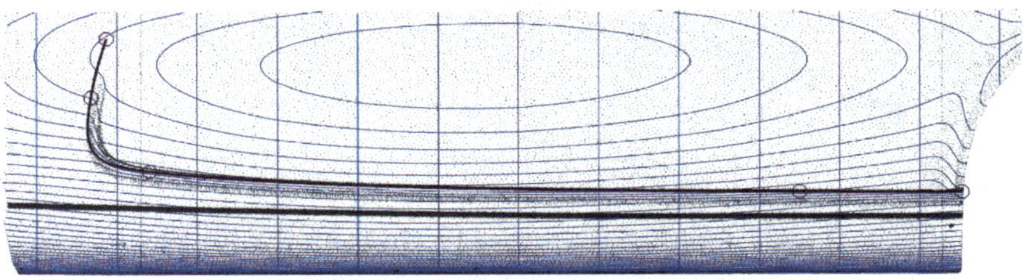

Abb. 281. Verschobene Leitkurve

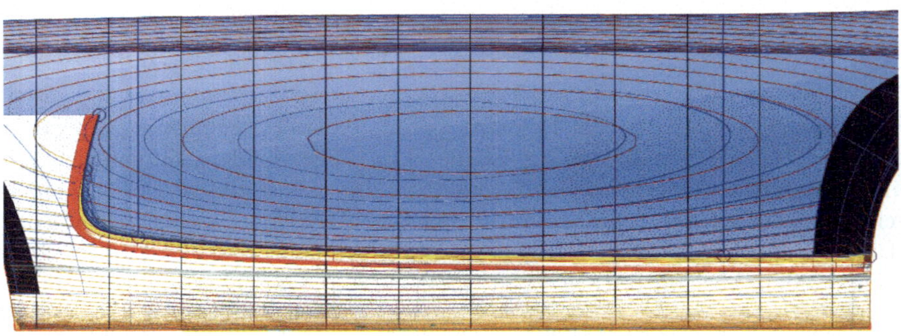

Abb. 282. Ankonstruktion an die Leitkurve

Die verschobene (noch ebene) Leitkurve wird in y-Richtung auf die Seitenstrakhauptfläche projiziert. An die entstehende Raumkurve wird nun die nach unten abfallende Böschungsfläche ankonstruiert. Wir beginnen wieder mit einer Abstellung mit variierendem Winkel. Am oberen Teil der Leitkurve geht die Abstellung in Richtung der Flächentangente in die Umgebung über. In Richtung zum mittleren Teil der Leitkurve erhöht sich der Neigungswinkel, um dann im genähert horizontalen Leitkurvenstück seine endgültige Neigung zu erreichen.

In Abb. 285 sehen wir einen Teil der Abstellfläche am letztgenannten Leitkurvenabschnitt. Die Neigung der anfänglichen Abstellfläche mit der Querordnung 2 ergibt sich immer aus dem ursprünglichen Scan. Die weitere Anpassung erfolgt dann, wie schon aus vorhergehenden Teilschritten prinzipiell bekannt, durch Ordnungserhöhung und in Form ziehen. Es entsteht die gelbe Übergangsfläche, welche noch mit einer Anlaufverrundungsfläche in die untere Seitenwand eintaucht.

Die Abb. 286, 287 und 288 deuten die Arbeitsschritte Modellieren, Verschneiden (der in Querrichtung noch zu langen Abstellfläche) und der Verrundung an. Einige Zwischenschritte, wie z. B. Anschlussoperationen in Längsrichtung der Stufe nach manuellen Modellierungsarbeiten, wurden hier weggelassen.

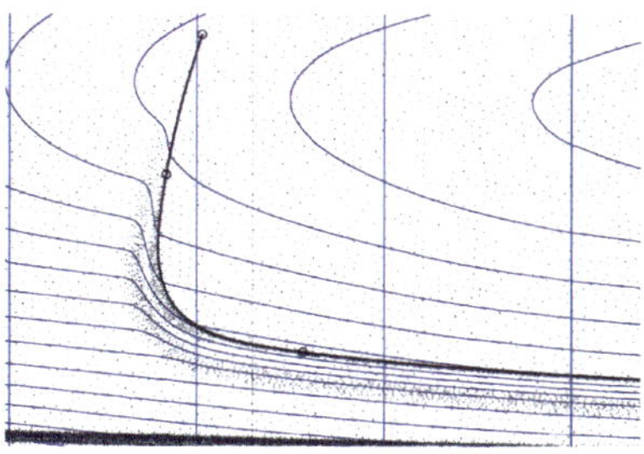

Abb. 283. Bildausschnitt mit ursprünglicher Leitkurve auf dem Scan

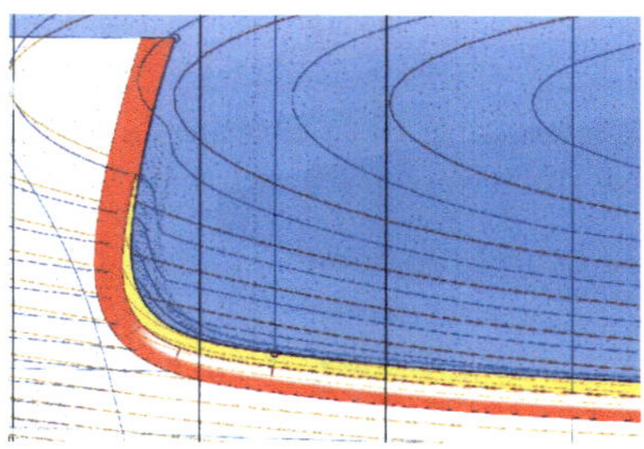

Abb. 284. Bildausschnitt zur verschobener Leitkurve mit Ankonstruktion

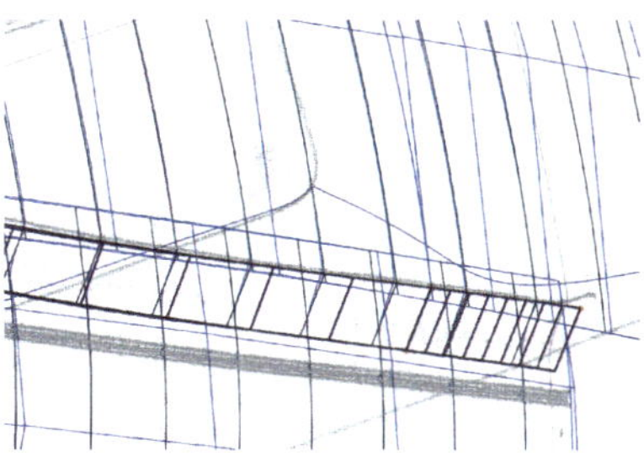

Abb. 285. Teilstück der Abstellung, Querordnung 2

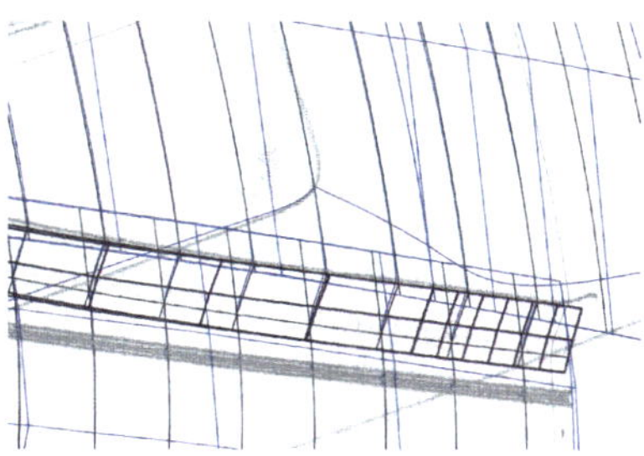

Abb. 286. Graderhöhung auf 3 und Beginn des In-Form-Ziehens

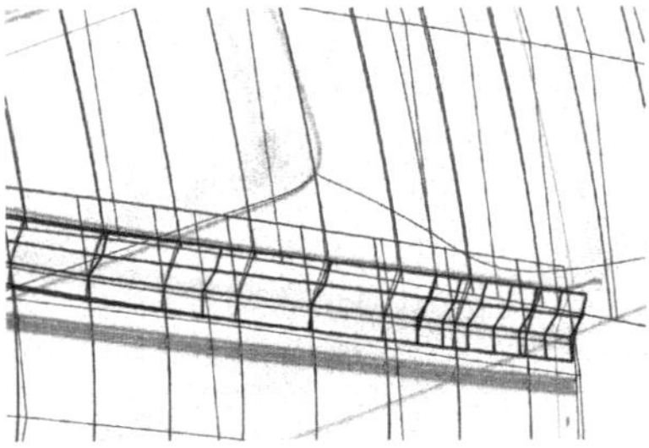

Abb. 287. Graderhöhung auf 4, Modellieren und Verschneiden

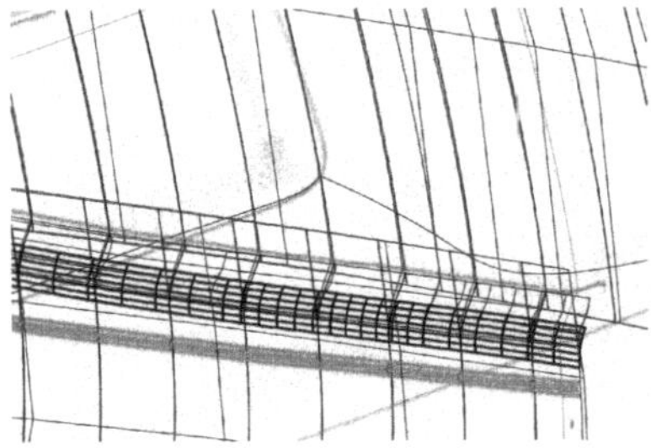

Abb. 288. Verrundung

Zur Erinnerung: Mit Modellieren meinen wir immer ein manuelles In-Form-Ziehen (mit Hilfe von Kontrollpunkten oder Kontrollpunktreihen) unter Beobachtung des unterliegenden Scans und geeigneter Schnitte.

In den Abb. 282 und 284 ist die gelbe Übergangsfläche bereits in ein Face umgewandelt. Die Verrundungsflächen sind rot dargestellt. Die Schnittlinien durch den Scan sind an der blauen und durch die CAD-Flächen an der orangen Linienfarbe zu erkennen.

6.2.4 Radlauf und Anformung zum Seitenstrak

Das sog. Radband wird als Blendfläche zwischen zwei Kurven erzeugt, welche wir wiederum über modifizierte Kreisbogensegmente generieren. Den Arbeitsfluss illustrieren wir mittels der folgenden Schnappschussserie, ab Abb. 289.

Das Startkreisbogensegment definieren wir in einer Hilfsebene, die fast der Seitenansicht in der XZ-Ebene entspricht, s. Abb. 289. Die Hilfsebene steht dabei normal zur Grundrissebene XY und ist gegen die XZ-Ebene leicht geneigt und zwar so, dass die Spur der Hilfsebene im Riss XY näherungsweise parallel zur Basisrichtung der Radwulst verläuft. Nach Umwandlung des Kreisbogenabschnittes in ein Bézierkurvensegment und dessen Extrapolation in der Hilfsebene stellen wir beim Blick auf die Seitenansicht XZ fest, s. Abb. 291, dass ein Segment nicht ausreicht, um die Form der Randkurven des gesamten Radbandes zu erfassen. Deshalb trennen wir die Kurve weiter auf und setzen die Trennpunkte vorzugsweise dorthin, wo Bauteile aneinander gefügt werden, s. Abb. 292. Wir projizieren danach die gesamte ebene Kurve in negativer y-Richtung auf den Scan und modellieren räumlich weiter. Wir blicken schräg auf die geometrische Situation, s. Abb. 293. Es ist darauf zu achten, dass auch in stark verzerrten Darstellungen die Kurven keine unerwünschten Wellen aufweisen, s. Kontrolldarstellung in Abb. 294.

Die zweite (äußere) Kurve für das Randband ergibt sich als Offset, s. Abb. 295. Je nach Designvorlage kann man die Parallelkurve konstant parallel versetzen

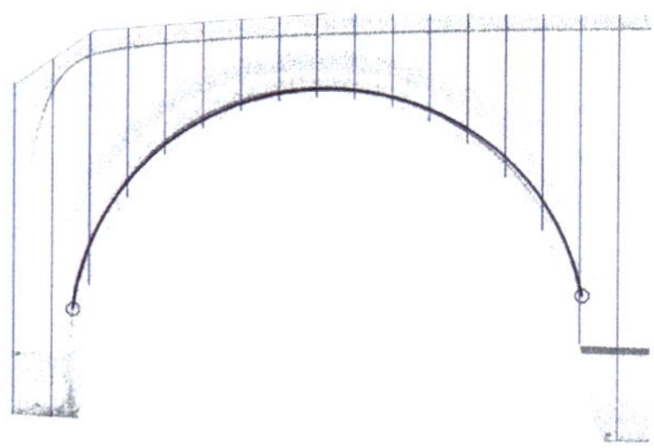

Abb. 289. Startkreisbogensegment

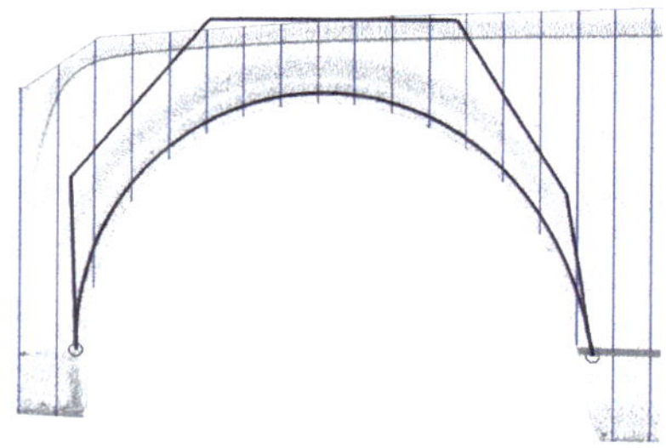

Abb. 290. Umwandlung in ein Bézierkurvensegment

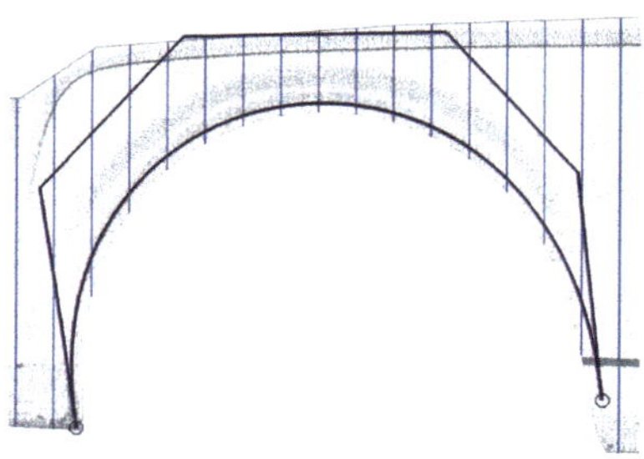

Abb. 291. Extrapolationstest

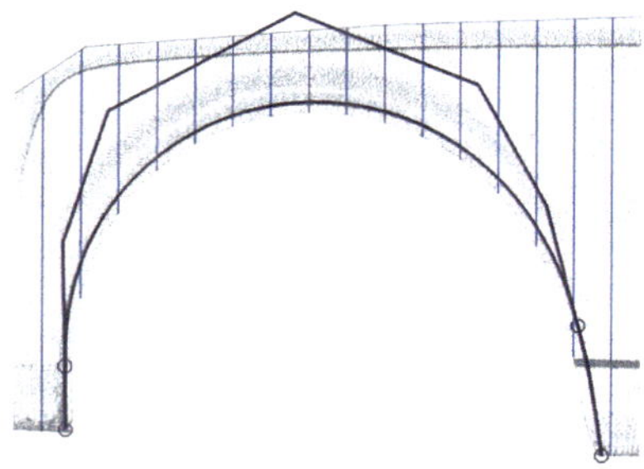

Abb. 292. Zwischenstand mit drei Segmenten

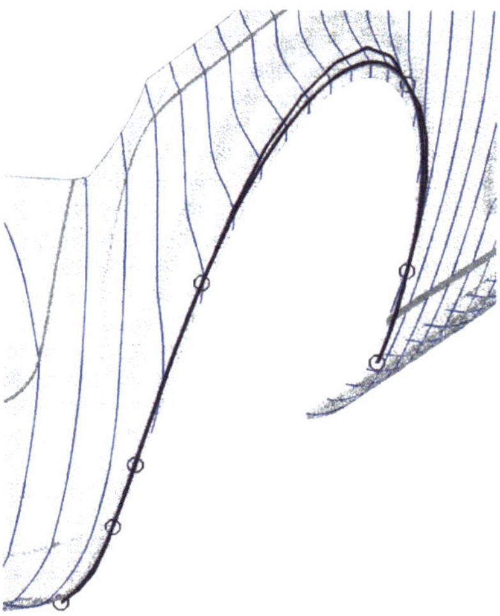

Abb. 293. Nach Projektion in $-y$-Richtung auf den Scan

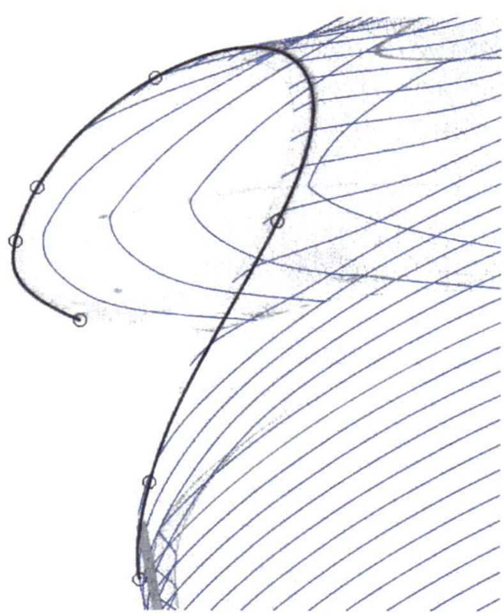

Abb. 294. Verzerrte Darstellung

oder von der Parallelität abweichen lassen, indem man am Anfang und Ende unterschiedliche Offsetmaße zulässt. Dazwischen wird automatisch linear interpoliert.

In Abb. 296 sehen wir bereits die Blendfläche. Wir erhöhen die Querordnung auf 3 und ziehen die mittlere Längs-Kontrollpunktreihe noch um 0,5 bis 1 mm in Offset-Richtung (Modus Offset im Kontrollpunkt-Modifikationsmenü) heraus, um der schmalen Fläche noch eine leichte Bombierung zu verleihen, s. Abb. 297. (Mit dem Modus Offset erhält man in der Regel die Flächenparametrisierung einer doppelt gekrümmten Fläche besser als mit einer konstanten Hauptachsen-Richtung.)

Hinweis zur Kontrollpunktdarstellung: Nach der Erhöhung auf die Querordnung 3 bei schmalen Abstellflächen kann manchmal die Darstellung der Randkontrollpunktpolygone (kurz: Randpolygone) störend wirken, weil die Kontrollpunkte sehr nahe an der Randkurve liegen, s. Abb. 296 und 297. Deshalb kann man die Randpolygone auch ausschalten und nur mit dem inneren Kontrollpunktnetz arbeiten.

In den Abb. 314 und 315 sowie 316 und 317 werden zum Vergleich beide Varianten (mit und ohne Randpolygone) verwendet.

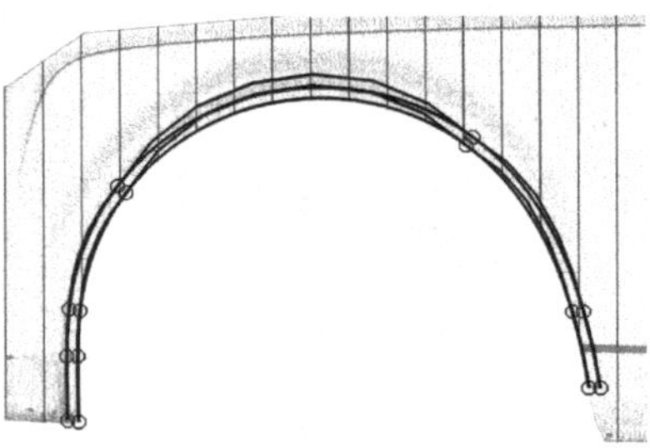

Abb. 295. Offsetkurve

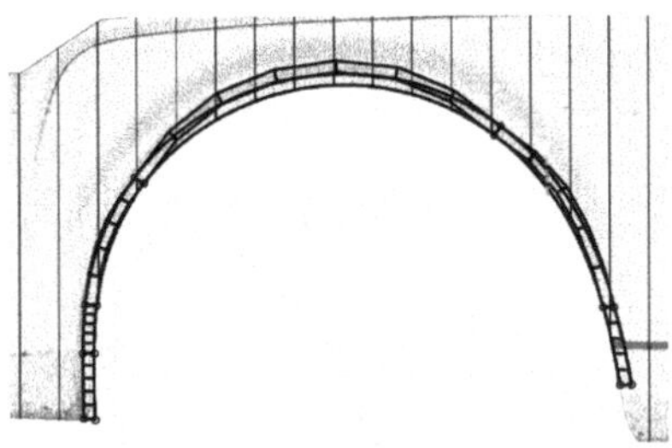

Abb. 296. Radband, Querordnung = 2

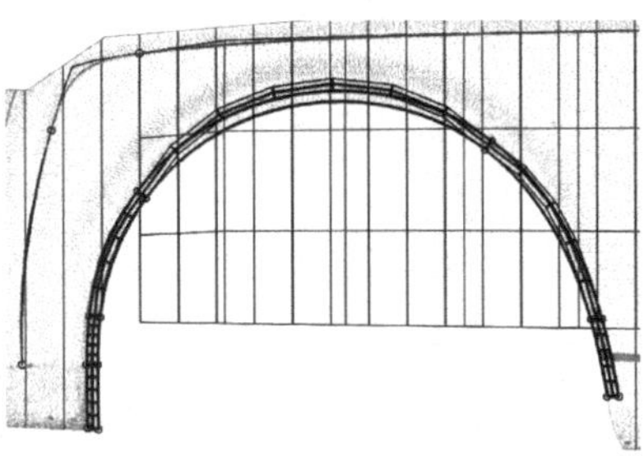

Abb. 297. Graderhöhung auf 3, Bombierung

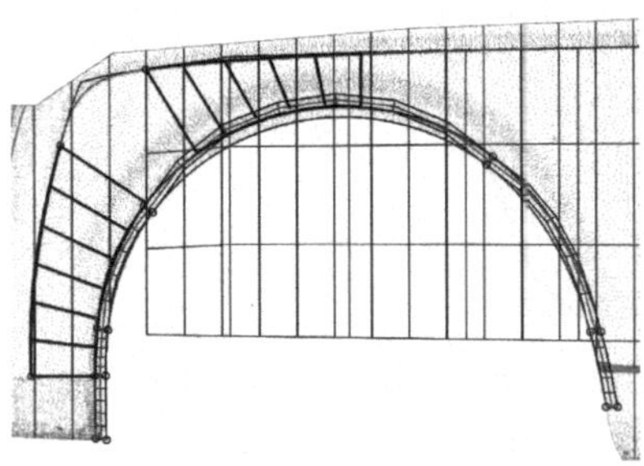

Abb. 298. Vordere Blendflächen

Nun wollen wir die Zone zwischen dem Radband und der oberen Hauptcharakterlinie der Seitenwandhauptfläche überbrücken. Der Straker spricht von der „Anformung" (besser von einem „Anformen") des Seitenstrakes zum Randband oder von „Anformflächen".

Wegen der vorhandenen Krümmungswechsel im Profil der Anformflächen gelingt die Überbrückung zwischen der Innenkante des Radbandes und der auf dem Karosseriekörper liegenden Begrenzungskurve der Anformfläche nicht so einfach mit Hilfe eines konstanten Profiles wie in Abb. 186, 187 und 188 in Kap. 3. Die Profile sind veränderlich S-bogenförmig und enthalten einen Wendepunkt.

Ersichtlich entsteht eine Art Böschungsfläche von der Ober- zur Unterkante mit folgenden Zonen, die in den Abb. 321 und 322 zu sehen und in der folgenden Übersicht erklärt sind:

b – Radband (grau): Ehemalige Blendfläche (Quer-Ordnung 2), nun bei Quer-Ordnung 3 in Richtung y leicht bombiert.
k – Obere Böschungsfläche (rot): Aus einer Abstellfläche (Quer-Ordnung 2) entwickeltes leicht bombiertes Band (konvex) (Quer-Ordnung 3).
h – Untere Böschungsfläche, konkav (grau): Aus einer ehemaligen Blendfläche zwischen Ober- und Unterkante (Quer-Ordnung 2) entwickelte Patchstruktur, die sich so weit wie möglich an den Scan anpasst.
f – Verrundungsfläche (violett) zwischen k und h, die aber nur im mittleren Teil (etwa an der höchsten Stelle) einem echten Fillet entspricht. An den Rändern ist der Übergang von k zu h für ein Fillet zu flach. Deshalb wird dort ein krümmungsstetiges Blend eingesetzt.

Es bieten sich verschiedene Lösungswege an:

1. Der patchweise Aufbau der Überbrückungs-Gesamtfläche auf dem bekannten Wege: Start mit einfachen Blendflächen oder Abstellflächen, Graderhöhung, „In-Form-Ziehen" unter Beobachtung der Schnitte durch Scan und Patches, ev. Glättung der Patches, Anschlüsse der Patches untereinander in Längs- und Querrichtung sowie Anschlüsse der Patches zu den angrenzenden Karosseriekanten bzw. -flächen. Bei Bedarf sind die Patches an separaten Begrenzungskurven abzuschneiden („zu facen").
2. Alternativ kann man auch eine Profilfunktion mit mehrfachen, mehrsegmentigen Profilkurven einsetzen, wobei man die Profilformen aus sog. „wahren" Schnitten durch den Scan ableiten kann. Das Bewegungsgesetz der Zwischenebene lässt sich sauber durch ein Kreisbogensegment (als separate Leitkurve) steuern. Gelingt die Erfassung der gesamten Form durch die wandernden Zwischenprofile nicht zufriedenstellend, dann können jedoch zumindest Teile der Böschungsfläche, z. B. das Gebiet h, schneller konstruiert werden.
3. Kombination aus beiden oben genannten Wegen.

Bei den Schnitten durch Scan und Geometrie gibt es die beiden Varianten:

Schnittebene verläuft

1. parallel zu den Hauptebenen oder
2. normal zur Kurventangente einer Leitkurve (sog. „wahre“ Schnitte)

In den Abb. 298 bis 324 wird der Weg 1 mit Schnittvariante 1 verfolgt. Die Form der Profile für die teilweise alternativ anwendbare Profilfunktion (Weg 2) könnte man mittels Schnittvariante 2, s. Abb. 300, ableiten.

Wir konzentrieren uns hier auf den Weg 1 und beginnen zunächst mit Blendflächen zwischen der äußeren Radbandbegrenzung und der schon vorhandenen oberen Begrenzung durch die obere Charakterkurve der Seitenwandhauptfläche. Das funktioniert im vorderen Bereich bis etwa zur höchsten Stelle des Randbandes. Der Straker spricht hier gerne bei solchen kreisbogenartigen Begrenzungen (wie beim Radband) von der 12-Uhr-Position, s. Abb. 298.

Jenseits der 12-Uhr-Position müssen wir uns selbst eine Begrenzungskurve konstruieren, die an der vorherigen Begrenzungskurve und Charakterkante anschließt und am Schweller endet. Man kann z. B. die obere Randkurve des Nachbarpatches extrapolieren und nach Graderhöhung so „In-Form“ biegen, dass sie bei fortgesetzter Extrapolation den Schwellerrand trifft. Da wir bei der Extrapolation in den Bereich der Seitenwandhauptfläche (bzw. einer daraus abgeleiteten Hilfsfläche) geraten, ist die erhaltene Kurve noch auf die entspre-

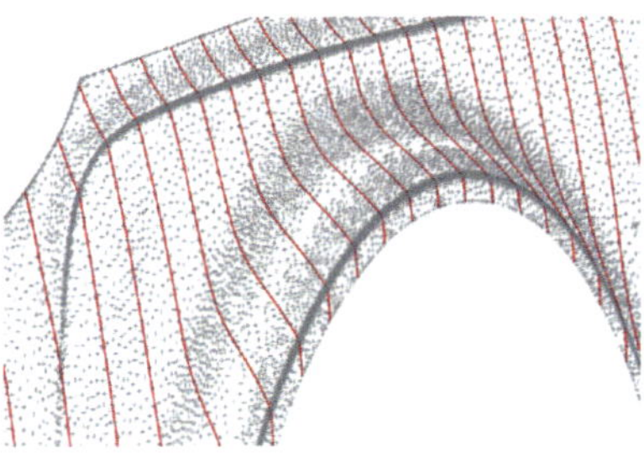

Abb. 299. Schnitte $x = \text{const.}$ durch den Scan

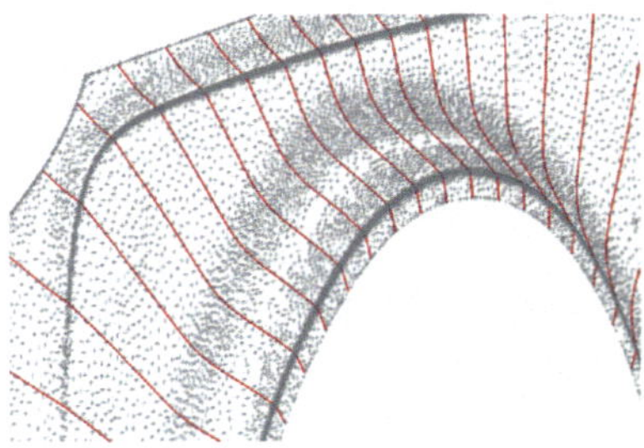

Abb. 300. Radiale Schnitte durch den Scan

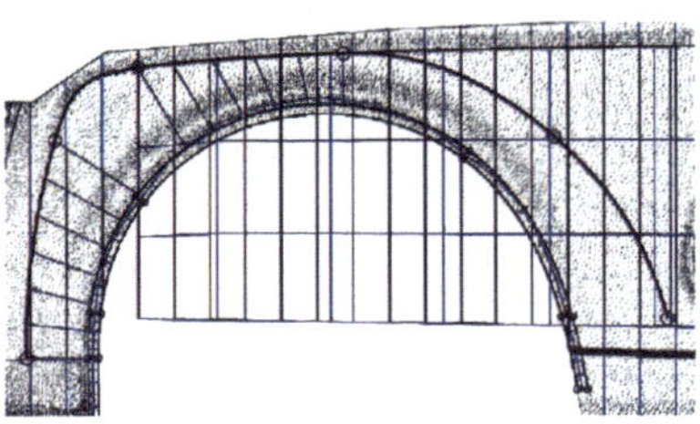

Abb. 301. Neue Begrenzungskurve

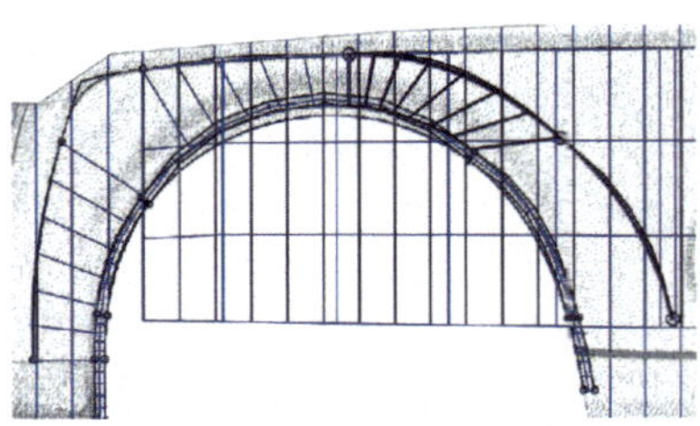

Abb. 302. 1. hintere Blendfläche

chenden Basisflächen zu projizieren. Es ergibt sich der Kurvenverlauf, wie er in Abb. 301 dargestellt ist.

Wir schließen die Flächenlücke zwischen der neuen Kurve und der äußeren Radbandbegrenzung anfänglich mit Blendflächen, s. Abb. 302 und 303. Das Modellieren erfolgt nun erneut, indem die Querordnung schrittweise erhöht und die Patches in Richtung Scan gezogen werden, s. Abb. 304 bis 309. Die Kontrollpunkte der auf den Begrenzungskurven liegenden Patchrandkurven (in Längsrichtung) bleiben dabei unangetastet. Die lückenfüllende Zwischen-

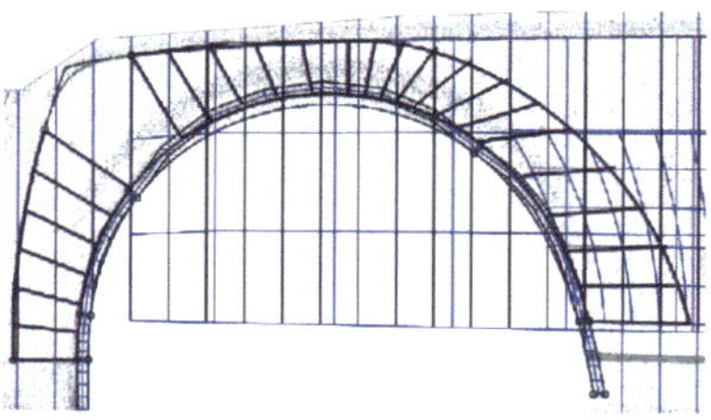

Abb. 303. Ergänzung um die 2. hintere Blendfläche

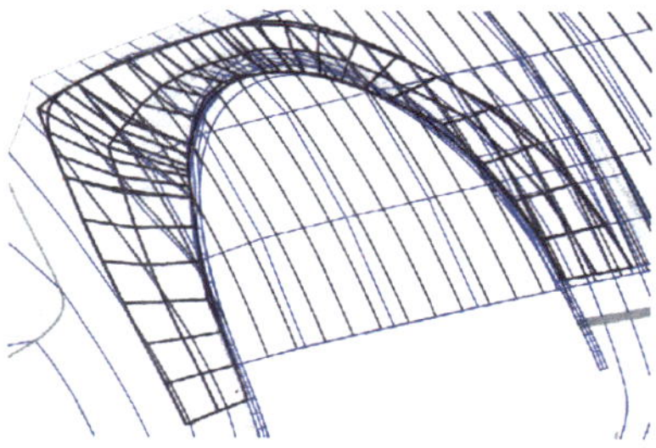

Abb. 304. Modellierungsschritt 1 mit Querordnung 3

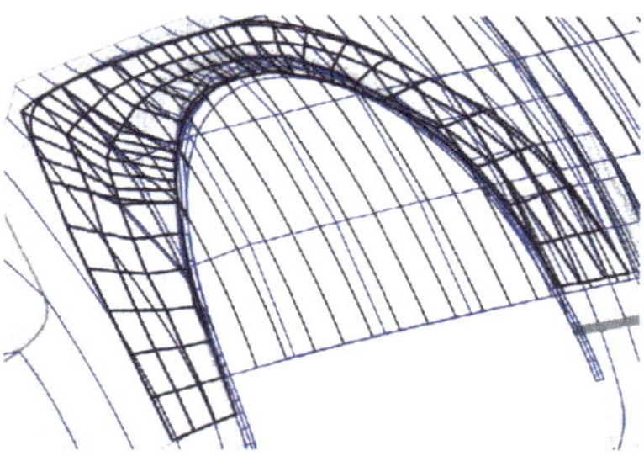

Abb. 305. Modellierungsschritt 2 mit Querordnung 4

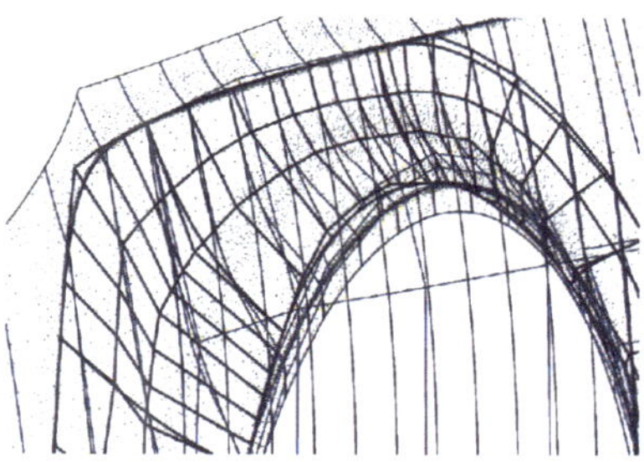

Abb. 306. Wie vorher, nur Ausschnitt und gezoomt

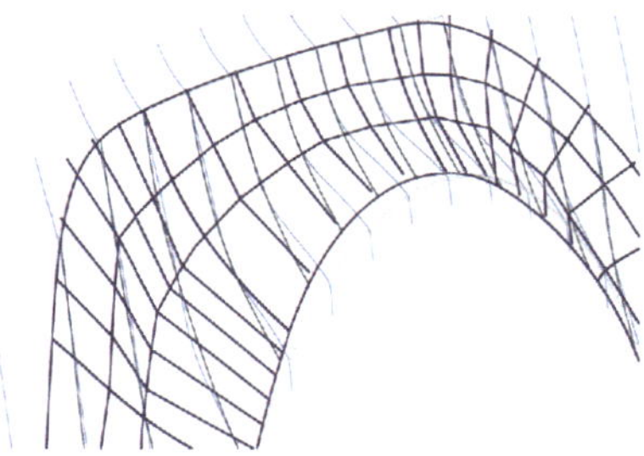

Abb. 307. Wie vorher, nur ohne Randpolygon

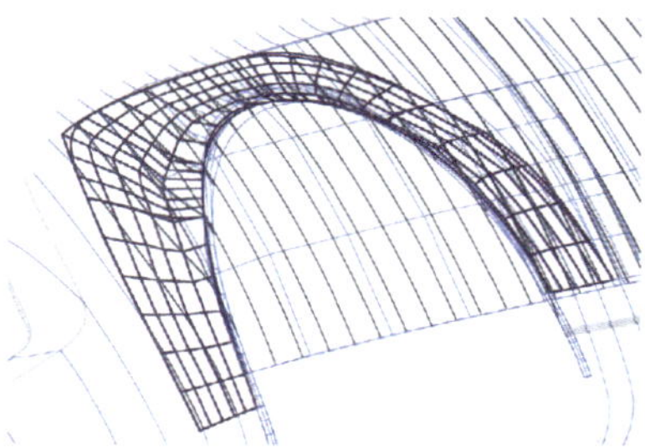

Abb. 308. Modellierungsergebnis mit Querordnung 6

fläche, die wir auch Böschungsfläche nennen wollen, ist außerdem, wo eine entsprechende Berührung anliegt, ins Innere der Basisfläche anzuschließen.

Die Böschungsfläche ist zwar noch nicht die endgültige Radlauffläche, trotzdem muss auch in diesem Zwischenstadium auf einen sauberen Highlightverlauf geachtet werden, s. Abb. 310 bzw. 311 sowie 312. Die Highlights sind dort in zwei Varianten dargestellt: In der einfachen Diagnoselinienvariante ohne Farben, s. dazu Anhang H.3, ab S. 247 und in der gewohnten farbigen Variante.

In Abb. 313 erkennen wir, dass sich der erhaltene Flächenverband nur im Bereich des Böschungsauslaufes an den Scan anschmiegt. Dort fallen die gelben Schnitte durch die Patches mit den dunklen Schnitten durch den Scan zusammen.

Nun wird eine Abstellfläche an der inneren Radbandbegrenzung ankonstruiert. Die Handhabung der entsprechenden Abstellfunktion wird im Anhang C.2, ab S. 202 näher erläutert.

Wir wählen dabei einen variierenden Neigungswinkel zur y-Richtung, wobei der Winkel in verschiedenen Sektoren unter Beobachtung der Schnitte durch den Scan festgelegt wird. Es ist auf eine harmonische Veränderung der Neigungswinkel zu achten. Die Anfangsstufe sehen wir in Abb. 315. Nach sys-

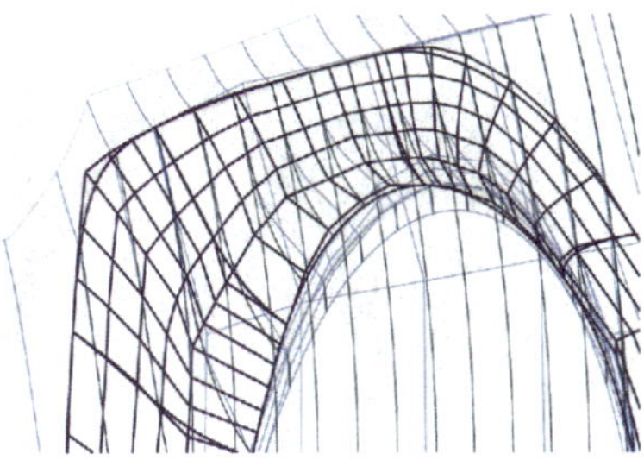

Abb. 309. Wie vorher, nur Ausschnitt und gezoomt

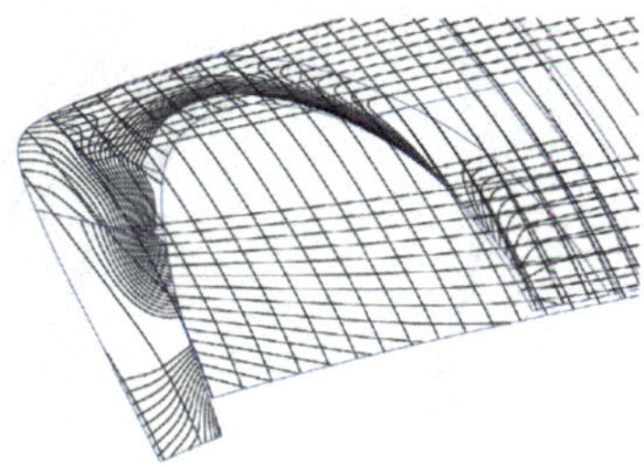

Abb. 310. Zwischenform, Highlightkonturen vor dem Anschluss in Längsrichtung

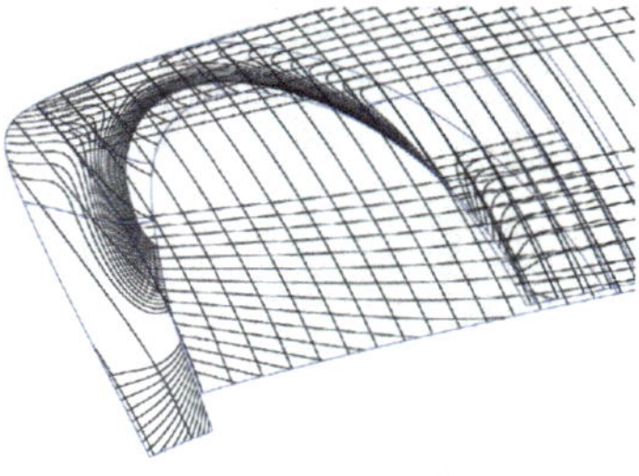

Abb. 311. Zwischenform, Highlightkonturen nach dem Anschluss

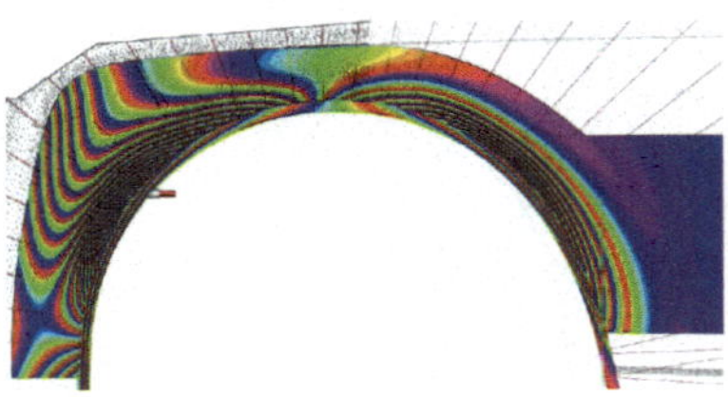

Abb. 312. Zwischenform, farbige X-Highlights nach dem Anschluss, Riss XZ

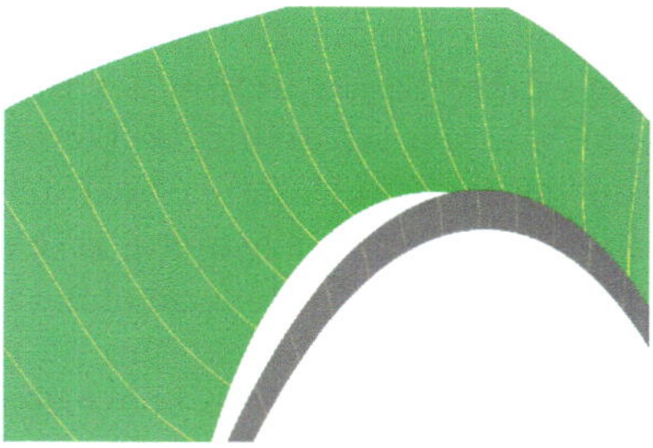

Abb. 313. Zwischenform, „wahre" Schnitte durch Patchverband und Scan, Deckung im Bereich des Böschungsauslaufes

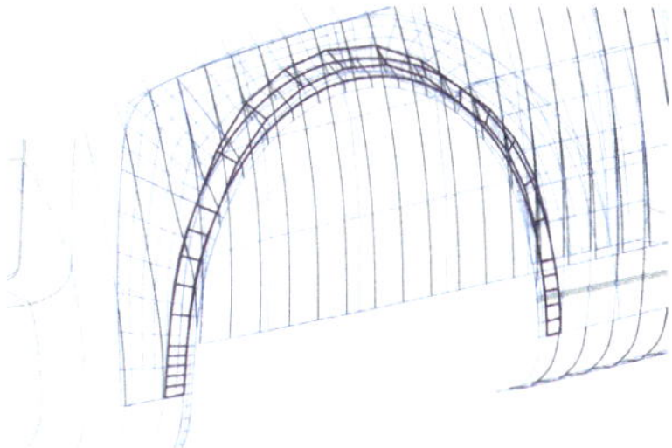

Abb. 314. Abstellung mit variierendem Winkel, mit Randpolygon

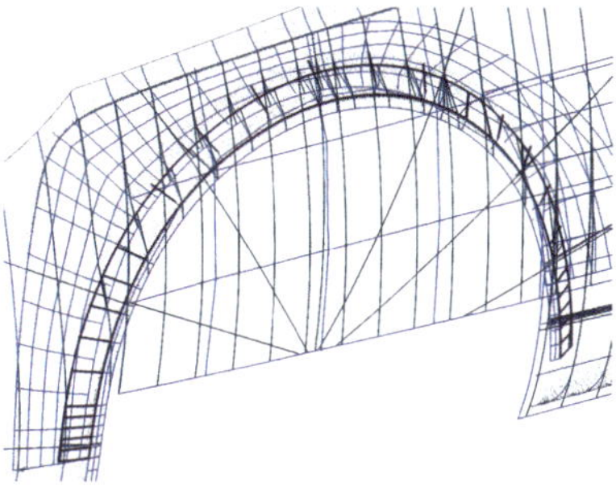

Abb. 315. Abstellung mit variierendem Winkel, ohne Randpolygon

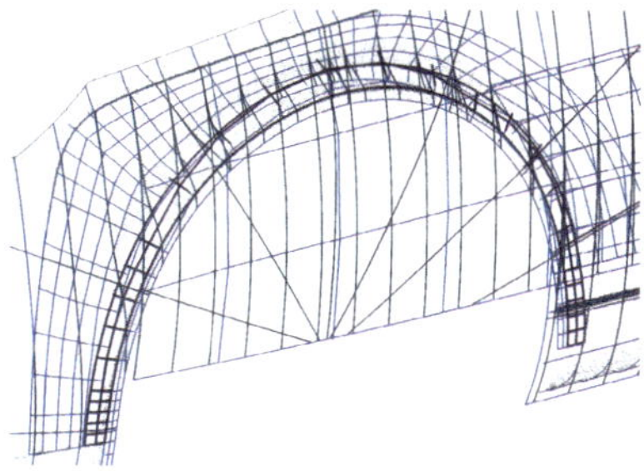

Abb. 316. Ordnungserhöhung auf 3 und Anpassung an den Scan, ohne Randpolygon

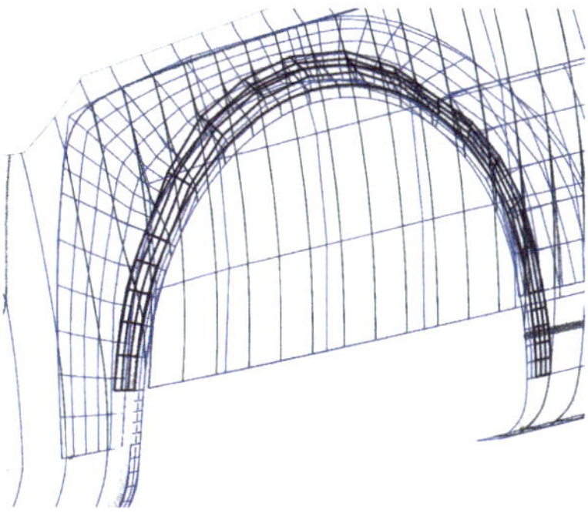

Abb. 317. Ordnungserhöhung auf 4 und Scananpassung

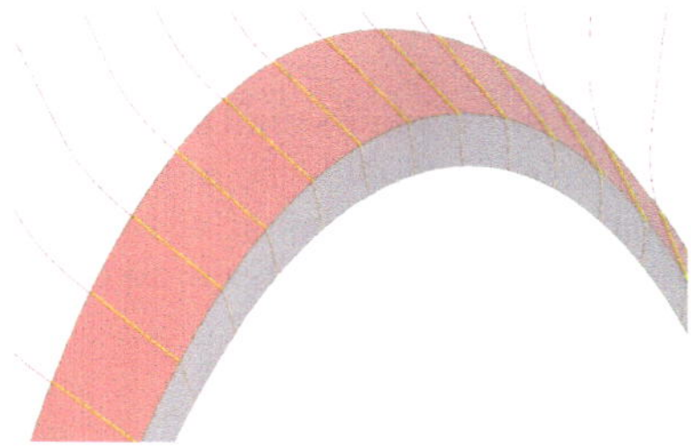

Abb. 318. Bildausschnitt von der Abstellfläche, Anfangsquerordnung 2, mit „radialen" Schnitten durch Scan und Patches

tematischer Erhöhung der Querordnung und „In Form-Ziehen" (mittels der inneren Längskontrollpolygone), s. Abb. 316 und 317, um die Schnitte durch den Scan zu treffen, erhalten wir eine „Kragenfläche", die den oberen Böschungsteil beschreibt. Betrachten wir die gelben bzw. die violetten Schnitte durch Patches bzw. Scan, so erkennen wir etwa im Bereich der 12-Uhr-Position eine geringe Abweichung vom Scan. Durch die exakte Konstruktion des Radbandes und der ursprünglichen sowie der modifizierten Abstellfläche können wir hier eine Korrektur des Scans verantworten, da die vom Designer beabsichtigte Neigung des oberen Teiles der Radwulst gegen die y-Richtung aus dem (naturgemäß unsicheren) Scan übernommen werden konnte. Die Kragenfläche soll beim Geometrieaufbau wie ein standardisiertes Designelement (im Sinne einer „Quasi-Parametrik") wirken und mit gleichen oder abgestimmt variierten Parametern auch für die hinteren Radlaufflächen formbestimmend sein.

Es fehlt nun noch die verrundende Übergangsfläche (f) zwischen dem oberen (Kragenfläche k) und dem unteren Bereich (h) der Böschungsfläche. Auch wenn die Übergangsfläche iterativ mehrfach verbessert werden muss, die Kragenfläche, s. Abb. 319, bleibt als fixes Element stets erhalten. Die Übergangsfläche (f) soll immer mindestens krümmungsstetig in die Kragenfläche (k) einlaufen. Dabei kann sich die Berührungskurve jeweils ändern.

Die Abb. 320 zeigt uns das mittlere Verrundungsstück zwischen k und h. Dabei ist wiederum auf das Anpassen an die unterliegende Tastung zu achten. Man optimiert die Anpassung erneut (wie schon in Abschn. 6.2.2.3, S. 162

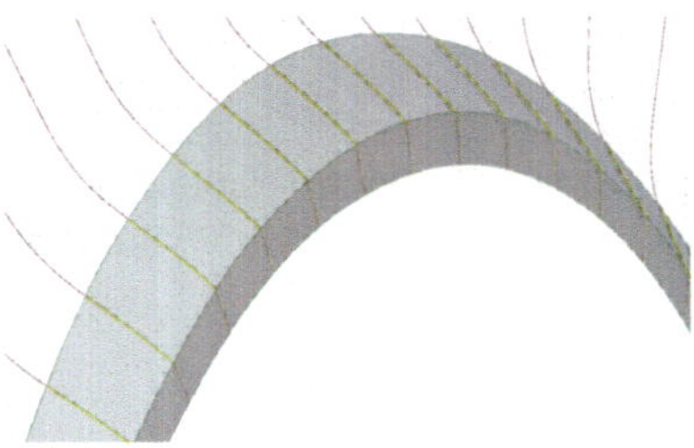

Abb. 319. Bildausschnitt von der modifizierten Abstellfläche mit leichter Bombierung, Querordnung 4, mit „radialen" Schnitten durch Scan und Patches

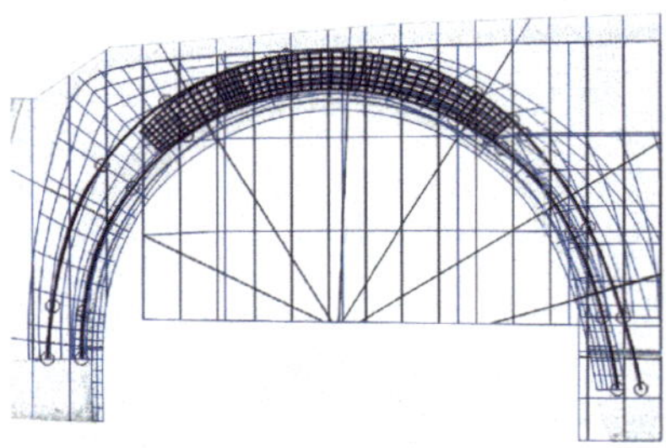

Abb. 320. Verrundung im mittleren Bereich und extrapolierte Begrenzungskurven

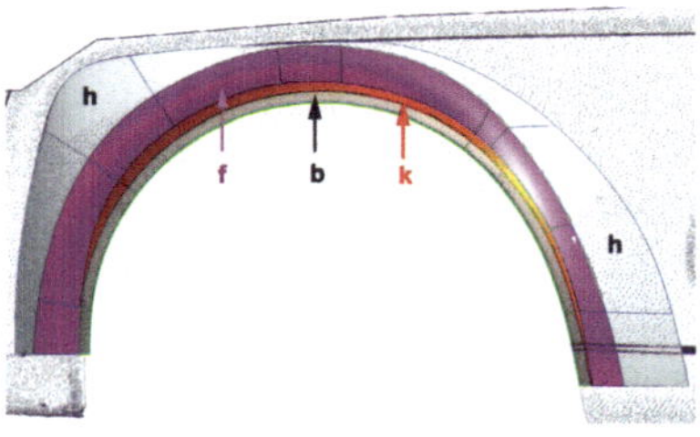

Abb. 321. Finale Struktur der Radwulst, Riss XZ

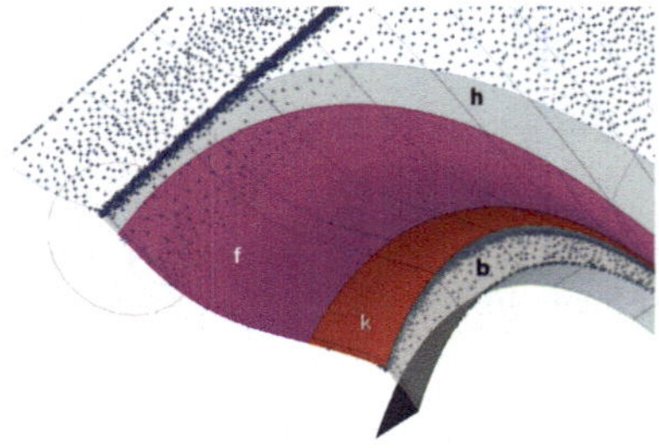

Abb. 322. Querschnitt (mittels Klippebene) durch die finale Struktur der Radwulst in verzerrter Darstellung

erwähnt) durch Verkürzen oder Verlängern des Anlaufes. Wurden auf diese Weise die richtigen Begrenzungskurven gefunden, so extrapoliert man diese als Gesamtbegrenzungskurven für den krümmungsstetigen Verrundungs- bzw. Blendbereich f.

Nach mehreren Iterationen entsteht der Flächenverband, der in Abb. 321 zu sehen ist.

Abschließend überprüfen wir die Qualität mit Hilfe der Z- und X-Highlights. Der Straker nennt sie auch *Lichter*. Bei einem Radlauf (mit den innewohnenden Krümmungswechseln) entsteht im Falle der *Z-Lichter* ein Bild, welches einer Talmulde oder einem See in einer Landkarte gleicht, wenn man die High-

Abb. 323. Finale Z-Highlights

Abb. 324. Finale X-Highlights

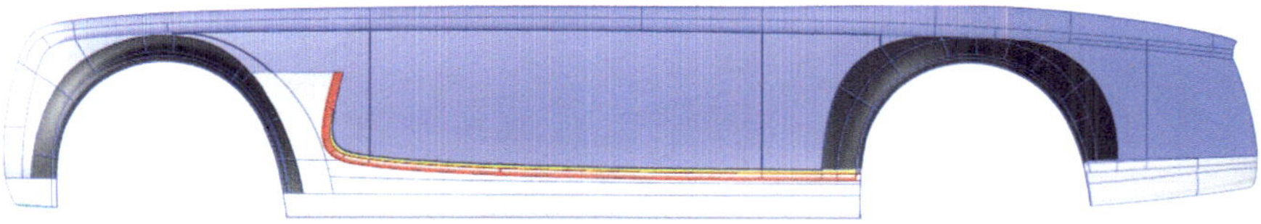

Abb. 325. Seitenpartie mit Patch- bzw. Faceberandungen

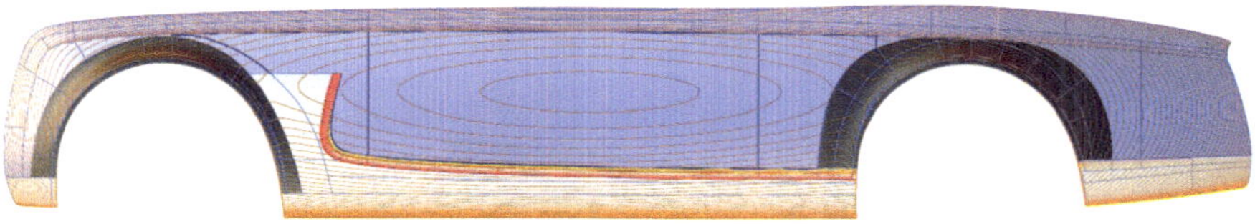

Abb. 326. Seitenpartie mit Schichtlinien $y = \text{const.}$

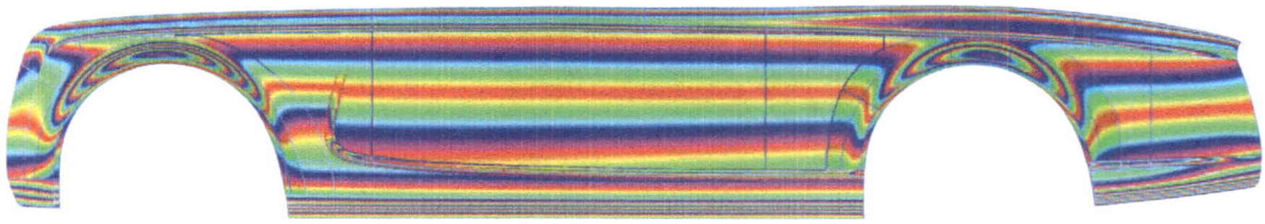

Abb. 327. Seitenpartie mit Highlights

lightlinien als Höhen- bzw. Tiefenlinien interpretiert. Idealerweise soll der See symmetrisch um die 12-Uhr-Position angeordnet sein, s. Abb. 323. Ebenfalls interessant sind die *X-Lichter*, die Fehler in den Oberflächenbereichen vor und hinter dem Radband hervorheben, s. Abb. 324. Vergleiche auch die Ausführungen im Anhang L.6 auf S. 295. Die Bilder der Quasi-Höhenlinien sollen sich, natürlich immer in Korrespondenz mit der Tastung, ähneln. Die Lichter sollen gleichmäßig und ohne Unruhe verlaufen!

Analog wird die hintere Radwulst konstruiert.

Die Abb. 325 bis 327 zeigen den Endstand der Seitenpartie.

6.3 Dach-, Front- und Heck-Flächenstrukturen

Nachdem wir den Seitenwandstrak etwas ausführlicher behandelt haben, sei hier zumindest ein Blick auf die Strukturen der anderen Teile geworfen. Wir erkennen die gemischte Anwendung von Patch- und Facestrukturen, s. Abb. 328 bis 332.

Bei den Patches wurden die Kontrollpunktnetze (rote Linienstrukturen) mit eingeblendet. Für zwei der Fotos vom Bildschirm (Snapshots) wurden die

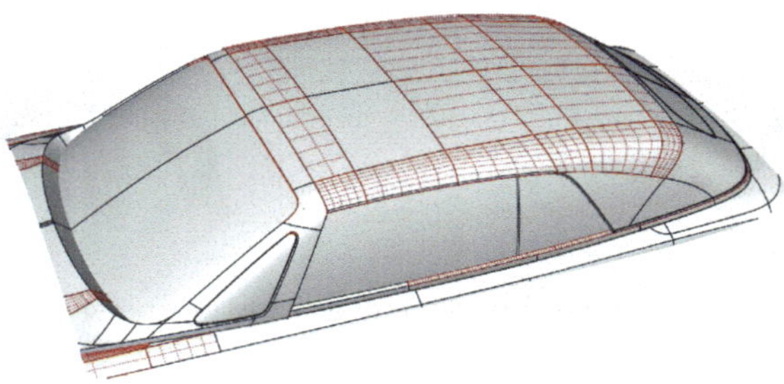

Abb. 328. Dach-Patchstruktur, Faces ohne KP-Netz

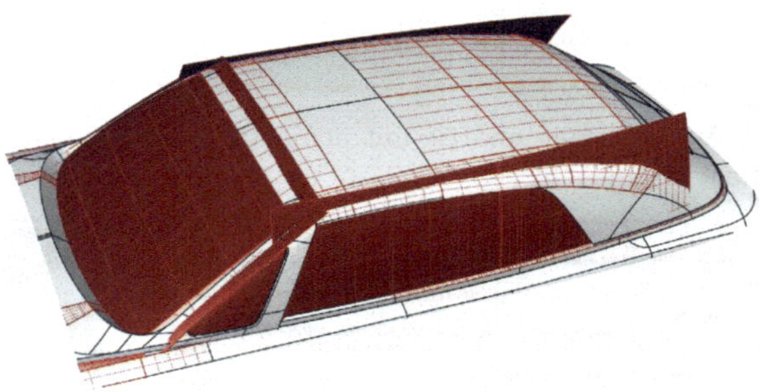

Abb. 329. Dach mit Basispatches (rot koloriert) für die Faces

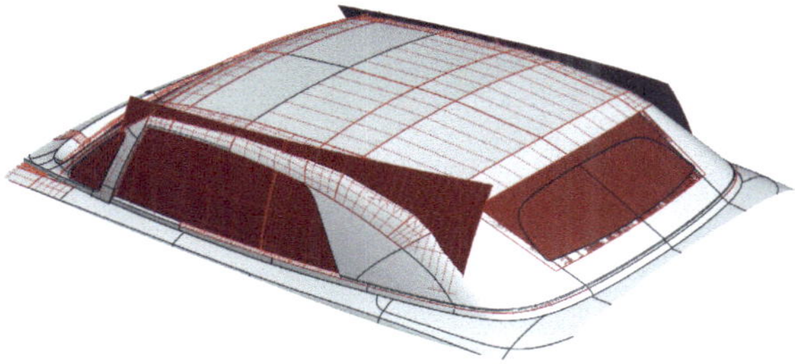

Abb. 330. Wie vorher, nur anderer Blickwinkel

Abb. 331. Vorderwagen mit Patches (rot), Faces ohne KP-Netz

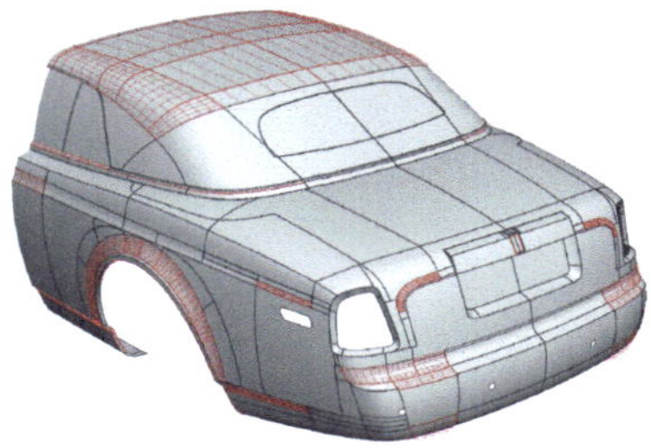

Abb. 332. Heck mit Patches (rot), Faces ohne KP-Netz

Faces mit Hilfe der Unface-Funktion wieder aufgelöst, d. h. in die unterliegenden (flächenhaft rot eingefärbten) Basispatches und die Berandung zerlegt, s. Abb. 329 und 330.

Die Basispatches reichen im Normalfall über die Berandung hinaus. Im Dachbereich ist jedoch z. B. ein Patch erkennbar, bei dem die Randkurven des Patches mit den Faceberandungskurven identisch sind. In diesem Sonderfall zählt das betreffende Flächenstück auch als Face. Deshalb fehlt die Darstellung des Kontrollpunktnetzes.

6.4 Visualisierung des Gesamtkörpers

Die Abb. 333 und 334 zeigen den schattierten Fahrzeugkörper mit scharfen Kanten. Die Kanten müssen verrundet werden, s. Abb. 335 und 336.

Zusätzlich werden noch technologisch bedingte Fugen eingefügt, s. Abb. 337 bis 338.

Abschließend wird das komplette Modell mit Wunsch-Farben belegt, wobei auch Texturen, Reflexionen und Schattenwürfe sowie eine Umgebung simuliert werden können. Man spricht vom sog. *Rendern*. Das graphische Ergebnis heißt

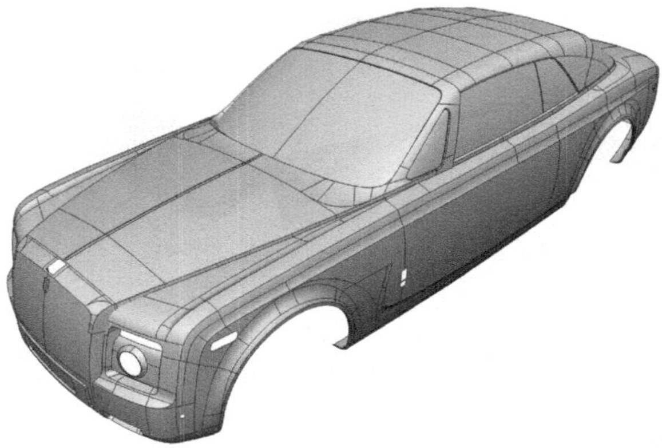

Abb. 333. Patchstruktur mit scharfen Kanten, Blick von vorn links oben

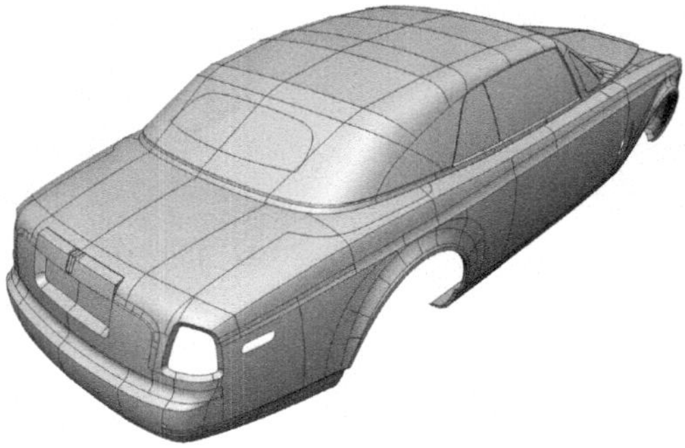

Abb. 334. Wie vorher, nur Blick von hinten rechts oben

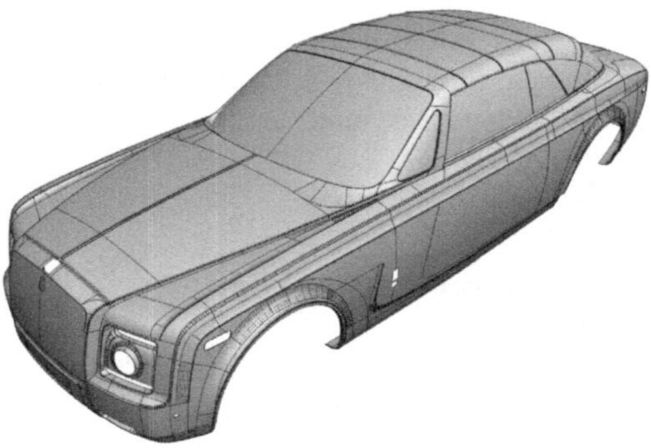

Abb. 335. Patchstruktur mit Verrundungen, Blick von vorn links oben

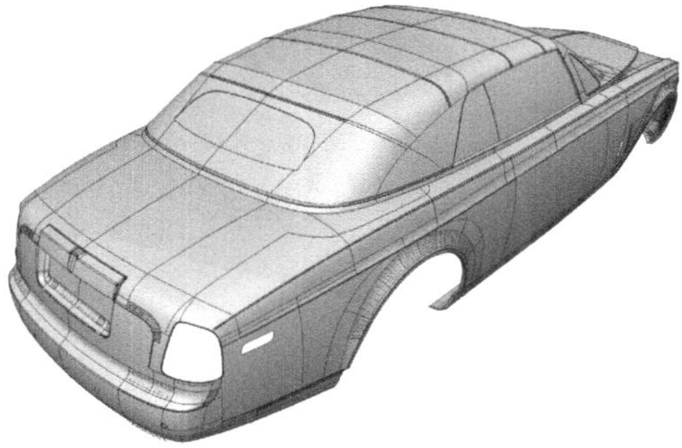

Abb. 336. Blick von hinten rechts oben

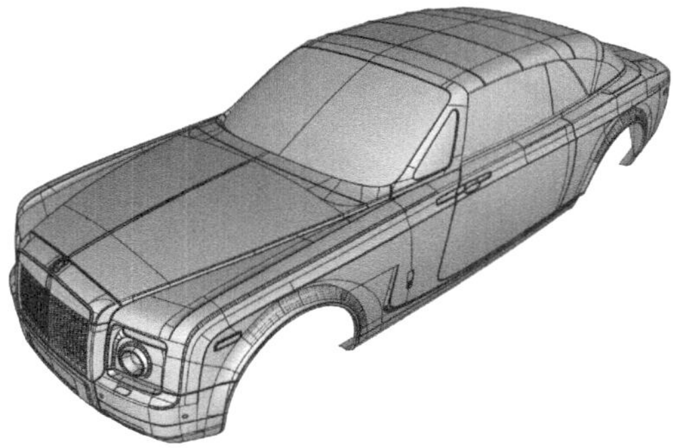

Abb. 337. Patchstruktur mit Verrundungen und Fugen, Blick von vorn links oben

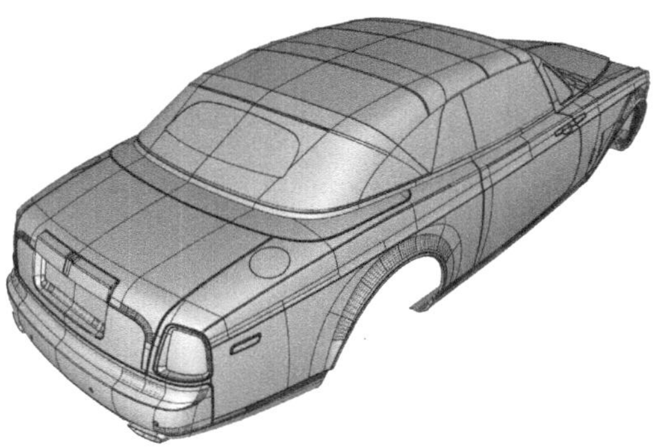

Abb. 338. Wie vorher, nur Blick von hinten rechts oben

Abb. 339. Echtzeitrendering, Standardansicht

Abb. 340. Echtzeitrendering mit Schattenwurf, Blick von vorn links oben

Abb. 341. Wie vorher, nur Blick von hinten rechts oben

Rendering. Hier wurde nur das schnelle *Rendern* in Echtzeit ausgeführt, s. Abb. 339 bis 341. Noch brilliantere (jedoch rechenzeitintensivere) Renderings können im Stapelbetrieb gerechnet und gezeichnet werden.

6.5 Zusammenfassung

Anhand des vorgestellten Beispiels *Rolls Royce Drophead Coupé* wird in die prinzipielle Vorgehensweise beim Aufbau eines Exterieurstraks eingeführt. Zuerst werden Teilkomplexe des Karosseriekörpers genannt, die sich separat und „parallel" zueinander, d. h. durch mehrere „Straker" gleichzeitig, bearbeiten lassen. Die verwendeten geometrischen Begriffe sind entweder allgemeingültig, oder falls BMW-spezifisch, leicht durch Vergleich mit den Abbildungen durch entsprechende fachliche Synonyme zu ersetzen, die bei anderen Herstellern üblich sind.

Ausgangsbasis für die CAD-Flächenerzeugung ist meist eine (von einem Tonmodell abgetastete) Punktwolke, die auch Scan genannt wird. Es können aber auch virtuelle Flächenmodelle aus rechnergestützten Systemen für das konzeptionelle Design (Styling), sog. *CAS-Modelle* verwendet werden. In diesem Falle wandelt man meistens die vorliegenden Roh-CAD-Flächenmodelle, die in der Regel noch nicht in der geforderten Class A-Qualität vorliegen, in Facettenmodelle (Scans) oder polygonale Rohdatenschnittkonturen um. Damit erhält man einheitliche Rohdatenstrukturen, gleichgültig, aus welcher Quelle diese stammen. Die Scans bzw. die Rohdatenkonturen sind dann immer die Primärdaten und die CAD-Resultate stets die endgültigen, produktionsreifen Flächen.

Im Beispiel werden die beiden grundsätzlichen Verfahren zur Flächenerzeugung

1. Aufbau eines Kurvengerüstes und Erzeugen von Patches aus (dem Kurvengerüst entnommenen) Rand- und Stützkurven
2. Direkte Flächenmodellierung, beginnend mit einfachen Flächen niedriger Ordnung (Flächen der Ordnung 2×2) und anschließendes sog. *In-Form-Ziehen* mit Hilfe des Kontrollpunktnetzes bei systematischer Ordnungserhöhung

miteinander kombiniert.

Die Methoden werden anhand der Seitenwand mit den Teilkomplexen Hauptcharakterlinien, Seitenstrakhauptfläche, Schwellerhauptfläche, Brüstungshauptfläche, Aufsatzelement Stufe und Radlauf mit Anformung zum Seitenstrak abgehandelt.

Literaturverzeichnis

1. *Grimm, M.:* Erarbeitung eines kompletten Exterieurstraks am Beispiel eines Fahrzeuges einer BMW-Baureihe, Diplomarbeit, Westsächsische Hochschule Zwickau, 2003.

7 Glossar

Das alphabetisch geordnete Glossar zum schnellen Nachschlagen von Fachbegriffen beschränkt sich (entsprechend der Hauptorientierung des Buches) auf die Oberflächenmodellierung in der Karosseriekonstruktion. Dabei werden solche Oberbegriffe wie z. B. **CAD** – Computer Aided Design (Rechnerunterstützte Konstruktion) als bekannt vorausgesetzt, was auch für Begriffe aus der PC-Welt gilt.

Der vielleicht nicht so bekannte Begriff **CAS** bedeutet Computer Aided Styling.

Mathematische und geometrische Fachbegriffe werden hier nicht nochmals einbezogen, da oftmals Zeichnungen dazu notwendig wären. Über das Sachwortverzeichnis findet man jedoch die entsprechenden bebilderten Erklärungen.

Die nun folgenden Begriffe sind immer im Zusammenhang mit dem CAD-System zu sehen.

Abstandsfläche – auch Offsetfläche genannt. Diese entsteht durch eine Verschiebung aller Flächenpunkte einer Originalfläche in Flächennormalenrichtung um einen bestimmten Betrag.

Abstellfunktion – auch Flanschfunktion genannt. Ausgehend von einer Leitkurve wird eine Regelfläche in einer bestimmten Richtung und mit einer bestimmten Länge aufgespannt. Die Richtung im Anfangspunkt der Leitkurve kann sich von der Richtung im Endpunkt unterscheiden. Das Ergebnis der Abstellfunktion nennt man eine Abstellfläche oder einen Flansch.

Approximation – mit vielfachen Anwendungen, z. B.: Rohdatenkonturen können „auf Knopfdruck“ durch eine math. Approximation in eine Kurve umgewandelt werden. Ebenso wird bei der Umwandlung eines netzartigen Rasters von Rohdatenkonturen eine Approximationsfunktion verwendet. Ferner wird in der Profilfunktion (nach der dichten Interpolation aus Profilkurven) das entstehende Netz von Zwischenkurven per Approximation in eine Profilfläche konvertiert.

Blendfläche – Mischfläche, welche die Lücke zwischen zwei benachbarten Flächen füllt und deren Form durch bestimmte Parameter beinflusst werden kann. Im Sonderfalle kann man schon aus zwei (sich nicht kreuzenden) Kurvenabschnitten eine einfache Blendfläche (als Regelfläche) erzeugen.

Bombieren – Begriff des Strakers für das Aufwölben einer ebenen Fläche oder das Aufwölben einer Regelfläche in der bisher ebenen Richtung oder die stärkere Überwölbung einer schon vorhandenen doppelt gekrümmten Oberfläche.

Ebene – dargestellt durch ein Ebenensymbol (rechteckiger Ausschnitt aus der unendlichen Ebene). Ebenen werden als Arbeitsebenen (XY, XZ, YZ oder beliebig im Raum) für ebene Konstruktionen oder als Bezugsebenen für Diagnosen (z. B. Schnitte) benötigt.

Entformen – Begriff abgeleitet aus dem Vorgang des Heraushebens des Bleches aus dem Umformwerkzeug, s. auch Ziehrichtung unten. Damit man das Blech problemlos aus dem Werkzeug heben kann, ist die Einhaltung eines gewissen Entformwinkels notwendig.

Extrapolation – Ein Kurvenabschnitt oder ein Patch kann im Rahmen der innewohnenden math. Gesetze natürlich verlängert werden.

Face – ist ein durch eine zusätzliche Begrenzungskurve beschnittenes ehemaliges vierseitiges Patch. Dabei bleibt das vierseitige Basispatch erhalten. Die nicht benötigten Teile des Basispatches werden ausgeblendet.

Feature Lines – Formprägende Kanten (in Diagnose- bzw. Rohdatenform, 3D-Polygone) auf einem Scan oder einem Facettenmodell. Vorstufe der daraus ableitbaren → „Formleitlinien", die meistens schon als 3D-Kurven ausgeprägt sind. Der Sprachgebrauch ist unterschiedlich. Manche Anwender setzen auch „Feature Lines" mit Formleitlinien gleich.

Fillet – auch Verrundung genannt. Zwei in einem Knickpunkt aneinanderstoßende Kurvenabschnitte werden miteinander verrundet. Analog gilt dies auch für zwei Flächenstücke, die sich an einer Knickkante berühren. Eine Verrundung gelingt jedoch auch, wenn nur theoretische Knickpunkte oder Knickkanten existieren, die zu verrundenden Elemente sich also nicht berühren. Entscheidend ist nur, dass sich bei einer Extrapolation die Elemente wirklich schneiden. Dann gelingt auch die Verrundung.

Fläche – Kurzform für Flächenverband. Gemeint sind hier im Allgemeinen doppelt gekrümmte Oberflächen, die die Sonderfälle der einfach gekrümmten und der ebenen Flächen mit beinhalten. Eine Flächendicke wird nur in parametrischen CAD-Systemen berücksichtigt.

Formleitlinien – Markante Linien (3D) auf einem Designmodell. In ihrer Gesamtheit bilden die Formleitlinien eine Art 3D-„Drahtmodell", welches den Formcharakter des Designmodells ausdrücken soll.

Globales Modellieren – Eine Gesamtheit von Flächenverbänden (oder von Scans), die z. B. einen Karosseriekörper beschreiben, kann man mit Hilfe dieser Methode als Ganzes in der geometrischen Form modifizieren. Als Steuerungshilfsmittel dienen dabei übergeordnete Steuerpatches oder eine umhüllende Box.

GUI-Element – Graphisches-User-Interface-Element, Beispiel: Das graphische Symbol für eine Arbeitsebene kann vom Anwender selektiert werden. Es erlaubt dann interaktive Aktionen, z. B. eine Translation der Ebene mit Hilfe des Cursors und der Mausbewegung.

Highlights – auch Isophoten genannt. Es sind Linien gleicher Helligkeit. Wichtiges Hilfsmittel zur Beurteilung der Flächenqualität! Damit werden Oberflächenfehler eher als bei normaler farbiger Flächenschattierung erkannt.

Kontrollpunkte – auch Steuerpunkte genannt. Damit kann man Kurven- und Flächenformen interaktiv steuern.

Kurve – Bézier- oder B-Spline-Kurve. Eine Kurve kann aus mehreren Kurvenabschnitten bestehen.

Kurvenabschnitt – auch Kurvensegment genannt.

Modellieren – im engeren Sinne ist hier damit das Verfahren gemeint, bei dem ausgehend von einer einfachen Flächenform mittels einer interaktiven Methode (Kontrollpunkt-Modifikation, sog. *In-Form-Ziehen*) diese Ausgangsform in Form des unterliegenden Scans gezogen wird. Im erweiternden Sinne ist aber auch die Anwendung von CAD-Methoden aller Art mit dem Ziel der math. Beschreibung einer komplexen Oberfläche gemeint. Welche Bedeutung jeweils zutrifft, geht aus dem Kontext hervor.

Patch – Kurzform für ein vierseitiges Flächenstück innerhalb eines Flächenverbandes. Dreieckige Formen sind als echte Dreieckselemente nur in wenigen speziellen CAD- oder CAS-Systemen erlaubt. Im hier behandelten CAD-System werden Dreiecksformen als Sonderfälle von Vierecken (Schrumpfung der 4. Seite auf fast null) behandelt oder virtuell als Face erzeugt.

Profilfunktion – Es bietet sich hier der Vergleich mit der prinzipiellen Struktur eines grobzinkigen Kammes mit viel Zwischenraum zwischen den Zinken an, wobei alle beteiligten Bauelemente gekrümmt sein dürfen. Eine bereitgestellte räumliche Leitkurve bildet den Kammrücken. Die Zinken werden von ebenen oder räumlichen Profilkurven gebildet, die je nach Erfordernis unterschiedlich angeordnet sein dürfen. Mehrsegmentige Leit- und Profilkurven sind zugelassen. Durch den Algorithmus entsteht eine Flächenhaut, die Leitkurve und Profilkurven überspannt. Diese Flächenhaut kann in der geometrischen Form durch Bewegungsgesetze unterschiedlich je nach Vorgaben gesteuert werden. Das Bewegungsgesetz bestimmt, wie eine gedachte Zwischenprofilkurve durch alle vorgegebenen Profilkurven wandert. Es ist auch eine 2. Leitkurve zugelassen, welche die Fläche auf der gegenüberliegenden

Seite begrenzt. Es entsteht eine vielsegmentige Gesamtfläche, die Profilfläche genannt wird.

Reflexionslinien – ähnlich den Highlights, nur wird hier zusätzlich der Standpunkt des Beobachters berücksichtigt.

Regelfläche – wird durch eine Schar gerader Linien erzeugt.

Rohdatenkontur – aneinandergesetzte Rohdatenabschnitte.

Rohdatenabschnitt – ebene oder räumliche Punktfolge, meist als Polygonzug dargestellt. Die Punktfolge wird z. B. beim Abtasten eines Tonmodells gewonnen.

Rotationsfläche – entsteht durch Rotation einer Kurve um eine definierte räumliche Achse. Die Tonnenfläche ist ein Beispiel für eine Rotationsfläche.

Scan Set – Verband von einzelnen Scans.

Scan – Punktwolke oder Facettenmodell, gewonnen durch geeignete taktile oder optisch-elektronische Abtastvorrichtungen.

Stetigkeit – Gradmesser für die Übergangsqualität zwischen benachbarten Kurvenabschnitten und Patches. Es gibt Stetigkeiten, die auf der exakten Übereinstimmung der Ableitungen beruhen, sog. C-Stetigkeiten (C^1, C^2, C^3 usw.), und sehr starken, oft zu starken Einfluss auf das Nachbarelement ausüben und geometrische, sog. G-Stetigkeiten (G^1, G^2, G^3), die mehr Freiheit beim Übergang lassen und besser für CAD geeignet sind. $C^0 = G^0$ bedeutet Positionsstetigkeit, d. h. es gibt einen identischen Grenzpunkt beider Kurvenabschnitte. G^1 garantiert die geometrische Tangentenstetigkeit im Grenzpunkt, wobei die Tangentenlängen unterschiedlich sein dürfen. G^2 sichert die geometrische Krümmungsstetigkeit und G^3 die Krümmungsänderungsstetigkeit (auch Torsionsstetigkeit genannt) ab.

Straken – Begriff stammt ursprünglich aus dem Schiffbau. Damit wurde ein Verfahren zur Glättung von Kurven (Wasser- und Spantenlinien des Schiffskörpers) mittels sog. „Straklatten“ bezeichnet. Im Automobilbau werden heute andere Methoden zur Kurvenglättung eingesetzt. Das Erzeugen von „ästhetischen“ Oberflächen (sog. Class A – Flächen) im Fahrzeugbau mittels der Gesamtheit der modernen CAD-Hilfsmittel unter Beachtung von bestimmten Regeln und Prinzipien wird heute auch als „Straken“ bezeichnet. Der ausführende Konstrukteur wird „Straker“ genannt.

Translation – Verschiebung von geometrischen Elementen im Raum um einen bestimmten Betrag.

Trimmen – bedeutet „Abschneiden“. Eine Rohdatenkontur oder Kurve oder ein Patch kann an einem Begrenzungsobjekt in zwei Teile aufgeteilt werden.

UI – „User Interface“ – Benutzeroberfläche der CAD-Software

Unified Modelling – als Eigenname (für eine komplexe Methode von der CAD-Entwicklerfirma gedacht) und nicht für eine Übersetzung ins Deutsche vorgesehen. Es steckt eben mehr als nur ein „Vereinigtes Modellieren“ drin, da die Methode nicht nur ein komplexes und dynamisches Modellieren, sondern z. B. auch die Zuordnung von geometrischen Eigenschaften, topologische Diagnosen, die Extraktion von Teilgebieten eines Scans und von „Feature Lines“ und vieles andere mehr gestattet.

unterliegend – bedeutet im Sprachgebrauch des Strakers, dass eine Basisgeometrie (z. B. ein Scan) der konstruierenden endgültigen Geometrie (z. B. ein Patchverband) zugrunde liegt. Statt Basisgeometrie wird auch der Begriff Projektionsbasis verwendet.

Wahre Schnitte – Begriff des Strakers für Schnitte durch einen Flächenverband normal zur Tangente der charakteristischen Kurve, z. B. der Leitkurve einer Profilfläche. Das Attribut „wahr“ soll ausdrücken, dass der Querschnitt durch die Profilfläche unverzerrt wiedergegeben wird.

Ziehrichtung – Koordinatenrichtung im Umformprozess, in die das Blech tiefgezogen wird oder mit umgekehrten Vorzeichen: Richtung, in der das Blech nach der Umformung aus dem Werkzeug gehoben wird.

A

Verfahren der Perspektiven Geometrie

A.1 Verwendete manuelle Verfahren

Tabelle 1. Verwendete manuelle Verfahren der Projektiven Geometrie

Fall 1 Hüllbox vorhanden	**Fall 2** Hüllbox nicht vorhanden	Verfahren geeignet für
Fluchtpunktverfahren	Invarianz des DV	Bestimmung des Augpunktes und der Augdistanz
Invarianz des DV	Invarianz des DV	Punktweise Entzerrung von Hauptprofilen
Persp. Kollineation	Persp. Kollineation	Entzerrung von Quaderseiten bzw. punktweise Entzerrung
Projektive Netze	Projektive Netze	Entzerrung von Hauptprofilen

Beim Fall 1 sind in der Designzeichnung Hüllbox oder zumindest ausgewählte Hauptebenen vorhanden, beim Fall 2 jedoch nicht. Im letzteren Falle lassen sich keine Fluchtpunkte ableiten und es bleibt nur der Weg, die meistens immer vorgegebene Packagezeichnung mit bekannten Fixpunkten auszuwerten. Dabei müssen aber vier Passpunkte eine Hilfsebene aufspannen und zwei zusätzliche Punkte davor oder dahinter liegen. Dann kann man über die Invarianz des Doppelverhältnisses und einen räumlichen Vorwärtseinschnitt den gesuchten Augpunkt bestimmen.

A.2 Anwendung der Perspektiven Kollineation in der Architektur

Die Aufgabe ist bereits im Prinzip aus der Architektur ([14], Seite 85) bekannt. Nur handelt es sich dort um die Grundfläche eines Gebäudes. So ist z. B. der wahre Grundriss ABCE aus dem verzerrten Grundriss A'B'C'E' einer perspektivischen Gebäudezeichnung abzuleiten. In Abb. A.1 markiert die umlaufende Dachkante den gegebenen Grundriss.

A.3 Legende zur Perspektiven Kollineation

Siehe Tabelle 2.

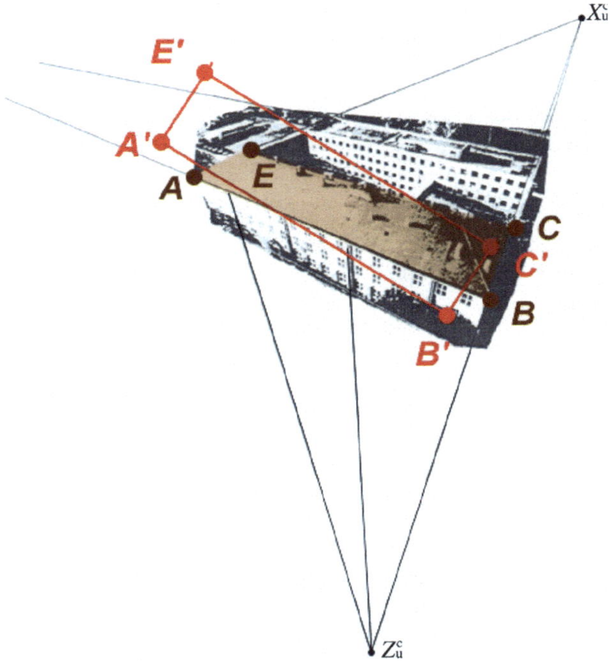

Abb. A.1. Gegebenes Pixelbild mit den gegebenen und den gesuchten geometrischen Größen

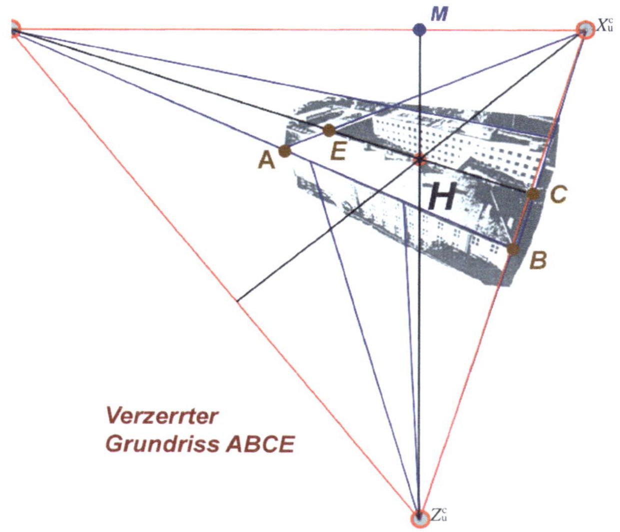

Abb. A.2. Schritt 1: Bestimmung des Fluchtpunktdreiecks

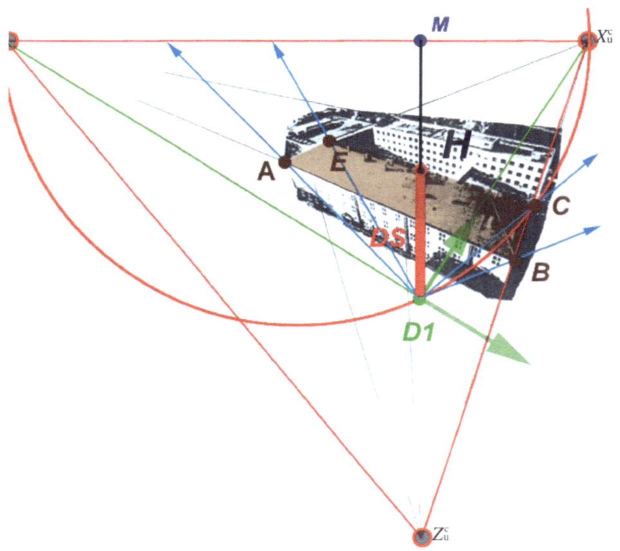

Abb. A.3. Schritt 2: Bestimmung des Drehsehnenfluchtpunktes

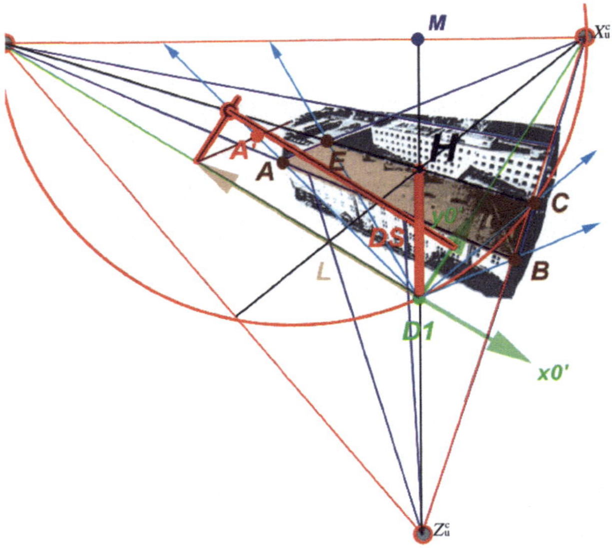

Abb. A.4. Schritt 3: Bestimmung des ersten Eckpunktes der entzerrten Grundfläche

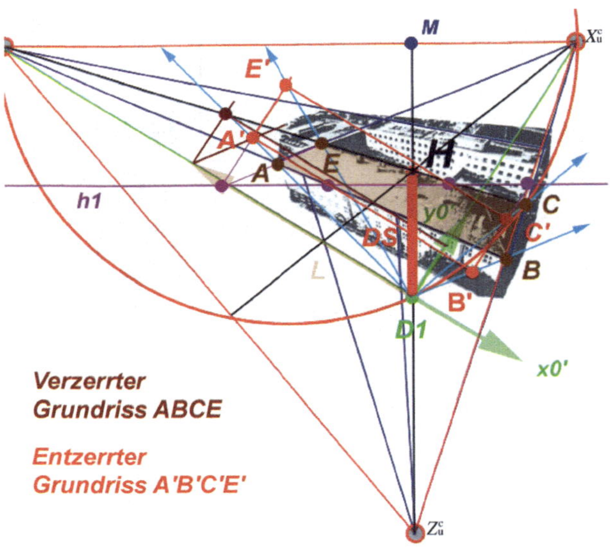

Abb. A.5. Zusammenfassung aller Konstruktionsschritte

Tabelle 2. Legende nach [14] zur Perspektiven Kollineation

Zeichen bzw. Bezeichnung	**Bedeutung**
π	Bildebene
H	Bildhauptpunkt
Z	Projektionszentum
F	Fluchtpunkt
s	Drehsehne im Raum
G_i	Grundrisspunkt i des Hüllquaders
h_1	Kollineationsachse
$hochgestelltes^c$	nach Zentralprojektion in Bildebene π
$hochgestelltes^p$	nach Parallelprojektion in Bildebene π
$Apostroph'$	im lokalen Koordinatensystem x'_0, y'_0
$tiefgestelltes_u$	Element gehört zu einem Fernpunkt oder einer Ferngeraden
D^c_{1u}	Drehsehnenfluchtpunkt
s_i	Strahl i vom umgeklappten D^c_{1u}
s^c	Drehsehne, in die Bildebene π geklappt
p^c_{iu}	Hauptgerade zwischen zwei Fluchtpunkten

B

Rechnerprotokolle

B.1 Anwendung des Doppelverhältnisses zur Augpunktbestimmung

Einlesen der Weltkoordinaten des ebenen Vierecks

$$ple = \begin{pmatrix} -506.4560 & 764.8120 & 1827.9530 & 2402.2020 \\ 0.0000 & 0.0000 & 0.0000 & 0.0000 \\ 258.7120 & 1185.6270 & 1274.6010 & 516.2690 \end{pmatrix} \qquad (1)$$

Einlesen der Weltkoordinaten der restlichen Punkte

$$plp = \begin{pmatrix} 957.2410 & 957.2420 \\ -577.4210 & -734.7310 \\ 1154.7630 & -60.0000 \end{pmatrix} \qquad (2)$$

Gemessene Koordinaten x und y der Bildpunkte P_0 bis P_5

$$\begin{pmatrix} -1264.10 & -1098.56 \\ -145.75 & 648.34 \\ 478.63 & 965.20 \\ 650.99 & 448.11 \\ 576.50 & 545.46 \\ 619.03 & -710.22 \end{pmatrix} \qquad (3)$$

Lösungen:

Durchstoßpunkte D5 und D6 in der Hilfsebene

$$\begin{pmatrix} x \\ y \\ z \end{pmatrix} = \begin{pmatrix} 2153.3508 & 2759.4927 \\ 0.0000 & 0.0000 \\ 718.2356 & -1762.5693 \end{pmatrix} \qquad (4)$$

C

Einführung in die Benutzeroberfläche des CAD-Systems

Die folgende Einführung beruht auf [3] zu Kap. 5.

C.1 Rahmen der Benutzeroberfläche

Um das zentrale Grafikfenster, s. Abb. C.1, gruppieren sich die Bedienungselemente der Benutzeroberfläche (engl. Userinterface – UI) zur Version 4.7.x des CAD-Systems. Die in unteren Blöcken separat aufrufbaren Geometrie- und Servicefunktionen sind auch über das Pull-Down-Menü zugänglich.

C.2 Geometriefunktionen

C.2.1 Geometrieerzeugung und Modifikation

Beginnen wir mit den Schaltflächen, s. Abb. C.2, für die Geometrie-Hauptgruppen

- Patches/Flächen (grün) erzeugen bzw. modifizieren
- Kurvenabschnitte/Kurven (blau) erzeugen bzw. modifizieren
- Rohdatenkonturen (hell violett) erzeugen bzw. modifizieren
- Scans (dunkel violett) erzeugen bzw. modifizieren

so erkennen wir leicht die Systematik: Der linke Teil der Schaltfläche führt zur Erzeugung, der rechte zur Modifikation. Oben stehen bei den Flächen und Kurven immer die Abschnitte und unten die zusammengesetzten Einheiten. Rohdatenkonturen sind linienhafte und Scans flächenhafte Punktdaten.

Eine Sonderrolle nimmt der Komplex „Unified Modelling“ ein, s. dazu Anhang L.6, S. 291.

Die Schaltfläche „Symmetrie“ eröffnet den Zugang zur Erzeugung mittensymmetrischer Elemente.

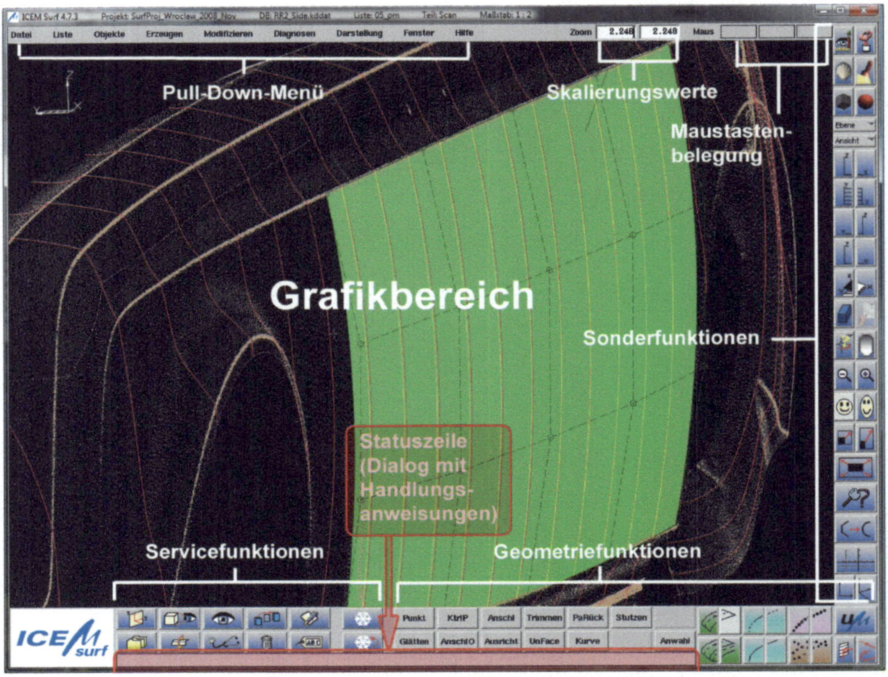

Abb. C.1. Benutzeroberfläche (Userinterface – UI)

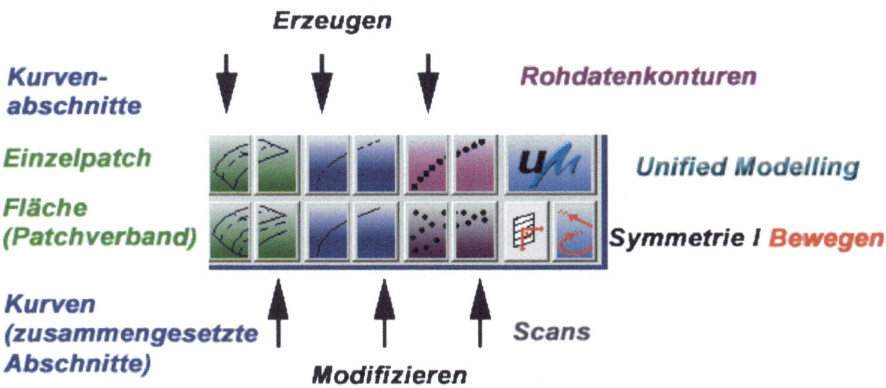

Abb. C.2. Geometriefunktionsblock: Zugänge zur Geometrieerzeugung und -modifikation. Die farblich unterschiedlichen, erläuternden Texte sind den gleichfarbigen Schaltfeldern zugeordnet

C.2.2 Geometrie-Untermenüs

Je nach gewähltem Hauptmenü eröffnen sich die entsprechenden Untermenüs.

C.2.2.1 Bedienungsbeispiel „Patches aus Randkurven“

Nehmen wir beispielsweise das Untermenü für den einfachen Fall der Einzelpatcherzeugung aus (einsegmentigen) Randkurven, s. Abb. C.3. Die zu selektierenden Kurven C1 bis C3 bestehen aus je einem Kurvenabschnitt. Die Kurve C4 wurde aus einer Patchrandkurve eines direkt angrenzenden Nachbarpatches abgeleitet, s. dazu Abb. C.6. Nach Anwahl der vier Randkurven und Betätigen des OK-Knopfes erhalten wir das in Abb. C.5 dargestellte Resultat.

C.2.2.2 Bedienungsbeispiel Umwandlung eines Patchrandes in einen Kurvenabschnitt

Man ruft dazu einfach auf „Kurvenabschnitt – Modifizieren – Kontrollpunkte“, klickt den Patchrand mit dem Tastendruck „g“ an. Die Kurve wird erzeugt und

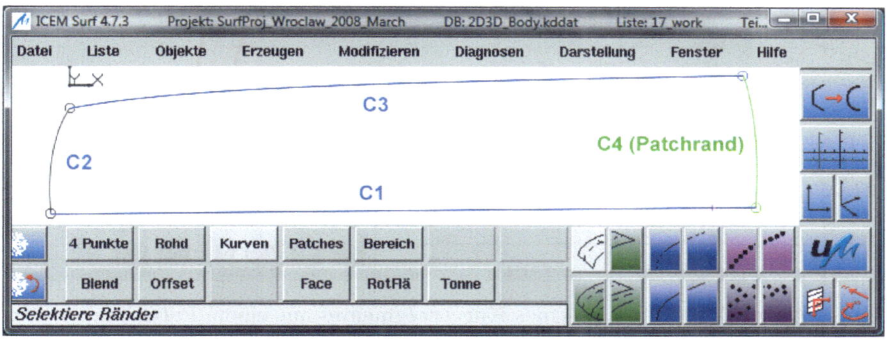

Abb. C.3. Aufgabe „Patch erzeugen aus vier Randkurven“

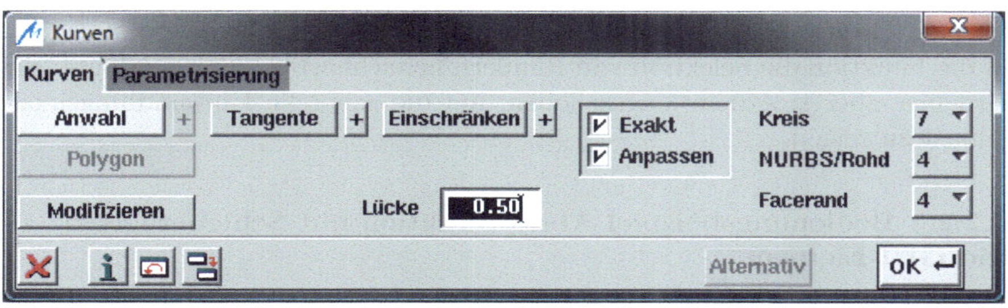

Abb. C.4. Geometrie-Untermenü „Patch aus Kurven“, Reiter Kurven. Nachdem die Randkurven selektiert sind, leuchtet der OK-Knopf auf

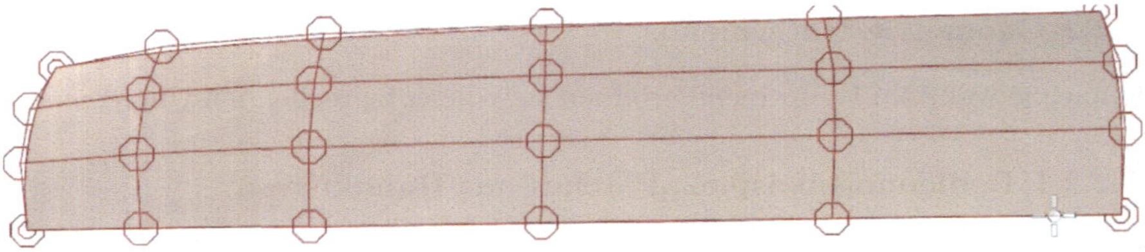

Abb. C.5. Resultatpatch aus vier Randkurven, mit Kontrollpunktnetz. Da Randkurven in Längsrichtung die Ordnung 6 aufweisen, wird diese Ordnung in der gleichen Richtung vom Patch übernommen

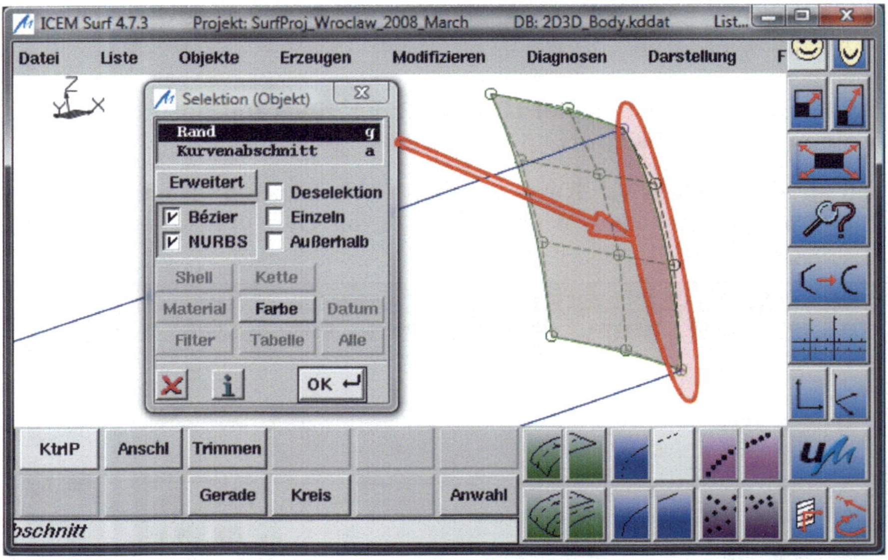

Abb. C.6. Ableitung eines Kurvensegmentes aus einem Patchrand

landet (unter dem voreingestellten Namen) in der Datenbasis! Diese Umwandlung wäre hier zwar als Vorbereitung für die Patcherzeugung nicht notwendig, da die Funktion die Selektion von Rändern benachbarter Patches erlaubt. Sie wird hier aber trotzdem eingeschoben, um die generelle Umwandlungsmöglichkeit zu zeigen.

C.2.2.3 Bedienungsbeispiel Abstellfunktion mit Schiebereglern und GUI-Element

Um die Bedienung von Schiebereglern in Untermenüs und alternativ die Handhabung der GUI-Elemente zu demonstrieren, sei hier noch die häufig benötigte Abstellfunktion erklärt.

Man beginnt mit der Festlegung der initialen Abstellrichtung (Referenzrichtung). In den Abb. C.7 bis C.9 sei es die y-Richtung. Die Abstelltiefe belassen wir zunächst auf dem Standardwert von 50 mm. Gegen die initiale Abstellrichtung (0 Grad) wollen wir neigen. Als Leitkurve wählen wir den Rand des grauen Patches, welches in Abb. C.8 am besten zu sehen ist. Nach Selektion der Leitkurve generiert die Funktion zunächst (passend zu den Einstellungen auf 0 Grad und 50 mm Tiefe) einen Flansch genau in y-Richtung mit der genannten Tiefe. Wir überspringen diese Phase und verändern den Winkel gegen die Referenzrichtung sofort interaktiv. Dies geschieht entweder per Schieberegler oder einfach durch Anfassen und rotierendes Bewegen der zuständigen Pfeilspitze des GUI-Elementes (nur bei einheitlicher Abstellrichtung in den Leitkurvenendpunkten A und E) mit dem Cursor. Ebenso könnte man die Tiefe des Flansches durch ein Ziehen in Pfeilrichtung verändern.

Aus den Abb. C.7 und C.8 geht hervor, dass man mit einer festen Abstellrichtung nicht auskommt, da das entstehende Abstellpatch entweder nur am Anfang oder am Ende der Leitkurve die Form des Scans trifft. Schaltet man jedoch auf die variable Abstellrichtung um, so erreicht man die gewünschte Anpassung. Man vergleiche immer die roten Schnitte durch den Scan mit den gelben durch die Patches.

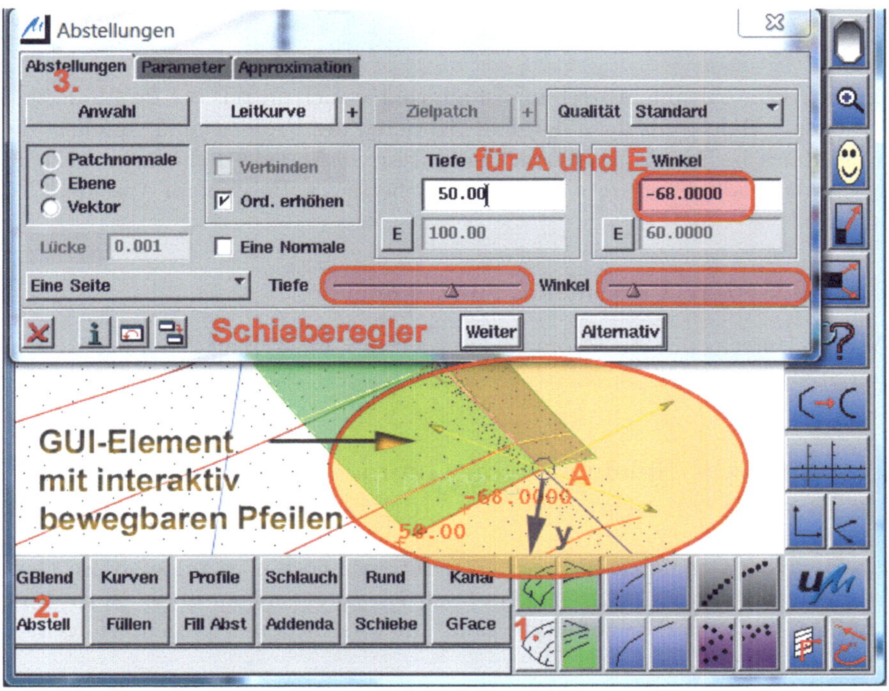

Abb. C.7. Abstellung, Winkel von −68 Grad gegen die y-Richtung

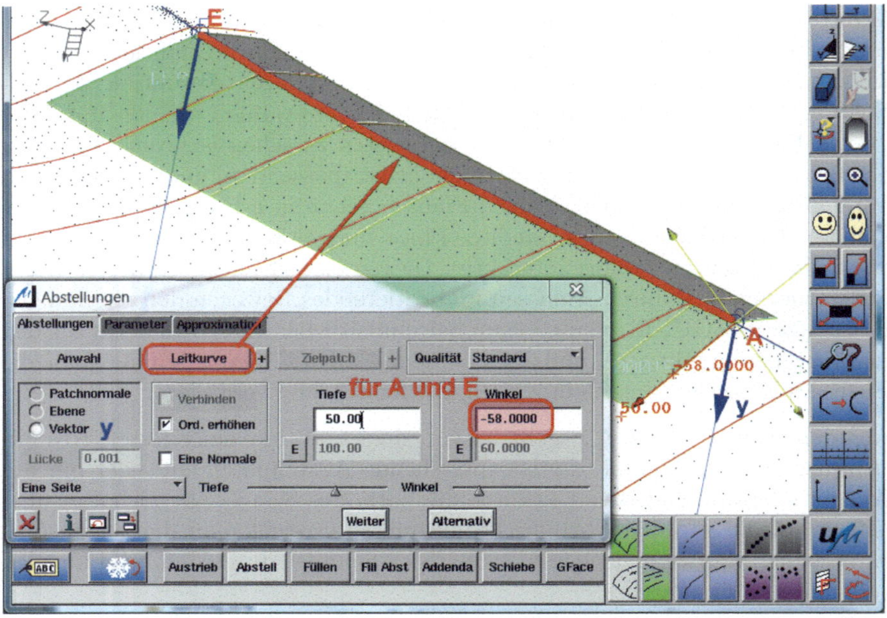

Abb. C.8. Abstellung, Winkel von −58 Grad gegen die y-Richtung

Hinweis: Eine variable Abstellung ist alternativ auch mittels der Profilfunktion erzeugbar. Man wählt dazu den Fall „Rotieren des Profiles“ und simuliert die translatorische Bewegung entlang der Leitkurve. An jeder beliebigen Stelle ist das „wandernde“ Profil rotier- und abspeicherbar, s. Beispiel im Abschn. 3.5.2 auf S. 97.

C.2.2.4 Weitere Untermenüs zur Geometrie

Weitere Untermenüs zur Geometrie werden u. a. im Anhang D an der passenden Stelle des jeweiligen Beispieles erklärt.

C.3 Auswahl/Selektion von Geometrieelementen als Inputdaten oder zwecks Modifikation

Innerhalb der Geometrie- und Servicefunktionen wird man aufgefordert, Geometrieelemente zu selektieren. Man folgt den Anweisungen in der Statuszeile des CAD-Systems. Die Selektion kann auf verschiedenen Wegen erfolgen, s. dazu auch Abb. C.10:

1. Anklicken des Elementes auf dem Bildschirm. Bei Mehrdeutigkeiten hilft eine Auswahlliste.

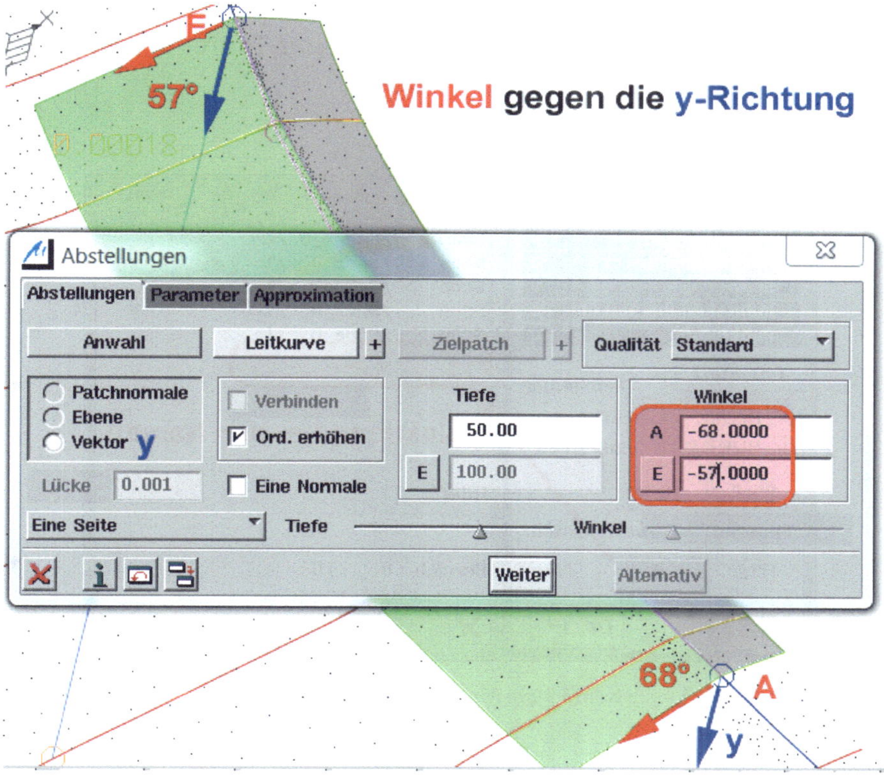

Abb. C.9. Abstellung mit variablem Winkel gegen die y-Richtung

2. Positionieren des Cursors genau über dem Element und Drücken der Taste für das betreffende Objekt, z. B. „p“ für Patch.
3. Auswahl mittels Tabelle und Namen.

C.4 Servicefunktionen

Die Service- oder Hilfsfunktionen des CAD-Systems befinden sich im Serviceblock auf der linken Seite der unteren UI-Zeile, s. Abb. C.11. Drückt man die entsprechenden Knöpfe bzw. Schaltfelder, öffnen sich weitere Menüs. Zusätzlich kann man die Funktionen auch über das Pull-Down-Menü und teilweise auch mit Tastenkombinationen erreichen, z. B. mit CTRL A. Dabei steht CTRL für die Taste „Steuerung (Control)“. A deutet auf Attribute für die Darstellung. Man tippt also bei gedrückter CTRL-Taste auf „A“.

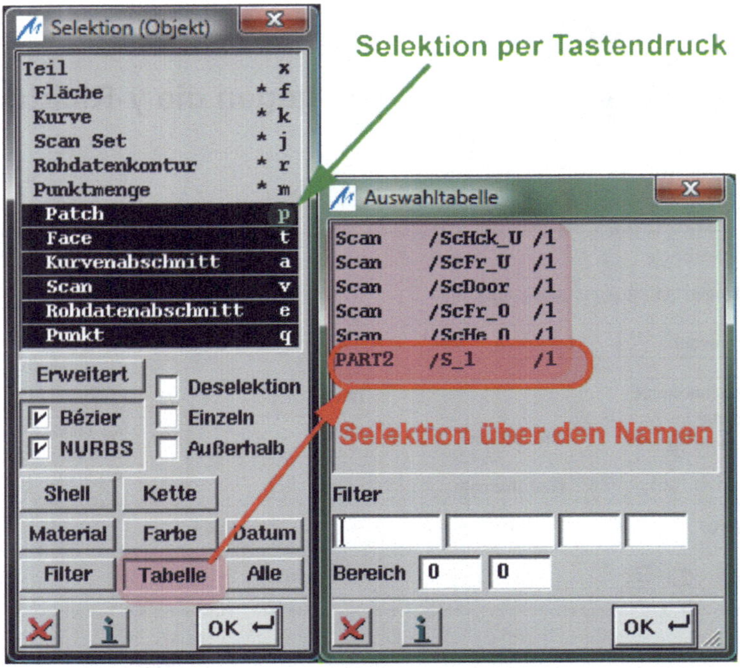

Abb. C.10. Selektionsliste mit dem Untermenü für den Fall der Auswahl über den Namen

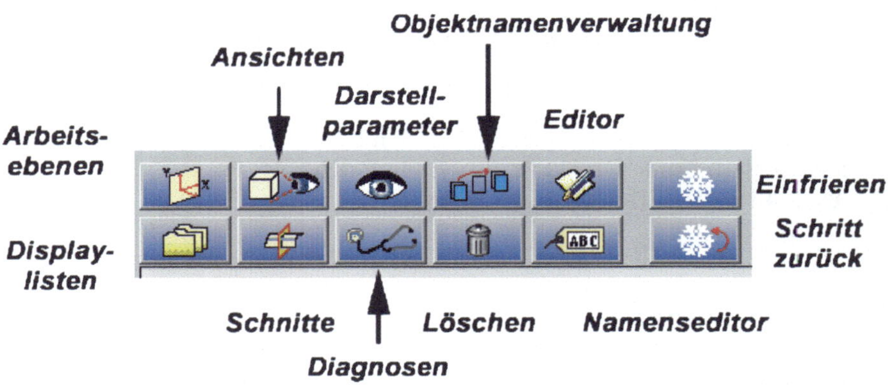

Abb. C.11. Serviceblock: Direkter Zugang zu Servicefunktionen des CAD-Systems

C.4.1 Ebenendefinition und -manipulation

Zugang im Pull-Down-Menü: „Darstellung-Ebene“.

In diesem Untermenü kann man beliebige Arbeitsebenen definieren und verändern. Uns interessiert besonders die Festlegung einer schräg im Raum liegenden Arbeitsebene über ihre Spur, s. dazu Anhang L.1.2, Abb. L.9.

C.4.2 Ansichtsverwaltung

Das entsprechende Untermenü dient zum Abspeichern von speziellen Ansichten und zur Navigation. Zugang im Pull-Down-Menü: „Darstellung-Ansicht/Navigation“

Mehrfachansichten, wie z. B. im Anhang K.7 ab S. 270, realisiert man mit Hilfe des Ansichtslayoutes. Zugang im Pull-Down-Menü: „Darstellung-Ansichtslayout“ oder über Tastenkombination CTRL B.

Zur Einstellung der Hauptansichten s. Anhang C.5.2, S. 215.

C.4.3 Darstellung von Geometrieelementen

Zugang im Pull-Down-Menü: „Darstellung-Darstellung“ oder über Tastenkombination CTRL A.

Die in Abb. C.1 im Grafikfenster abgebildete Geometrie wurde mit den in Abb. C.12 festgelegten Parametern dargestellt. Es handelt sich hierbei um den „normalen“ Zustand der Geometrie, d. h. die Geometrieelemente sind *nicht* selektiert. Das gleiche Menü kann für die Einstellung der Parameter im selektierten Zustand benutzt werden. Dazu ist nur der entsprechende Schalter oben links auf „selektiert“ umzustellen. Im selektierten Zustand kann man also andere Parameter verwenden, um die beiden Zustände optisch besser unterscheiden zu können. Im Darstellungsmenü rechts sind die (editierbaren) Standardfarben für die Geometrieelemente zu sehen, welche mit den Farben in der Abb. C.2 korrespondieren.

Einzelne Geometrieelemente können jedoch auch abweichend von den Standardfarben individuell eingefärbt werden, s. Abb. C.13. Zugang im Pull-Down-Menü: „Darstellung-Farben“ oder über Tastenkombination CTRL F. Materialfarben auf Flächen oder auch auf schattierten Rändern von Facettenmodellen sind jedoch extra einzustellen. Zugang im Pull-Down-Menü: „Darstellung-Material“ oder über den Sonderfunktionsblock. Im Menü „Darstellung-Farben“ besteht nur die Möglichkeit, Flächenränder individuell umzufärben.

Die individuellen Farben sind nur wirksam, wenn der Schalter „Individuell“ links oben, unter Schalter „Selektiert“ auf „an“ (Haken sichtbar) gesetzt ist. Im Menü sind nachträglich (mit einem Bildbearbeitungsprogramm) Abkürzungen als Vorschläge für eine kurze Benennung der Geometrieelemente im Editor eingetragen:

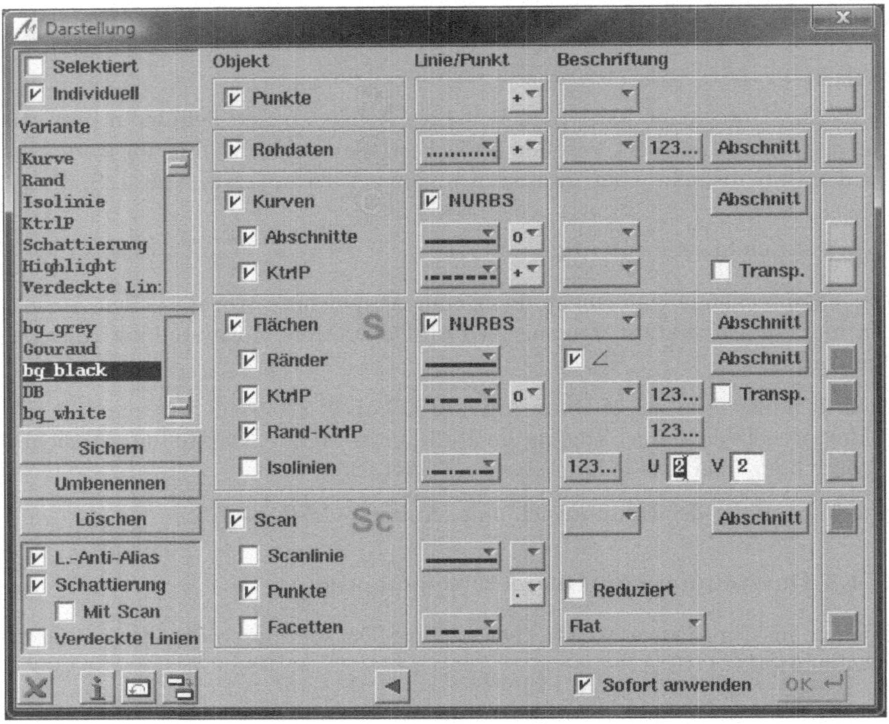

Abb. C.12. Darstellparameter für Geometrie im unselektierten Zustand

- Menge von besonderen Einzelpunkten/Points – Pt
- Rohdatenkonturen – Q
- Kurven/Curves – C
- Flächen/Surfaces – S
- Scans – Sc

Dies soll nur einer übersichtlichen Verwaltung, vor allem in der Lernphase eines Neueinsteigers, dienen. So kann man z. B. eine Kurve im Editor mit C_1 bezeichnen. Auch für Namensteile der Displaylisten, kurz „Listen“ genannt (max. acht Zeichen), sind die Kürzel oft nützlich. Wenn wir die Listen sinnvoll nummerieren bzw. mit „sprechenden“ Namen belegen, bildet die Abfolge der Listen quasi eine Historie des Konstruktionsablaufes, s. Abschn. C.4.5, Abb. C.15.

Die automatisch erzeugten Standardnamen für die Geometrieelemente lassen sich entweder nachträglich im Editor ändern oder man bestimmt den Namen eines neuen Elementes bereits vor der Erzeugung mit Hilfe des speziellen Namenseditors, s. Abschn. C.4.8, Abb. C.19.

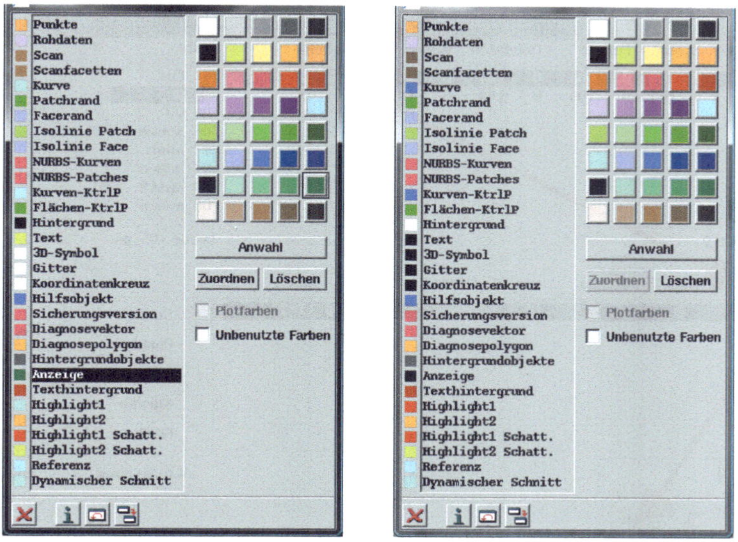

Abb. C.13. Beispiele für individuelle Farben, passend zu einem schwarzen bzw. weißen Hintergrund

C.4.4 Editor

Zugang im Pull-Down-Menü: „Objekte-Editor“ oder über Tastenkombination CTRL T.

In Abb. C.14 ist der Objekteditor, kurz der „Editor“, zu sehen. Im Editor werden alle Geometrieobjekte verwaltet. Über die Liste „DB“ können auch alle Objekte mit ihren Namen und dem zugehörigen numerischen Inhalt zur Geometrie, z. B. Koordinaten der Kontrollpunkte, angezeigt werden. Hier beschränken wir uns jedoch auf die aktuell eingestellte Liste 05_pm.

Die Gesamtheit der Geometrieobjekte hatten wir bereits beim ersten Blick auf den Geometriefunktionsblock mit den Geometriehauptgruppen erwähnt, s. S. 199.

Wir erkennen im Editor eine zusätzliche Möglichkeit, die Geometrieobjekte zu verwalten: Bestimmte ausgewählte Geometrieelemente kann man in sog. Teilen (Parts) zusammenfassen, die z. B. den Baugruppen entsprechen.

C.4.5 Displaylisten

Zugang im Pull-Down-Menü: „Liste“

Die Darstellung in „Displaylisten“, kurz „Listen“, ergänzt die numerische Verwaltung (im Editor) durch eine entsprechende Visualisierung im Grafikfenster. Die Listen wirken wie ein Filter. Man sieht nur jeweils die geometrischen

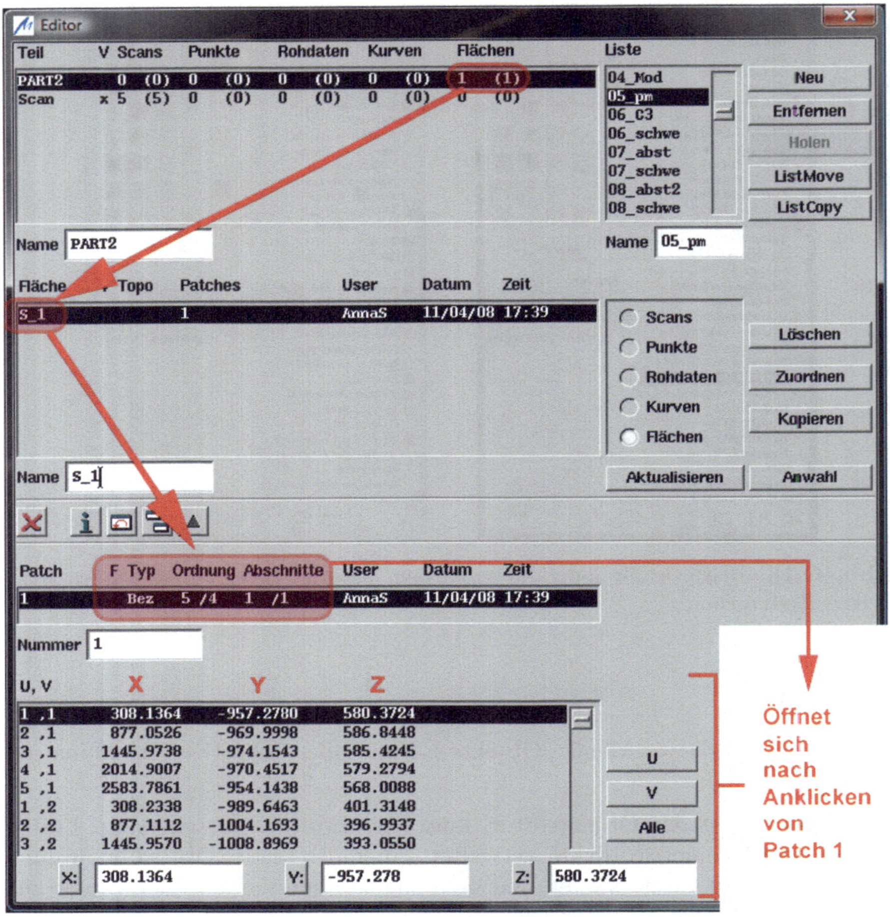

Abb. C.14. Objekteditor: Der Inhalt ist abhängig von der eingestellten Liste

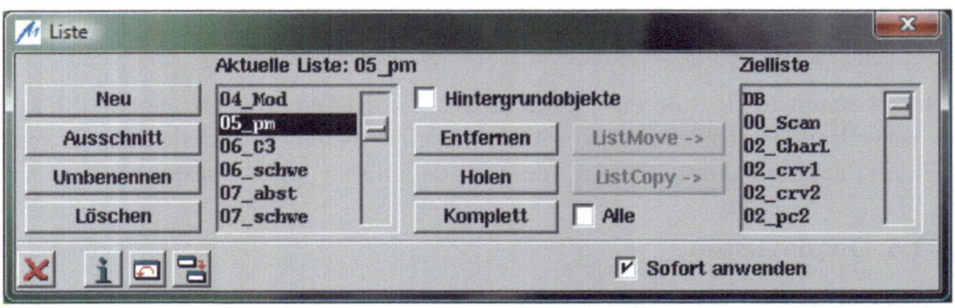

Abb. C.15. Displaylisten-Verwaltung

Elemente auf dem Bildschirm, die man vorher selbst beim Anlegen der Liste (über den Namen) hineinkopiert hat. In der Liste DB werden immer alle Geometrieelemente optisch dargestellt, vorausgesetzt, man hat alle Elemente im Menü der Darstellparameter mit entsprechenden Darstellattributen (z. B. Linien, Farben und Signaturen) aktiviert.

Der Name DB ist nicht änderbar. Alle anderen Listennamen können frei vergeben werden, s. Beispiel in Abb. C.15. Wir erkennen dort die Konstruktionsreihenfolge anhand der Listennamen.

C.4.6 Berechnung von Schnitten durch die Geometrie

Zugang im Pull-Down-Menü: „Diagnosen-Schnitte“ oder über Tastenkombination CTRL Y.

In den Abb. C.1 und C.16 wurden Schnitte x = const. mit einer Schrittweite von 200 mm berechnet. Die Parameter sind in den Abb. C.17 und C.18 zu sehen.

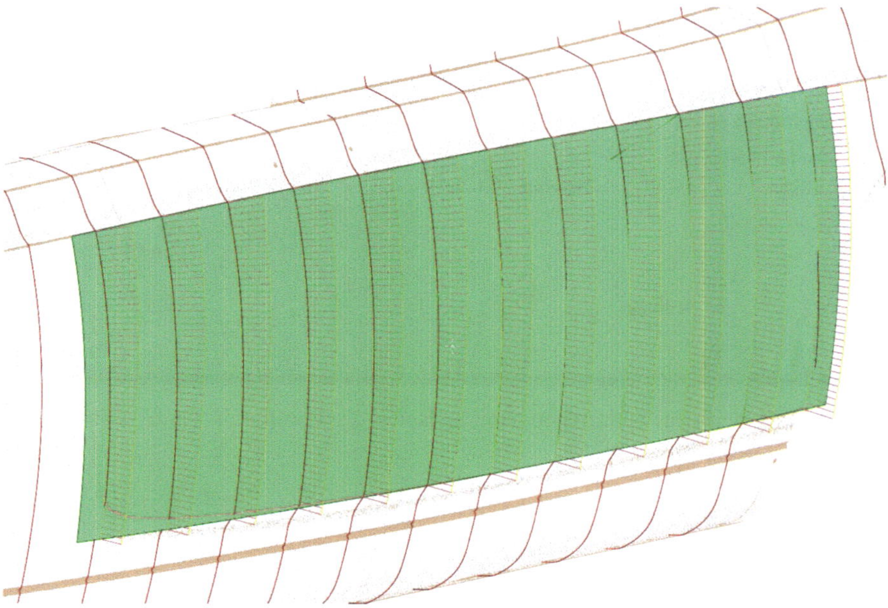

Abb. C.16. Schnitte durch Scan und Patch, x = const., Inkrement 200 mm, mit Krümmungsbildern über den Schnitten, Parameter s. Abb. C.17

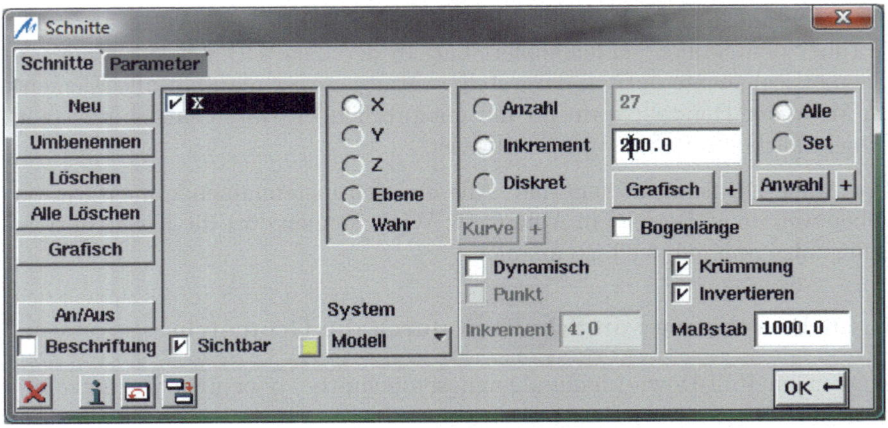

Abb. C.17. Menü zur Schnittberechnung, Reiter 1 – Schnitte. Wir erkennen den Zugang zur Farbtabelle, hier wurde gelb für die Schnitte durch die Patches gewählt

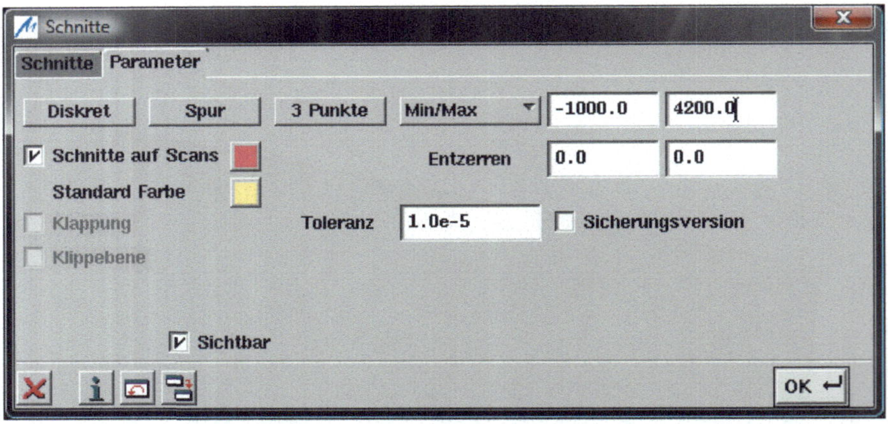

Abb. C.18. Menü zur Schnittberechnung, Reiter 2 – Parameter. Die Schnitte durch den Scan werden rot eingefärbt

C.4.7 Diagnosen

Zugang im Pull-Down-Menü: „Diagnosen-Diagnosen“ oder über Tastenkombination CTRL D.

Unter den zahlreichen Diagnosen zur Kurven- und Flächenkontrolle interessiert uns hier hauptsächlich diejenige für das Krümmungsverhalten. Zur Krümmungsdiagnose bei Kurven s. auch Anhang ab S. 244, Abb. H.1 bis H.5 und H.7 sowie zur entsprechenden Diagnose bei Flächen, s. Anhang, ab S. 271, Abb. K.33 und K.40.

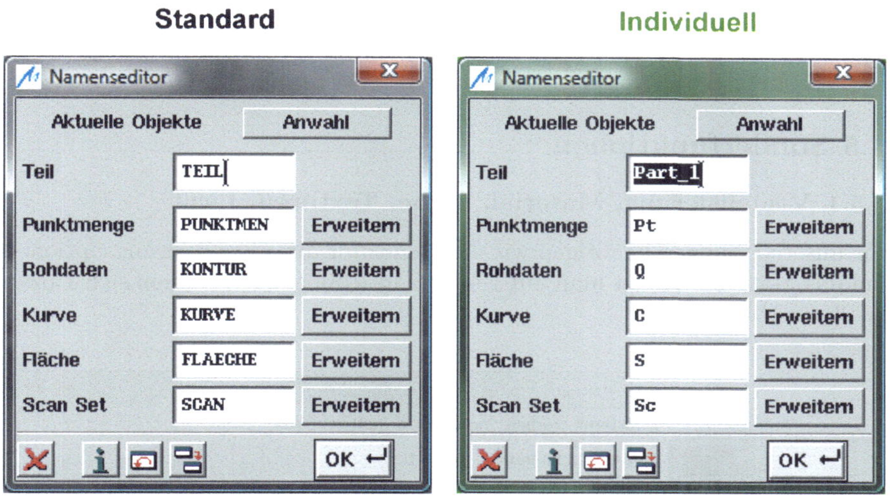

Abb. C.19. Namenseditor

C.4.8 Namenseditor für Teile und Moleküle

Zugang im Pull-Down-Menü: „Objekte-Namenseditor".

Der Namenseditor unterstützt die Verwaltungsarbeit. Mit seiner Hilfe kann man die Namen von Teilen und Molekülen bereits vor der Erzeugung von Geometrieelementen bestimmen.

C.4.9 Neustrukturierung und Umbenennung

Zugang im Pull-Down-Menü: „Objekte-Objekte".

Nachträgliche Änderungen von Namen oder eine Neugruppierung in Teile und Moleküle gelingen am besten mit Hilfe des Objekt-Neustrukturierungs-Menüs.

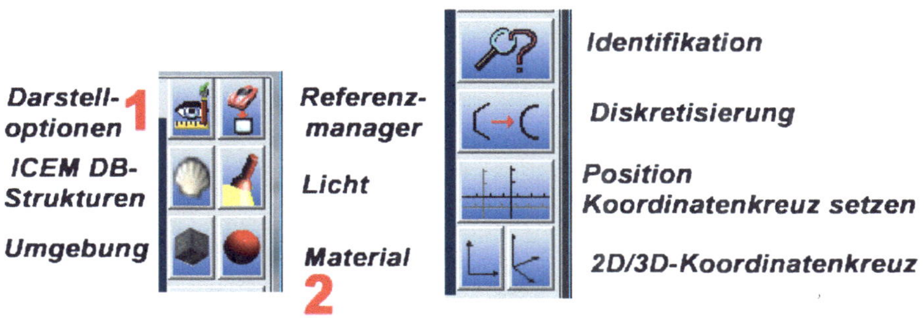

Abb. C.20. Sonderfunktionsblock, Teile 1 und 3

Reine Umbenennungen von Teilen und Molekülen sind auch im Editor möglich.

C.5 Sonderfunktionen

C.5.1 Visualisierung, Material, Farbe, Texturen, Licht

Für unsere Übungen benötigen wir die Menüs für die Visualisierungsoptionen und das Material. Klickt man auf 1 bzw. 2 in Abb. C.20, so öffnen sich 1 bzw. 2a/2b in Abb. C.21.

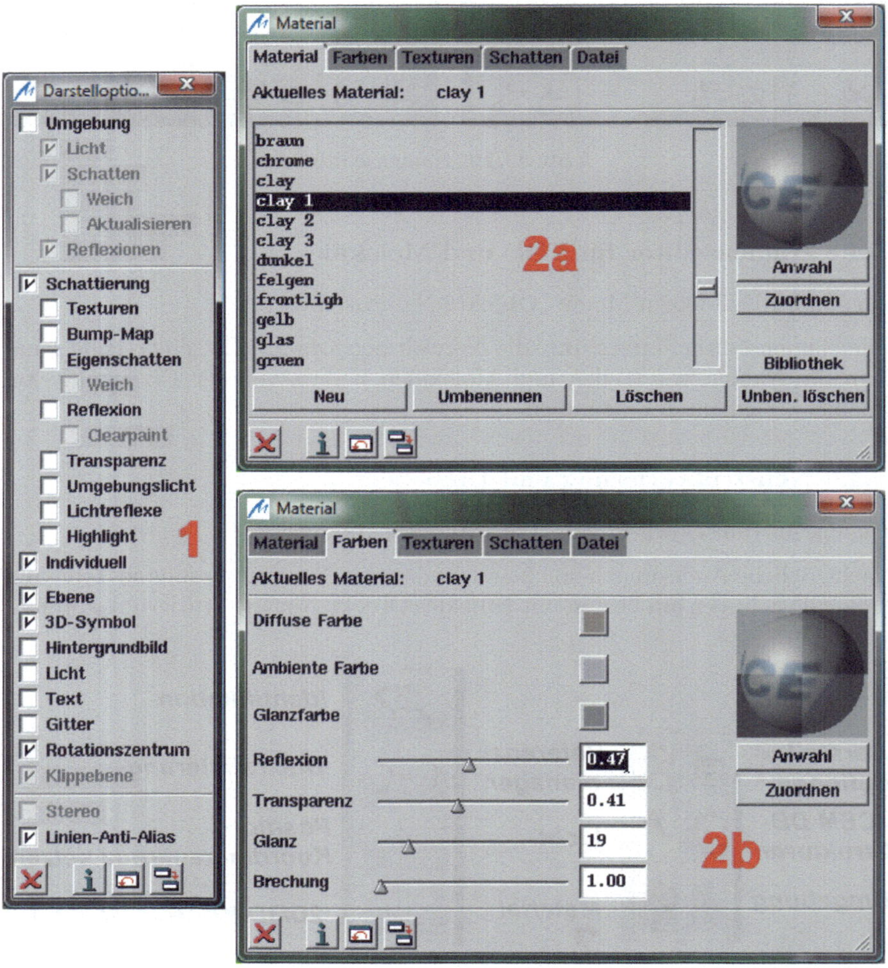

Abb. C.21. Visualisierungsoptionen, Material und Farbe

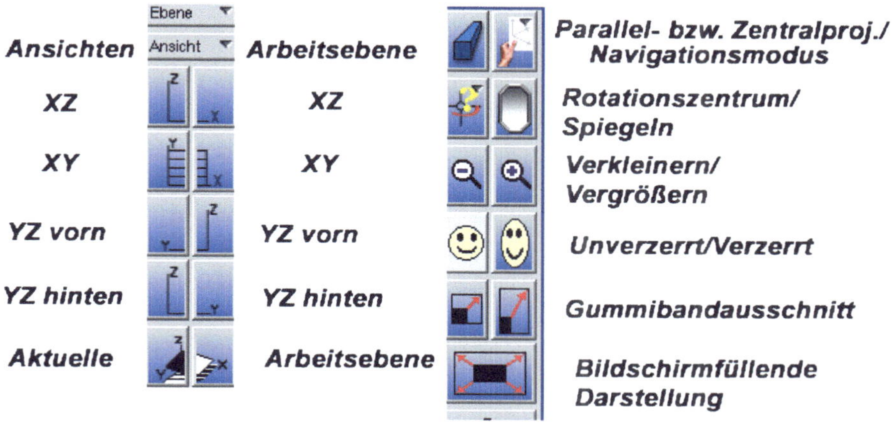

Abb. C.22. Sonderfunktionsblock, Teil 2

C.5.2 Ansichten, Arbeitsebenen, Ansichtsmanipulationen

Wir sehen in Abb. C.22 untereinander angeordnete Doppelfelder. Die linke Seite ist zuständig für das Klappen der Geometrie in vorher bekannte Ebenen. Die rechte Seite dagegen erzeugt die jeweils gewünschte Arbeitsebene.

Klickt man bei der aktuellen Arbeitsebene die linke Seite an, klappt die Ansicht in die vorher definierte Arbeitsebene, genauer, es stellt sich die Blickrichtung normal zu dieser ein. Beim Klick auf die rechte Seite kann man (nach dem manuellen Drehen der Geometrie in eine beliebige Raumlage normal zur gefundenen Blickrichtung) eine Arbeitsebene definieren.

C.6 Verabredung einer Kurzschreibweise/Fachsprache als Bedienungshilfe

Die Reihenfolge von Operationen im CAD-System (incl. des Aufrufes von Menüs und Untermenüs) kann man in einer symbolischen Kurzschreibweise ausdrücken. So lässt sich z. B. die Aufgabe, die dem Menü in Abb. C.3 entspricht, ein Patch aus vier Randkurven zu erzeugen, so schreiben:

Patch erzeugen – Kurven – Selektiere 4 Randkurven – OK

Dieser Schreibweise werden wir uns im folgenden Text öfter bedienen, um nicht alle Bedienungsschritte bildhaft mit Schnappschüssen (Snapshots) dokumentieren zu müssen. Es ist so eine Art Fachsprache, um CAD-Lösungswege zu beschreiben.

D

Beispiel 2D3D, CAD-Bedienungshinweise

D.1 Snapshotprotokolle mit Parametereinstellungen in den Menüs

D.1.1 Laden der Hintergrundbilder

Es wird hier die Variante 2, wie in Kap. 1, Abb. 62, S. 39 – mit dem freien Innenraum – für die Einblendung der Pixelbilder gewählt, s. Abb. D.1.

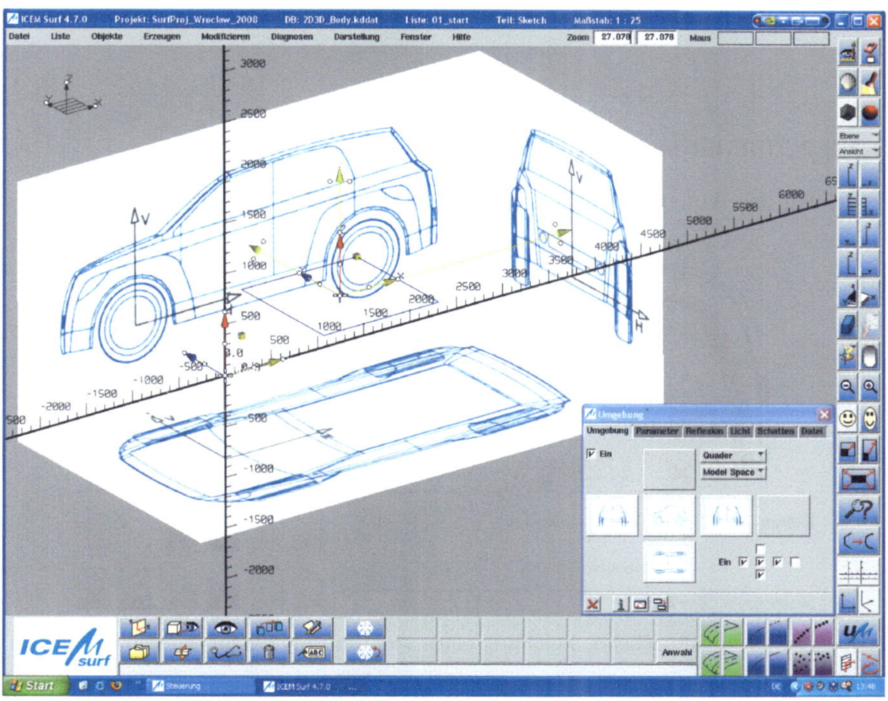

Abb. D.1. Laden der Hintergrundbilder auf die Umgebungsquaderseiten

D.1.2 Rohdatenerzeugung auf Hintergrundbildern

D.1.2.1 Rohdaten – Punktweises Kartieren

Kurzform des Aufrufs: Rohdaten erzeugen – Diskret, s. Abb. D.2.

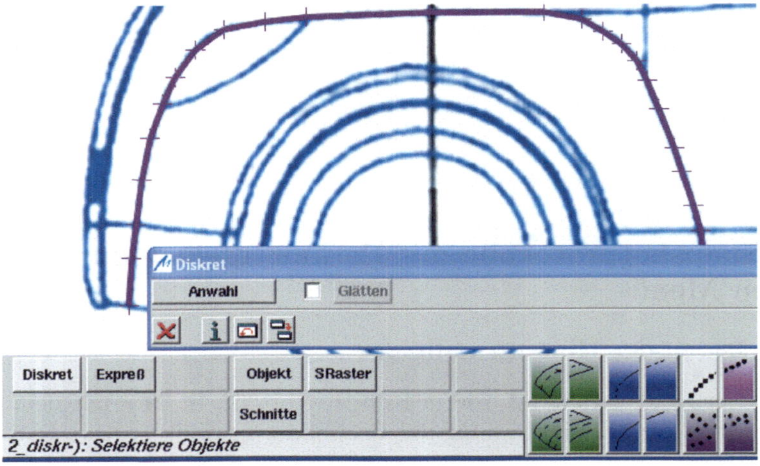

Abb. D.2. Punktweises Kartieren

D.1.2.2 Rohdaten – Kontinuierliches Zeichnen

Kurzform des Aufrufs: Rohdaten erzeugen – Express, s. Abb. D.3.

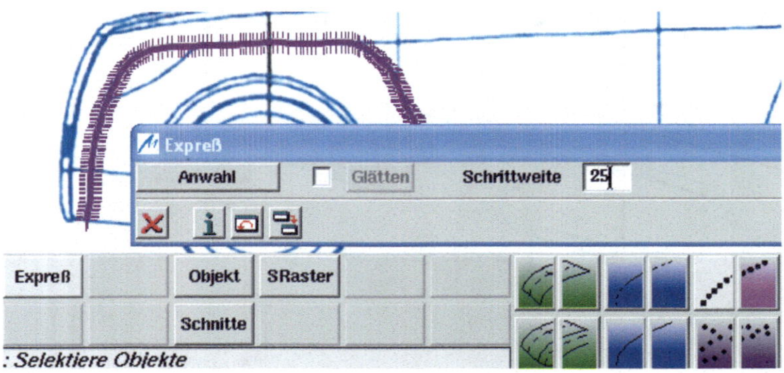

Abb. D.3. Kontinuierliches Zeichnen eines dichten Polygonzuges, Schrittweite 25

D.1.2.3 Rohdatenerzeugung – Automatische Diskretisierung einer Kurve

Kurzform des Aufrufs: Rohdaten erzeugen – Objekt, s. Abb. D.4.

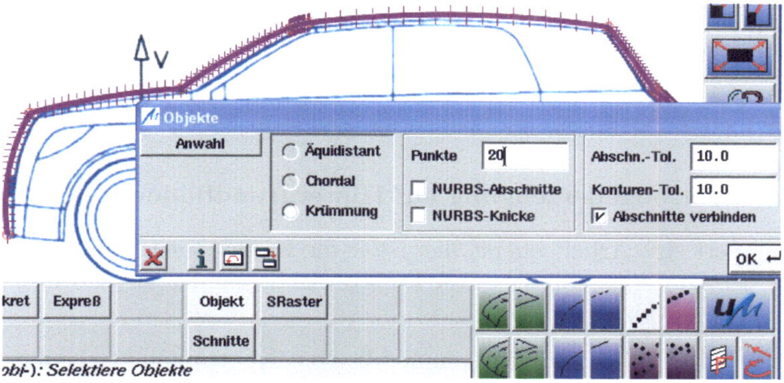

Abb. D.4. Automatische Diskretisierung einer vorhandenen Kurve, hier 20 Punkte pro Abschnitt

D.1.3 Segmentierte Approximation von Rohdatenkonturen

Kurzform des Aufrufs: Kurve erzeugen – Appr (von Rohdaten), s. Abb. D.5.

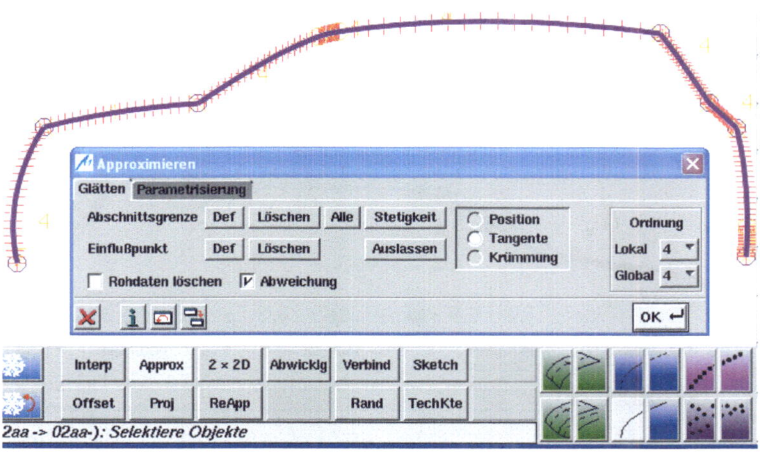

Abb. D.5. Segmentweise Approximation der Rohdatenkontur durch einen Bézierspline der Ordnung 4 mit Knicken in den Segmenttrennpunkten

D.1.4 Direkte Kurvenerzeugung auf Hintergrundbildern ohne Rohdaten

D.1.4.1 Kartieren eines Kurvenpolygons

Siehe Abb. D.6.

D.1.4.2 Umwandlung des Kurvenpolygons

Wir erhöhen die Ordnung und ziehen die Kurve in Form, s. Abb. D.7.

D.1.4.3 Kreisbogenerzeugung auf Hintergrundbildern

Man definiert eine Arbeitsebene, hier ist es die Hauptebene XZ, klickt auf der Kontur des Hintergrundbildes drei Punkte nacheinander an und erhält den Kreisbogen, s. Abb. D.8.

Hinweise: Mit Hilfe von Kurvenmodifizieren-Kontrollpunkte-Konvertieren kann der exakte Kreisbogen näherungsweise in eine Bézierkurve der Ordnung 7 konvertiert werden! Später werden wir beim Straken öfter kreisbogenähnliche Kurvenstücke in beliebigen Arbeitsebenen verwenden. Dazu generiert man sich (in einer manuell eingedrehten Ansicht der gegebenen Geometrie z. B. des Scans) die aktuelle Arbeitsebene in Form der Spur der Ebene und klappt dann in die Ebene um, s. auch Anhang L.1.2.

D.1.5 Patcherzeugung aus zwei gegenüberliegenden Randkurven

Man kann die Patches entweder einzeln nacheinander erzeugen, wie in Abb. D.9 demonstriert, einfach durch Selektieren gegenüberliegenden Randkurven und OK-Drücken oder man erzeugt sofort alle Patches auf einmal mit Hilfe eines globalen Blends einfachster Art (Positionsstetigkeit), s. Abb. D.10.

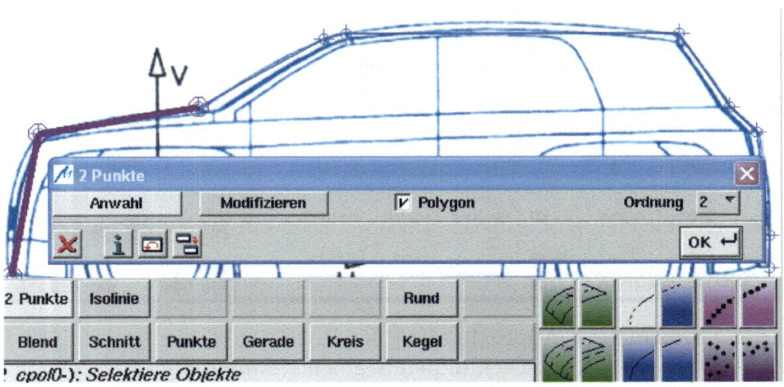

Abb. D.6. Kartieren von verbundenen Geradenstücken, Bézierspline, Ordnung 2

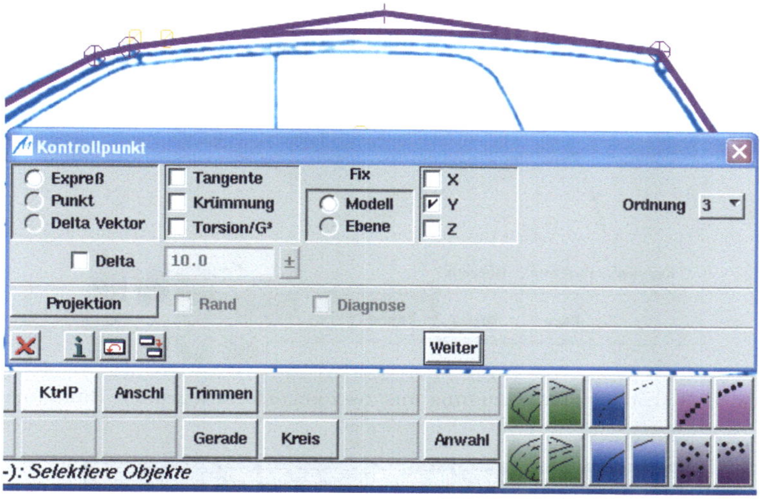

Abb. D.7. Graderhöhung und *In-Form-Ziehen* mittels der Kontrollpunkte

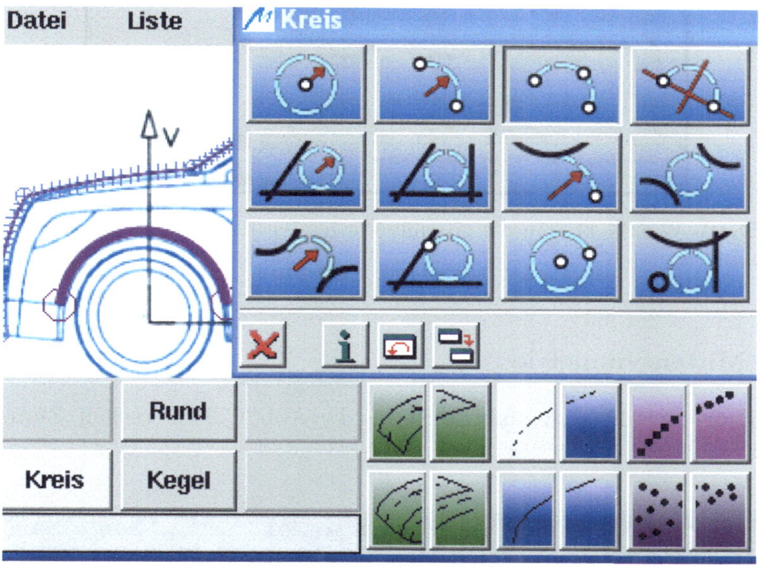

Abb. D.8. Kreisbogen aus drei Punkten in der Arbeitsebene

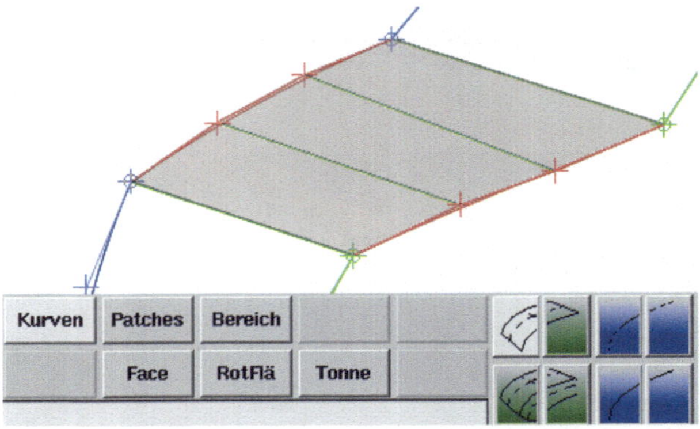

Abb. D.9. Einzelpatcherzeugung aus zwei gegenüberliegenden Randkurven

Abb. D.10. Wir selektieren die gegenüberliegenden Randkurven und drücken den OK-Knopf

D.1.6 Mittensymmetrie

Der Zugang zur Mittensymmetrie ist aus der Abb. C.2 zu ersehen. Zum Menü selbst s. Abb. D.11.

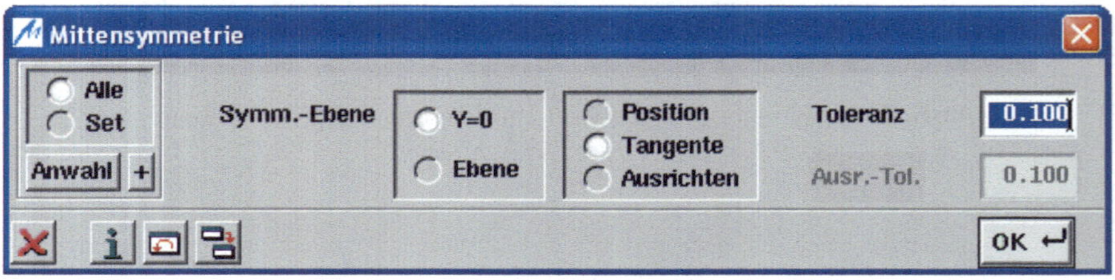

Abb. D.11. Menü zur Mittensymmetrie

D.1.7 Abstellfunktion

Statt eines Snapshots vom UI geben wir ab sofort nur noch eine verbale Kurzform des Aufrufs an: Fläche erzeugen – Abstell.

Führt der Anwender die entsprechenden Mausklicks aus, dann erscheint folgendes Untermenü, s. Abb. D.12. Hinweis: Der Kommentar in der blauen Kopfleiste wurde manuell zusätzlich eingefügt!

D.1.8 Durchdringungskurve zweier Flächen

Kurzform des Aufrufs: Diagnosen – Durchdringung, s. Abb. D.13.

D.1.9 Kurvenprojektion auf Fläche

Kurzform des Aufrufs: Kurven erzeugen – Proj, s. Abb. D.14. Dazu sei die Situation im Graphikfenster betrachtet, s. Abb. D.15.

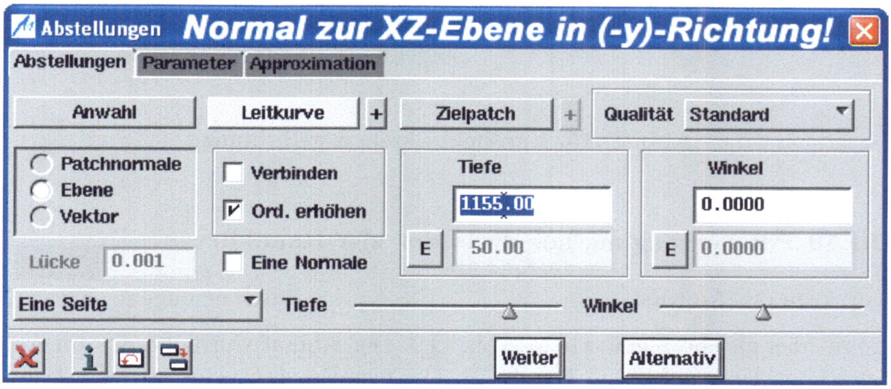

Abb. D.12. Einstellungen zur Abstellfläche in minus y-Richtung

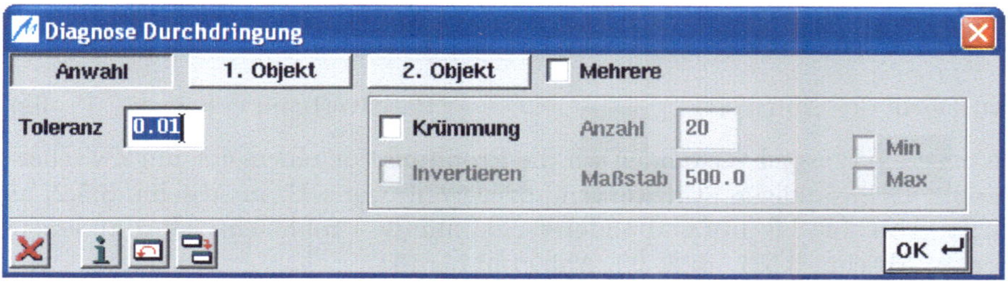

Abb. D.13. Eingabedaten und -parameter zur Durchdringungskurve zweier Flächen

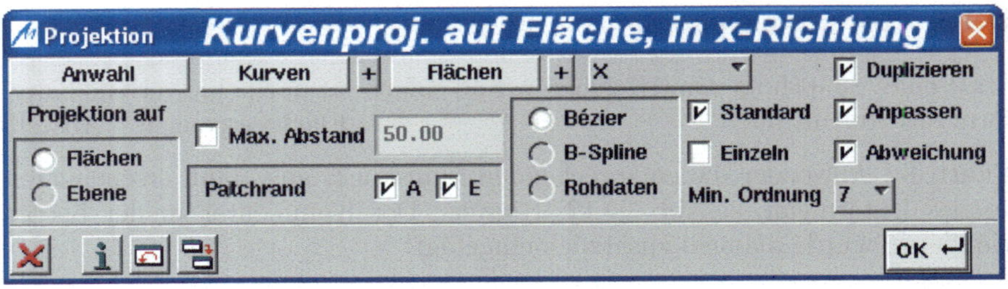

Abb. D.14. Eingabedaten und -parameter zur Kurvenprojektion auf Fläche

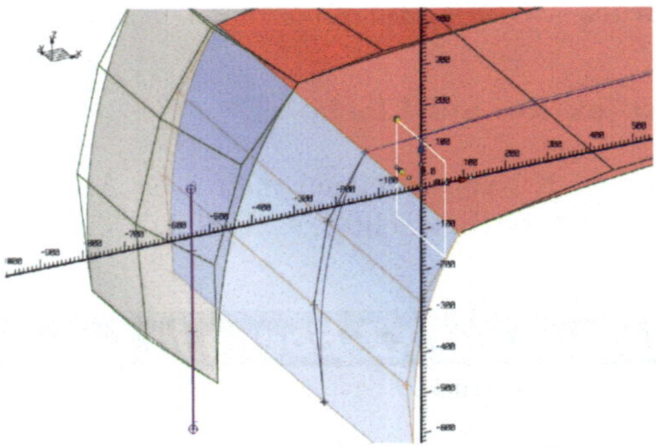

Abb. D.15. Kurvenprojektion in x-Richtung

D.1.10 Patcherzeugung aus drei oder vier Randkurven

Kurzform des Aufrufs: Patch erzeugen – Kurven.

Es gilt das gleiche Menü wie in Abb. D.9. Der Ablauf wurde bereits im Anhang C erklärt, s. Abb. C.3 und C.4. Die vier Randkurven sind einfach anzuwählen. Danach ist OK zu drücken! Das Resultat wurde in Abb. C.5 schon vorweggenommen.

D.1.11 Profilflächenerzeugung

Kurzform des Aufrufs: Patchverband erzeugen – Profile.

In unserem Beispiel verwenden wir die Profilfunktion einerseits, um Zwischenprofile als zusätzliche Stützkurven abzusetzen, wie z. B. in Abschn. 3.5.2, ab S. 99, Abb. 146 bis 149 und andererseits, um die Profilfläche selbst zu erzeugen, s. Abschn. 3.5.3, ab S. 99, Abb. 150 bis 151.

In beiden Anwendungsfällen kommt jedoch die Lösungsvariante „Rotation des Zwischenprofiles“, s. Abb D.16, zum Einsatz. Dabei hängt der (per Selektion zu bestimmenden) Bezugspunkt des Zwischenprofiles an der Anheftkurve und

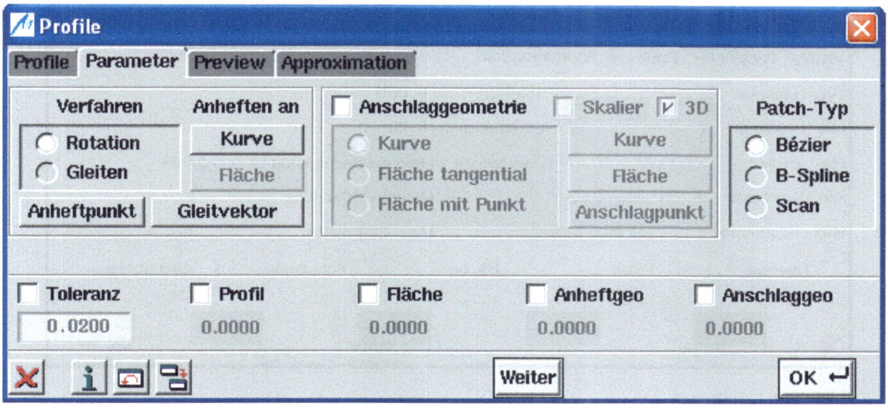

Abb. D.16. Fall „Rotation" des Zwischenprofiles

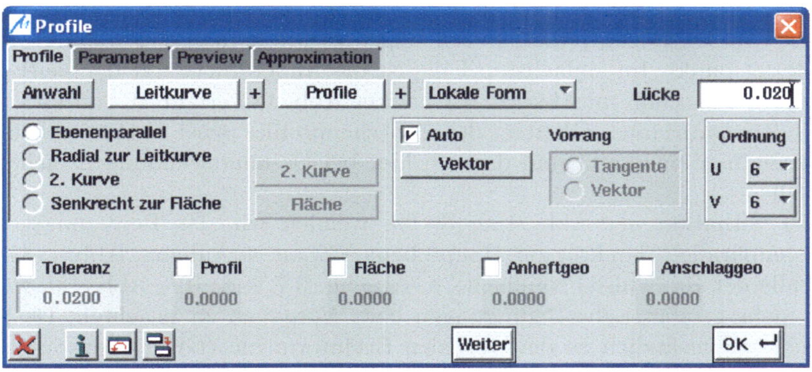

Abb. D.17. Bewegungsgesetz „Ebenenparallel"

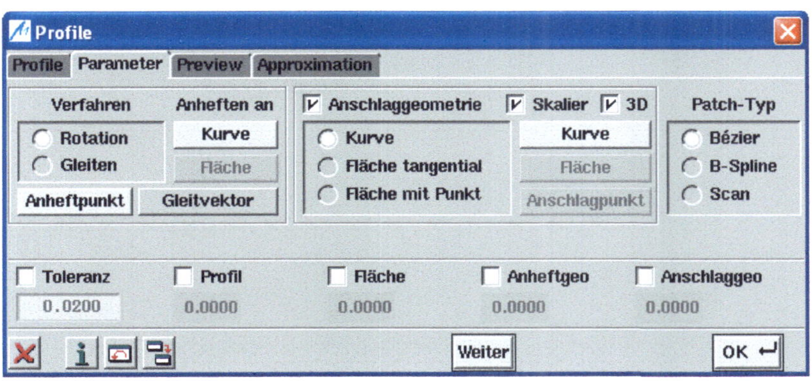

Abb. D.18. Vorgaben und Bedingungen zur Profilfläche Radwulst

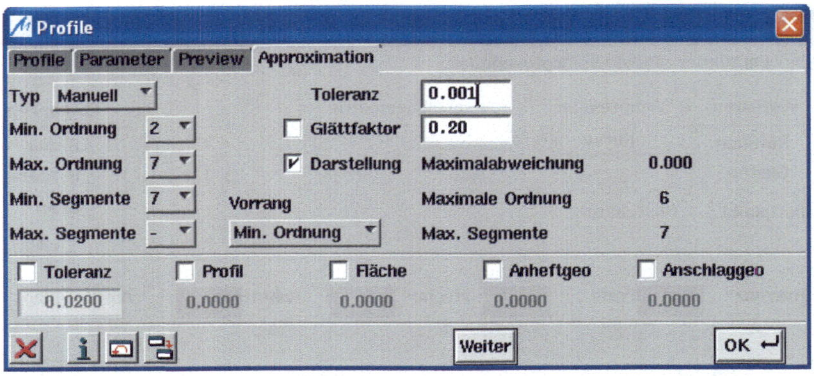

Abb. D.19. Approximationsparameter zur Profilfläche Radwulst

und das Profil rotiert (beim Bewegen der Zwischenebene gemäß Bewegungsgesetz) um den Bezugspunkt. In der Regel selektiert man den Anfangspunkt als Bezugspunkt. Im einfachsten Falle ist die Anheftkurve mit der Leitkurve identisch, wie schon im Abschn. 3.7.7 unter Abb. 185 erläutert.
Die Lösungsvariante „Gleiten" des Zwischenprofiles wird hauptsächlich im Werkzeugbau eingesetzt und deshalb hier bei Designanwendungen nicht behandelt.
In der Situation der Abb. 150, S. 99, wenden wir das Bewegungsgesetz „Ebenenparallel", konkret zur Hauptebene YZ, an, s. Anhang, Abb. D.17.
Im Falle der Radwulst-Profilfläche, s. Abschn. 3.7.7, S. 108, Abb. 185 waren weit mehr geometrische Bedingungen bzw. Vorgaben zu beachten. Deshalb reichen wir zusätzlich zu den verbalen Erläuterungen (Gliederungspunkte 1 bis 5) noch das Untermenü nach, s. Abb. D.18.

Wegen der großen Krümmungsänderungen wurde als Mindestsegmentanzahl = 7 gesetzt, s. Abb. D.19.

E

Bézierkurven

E.1 Bézierpolygon – Eigenschaften, Aussage und Steuerungsmöglichkeit

In Tabelle 3, Abb. E.1 und E.2 sowie H.2 bis H.5 wird dargestellt, wie sich Kontrollpunktänderungen auf die geometrische Form der Kurve auswirken bzw. welche Eigenschaften erhalten bleiben, wenn man gewisse Nebenbedingungen bei der Bewegung der Kontrollpunkte beachtet.

In Abb. H.2 wird gezeigt, wie bei der Kontrollpunktmodifikation die Kurventangente im Anfangspunkt der Kurve erhalten bleibt. Im Menü, s. Abb. H.6, wird dazu die Tangentenrichtung fixiert. Damit erlaubt das CAD-System nur die Bewegung des Kontrollpunktes $\mathbf{c}_1$ auf dem Strahl von $\mathbf{c}_0$ nach $\mathbf{c}_1$. Im rot dargestellten Krümmungsbild erkennt man jedoch, dass sich die Anfangskrümmung (Strichlänge am Anfangspunkt) geändert hat.

Analog wird in Abb. H.3 vorgeführt, wie bei der Kontrollpunktmodifikation der Krümmungskreis im Anfangspunkt der Kurve erhalten bleibt. Im Krümmungsbild wird dies durch die gleiche Strichlänge am Anfangspunkt bestätigt! Im Menü, s. Abb. H.6, werden dazu die Tangentenrichtung und die Krümmung konstant gehalten. Damit erlaubt das CAD-System nur die Bewegung des Kontrollpunktes $\mathbf{c}_2$ auf der Parallelen zum Strahl von $\mathbf{c}_0$ nach $\mathbf{c}_1$.

Abschließend wird in Abb. H.4 demonstriert, wie bei der Kontrollpunktmodifikation sogar die Krümmungsänderung (Torsion) im Anfangspunkt der Kurve erhalten bleibt. Im Krümmungsbild wird dies durch die grün dargestellte Tangente angedeutet! Im Menü, s. Abb. H.6, werden dazu die Tangentenrichtung, die Krümmung und die Torsion fixiert. Verändert man die ersten drei Kontrollpunkte nicht, erlaubt das CAD-System nur die Bewegung des Kontrollpunktes $\mathbf{c}_3$ auf der Parallelen zum Strahl von $\mathbf{c}_0$ nach $\mathbf{c}_1$.

Die Torsion kann aber auch erhalten werden, wenn man Kontrollpunkt $\mathbf{c}_2$ bewegt. Das CAD-System führt dabei die Bewegung zwangsweise auf der Par-

Tabelle 3. Steuerungseigenschaften des Bézierpolygons

Geometrischer Sachverhalt	**Wirkung**
$\mathbf{c}_0$, $\mathbf{c}_n$ ändern sich	Änderung der gesamten Kurve
$\mathbf{c}_0$, $\mathbf{c}_n$ fest und $\mathbf{c}_1$ auf Tangente in $\mathbf{c}_0 \leftrightarrow$ bzw. $\mathbf{c}_{n-1}$ auf Tangente in $\mathbf{c}_n \leftrightarrow$	Endpunkte und zusätzlich Tangenten fest, s. Abb. H.2
$\mathbf{c}_2$, $\mathbf{c}_{n-2}$ auf Parallelen zu $\overline{\mathbf{c}_0\mathbf{c}_1}$ bzw. $\overline{\mathbf{c}_n\mathbf{c}_{n-1}} \leftrightarrow$	Endpunkte, Tangenten und zusätzlich Krümmungskreis fest, s. Abb. H.3.
$\mathbf{c}_3$, $\mathbf{c}_{n-3}$ auf Parallelen zu $\overline{\mathbf{c}_0\mathbf{c}_1}$ bzw. $\overline{\mathbf{c}_n\mathbf{c}_{n-1}} \leftrightarrow$ Ändert man statt $\mathbf{c}_3$ bzw. $\mathbf{c}_{n-3}$ jedoch $\mathbf{c}_2$ bzw. $\mathbf{c}_{n-2}$ auf der gleichen Parallelen, dann wird zusätzlich eine Änderung von $\mathbf{c}_3$ bzw. $\mathbf{c}_{n-3}$ erzwungen.	Endpunkte, Tangenten, Krümmung und zusätzlich Krümmungsänderung fest, s. Abb. H.4 und H.5.

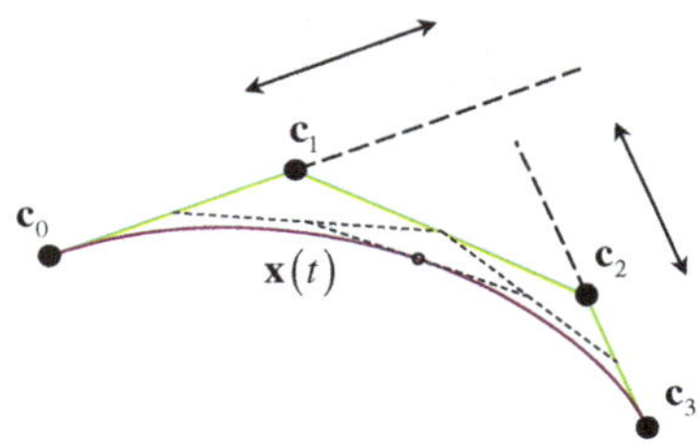

Abb. E.1. Nebenbedingung für die Erhaltung der jeweiligen Tangentenrichtung im Anfangs- bzw. Endpunkt der Kurve

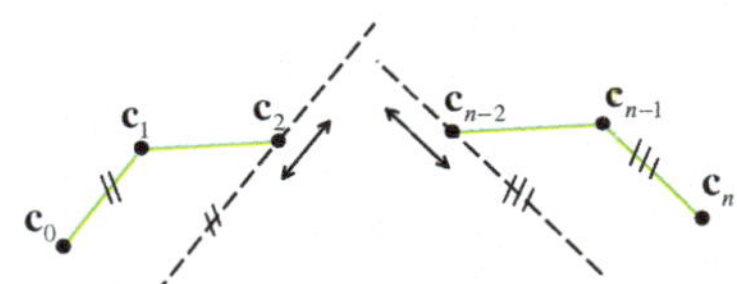

Abb. E.2. Nebenbedingung für die Erhaltung des jeweiligen Krümmungskreises im Anfangs- bzw. Endpunkt der Kurve

allelen zum Strahl von $\mathbf{c}_0$ nach $\mathbf{c}_1$ und zusätzlich ändert sich automatisch die Position von $\mathbf{c}_3$, s. Abb. H.5.

E.2 Bernsteinpolynome als Mischungsfunktionen

E.2.1 Beispiel zum Grad 8

Hier sollen zunächst die Bilder der Bernsteinpolynome für den Fall $m = 8$, also passend zum Beispiel in Abb. 192 aus Abschn. 4.2.1, eingefügt werden, s. Abb. E.3.

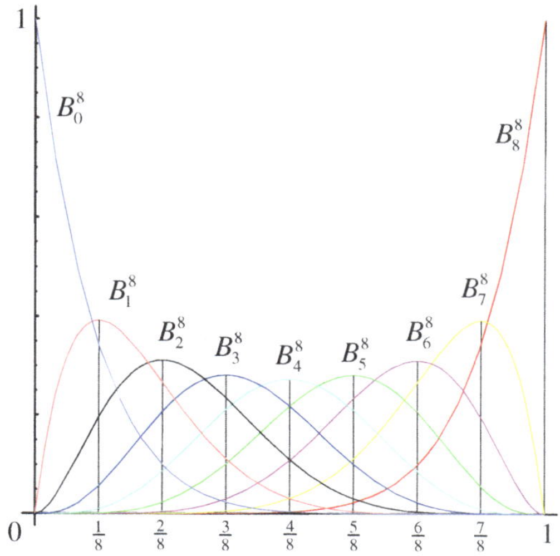

Abb. E.3. Bernsteinfunktionen zum Grad 8

E.2.2 Beispiel zum Grad 3

Zum einfacheren Nachrechnen fügen wir noch ein komplettes Beispiel zum Grad $n = 3$ an! Die kubischen Bernsteinfunktionen sind in Abb. E.4 zu sehen.

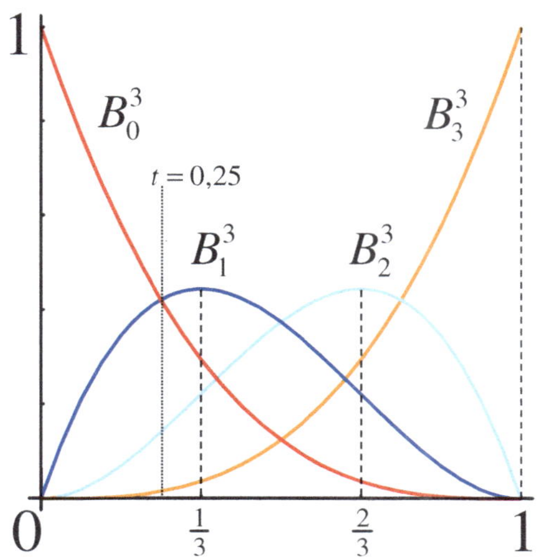

Abb. E.4. Bernsteinfunktionen zum Grad 3

E.2.3 Numerische Ermittlung mit Hilfe der Bernsteinpolynome

Wir geben vier Kontrollpunkte vor, s. Abb. E.5. In der analytischen Form, (Gl. 5), könnten wir nun einen Parameterwert, z. B. $t = 0{,}25$ einsetzen und den Koordinatenwert des Kurvenpunktes ausrechnen.

$$\begin{aligned}
x(t) &= \sum_{i=0}^{3} \mathbf{c}_i \cdot B_i^3(t), \quad t \in I \\
x(t) &= \begin{pmatrix} \mathbf{c}_0 & \mathbf{c}_1 & \mathbf{c}_2 & \mathbf{c}_3 \end{pmatrix} \cdot \begin{pmatrix} B_0^3(t) \\ B_1^3(t) \\ B_2^3(t) \\ B_3^3(t) \end{pmatrix} \\
x(t) &= \begin{pmatrix} \mathbf{c}_0 & \mathbf{c}_1 & \mathbf{c}_2 & \mathbf{c}_3 \end{pmatrix} \cdot \begin{pmatrix} (1-t)^3 \\ 3 \cdot (1-t)^2 \cdot t \\ 3 \cdot (1-t) \cdot t^2 \\ t^3 \end{pmatrix}
\end{aligned} \tag{5}$$

E.2.4 Numerische Ermittlung mit Hilfe des Algorithmus von „de Casteljau“

Alternativ dazu wäre die Berechnung mit dem numerischen Schema nach „de Casteljau“ möglich, s. Schema 6.

$$\begin{array}{lllll}
\mathbf{c}_0 & & & & \\
 & \rangle\ \mathbf{c}_0^1 = \left(1-\frac{1}{4}\right)\cdot \mathbf{c}_0 + \frac{1}{4}\cdot \mathbf{c}_1 & & & \\
\mathbf{c}_1 & & \rangle\ \mathbf{c}_0^2 = \frac{3}{4}\cdot \mathbf{c}_0^1 + \frac{3}{4}\cdot \mathbf{c}_1^1 & & \\
 & \rangle\ \mathbf{c}_1^1 = \left(1-\frac{1}{4}\right)\cdot \mathbf{c}_1 + \frac{1}{4}\cdot \mathbf{c}_2 & & \rangle\ \mathbf{c}_0^3 = \frac{3}{4}\cdot \mathbf{c}_0^2 + \frac{3}{4}\cdot \mathbf{c}_1^2 & \\
\mathbf{c}_2 & & \rangle\ \mathbf{c}_1^2 = \frac{3}{4}\cdot \mathbf{c}_1^1 + \frac{3}{4}\cdot \mathbf{c}_2^1 & \phantom{\rangle\ \mathbf{c}_0^3} = \mathbf{x}\left(\frac{1}{4}\right) & \\
 & \rangle\ \mathbf{c}_2^1 = \left(1-\frac{1}{4}\right)\cdot \mathbf{c}_2 + \frac{1}{4}\cdot \mathbf{c}_3 & & & \\
\mathbf{c}_3 & & & &
\end{array} \tag{6}$$

E.2.5 Graphische Ermittlung mit Hilfe des Schemas nach „de Casteljau“

Dies ist der anschaulichste Weg! Entsprechend dem Parameter $t = 0{,}25$ werden die ursprünglichen Polygonseiten im Verhältnis $1/4$ zu $3/4$ geteilt und die Teilungspunkte verbunden, s. Abb. E.5. Es entsteht ein reduziertes Polygon, mit welchem wiederum gleichermaßen zu verfahren ist. Dies wird solange fortgesetzt, bis nur der Kurvenpunkt übrigbleibt.

E.3 Ableitungen einer Bézierkurve

Der übersichtlichste Weg führt (nach dem Satz von Bézier) über die Vorwärtsdifferenzen:

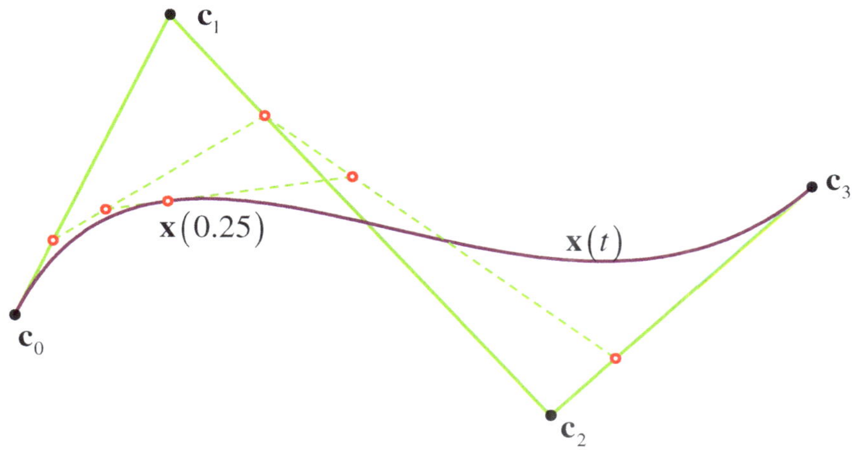

Abb. E.5. Graphische Ermittlung eines Kurvenpunktes mittels „de Casteljau“

$$
\begin{array}{l} \mathbf{c}_0 =: \Delta^0\mathbf{c}_0 \\ \mathbf{c}_1 =: \Delta^0\mathbf{c}_1 \\ \mathbf{c}_2 =: \Delta^0\mathbf{c}_2 \\ \mathbf{c}_3 =: \Delta^0\mathbf{c}_3 \end{array}
\quad
\underbrace{\begin{array}{l} \Delta^1\mathbf{c}_0 := \mathbf{c}_1 - \mathbf{c}_0 \\ \Delta^1\mathbf{c}_1 := \mathbf{c}_2 - \mathbf{c}_1 \\ \Delta^1\mathbf{c}_2 := \mathbf{c}_3 - \mathbf{c}_2 \end{array}}_{\text{für 1. Abl.}}
\quad
\underbrace{\begin{array}{l} \Delta^2\mathbf{c}_0 := \Delta^1\mathbf{c}_1 - \Delta^1\mathbf{c}_0 \\ \Delta^2\mathbf{c}_1 := \Delta^1\mathbf{c}_2 - \Delta^1\mathbf{c}_1 \end{array}}_{\text{für 2. Abl.}}
\quad
\underbrace{\Delta^3\mathbf{c}_0 := \Delta^2\mathbf{c}_1 - \Delta^2\mathbf{c}_0}_{\text{für 3. Abl.}}
$$

Funktionswert:

$$
\mathbf{x}^{(0)}(t) = \left(\mathbf{c}_0 \ \mathbf{c}_1 \ \mathbf{c}_2 \ \mathbf{c}_3 \right) \cdot \begin{pmatrix} B_0^3(t) \\ B_1^3(t) \\ B_2^3(t) \\ B_3^3(t) \end{pmatrix}
$$

Ableitungen 1 bis 3:

$$
\begin{aligned}
\mathbf{x}^{(1)}(t) &= 3 \cdot \left(\Delta^1\mathbf{c}_0 \ \Delta^1\mathbf{c}_1 \ \Delta^1\mathbf{c}_2 \right) \cdot \begin{pmatrix} B_0^2(t) \\ B_1^2(t) \\ B_2^2(t) \end{pmatrix} \\
\mathbf{x}^{(2)}(t) &= 6 \cdot \left(\Delta^2\mathbf{c}_0 \ \Delta^2\mathbf{c}_1 \right) \cdot \begin{pmatrix} B_0^1(t) \\ B_1^1(t) \end{pmatrix} \\
\mathbf{x}^{(3)}(t) &= 6 \cdot \Delta^3\mathbf{c}_0
\end{aligned}
\tag{7}
$$

F

B-Spline-Kurven

F.1 Zusammenwirken von Kontrollpunkten und B-Spline-Basisfunktionen

Das auf S. 117 in Abschn. 4.2.2 behandelte Beispiel mit einer Vielzahl an Kontrollpunkten (Anzahl $m+1 = 9$) war gewählt worden, um die Unterschiede zwischen den Wirkungsweisen beim Verändern eines Kontrollpunktes bei den Ansätzen Bézier und B-Spline besser herausarbeiten zu können.

Damit die graphische Darstellung überschaubarer wird, nehmen wir jedoch nun ein Beispiel mit weniger Kontrollpunkten d_i, wobei $i = 0, \ldots, m$ mit $m = 5$. Die Anzahl ist folglich $(m + 1) = 6$. Wir wählen zusätzlich einen höheren Grad ($n = 3$) der B-Spline-Basisfunktionen, um das Typische des Verlaufs hervorzuheben.

Die hier benötigten B-Spline-Basisfunktionen vom Grad $n = 3$ (Ordnung $k = 4$), s. Abb. F.1, ergeben sich aus der Rekursionsformel, s. Gln. 18 und 19 in Kap. 4. Die Kurve selbst sehen wir in Abb. F.2.
Wir knüpfen an die Einleitung im Abschn. 4.2.2 an und erkennen, dass $k = 4$ generierende Steuerpunkte existieren und wir die Gruppe der generierenden Steuerpunkte dreimal um den Shiftoperator $s = 1$ verschieben können, bis wir den Endpunkt $\mathbf{d}_5$ erreicht haben. Somit erhalten wir $l = 3$ Teilkurven.

Tragen wir nun die Basisfunktionen $N_i^3(t)$ über dem Trägervektor auf, so ergibt sich die Abb. F.3. Die natürliche B-Spline-Kurve beginnt bei t_3 und

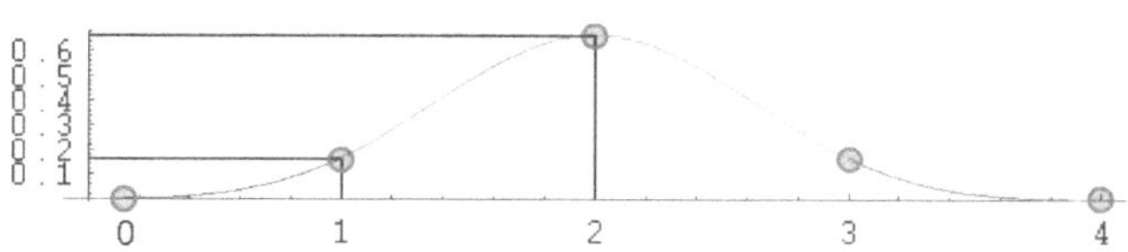

Abb. F.1. B-Spline-Basisfunktion $n = 3$, $k = 4$

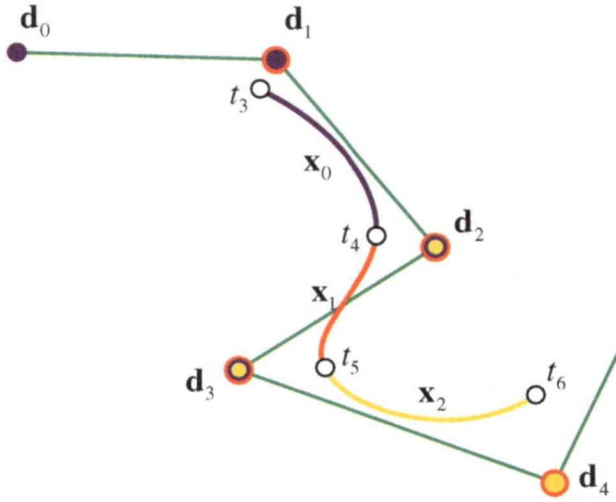

Abb. F.2. Natürliche B-Splinekurve $n = 3$, $m = 5$

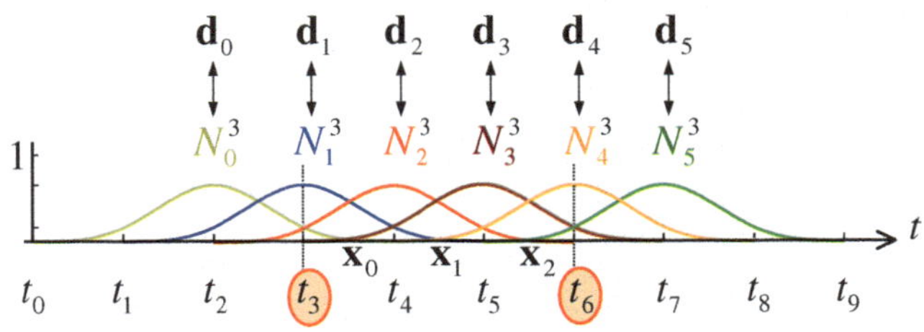

Abb. F.3. B-Spline-Basisfunktion $n = 3$, $k = 4$ über dem Trägervektor

endet bei t_6. Der jeweilige Definitionsbereich der Basisfunktionen ist aus der Zeichnung ersichtlich. So z. B. reicht $N_0^3(t)$ von t_0 bis t_4. Alle anderen $N_i^3(t)$ sind nur jeweils um $s = 1$ zum Vorgänger verschoben.

Aus Gl. 8 erkennen wir, dass unser 1. Kontrollpunkt $\mathbf{d}_0$ mit $N_0^3(t)$ zu multiplizieren ist.

$$\mathbf{x}(t) = \mathbf{d}_0 N_0^3(t) + \mathbf{d}_1 N_1^3(t) \ldots + \mathbf{d}_5 N_5^3(t) \qquad t \in [t_3, t_6] \tag{8}$$

Da $N_0^3(t)$ aber nur über dem o. g. Definitionsbereich, also im Intervall über die vier Segmente von t_0 bis $t_4 \geq$ null ist, bedeutet dies, der Punkt $\mathbf{d}_0$ hat nur im letzten Viertel des Definitionsbereiches auf die Kurve Einfluss, die ja erst bei t_3 beginnt. Aus dem Bild greifen wir am Kurvenanfang bei t_3 einen Faktor von ca. 0,16 ab. So gering ist also der Einfluss des 1. Kontrollpunktes! Am Ende des 1. Segmentes klingt der Einfluss sogar auf null ab.

Der 2. Kontrollpunkt $\mathbf{d}_1$ hat schon mehr Einfluss auf den Kurvenanfang. Wir greifen bei t_3 einen Faktor von ca. 0,67 ab. Der 2. Kontrollpunkt wirkt also gemäß $N_1^3(t)$ bis zum Ende des 2. Segmentes auf die Kurve.

Tabelle 4. B-Spline-Kurve, Gruppen von segmentgenerierenden Kontrollpunkten

Segment	von bis	**Einfluss nehmende Kontrollpunkte**					
$\mathbf{x}_0$	t_3 t_4	$\mathbf{d}_0$	$\mathbf{d}_1$	$\mathbf{d}_2$	$\mathbf{d}_3$		
$\mathbf{x}_1$	t_4 t_5		$\mathbf{d}_1$	$\mathbf{d}_2$	$\mathbf{d}_3$	$\mathbf{d}_4$	
$\mathbf{x}_2$	t_5 t_6			$\mathbf{d}_2$	$\mathbf{d}_3$	$\mathbf{d}_4$	$\mathbf{d}_5$

Der 3. Kontrollpunkt $\mathbf{d}_2$ hat den gleichen Einfluss auf den Kurvenanfang wie $\mathbf{d}_0$ und der 4. Kontrollpunkt $\mathbf{d}_3$ auf den Kurvenanfang gar keinen Einfluss mehr, da dieser erst am Anfang des 2. Segmentes beginnt.

Damit können wir den Kurvenanfang bei t_3 berechnen:

$$\mathbf{x}(0) = 0{,}16 \cdot \mathbf{d}_0 + 0{,}67 \cdot \mathbf{d}_1 + 0{,}16 \cdot \mathbf{d}_2 + 0{,}0 \cdot \mathbf{d}_3$$

Lassen wir den Parameter nun weiter bis zum Ende $t = t_6$ laufen, so ergibt sich punktweise die gesamte Kurve.

Nach Gl. 8 ist ein Kontrollpunkt $\mathbf{d}_i$ an seine Basisfunktion $N_i^n(t)$ gekoppelt.

Aus der Abb. F.3 ist der Definitionsbereich jeder beteiligten Basisfunktion ersichtlich. Außerdem kann man aus den dargestellten Kurven des Wertevorrates für die Basisfunktionen, wenn man einen Parameter t_i einsetzt, die Faktoren für alle beteiligten Kontrollpunkte abgreifen und somit jeden beliebigen Kurvenpunkt P_i berechnen.
Auch aus der Tabelle 4 erkennen wir, welche Kontrollpunkte (über die zugeordneten Basisfunktionen, die > 0 sind) welches Segment beeinflussen.
Im obigen Beispiel (Abb. F.2) haben wir zunächst, um die Zusammenhänge anfangs nicht zu kompliziert werden zu lassen, ohne sog. Vielfachheiten im Trägervektor gearbeitet. Das heißt, wir erhielten als Resultat eine natürliche B-Spline-Kurve. Den Übergang zur im CAD-System sonst verwendeten Form der B-Spline-Kurve, bei der Anfangs- bzw. Endpunkt der Kurve mit dem ersten bzw. letzten Kontrollpunkt zusammenfallen, könnte nun als eigene Übungsaufgabe des Lesers betrachtet werden.

F.2 Numerische Ermittlung mit Hilfe des Algorithmus von „de Boor"

Der „de Boor"-Algorithmus ([11], ab S. 178 oder [12], ab S. 128) dient der Berechnung von Kurvenpunkten (Funktionswerten) ohne explizite Kenntnis der Basisfunktionen.

Ersetzt man in der Gl. 17 im Kap. 4, S. 117, die Basisfunktion $N_i^n(t)$ hierarchisch durch alle beteiligten Vorgängerbasisfunktionen, die sich aus der Rekursionsformel ergeben, so erhalten wir den gesamten Baum aller stufenweise niederen Basisfunktionen. Eliminiert man aus diesem Baum alle Basisfunktionen, die auf die eigentliche Kurve keinen Einfluss haben, so ergibt sich analog zu „de Casteljau“ ein Algorithmus mit einem Dreiecksschema zum Berechnen eines Kurvenpunktes.

Der „de Boor-Algorithmus“ lässt sich geometrisch deuten: Die stufenweise reduzierten Steuer- bzw. Kontrollpunkte sind Teilpunkte auf den Originalpolygonseiten bzw. den reduzierten Polygonseiten. Die Teilpunkte auf den Polygonseiten stehen im gleichen Verhältnis, wie der Trägerwert t das Trägerintervall der aktuellen (um einen Grad niedrigeren) Vorgängerbasisfunktion teilt, s. dazu das Beispiel unten.

Wenn Trägerwerte zusammenfallen, dann ergeben sich neue Teilverhältnisse auf den Polygonseiten. Die Bedeutung für die Kurvenenden kennen wir ja bereits.

Es folgen nun Erläuterungen zu den Schemata in den Abb. F.4 und F.6. Wir beziehen uns weiterhin auf unser Kurvenbeispiel aus Abb. F.2 mit der zugehörigen Gl. 8.

Zunächst taufen wir aus Gründen der Systematik des zu erläuternden Algorithmus und wegen der beabsichtigten Vergleichbarkeit mit dem „de Castelau-Schema“ für die Bézierkurven unsere Kontrollpunkte („de Boor“-Punkte) $\mathbf{d}_i$ in $\mathbf{D}_i^0$ um. Dabei deutet der obere Index 0 auf die 0-te Reduktionsstufe.

Für die Berechnung eines Kurvenpunktes müssen wir segmentweise vorgehen. Deshalb bleiben wir für das 1. Segment $\mathbf{x}_0$ zwischen den Parameterwerten t_3 und t_4 bei den zuständigen vier generierenden Steuerpunkten $\mathbf{d}_0$ bis $\mathbf{d}_3$ bzw. $\mathbf{D}_0^0$ bis $\mathbf{D}_3^0$. Damit sind wir in Abb. F.4 auf der 1. Spalte des Reduktionsschemas angekommen. Ersichtlich sind für das 1. Segment die $N_0^3(t)$ bis $N_3^3(t)$ zuständig.

Es sei der Funktionswert bei $t = 3{,}5$ berechnet. Der Einfachheit halber legen wir fest, der Trägervektor sei uniform, also gleichabständig und ganzzahlig, somit gilt $t_0 = 0, \ldots, t_9 = 9$. Die Kurve beginnt bei $t = 3$.

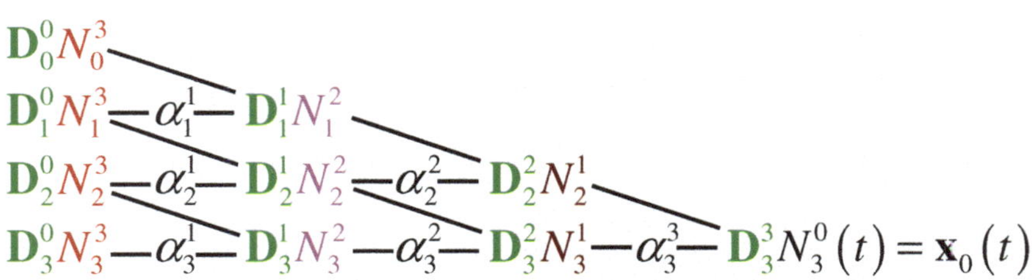

Abb. F.4. Schema des „de Boor“ – Algorithmus, symbolische Reduktionsstufen

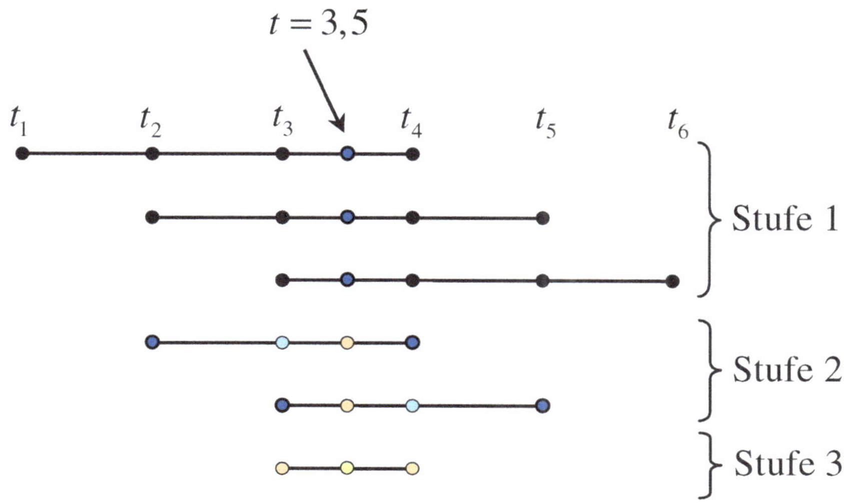

Abb. F.5. Geometrisches Schema der Berechnung nach „de Boor" zur Konstruktion eines Kurvenpunktes bei $t = 3{,}5$, Farben wie in Abb. F.7

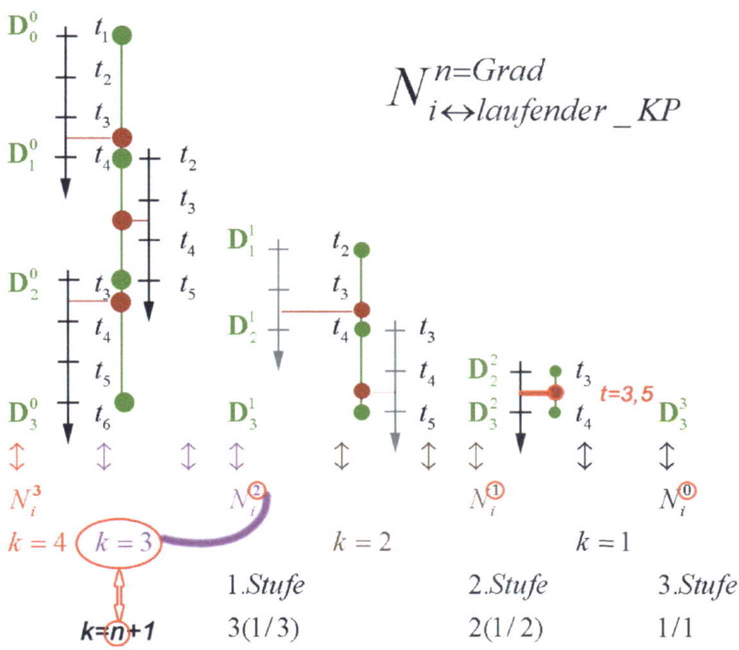

Abb. F.6. „De Boor" – Algorithmus, Reduktionsstufen mit Trägervektoren

Zunächst widmen wir uns der 1. Reduktionsstufe. Wir beziehen uns dabei auf die Abb. F.4 und F.6 sowie die Tabelle 5, die in Tabelle 6 fortgesetzt wird.

Hinweise zu den Abb.:

- Abkürzung KP – Kontrollpunkt (de Boor-Punkt).
- Über den unteren Index i der Basisfunktionen N_i^n werden Kontrollpunkte $\mathbf{d}_i$ und Basisfunktionen einander zugeordnet. Index i deutet auch auf den Anfangswert der reduzierten Trägerintervalle hin. Beispiel: Bei N_2^n beginnt das Trägerintervall bei $t = 2$.
- Der obere Index n (Grad) der Basisfunktionen N_i^n hilft uns, den Teiler der Polygonseiten zu ermitteln. Beispiel: Bei N_i^2 folgt $k = 3$ als Teiler für die zu reduzierende Polygonseite.
- Die reduzierten Kontrollpolygone sind im Vergleich zu den vorangegangenen (grün gezeichneten) Polygonen in brauner Farbe dargestellt.

Ablauf der Reduktion:

1. Wir betrachten die 1. Polygonseite von $\mathbf{d}_0$ nach $\mathbf{d}_1$ bzw. $\mathbf{D}_0^0$ nach $\mathbf{D}_1^0$: Der Kontrollpunkt $\mathbf{D}_1^0$ ist an die Basisfunktion N_1^3 gekoppelt.
   Unser Ziel ist es, auf dieser Polygonseite den neuen reduzierten Punkt $\mathbf{D}_1^1$ zu bestimmen. Dazu benötigen wir die Vorgängerbasisfunktion N_1^2 mit Trägerintervall $[t_1, t_4]$, s. Tabelle 5. Projizieren wir diesen dreisegmentigen Träger genau auf die 1. Polygonseite, so zerfällt diese in drei Segmente. Damit haben wir eine gleichabständige Skala auf der Polygonseite markiert. Der Anfangs- bzw. Endpunkt hat den Wert $t_1 = 1$ bzw. $t_4 = 4$. Der

Tabelle 5. Trägervektoren für B-Spline-Basisfunktionen

$N_0^3(t)$	$t_0\ t_1\ t_2\ t_3\ t_4$
$N_1^3(t)$	$t_1\ t_2\ t_3\ t_4\ t_5$
$N_2^3(t)$	$t_2\ t_3\ t_4\ t_5\ t_6$
$N_3^3(t)$	$t_3\ t_4\ t_5\ t_6\ t_7$
$N_4^3(t)$	$t_4\ t_5\ t_6\ t_7\ t_8$
$N_5^3(t)$	$t_5\ t_6\ t_7\ t_8\ t_9$

$N_1^2(t)$	$t_1\ t_2\ t_3\ t_4$
$N_2^2(t)$	$t_2\ t_3\ t_4\ t_5$
$N_3^2(t)$	$t_3\ t_4\ t_5\ t_6$
$N_4^2(t)$	$t_4\ t_5\ t_6\ t_7$
$N_5^2(t)$	$t_5\ t_6\ t_7\ t_8$

Tabelle 6. Fortsetzung der Trägervektoren-Tabelle

$N_2^1(t)$	$t_2\ t_3\ t_4$
$N_3^1(t)$	$t_3\ t_4\ t_5$
$N_4^1(t)$	$t_4\ t_5\ t_6$
$N_5^1(t)$	$t_5\ t_6\ t_7$

$N_3^0(t)$	$t_3\ t_4$
$N_4^0(t)$	$t_4\ t_5$
$N_5^0(t)$	$t_5\ t_6$

gesuchte Punkt $\mathbf{D}_1^1$ für $t = 3{,}5$ liegt also auf 5/6 der Wegstrecke von $\mathbf{D}_0^0$ nach $\mathbf{D}_1^0$. Den Teilungswert 5/6 nennen wir α_1^1.

2. Nun widmen wir uns der 2. Polygonseite von $\mathbf{d}_1$ bis $\mathbf{d}_1$ bzw. $\mathbf{D}_1^0$ bis $\mathbf{D}_2^0$: Der Kontrollpunkt $\mathbf{D}_2^0$ ist an die Basisfunktion N_2^3 gekoppelt. Nun stichpunktartig weiter:
   Ziel: Neuer Punkt $\mathbf{D}_2^1$, Hilfsmittel: Vorgängerbasisfunktion N_2^2 mit Trägerintervall $[t_2, t_5]$, s. Tabelle 5. Projektion auf die 2. Polygonseite: ▷ 3 Segmente. Resultat für $t = 3{,}5$: Teilungswert $\alpha_2^1 = 1/2$.
3. Abschließend behandeln wir die 3. Polygonseite von $\mathbf{d}_2$ bis $\mathbf{d}_3$ bzw. $\mathbf{D}_2^0$ bis $\mathbf{D}_3^0$: Der Kontrollpunkt $\mathbf{D}_3^0$ ist an die Basisfunktion N_3^3 gekoppelt. Ziel ist der neue Punkt $\mathbf{D}_3^1$, Hilfsmittel: Vorgängerbasisfunktionen N_3^2 mit Trägerintervall $[t_3, t_6]$, s. Tabelle 5. Projektion auf 3. Polygonseite: ▷ drei Segmente. Resultat für $t = 3{,}5$: Teilungswert $\alpha_3^1 = 1/6$ für $t = 3{,}5$.

Verbinden wir nun die Punkte $\mathbf{D}_1^1$, $\mathbf{D}_2^1$ und $\mathbf{D}_3^1$, dann haben wir das 1. reduzierte Polygon gewonnen. Gemäß der zweiten Spalte in Abb. F.4 erhalten wir durch Multiplikation mit den 1. reduzierten Basisfunktionen N_1^2, N_2^2 und N_3^2 die reduzierte Kurve $\mathbf{x}_0^1(t)$.

Analog berechnet man unter Verwendung der Trägerintervalle für die 2. reduzierten Basisfunktionen N_2^1 und N_3^1, siehe s. Tabelle 6, das 2. reduzierte Polygon. Es besteht aus $\mathbf{D}_2^2$ und $\mathbf{D}_3^2$. Ergebnis ist die nochmals reduzierte Kurve $\mathbf{x}_0^2(t)$, s. dritte Spalte in Abb. F.4.

Schließlich erhalten wir unter Verwendung des Trägerintervalls für die 3. reduzierte Basisfunktionen N_3^0, s. Tabelle 6, das zu einem Punkt geschrumpf-

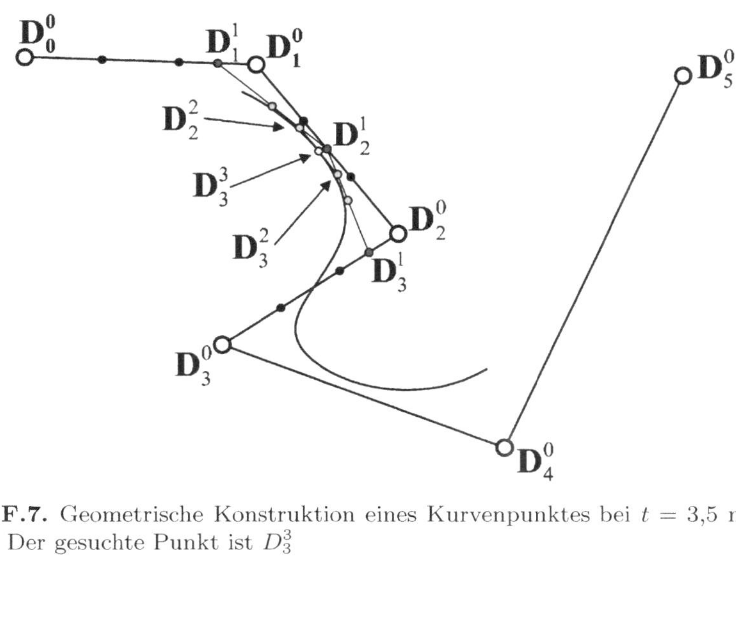

Abb. F.7. Geometrische Konstruktion eines Kurvenpunktes bei $t = 3{,}5$ nach „de Boor“. Der gesuchte Punkt ist D_3^3

te Polygon $\mathbf{D}_3^3$, s. vierte Spalte in Abb. F.4, und damit den Funktionswert $\mathbf{x}_0(3{,}5)$.

In der gleichen Weise würde man Kurvenpunkte in den Segmenten Nr. 2 und 3 der Beispielkurve berechnen.

Wie man leicht erkennt, interessieren für die Berechnung des Funktionswertes an der Stelle t im obigen Schema nur die reduzierten Polygone. Der Wertevorrat der Basisfunktionen wird, wie eingangs schon erwähnt, nicht benötigt.

Das Schema lässt zwei Auslegungen zu. Einerseits kann man aus den Indizes des jeweils zuständigen Trägervektors die Teilungsfaktoren α_i^j punktweise numerisch berechnen und andererseits ist eine punktweise grafische Ermittlung möglich. Dies war auch die Absicht, nämlich nachzuweisen, dass es einen Algorithmus gibt, welcher dem von „de Casteljau“ ähnlich ist.

Natürlich wird man die punktweise Berechnung dem Computer überlassen, trotzdem kann die Abarbeitung eines Beispieles als eigene Übungsaufgabe das Verständnis für die Zusammenhänge im CAD fördern. Erfahrungsgemäß kommen von jenen Anwendern, die die theoretischen Zusammenhänge besser kennen, qualifizierte Vorschläge zur Weiterentwicklung eines CAD-Systems.

Die Teilungsfaktoren α_i^j lassen sich wie folgt berechnen, s. Gl. 9:

$$
\begin{aligned}
\mathbf{D}_i^j &= \begin{cases} \mathbf{D}_i & \text{für} \quad j = 0 \\ \left(1 - \alpha_i^j\right) \cdot \mathbf{D}_{i-1}^{j-1} + \alpha_i^{j-1} \cdot \mathbf{D}_i^{j-1} & \text{für} \quad j > 0 \end{cases} \\
\text{mit} \qquad \alpha_i^j &= \frac{t - t_i}{t_{i+(n+1)-j} - t_i} \,.
\end{aligned}
\tag{9}
$$

G

Vergleich der Kurventypen Bézier und B-Spline

Siehe folgende Tabellen 7 und 8.

Tabelle 7. Kurventypen, Abkürzungen bzw. nähere Erklärungen

Zus.-ges. Bézier	Zusammengesetzte Bézierkurve = Bézierspline
Kegelschnitte	Kegelschnitte incl. Kreisbogen
gebr. rat.	gebrochen rational

Tabelle 8. Vor- und Nachteile der Kurventypen

	• **Bézier**	• **Zus.-ges. Bézier**	• **B-Spline**
Allg. Vorteil	– einfache Handhabung – hoher Glättungseffekt – bei niedriger Ordnung geringe Datenmenge	– hohe Flexibilität trotz niedriger Ordnung – optimal wenige Steuerpunkte und Segmente – überschaubare Handhabung, weniger Daten als B-Spline	– einheitliche Darstellungsmöglichkeit für alle Geometrieelemente – hat für interne Datenbasen und Algorithmen Bedeutung
Allg. Nachteil	– begrenzte Flexibilität – Neigung zur Wellenbildung bei hoher Ordnung (≥ 7)	– mehr Daten als Béziereinzelkurven – Segmentgrenzen müssen gezielt gesetzt werden (manchmal Vorteil)	– schwer handhabbar – übersichtliche Wirkung von Steuerpunkten – große Datenmengen (durch Steuerpunkte) – Neigung zur Welligkeit

Tabelle 8. Fortsetzung

	• **Bézier**	• **Zus.-ges. Bézier**	• **B-Spline**
Steuerungshilfen	– Steuerpunkte oder Kurvenpunkte	– Steuerpunkte oder Kurvenpunkte	– Steuerpunkte oder Kurvenpunkte
Wirkung der Steuerungshilfen	– global durch Fixierbarkeit von Anfang und Ende, einschließlich der Tangenten in diesen Punkten – alle Steuerpunkte beeinflussen die Kurve	– lokal (segmentweise) durch Fixierbarkeit der Segmenttrennpunkte, sowie der 1. und 2. Ableitung in diesen Punkten	– lokal, Änderung abhängig von der Ordnung der B-Spline – Steuerpunkte beeinflussen die Teilkurve (Segment)
Überschaubarkeit der Steuerung	– sehr leicht	– leicht	– schwieriger
Anpassungsfähigkeit an eine Rohdatenpunktfolge	– begrenzt, steigt mit der Ordnung	– sehr gut, durch festlegbare Segmentierung – optimal wenig Segmente	– sehr gut, durch automatische Segmentierung – Anzahl der Segmente ist abhängig von der Ordnung und Gesamtpunktzahl der Steuerpunkte
Realisierbarkeit von Knicken	– Ausnahme durch Vertauschung von benachbarten, inneren Bézierpunkten	– leicht, am Segmenttrennpunkt nur Lagestetigkeit vorgeben	– leicht, an beliebiger Stelle (intern durch Vielfachheiten an Trägerwerten)
Kegelschnitte bei ganz rationalem Ansatz	– genähert, bei Vollkreis Ordnung ≥ 7 erforderlich	– genähert, bei Vollkreis vier Segmente Ordnung ≥ 5 erforderlich	– genähert
Kegelschnitte bei gebr. rationalem Ansatz	– exakt	– exakt	– exakt

H

Steuerungs- und Kontrollmöglichkeiten bei Kurven und Flächen im CAD-System

Die Formen von Kurven und Flächen lassen sich mit Hilfe von Kontrollpunkten steuern und mit geeigneten Krümmungsdarstellungen (Strich oder Farbe) kontrollieren. Bei Patches bzw. Flächen bietet sich die Kontrollmöglichkeit mittels Highlights an.

H.1 Steuerung durch Kurvenkontrollpunkte

Wenn man die Form eines Kurvenabschnittes modellieren will, dann ist es oft wichtig, gewisse geometrische Eigenschaften zu erhalten. So kommt es beispielsweise darauf an, einen Kurvenabschnitt am Ende zu verändern und dabei die Eigenschaften am Kurvenanfang beizubehalten. Dies ist über mathematische Nebenbedingungen erreichbar. Für den CAD-Anwender bedeutet dies jedoch nur, im Menü durch Anklicken von Schaltern bestimmte Parameter zu setzen.

Kurzform für den Aufruf: Kurvensegment-Modifizieren-Kontrollpunkte.

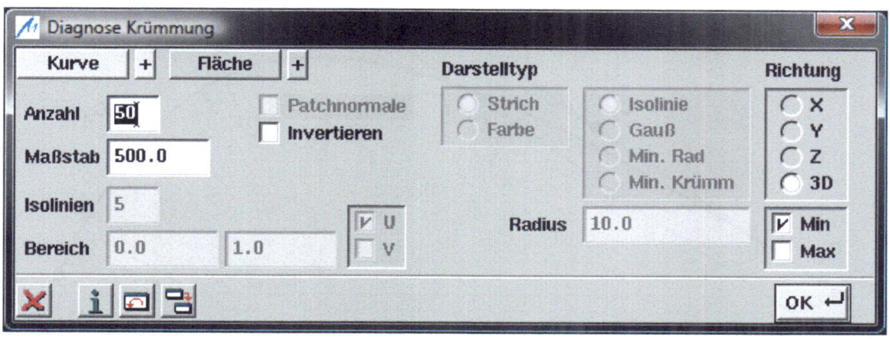

Abb. H.1. Menü zur Kurvenkrümmungsdiagnose

Die im Anhang E.1 in den Abb. E.1 und E.2, S. 228 bereits kennengelernten Steuerungsmöglichkeiten lassen sich wie folgt im CAD-System umsetzen, s. Abb. H.2 bis H.5. Dabei sind die Einstellungen in den Menüs, s. Abb. H.6 zu beachten. Zur Krümmungsdiagnose s. Abb. H.1.

H.2 Übergänge zwischen zwei Kurvensegmenten mit Kontrolle durch Krümmungsbilder

Da bei einem stetigen G^r-Übergang zwischen zwei benachbarten Segmenten die geometrischen G^r-Eigenschaften im Endpunkt des vorangehenden

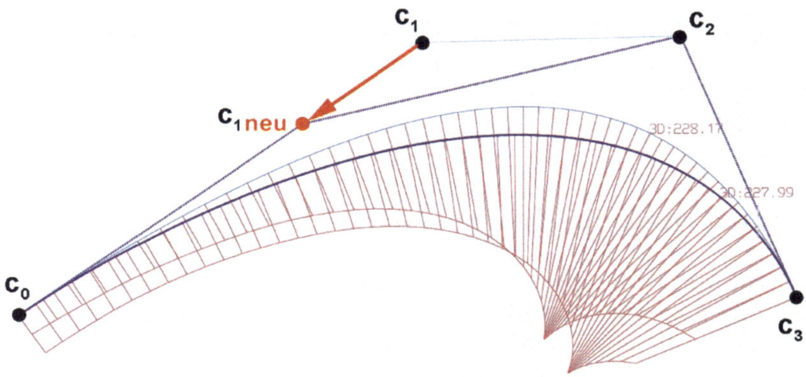

Abb. H.2. Kontrollpunkt $\mathbf{c}_1$ wird bewegt, Tangentenrichtung bleibt erhalten

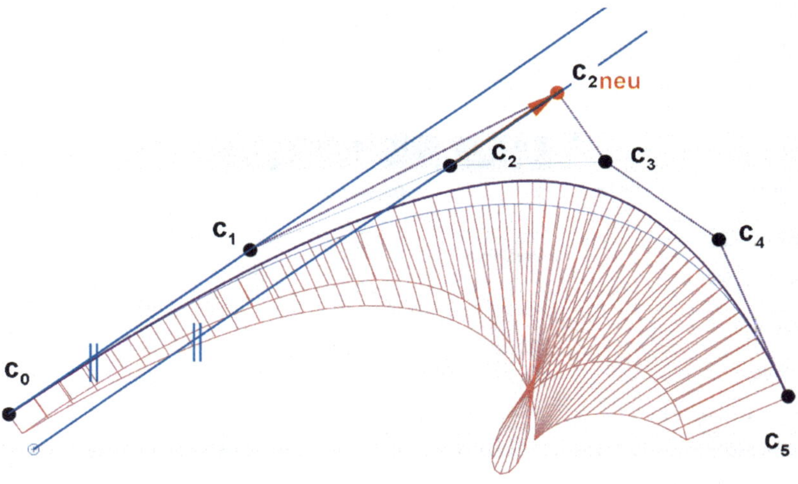

Abb. H.3. Kontrollpunkt $\mathbf{c}_2$ wird bewegt, Krümmung bleibt erhalten

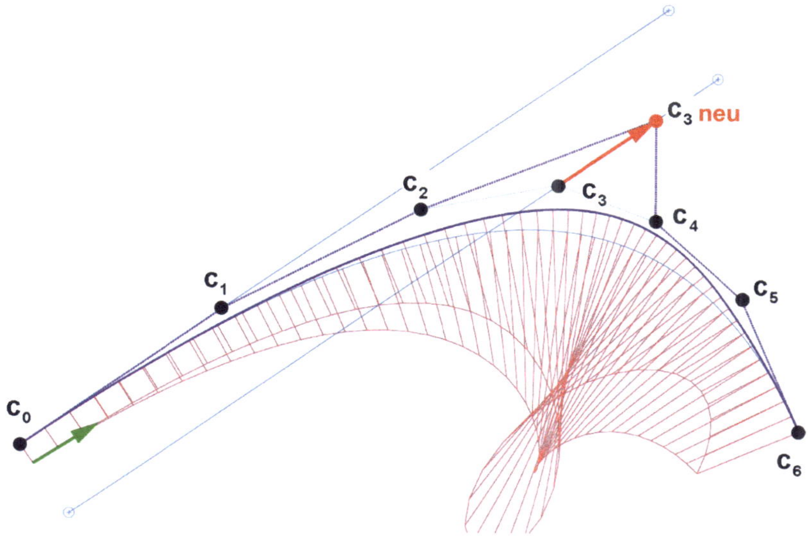

Abb. H.4. Kontrollpunkt $\mathbf{c}_3$ wird bewegt, Krümmungsänderung bleibt erhalten

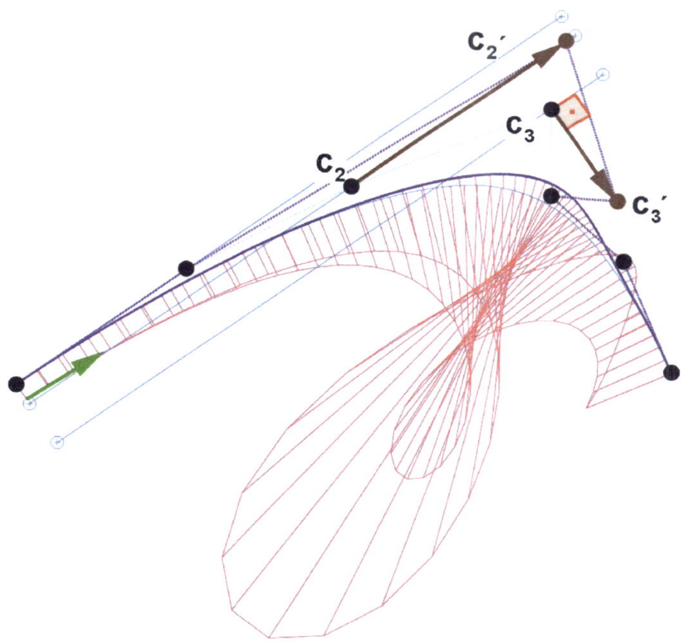

Abb. H.5. Kontrollpunkt $\mathbf{c}_2$ wird bewegt. Zwangsweise ändert sich dabei $\mathbf{c}_3$, damit die Krümmungsänderung erhalten bleibt!

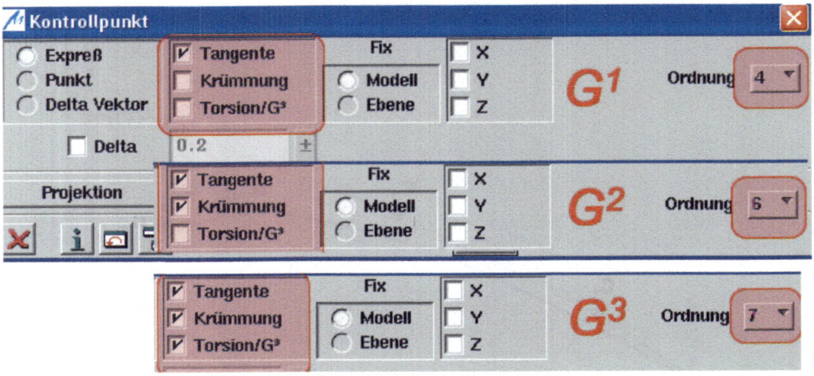

Abb. H.6. Menü mit G^1- bzw. G^2- bzw. G^3-Bedingung

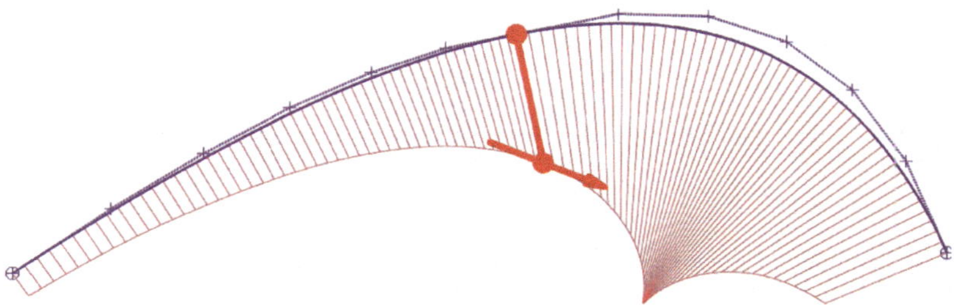

Abb. H.7. Beispiel für G^3-stetigen Anschluss zweier Kurvensegmente

Abschnittes (Referenzkurvensegment) gleich den G^r-Eigenschaften im Anfangspunkt des nachfolgenden Abschnittes (Anschlusskurvensegment) mit $r = 1, 2, 3$ sein sollen, finden wir im Anschlussmenü, s. Abb. H.8, die gleichen Parameter wie im Kontrollpunktmenü, s. Abb. H.6 wieder.

In Abb. H.7 sind zwei aneinander angeschlossene Kurvensegmente zu sehen. Ersichtlich ist die (im hier verwendeten CAD-System) höchstmögliche Übergangsordnung G^3 (Krümmungsänderungsstetigkeit = Torsionsstetigkeit) erzeugt worden.

Kurzform für den Aufruf der Funktion: Kurvensegment-Modifizieren-Anschluss

H.3 Übergänge zwischen zwei Patches mit Kontrolle durch Highlights

Neben den bereits im Abschn. 3.2, S. 93 und im Anhang an verschiedenen Stellen diskutierten Highlights in den Hauptachsenrichtungen (sog. X-, Y- und Z-Lichter) lassen sich auch in jeder beliebigen Lichtstrahlrichtung High-

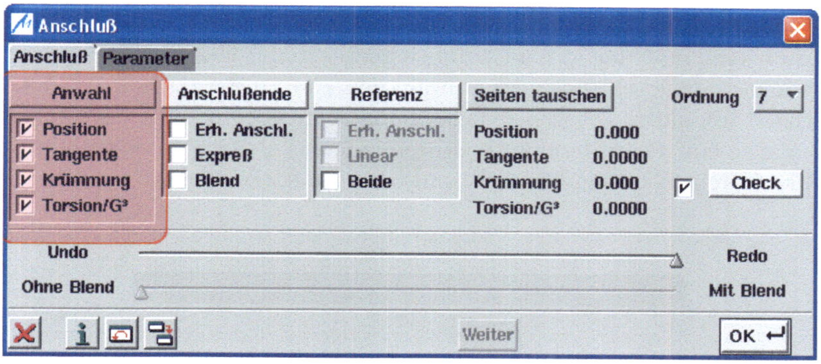

Abb. H.8. Menü zum Kurvenanschluss

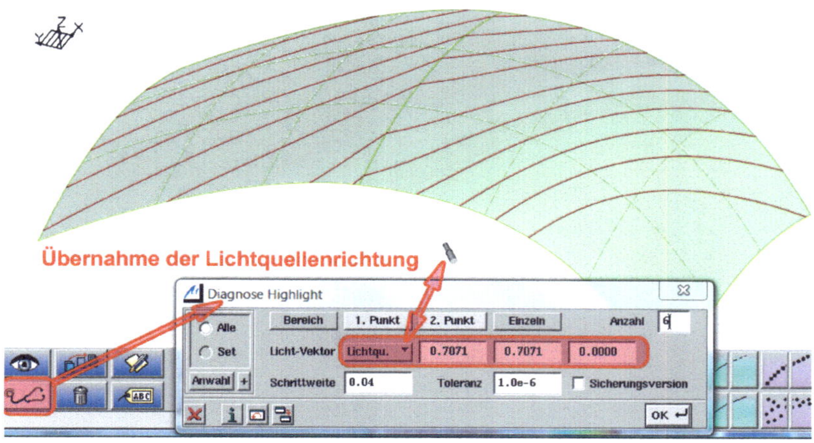

Abb. H.9. Berechnung von ausgewählten Highlights bei vorgegebener Lichtstrahlrichtung, G^1-Übergang

lights erzeugen. Im folgenden Beispiel genügen die X- und auch die Y-Lichter nicht, um Flächenqualitätsmängel auf einen Blick zu entdecken, s. Abb. H.11 und H.12. Neigt man jedoch die Lichtstrahlrichtung wie in den Abb. H.13 bis H.16 um 45 Grad zur Ebene XZ, sieht man die Defekte (wie in Abb. H.13 und H.14) sofort.

In den Abb. H.9 und H.13 bis H.16 illustrieren wir die Übergangsqualitäten zwischen zwei Patches mittels der Highlights in der Diagnosevariante ohne die „Regenbogenfarben“. Fortan wollen wir diese Variante einfach als „farbig“ bezeichnen. In Abb. H.10 haben wir aus Vergleichsgründen die einzelnen Highlights aus Abb. H.9 schwarz eingefärbt und farbigen Highlights zugeschaltet. Die farbige Variante der Highlights kann nur auf schattierten Flächen und stets über dem gesamten angewählten Flächengebiet („global“) erzeugt werden.

Die auf jeder beliebigen Patchdarstellung generierbaren „einfachen“ Highlightkonturen kann man dagegen auch auf eingegrenztem Flächengebiet berechnen. Das Eingrenzen geschieht durch Anwahl von zwei (nicht zusammenfallenden) Oberflächenpunkten. Zwischen beiden Punkten liegt das zu untersuchende Gebiet. Die einfachen Highlightkonturen können (als Diagnosedaten) in Rohdatenkonturen umgewandelt und somit dauerhaft abspeichert werden.

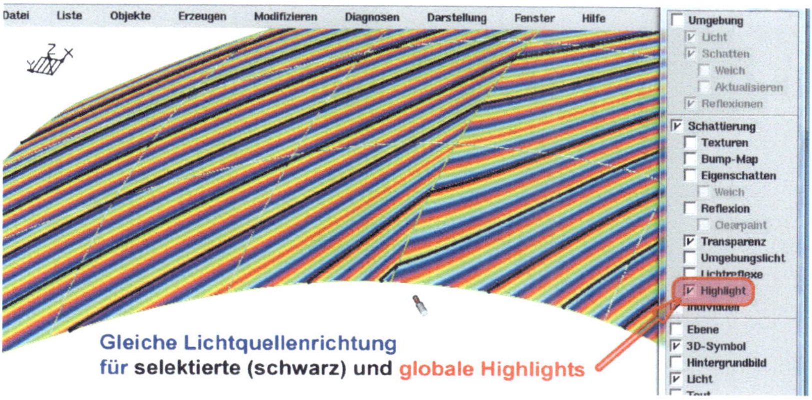

Abb. H.10. Vergleich von einzelnen Highlightkonturen mit „globalen“ farbigen Highlights.

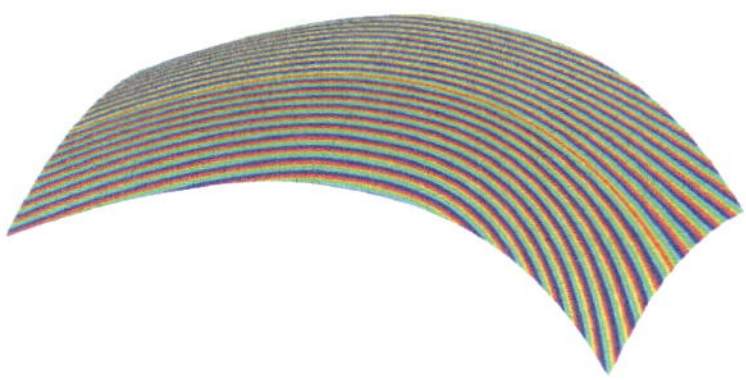

Abb. H.11. Farbige X-Highlights, G^1

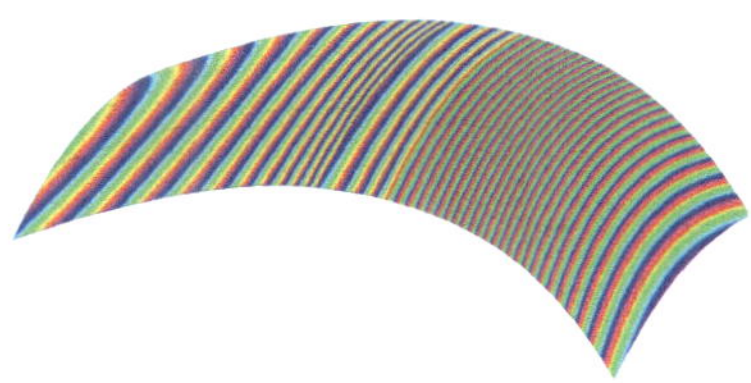

Abb. H.12. Farbige Y-Highlights, G^1

Abb. H.13. Positionsstetigkeit C^0

Abb. H.14. Tangentenstetigkeit G^1

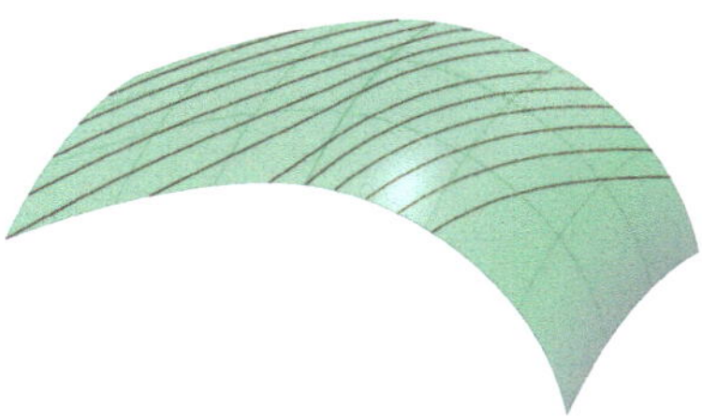

Abb. H.15. Krümmungsstetigkeit G^2

Abb. H.16. Krümmungsänderungs- oder Torsionsstetigkeit G^3

I

Tensorprodukt-Flächen im CAD-System

I.1 Tensorprodukt-Bézier-Patches

Das Anwendungsbeispiel „Patch aus Rohdaten" basiert auf Urdaten aus [5] zu Kap. 5.

Kurzform des Aufrufs: Patch erzeugen – Rohdaten

Liegen die Längs- und Querkonturen bereits in Form eines regelmäßigen Rasters vor, dann kann man mit einem Gummiband-Region-Pick sofort alle Rohdatenkonturen anwählen. Der Checkbutton „Sortieren" ist dann ausgeschaltet, s. Abb. I.1. Andernfalls ist der Button einzuschalten und die Quer- und Längskonturen sind nacheinander zu selektieren, s. Abb. I.6 und I.7. Die Mindestmenge für die Quer- und Längskonturen ist jeweils zwei.

Der Ablauf ist denkbar einfach:

1. Funktion „Patch aus Rohdaten" aufrufen
2. Checkbutton „Sortieren" ausschalten
3. Regionpick über alle Rohdatenkonturen, mit OK bestätigen
4. „Abweichung" einschalten, falls die Ablage zu den Rohdaten angezeigt werden soll
5. OK im Funktionsmenü

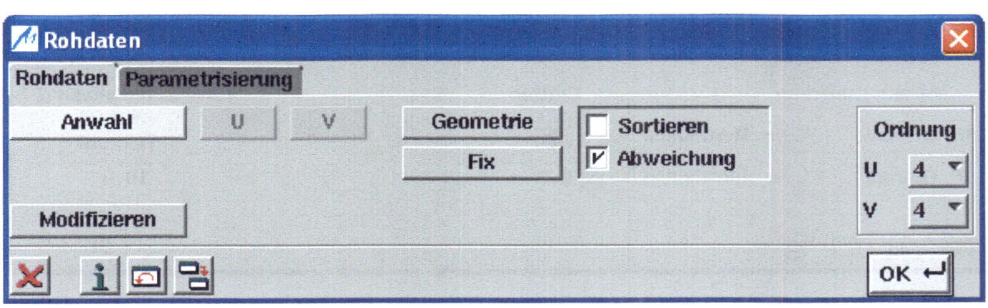

Abb. I.1. Menü zur Anwahl der Rohdatenkonturen ohne aktiviertes Sortieren

oder

1. Funktion „Patch aus Rohdaten“ aufrufen
2. Checkbutton „Sortieren“ einschalten
3. „Anwahl“ anklicken, erst alle U-Konturen selektieren, z. B. die Längskonturen, mit OK bestätigen
4. „Anwahl“ anklicken, dann alle V-Konturen selektieren, z. B. die Querkonturen, mit OK bestätigen
5. „Abweichung“ einschalten, falls die Ablage zu den Rohdaten angezeigt werden soll
6. „OK“ im Funktionsmenü

Falls zusätzliche Geometrie einbezogen werden soll, so ist vor dem „OK“ im Funktionsmenü auszuführen:

1. „Geometrie“ oder „Fix“ anklicken
2. Zusätzliche geometrische Elemente anwählen
3. „OK“ im Funktionsmenü

Um die Anwendungen des in Abschn. 4.2.5, S. 123 vorgestellten Tensorproduktflächenprinzips zu veranschaulichen, würden zwar die Abb. I.4 und I.5 ausreichen, da es sich aber bei der Funktion „Patch aus Rohdaten“ um eine klassische Grundaufgabe handelt, seien hier weitere Kommentare und Bedienungshinweise ergänzend eingefügt:

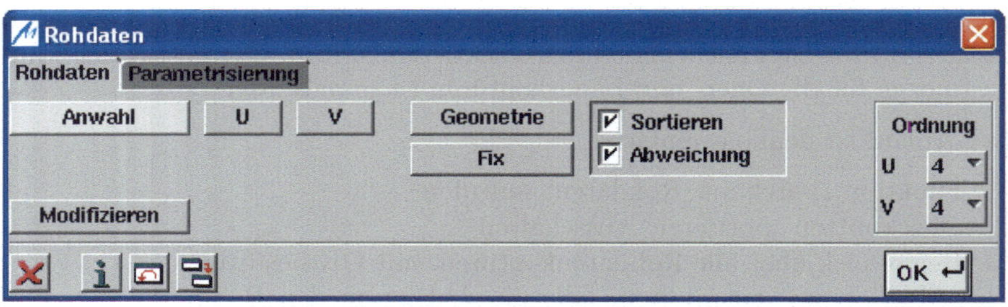

Abb. I.2. Menü zur Anwahl der Rohdatenkonturen mit aktiviertem Sortieren

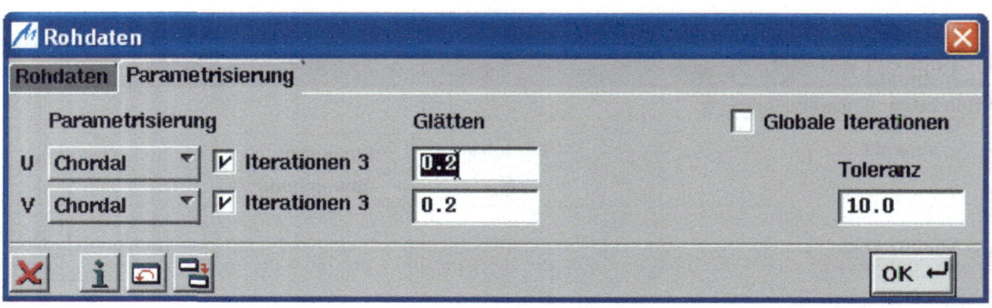

Abb. I.3. Menü zur Parametereinstellung

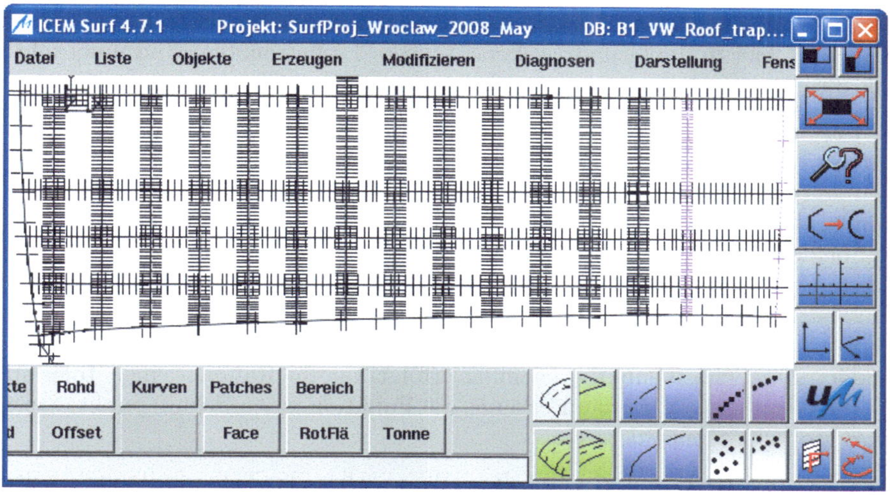

Abb. I.4. Aufruf der Funktion „Patch aus Rohdaten“, Längs- und Querkonturen sind bereits selektiert

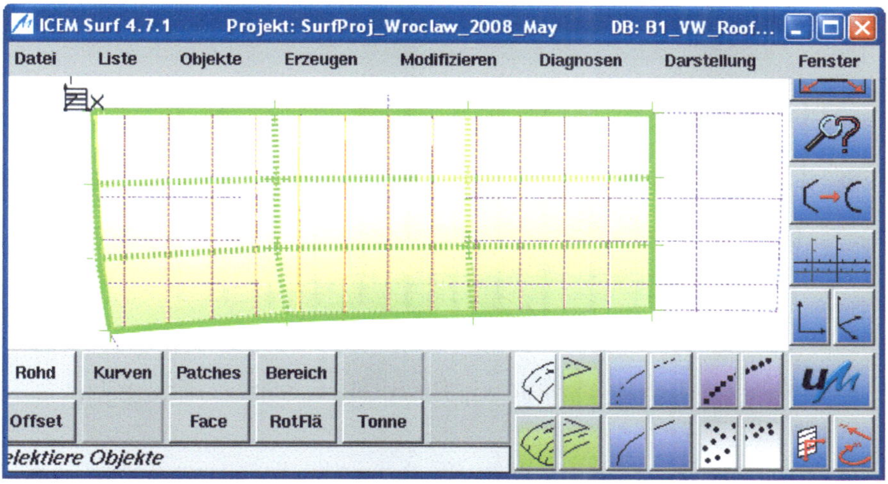

Abb. I.5. Resultat der Funktion „Patch aus Rohdaten“ bei den eingestellten Parametern, s. Abb. I.3

Ein regelmäßiges Raster schließt aus, dass sich Längskonturen untereinander schneiden dürfen. Analog gilt die Einschränkung für Querkonturen.

Die Schar der Querkonturen muss jedoch die Schar der Längskonturen vollständig schneiden und alle Querkonturen sollten dabei exakt auf der 1. Längskontur oder davor beginnen und exakt auf der gegenüberliegenden letzten

Längskontur enden oder darüberhinausragen, wenn wir eine geeignete Projektion, z. B. hier in die Grundrissebene, s. Abb. I.4 betrachten. Und umgekehrt gilt dies für den Schnitt der Längskonturen mit den Querkonturen.

Wir erinnern uns jedoch daran, dass sich die räumlichen Längs- und Querkonturen räumlich gesehen, sich aufgrund von Messfehlern fast nie exakt schneiden werden. Im Normalfall werden zwei sich kreuzende Rohdatenkonturen windschief aneinander vorbeiführen. Es besteht dann die Aufgabe, die Stellen auf beiden räumlichen Rohdatenkonturen zu ermitteln, an denen der kürzeste Abstand d zwischen beiden Konturen besteht. Verbindet man die beiden gefundenen Punkte mit einer Geraden, so erhalten wir das sog. „Gemeinlot". Der Halbierungspunkt des Gemeinlotes wird dann zum gesuchten Schnittpunkt erklärt. Die Schnittpunktberechnung erfolgt nur im Rahmen einer Toleranz TOL. Wenn $d \leq TOL$, dann erkennt die Funktion einen Schnittpunkt, sonst wird ein Fehler gemeldet.

Die Funktion bestimmt also auf diese Weise selbst die Netzschnittpunkte des Rohdatenrasters. Die äußersten Schnittpunkte in den Ecken werden zu Patcheckpunkten erklärt.

Die äußeren Rohdatenkonturen bilden die Patchränder. Im Fall „Sortiert" wird die u-Richtung des Patches aus der Selektionsreihenfolge abgeleitet. Die zuerst

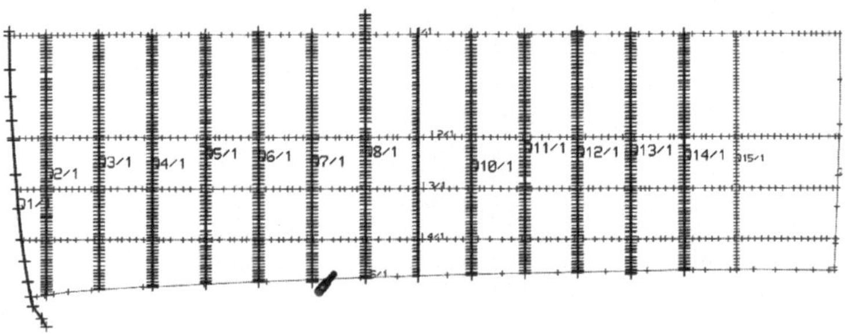

Abb. I.6. Rohdatenkonturen in Querrichtung, schwarz dargestellt

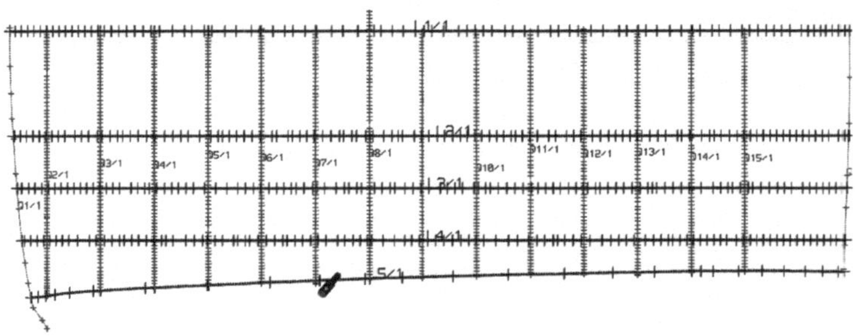

Abb. I.7. Rohdatenkonturen in Längs-Richtung, schwarz dargestellt

angeklickte Rohdatenkontur bestimmt den u-Rand. Die positive Richtung auf diesem Rand ergibt sich durch die zuletzt angeklickte Kontur.

Ist diese Regel nicht einzuhalten, weil vier umschließende Randkurven mit einbezogen werden, die nicht parallel zum Raster (sondern dazu konvergierend) liegen, dann ist z. B. die betreffende Längskontur, die zwar am linken Querrand beginnt, aber nicht den gegenüberliegenden rechten Rand erreicht, sondern vorher schon den unteren Rand in Längsrichtung schneidet, zu eliminieren. In unserem Beispiel wurde die Längskontur L4a in Abb. I.8 deshalb entfernt.

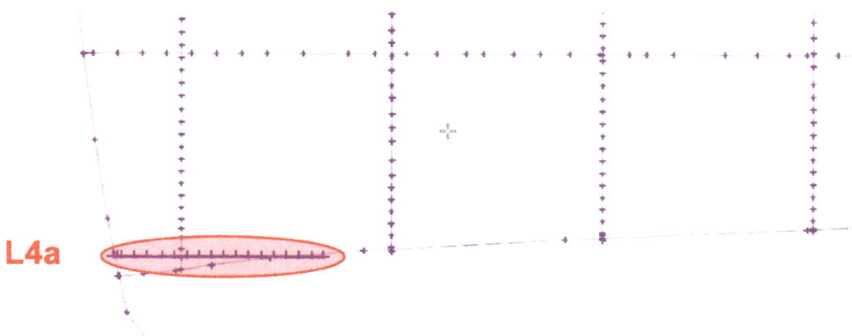

Abb. I.8. Eliminierte Rohdatenkontur (rot) in Längs-Richtung

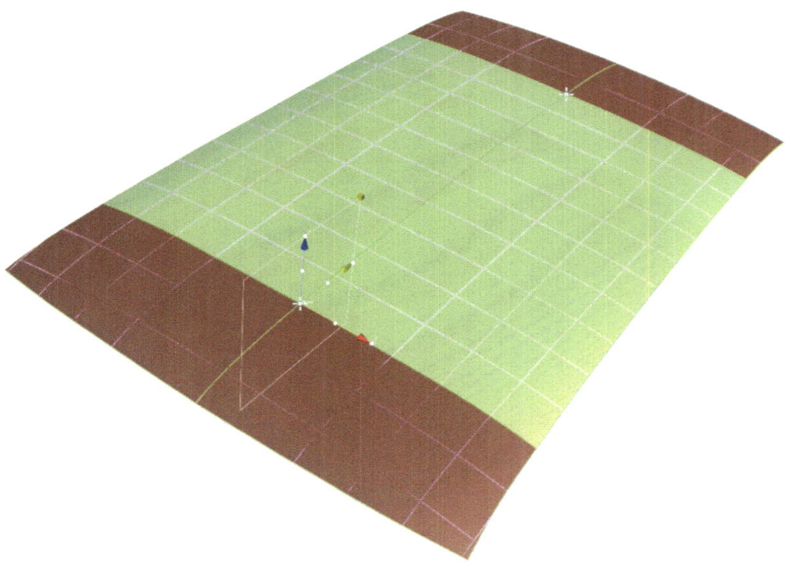

Abb. I.9. Dachfläche bestehend aus drei Patches, gespiegelt an der Längsmittelebene $y = 0$, in Zentralperspektive

Möchte man trotzdem vom regelmäßigen Raster abweichende Geometrieelemente mit einbeziehen, so kann man dies mit Hilfe des Anwahlknopfes „Geometrie“ erreichen. Nach dem Anklicken erfolgt die Aufforderung zur Selektion der zusätzlichen Geometrie. Klickt man statt „Geometrie“ den Knopf „Fix“ an, wirkt die Zusatzgeometrie noch stärker auf das Endergebnis.

Jede Längs- und Querkontur muss außerdem als eine separate Rohdatenkontur vorliegen, z. B. könnten die Längskonturen L1, L2, ..., LN und die Querkonturen Q1, Q2, ..., QM heißen. Dabei kommt es nicht auf solche speziellen Namen an, sondern meistens existiert ja schon ein automatisch (beim Abtastvorgang oder auch beim Schneiden eines Scans mit Ebenen) vergebener Name.

Selbstverständlich darf eine Rohdatenkontur (Molekül) aus aneinandergesetzten Rohdatenabschnitten (Atomen) bestehen, also ein L* bzw. Q* könnte die Abschnitte bzw. Atome (L*/1, L*/2, ..., L*/K) bzw. (Q*/1, Q*/2, ..., Q*/R) haben, wobei K die Anzahl der Abschnitte von L* und R die Anzahl der Abschnitte von G* ist. Nur ist darauf zu achten, dass alle Rohdatenabschnitte (Atome) L*/* bzw. Q*/*, die zum Molekül L* bzw. Q* gehören, auch in der aktuellen Displayliste, in der wir gerade die Funktion *Patch aus Rohdaten* ausführen wollen, vorhanden sind. Fehlt ein Rohdatenabschnitt (Atom), z. B. L*/3, welches vielleicht sogar in einer anderen Displayliste vorhanden ist, dann wird die Funktion ihren Dienst verweigern und mit einer Fehlermeldung abbrechen.

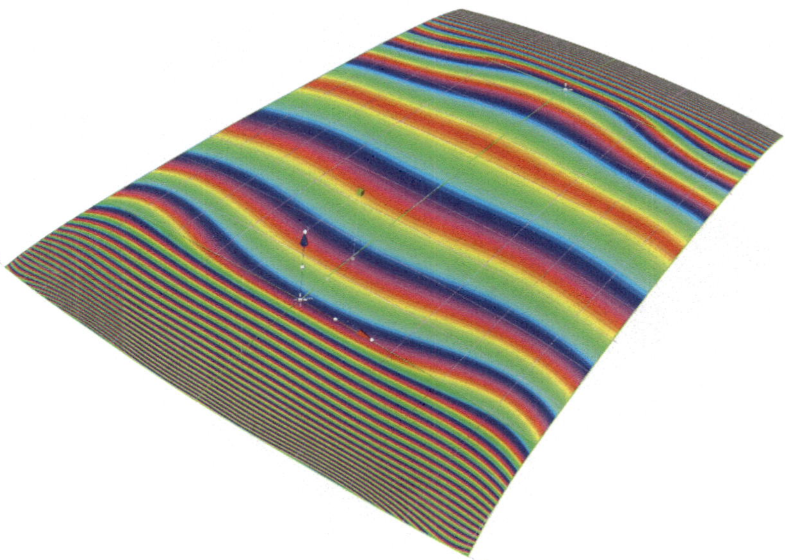

Abb. I.10. Wie vorher, nur mit Highlights

Die Ursache liegt darin, dass einige CAD-Funktionen vollständige Moleküle voraussetzen. Mit Hilfe des Objekteditors können wir jedoch der betreffenden Funktion die benötigten vollständigen Moleküle organisieren. Man kreiert einfach ein neues Molekül mit einem neuen Namen und ordnet per Selektion die Atome, die man benötigt, diesem neuen Molekül-Namen zu. Dann ist die Konsistenz wieder gegeben.

Was die Parameter im Untermenü in Abb. I.3 betrifft, so erzielt man erfahrungsgemäß gute Ergebnisse mit der Einstellung „Chordal". Bei einer Kurvenapproximation bedeutet „Chordal", dass der Kurvenparameter t der normierten akkumulierten Bogenlänge des Sehnenpolygonzuges entspricht, welcher der Approximation der Rohdatenkontur zugrunde gelegt wird. Analog gilt dies auch für das zu erzeugende Patch in den Parameterrichtungen u und v.

Auch die Anfangsordnungen in u- und v-Richtung mit je Ordnung 4 und der Glättfaktor 0,2 sind gute Startwerte. Setzt man den Glättfaktor höher an, dann wird die zu erzeugende Fläche bzw. das Patch zwar glatter, aber auf Kosten größerer Abweichungen von den Rohdaten.

Bei dem Patch in Abb. I.5 sind die Krümmungsverhältnisse noch nicht berücksichtigt! Nach krümmungsabhängiger Segmentierung und Korrektur der Mittensymmetrie könnte das Ergebnis aber etwa so wie in den Abb. I.9 und I.10 aussehen. Das flache mittlere grüne Patch weist eine geringe Krümmungsänderung auf und wird zum Masterpatch erklärt. Danach folgen die anschließenden braunen Patches mit größerer Krümmungsänderung.

J

Konversion von Flächen im CAD-System

Kurzform des Aufrufs der Funktion: Fläche – Modifizieren – Konvert

In Abb. J.1 wird der Weg zur Konversion in ein Bézierpatch gezeigt. Die rote Fläche ist das B-Spline-Patch, von dem wir einen Teil approximativ in ein Bézierpatch umwandeln wollen.

Hinweis: Im Unterschied zu einem Bézierpatch, welches stets einsegmentig ist, weist ein B-Spline-Patch noch innere Segmentpatches auf.

Umgekehrt ist auch die Umwandlung eines Verbandes von Bézierpatches in ein „einziges" B-Spline-Patch möglich. Dies ist z. B. nützlich, wenn man den Verband von Bézierpatches „global" modellieren will. Im B-Spline-Patch bleiben in jedem Falle die Übergänge zwischen den inneren Segmentpatches erhalten.

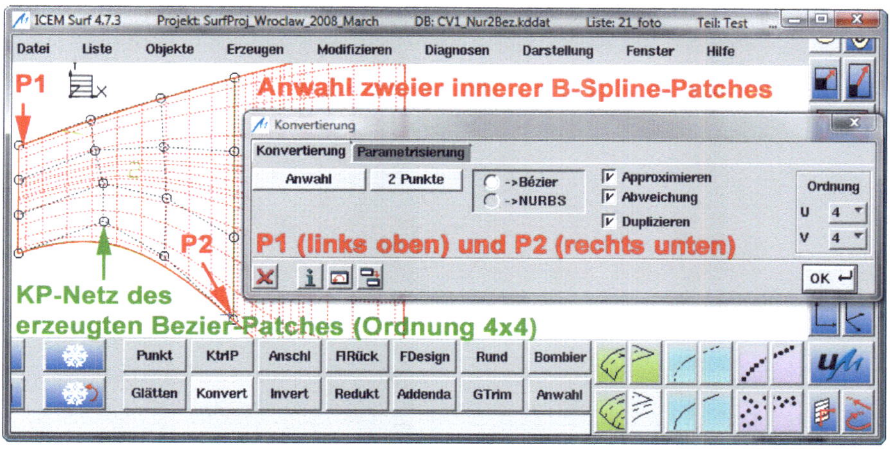

Abb. J.1. Konversion eines Teiles einer B-Spline-Fläche in ein Bézier-Patch

K

Komplexübung Conceptional Design

K.1 Kurven aus Rohdaten

Hinweis zum Begriff *Conceptional Design*:

Auch in der deutschsprachigen CAD-Anwendergemeinschaft hat sich der engl. Begriff durchgesetzt, weil damit der Unterschied zum deutschen Begriff *Design* besser ausgedrückt werden kann. Im Deutschen versteht man unter Design die Kunst der (künstlerisch orientierten, ästhetischen) Formgestaltung, im Englischen dagegen bedeutet *Design* ganz allgemein Konstruktion. Da nun *Conceptional Design* auch im Englischen sein Synonym im *Styling* hat, finden wir damit im erstgenannten Begriff den gleichen Sinn in beiden Sprachen.

Hinweis: Obige Erklärung wurde aus der Sicht eines CAD-Anwenders in der Automobilindustrie geschrieben. Wer sich näher mit dem Begriff *Design* aus interner Designer-Sicht beschäftigen möchte, dem sei [6] zu Kap. 1 als Literatur empfohlen.

Die folgende Übung beruht auf einem Urdatensatz aus [5] zu Kap. 5.

Nehmen wir an, es seien wiederum Designskizzen vorhanden, aus denen wir über den Weg der Einblendung von Hintergrundbildern die folgenden Rohdaten entnehmen, siehe Abb. K.1. Auf die Darstellung der Hintergrundbilder verzichten wir jedoch diesmal, da wir diese Möglichkeit bereits in vorangegangenen Übungen hinreichend kennengelernt haben.

Aus den Rohdaten entwickeln wir eine Leitkurve über den gesamten Längsmittelschnitt und zwei Querprofile. Man beachte die Einstellungen in den Menüs, s. Abb. K.3 und K.4. Die Resultatkurven sehen wir in Abb. K.2.

Kurzform des Aufrufs: Kurven erzeugen – Approximieren

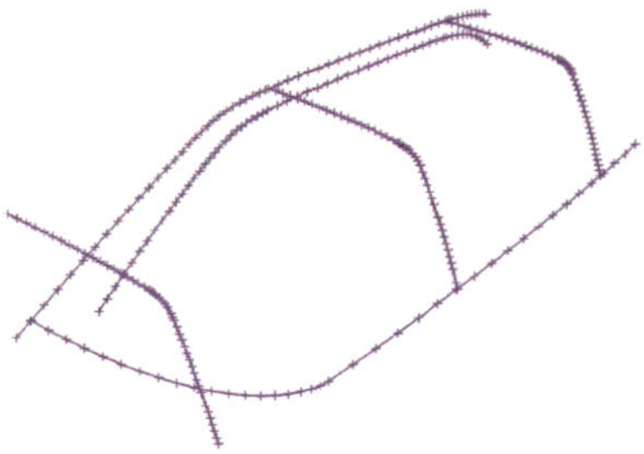

Abb. K.1. Gegebene Rohdaten

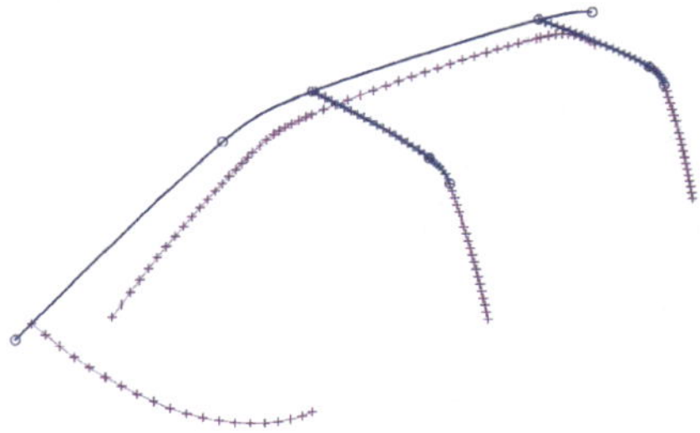

Abb. K.2. Leit- und Querprofilkurven für eine Dachfläche

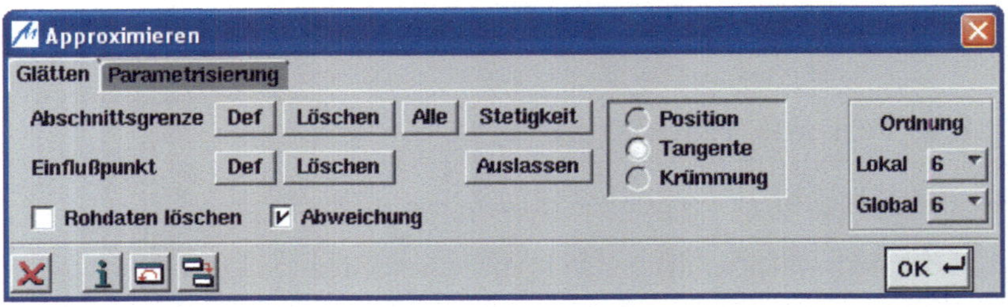

Abb. K.3. Menü Kurvenerzeugung, Wahl der Ordnung und der Übergangsbedingungen

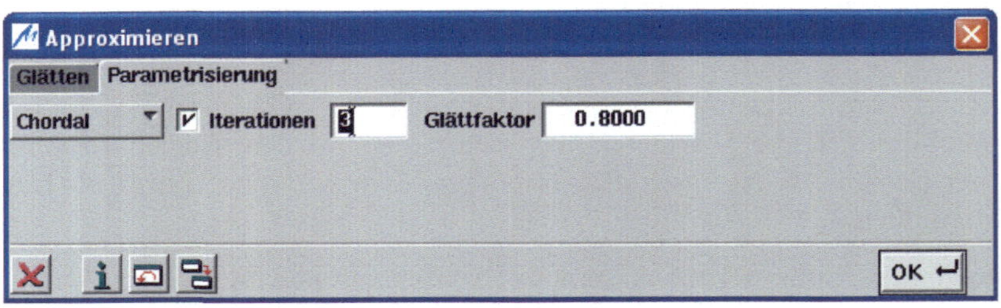

Abb. K.4. Menü Kurvenerzeugung, Parameter, Glättungsfaktor

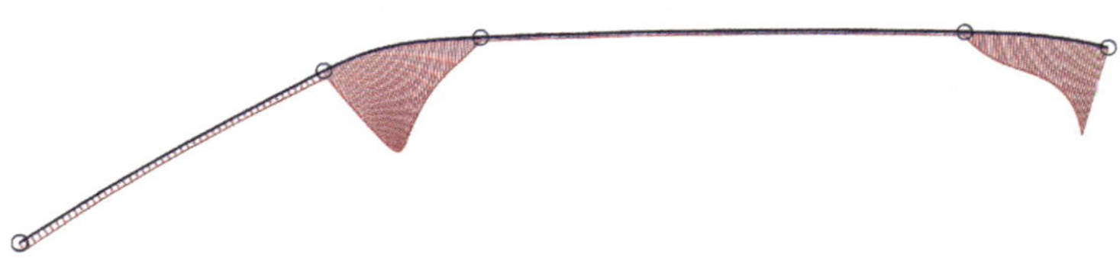

Abb. K.5. Krümmungsbild für die Leitkurve $y = 0$

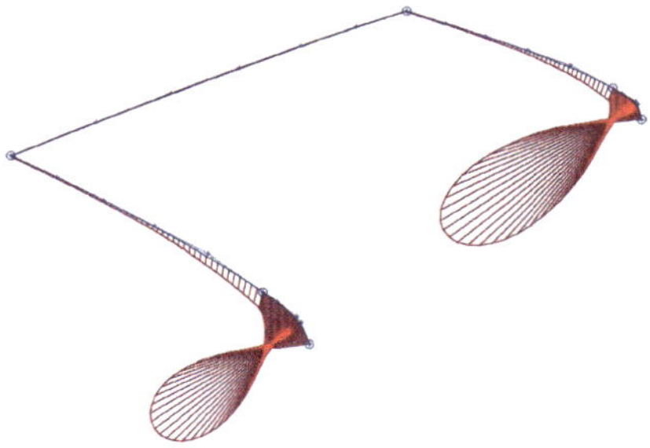

Abb. K.6. Krümmungsbilder für die Profilkurven quer zur Leitkurve

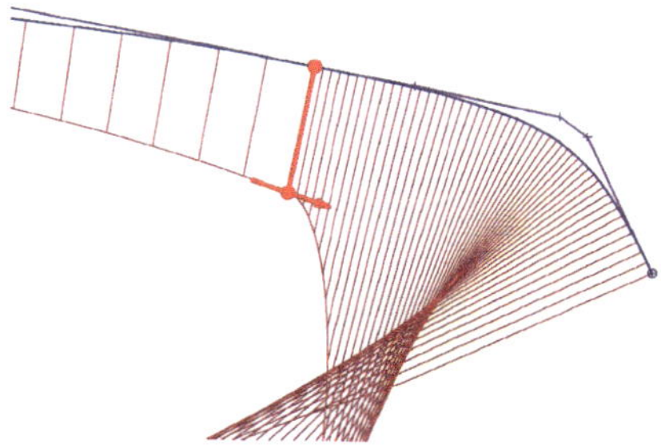

Abb. K.7. Krümmungsbild an der Segmentgrenze

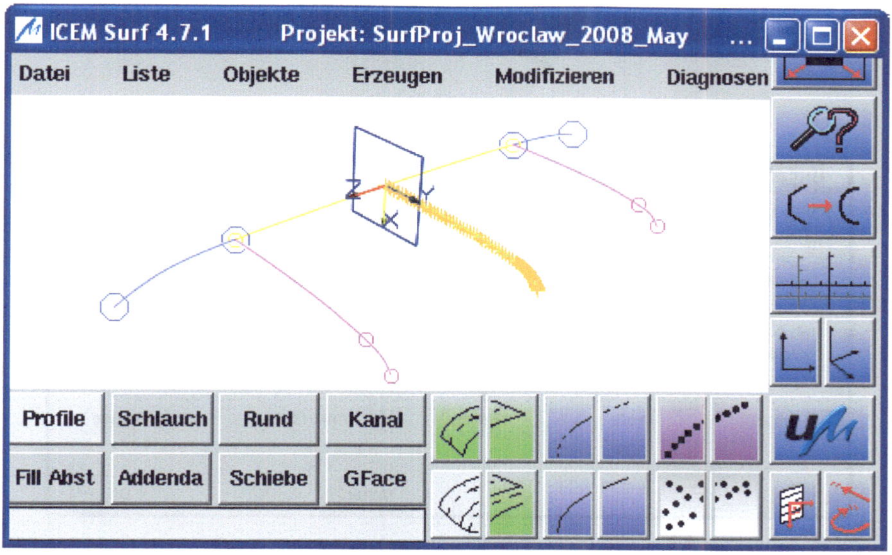

Abb. K.8. Eingabedaten für die Profilfunktion

K.2 Profilfläche aus Kurven

Kurzform des Aufrufs: Fläche erzeugen – Profile.

Man beachte die Parametereinstellungen in den Abb. K.10 bis K.13.

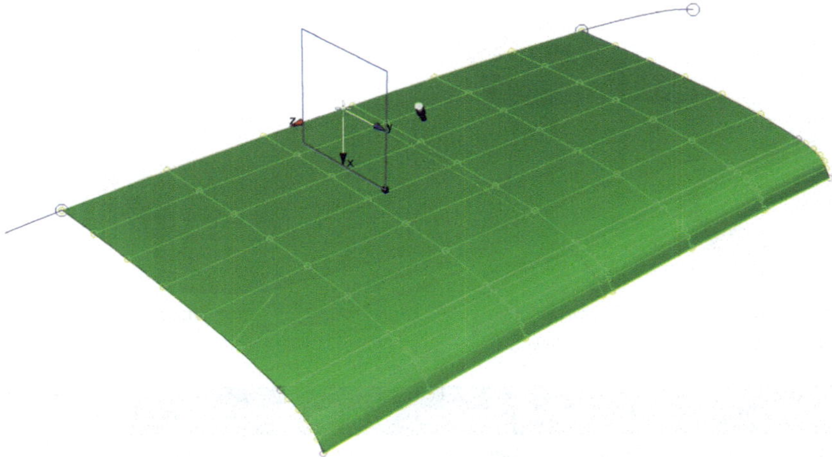

Abb. K.9. Resultat der Profilfunktion

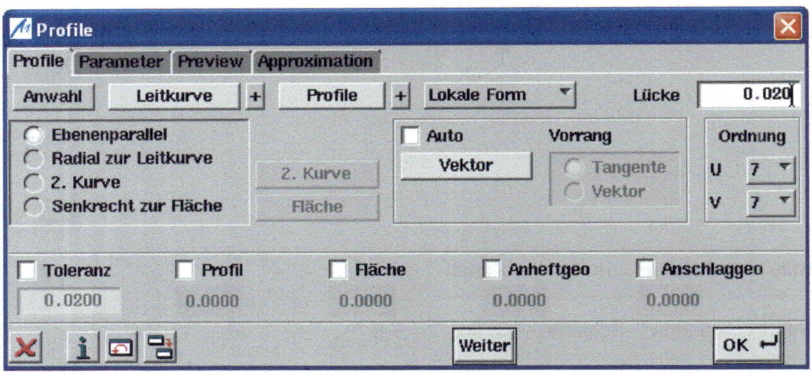

Abb. K.10. Hauptmenü, Art der Profilfläche, Ordnung

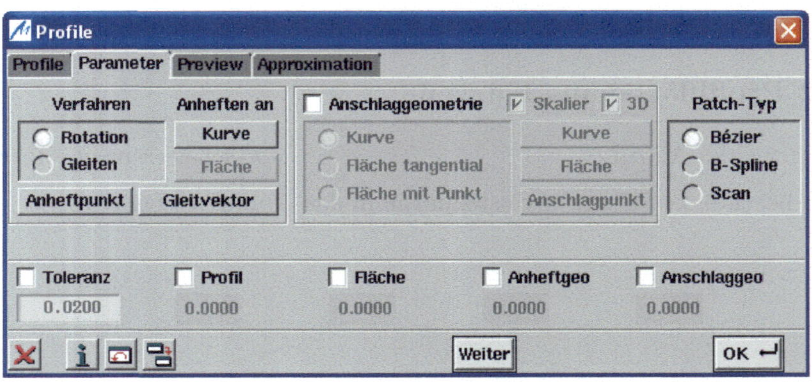

Abb. K.11. Rotation/Gleiten, Patchtyp, geometrische Nebenbedingungen

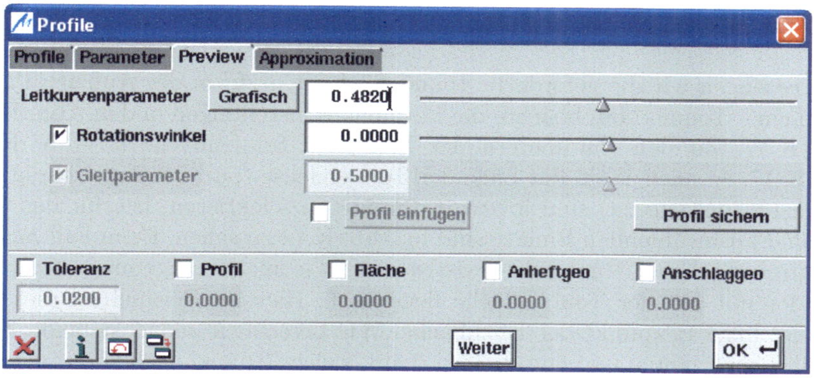

Abb. K.12. Preview-Untermenü

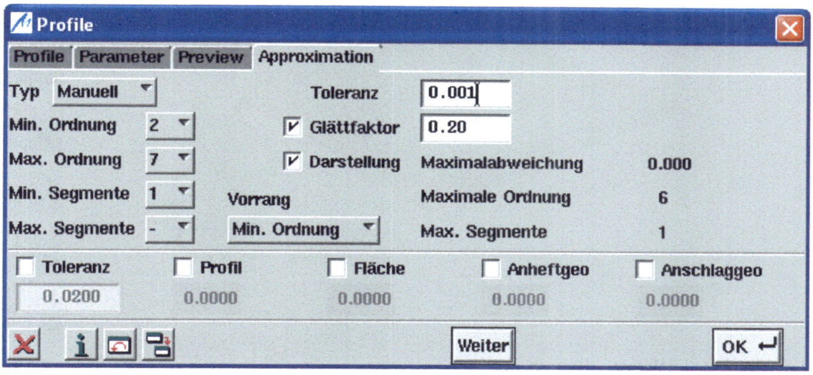

Abb. K.13. Untermenü zu Approximationsparametern

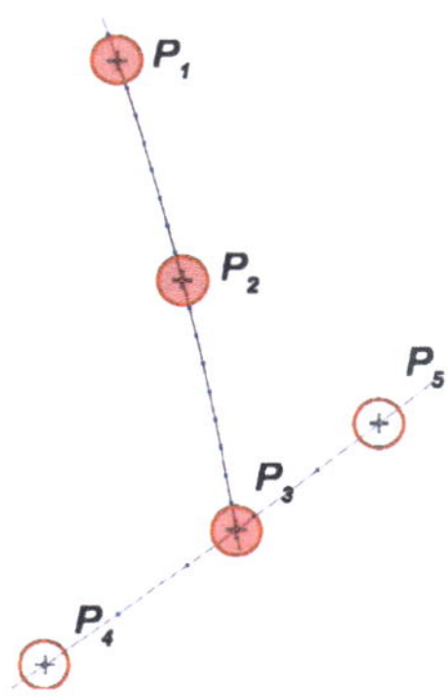

Abb. K.14. Inputdaten für Tonnenfläche

K.3 Tonnenfläche aus Rohdaten

Nun erzeugen wir die geforderte Tonnenfläche. Kurzform des Aufrufs: Patch erzeugen – Tonne. Man beachte die Parametereinstellungen in den Abb. K.16 und K.17. Zu den Parametern der Funktion Tonnenfläche s. Abb. K.16 und K.17. Je nach Wahl der Lage der Tonnenachse (parallel bzw. schräg zur Fahrzeuglängsachse x) sind 5 bzw. 6 Punkte zu selektieren. Die für den Fall *Parallel* anzuwählenden Punkte sind in Abb. K.14 zu sehen. Beim Fall *Schräg* ist ein zusätzlicher Punkt der existierenden Geometrieumgebung anzuwählen, der mit auf der Tonnenfläche liegen soll. Hier im Beispiel sei dies der vordere linke Eckpunkt der Dachfläche. Wir berechnen zunächst beide Tonnenflächenvarianten und entscheiden dann, welche Tonnenfläche besser passt,

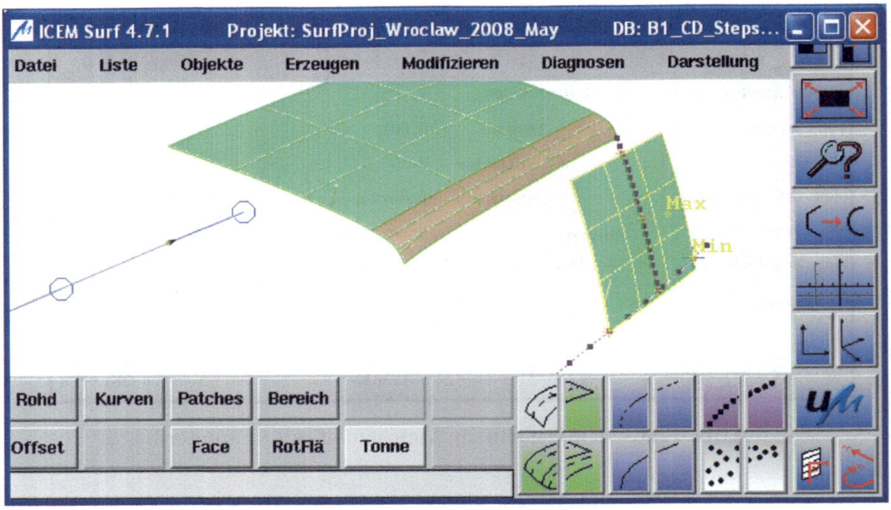

Abb. K.15. Aufruf der Funktion Tonnenfläche und Erstresultat

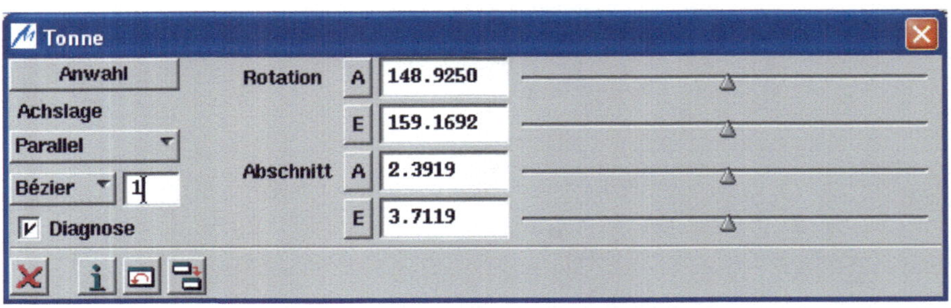

Abb. K.16. Menü, Achslage parallel

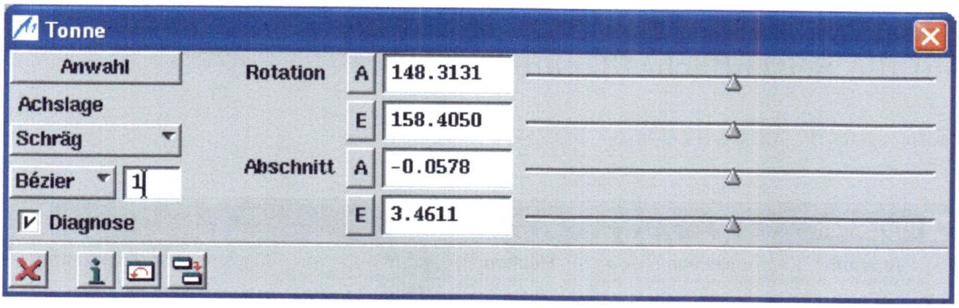

Abb. K.17. Menü, Achslage schräg

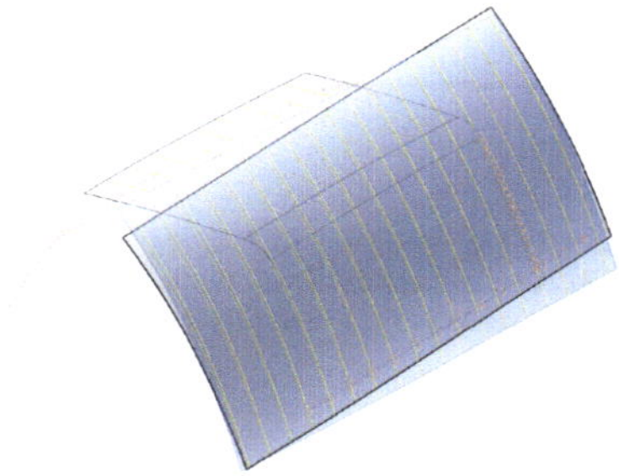

Abb. K.18. Beide Tonnenflächen im Vergleich

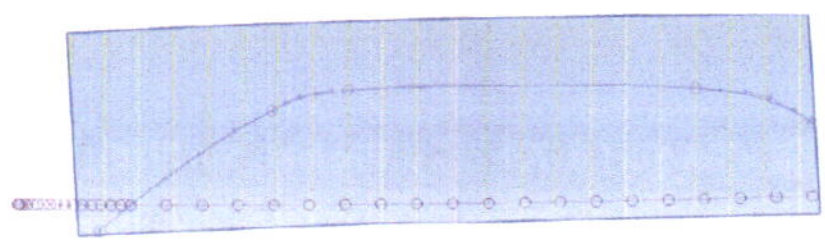

Abb. K.19. Tonnenfläche 2 interaktiv extrapoliert

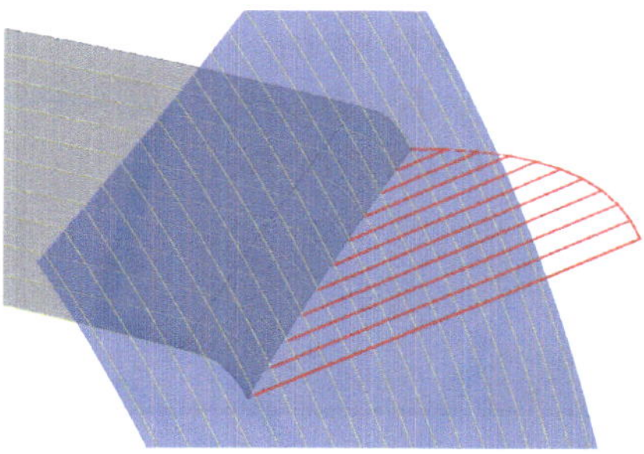

Abb. K.20. Abstand des unteren Randes der Profilfläche zur Tonnenfläche 1, Diagnosewerte (rot) 50-fach überhöht, x-Schnitte (gelb) ebenfalls berechnet

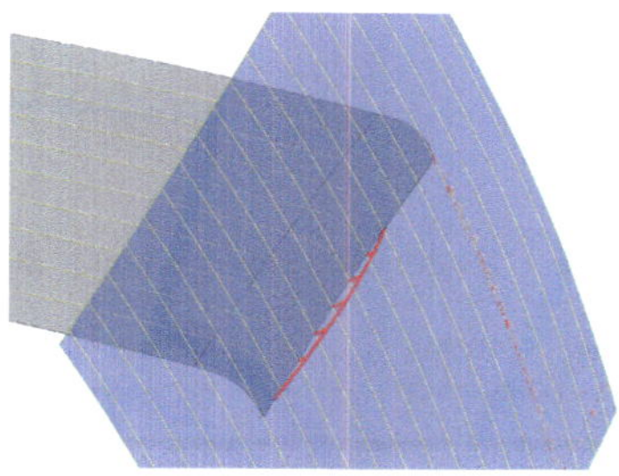

Abb. K.21. Abstand des unteren Randes der Profilfläche zur Tonnenfläche 2, gleicher Überhöhungsfaktor, gleiche Farben

s. Abb. K.20 und K.21. Nach der Diagnose ist dies die Tonnenfläche 2. Deshalb arbeiten wir mit dieser Fläche weiter!

Wir extrapolieren nun das Patch der Tonne 2 soweit, dass in Riss XZ die begrenzende Seitenscheibenkontur mit Sicherheit noch überdeckt wird, s. Abb. K.19.

K.4 Projektion einer Begrenzungskurve auf die Seitenfläche/Tonne

Siehe Abb. K.22 bis K.25.

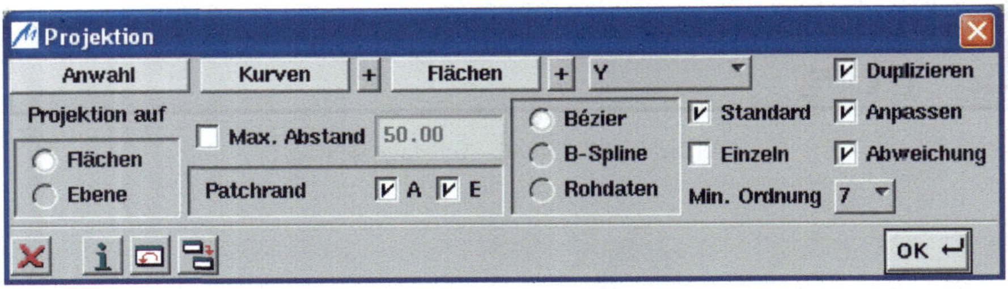

Abb. K.22. Menü Kurvenprojektion

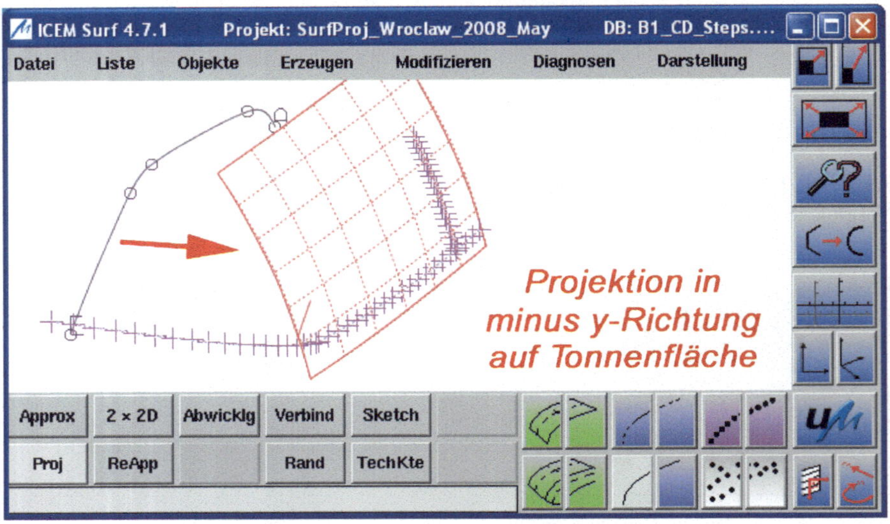

Abb. K.23. Kurvenprojektion – Anwahl

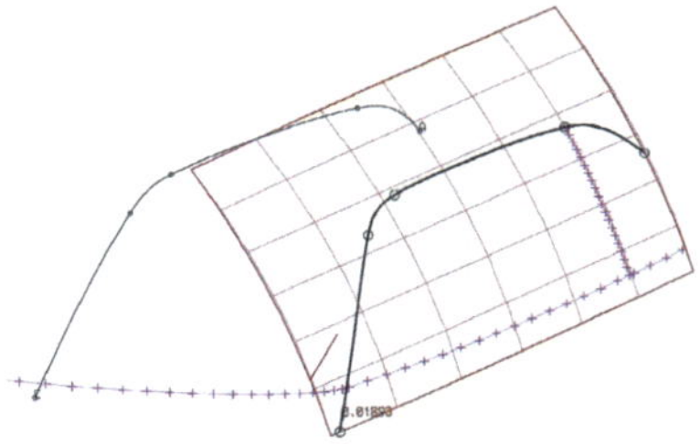

Abb. K.24. Kurvenprojektion – Resultat

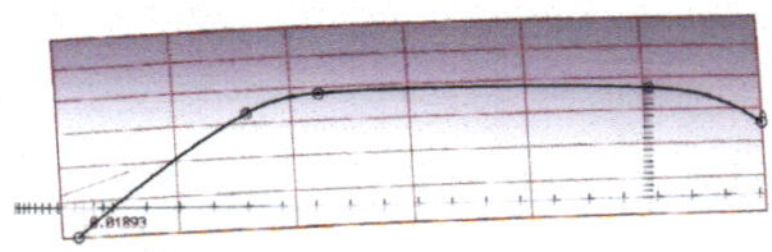

Abb. K.25. Kurvenprojektion – Resultat, XZ-Riss

K.5 Anschluss der Dachfläche an die Tonnenfläche

Der Anschluss wird hier in zwei Schritten realisiert. Um den Einlauf der Dachfläche in das Innere der Seitenscheibenträgerfläche, hier durch die Tonne dargestellt, besser erkennen zu können, betrachten wir die geometrische Situation aus dem Inneren der Fahrgastzelle.

K.5.1 Anschluss der Dachfläche an die projizierte Kurve

Siehe Abb. K.26.

K.5.2 Anschluss ins Innere der Tonnenfläche

Siehe Abb. K.27 und K.28.

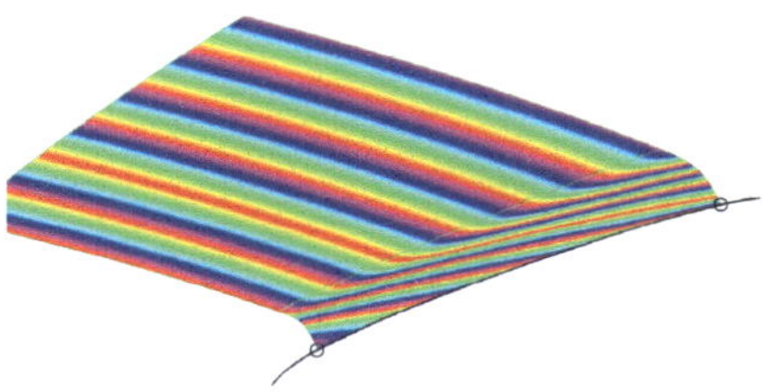

Abb. K.26. Anschluss des Dachpatches an die projizierte Kurve, Blick von innen

Abb. K.27. Nach Anschluss des Dachpatches ins Innere der Tonnenfläche

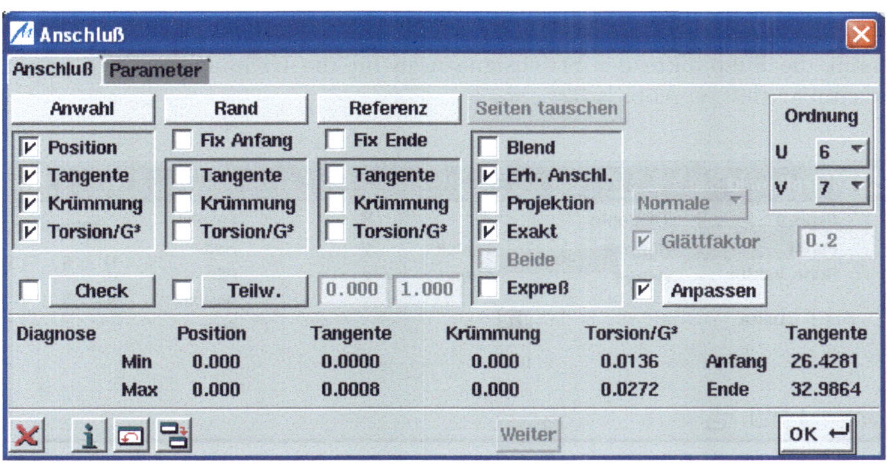

Abb. K.28. Anschlussmenü

K.6 Facen der Tonnenfläche an den Begrenzungskurven

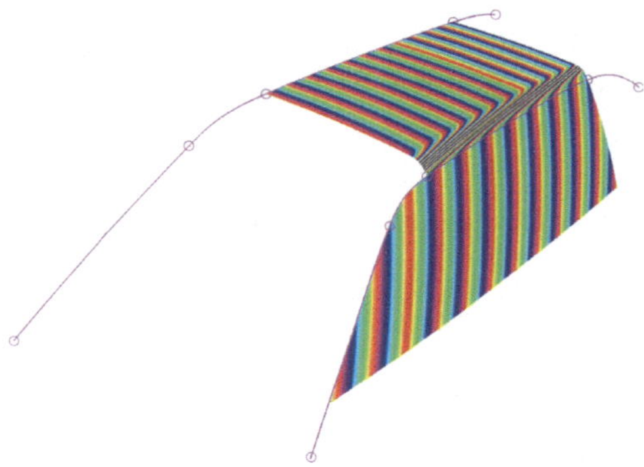

Abb. K.29. Zwischenstand Dachfläche plus Face von der Seitenscheibe

K.7 Modellieren der Windschutzscheibe

Wir beginnen mit einer Regelfläche, Ordnung 5×2 und erhöhen systematisch die Ordnung bis auf 5×5. Dabei betrachten wir die Situation immer in drei Hauptrissen und einer Perspektive und schalten dazu die Schnitte $z = \text{const.}$ (rot) ein. Beginnen wir im Riss XY, dann fixieren wir Z, s. Abb. K.30. Schalten wir danach den Riss XZ, dann klemmen wir Y fest, s. Abb. K.31. Die Kontrollpunktmanipulation findet in jeweils freien Koordinatenrichtungen statt.

Bei der graphischen Kontrolle wird die Anzahl der inneren Isolinien angepasst, damit die Fußpunkte der Strichsignaturen für die Krümmungswerte besser erkennbar sind, s. Abb. K.32.

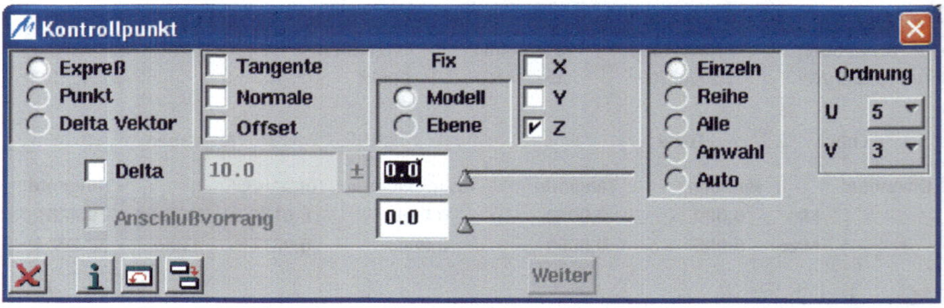

Abb. K.30. Menü zum Kontrollpunkt-Ziehen, Z-fix

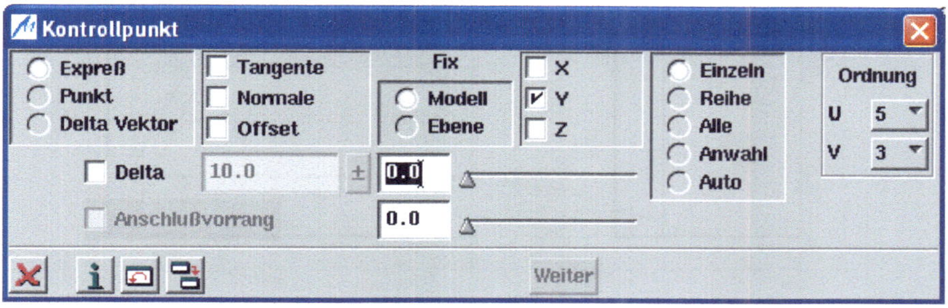

Abb. K.31. Menü zum Kontrollpunkt-Ziehen, Y-fix

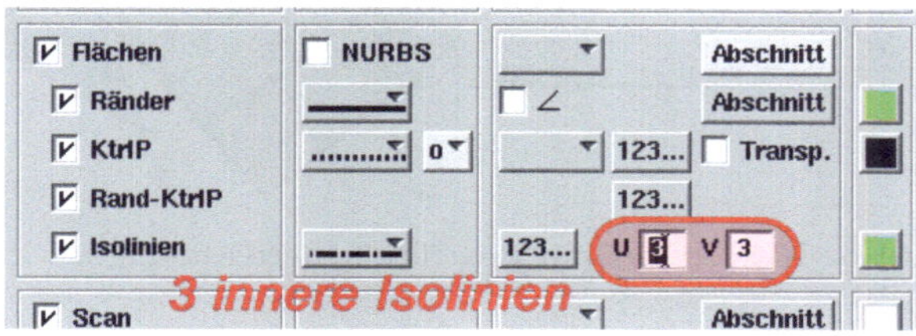

Abb. K.32. Angepasste Darstellparameter

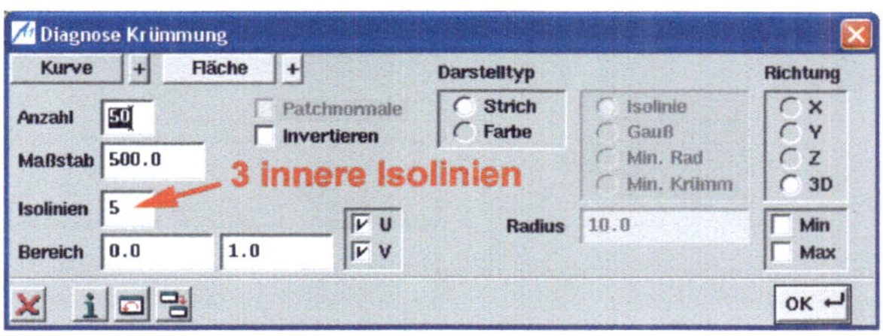

Abb. K.33. Menü, Krümmungswerte in u- und v-Richtung, Faktor 500

Nach Erhöhen auf Ordnung 5×5 und Feinjustieren des Kontrollpunktnetzes von Hand ergibt sich der Zwischenstand in Abb. K.37.
Nach Erzeugen der Mittensymmetrie per Knopfdruck kontrollieren wir die erreichte Form der Windschutzscheibe wie in Abb. K.38 bis K.40.
Wir definieren nun eine Hilfsgerade im Grundriss wie in Abb. K.41 und trimmen die Scheibenfläche daran. Damit zerfällt diese in zwei Patches, s. Abb. K.42. Der Rand des Patches, welches die Seitenscheibenfläche (Face) berührt, wird anschließend positionsstetig an jene angeschlossen.
Als nächstes kontrollieren wir die Qualität der Begrenzungskurve mit Hilfe der Krümmungsdiagnose, s. Abb. K.43. Abschließend folgen noch die Projektion der Begrenzung für die Windschutzscheibe und die globale Faceoperation, s. Abb. K.44. Die beiden Flächen durchdringen sich. An der Schnittkurve wird gefact.

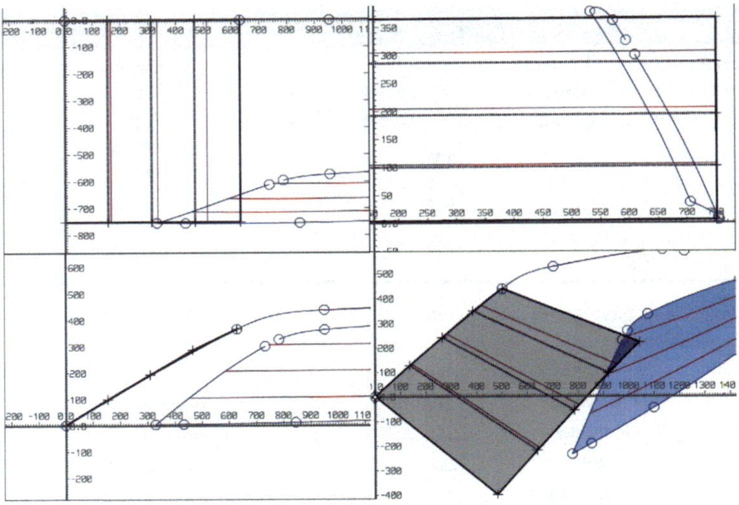

Abb. K.34. Start mit Regelfläche der Ordnung 5×2

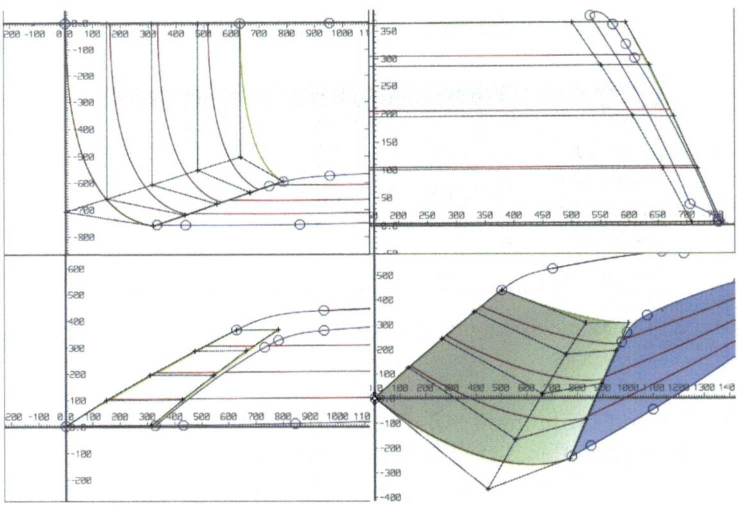

Abb. K.35. Erhöhen auf Ordnung 5×3 und KP-Justierung im Riss XY, z-fixiert

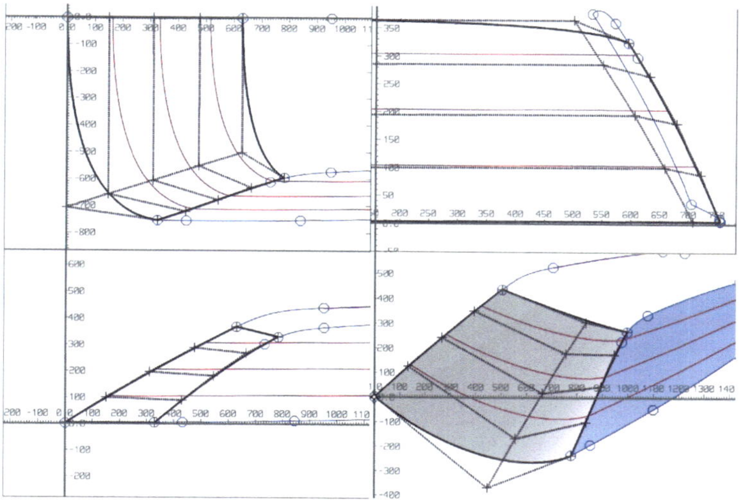

Abb. K.36. Ordnung 5 × 3, Stand nach Justierung des KP-Netzes im XZ-Riss, y-fixiert

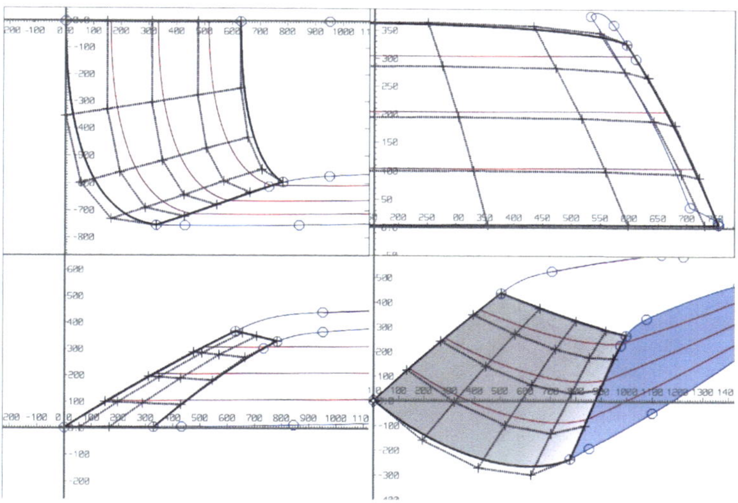

Abb. K.37. Erster Zwischenstand bei Ordnung 5 × 5

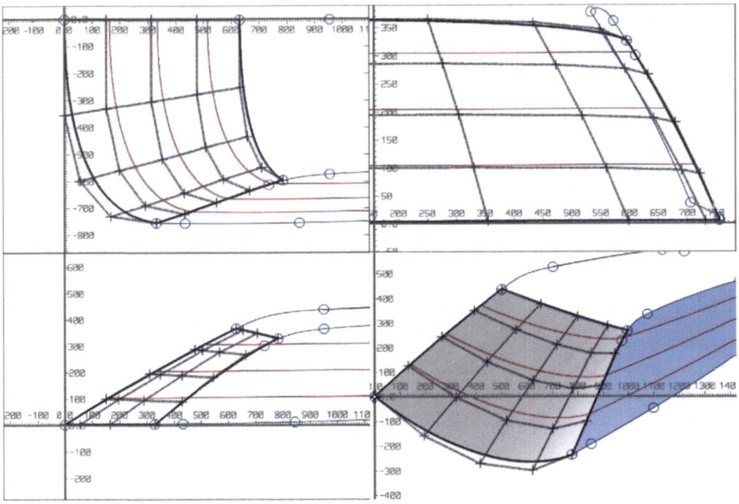

Abb. K.38. Zweiter Zwischenstand bei Ordnung 5×5

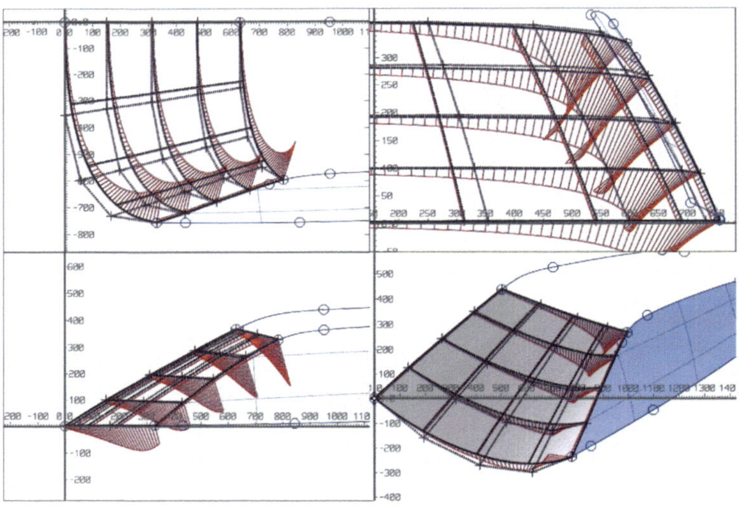

Abb. K.39. Kontrollpunkt- und Isoliniennetz

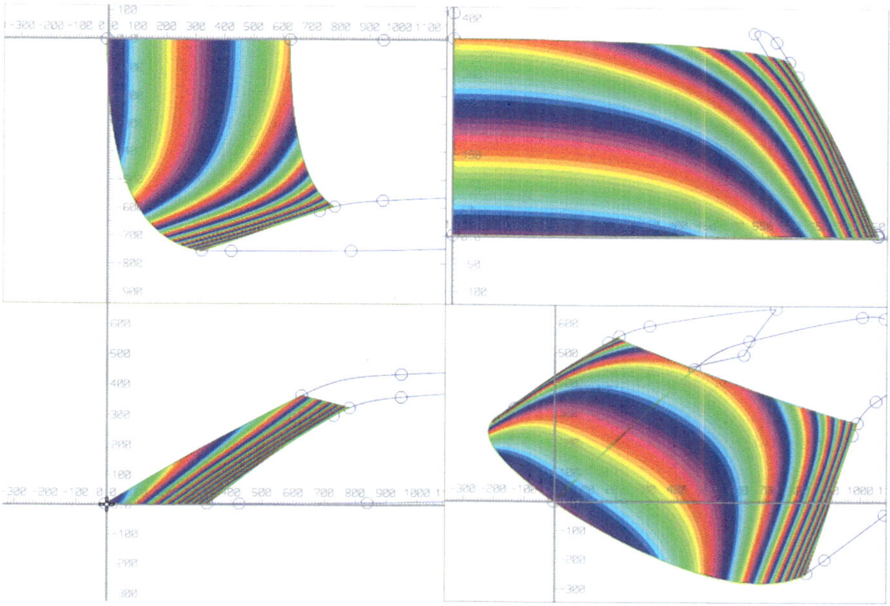

Abb. K.40. Endkontrolle mit Highlights in vier Ansichten

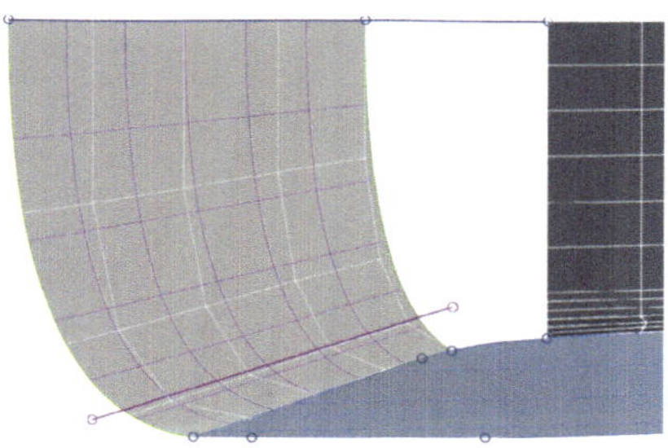

Abb. K.41. Abtrennen der A-Säule durch Trimmen an einer Grundrissgeraden

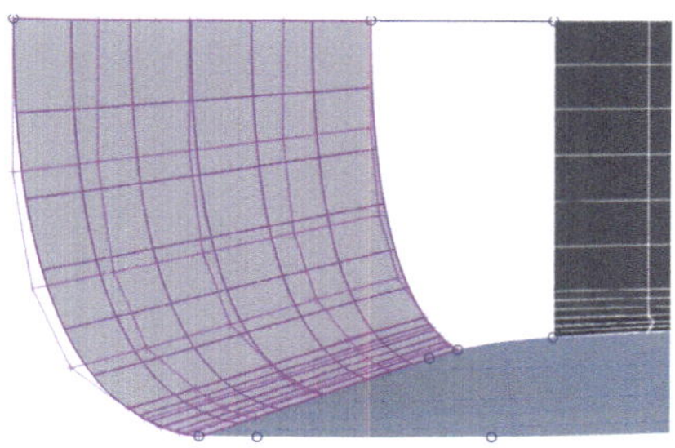

Abb. K.42. Zerlegung der Scheibenfläche in zwei Patches, mit Kontrollpunktnetz

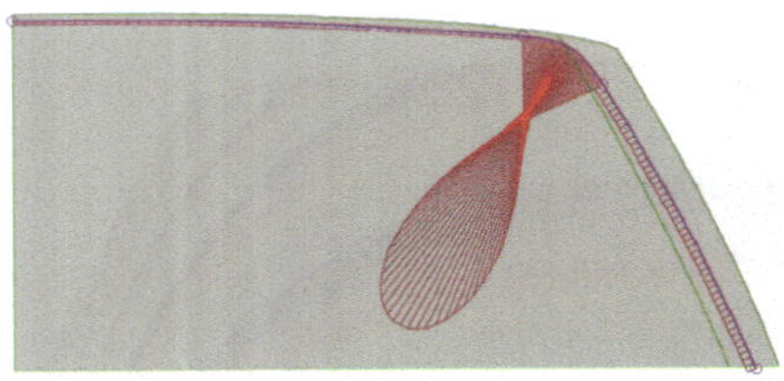

Abb. K.43. Die Begrenzungskurve wird in X-Richtung auf die Scheibenfläche projiziert

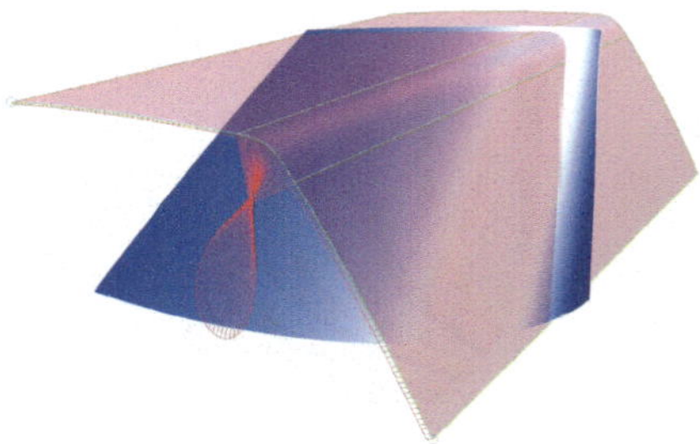

Abb. K.44. Globale Faceoperation

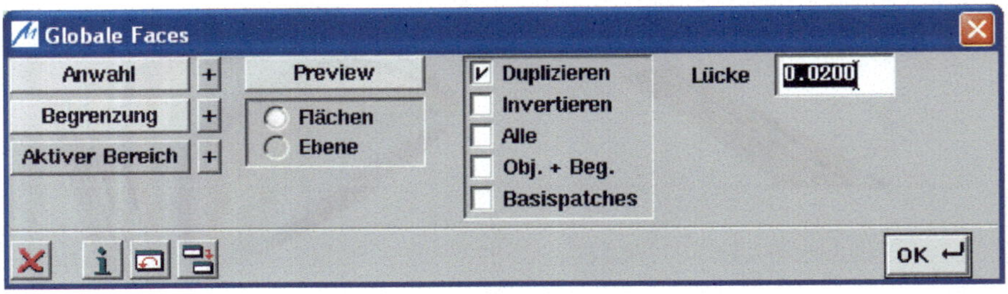

Abb. K.45. Menü zum Globalen Face

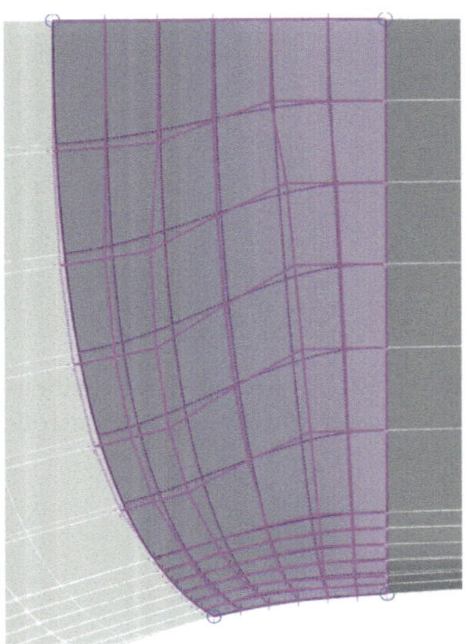

Abb. K.46. Globales Blend mit Kontrollpunktnetz

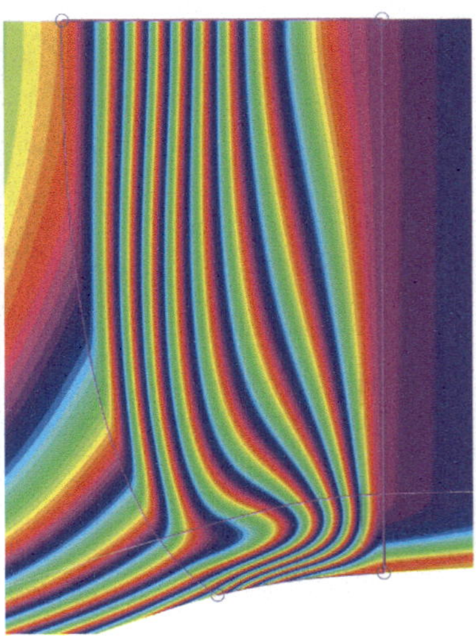

Abb. K.47. Globales Blend mit Highlights

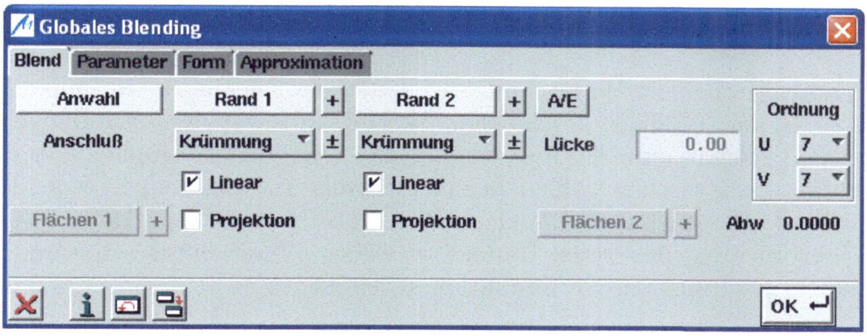

Abb. K.48. Menü zum Globalen Blend mit Parametern

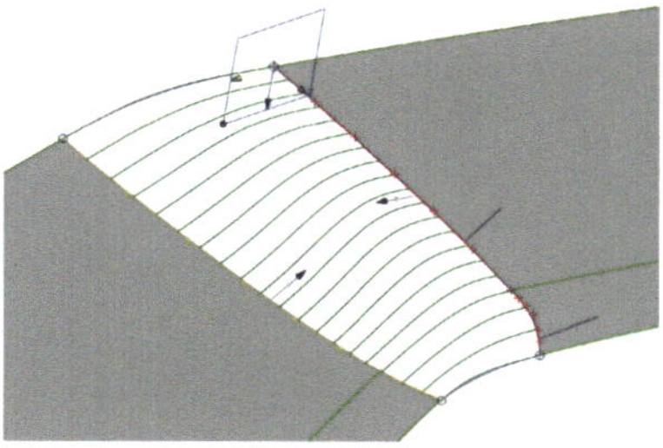

Abb. K.49. Preview zum Globalen Blend

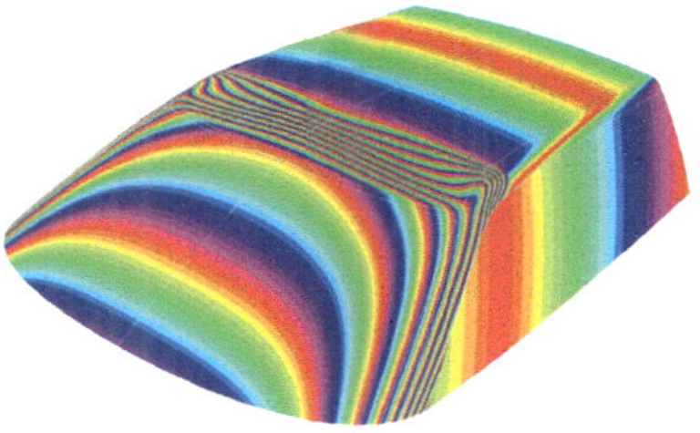

Abb. K.50. Gesamtkörper mit Highlights

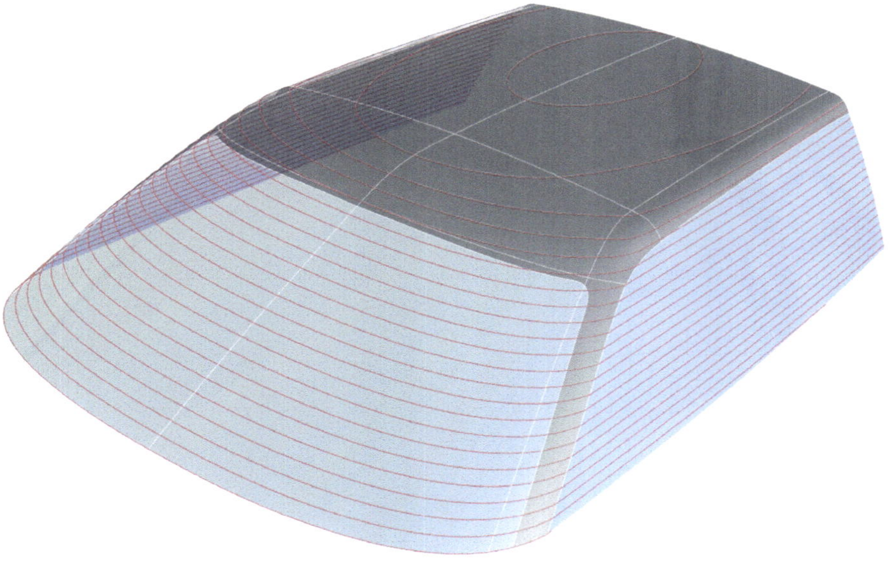

Abb. K.51. Finale Form mit Z-Schnitten

K.8 Blendflächen

Die Lücke zwischen der Windschutzscheibe und der Dachfläche wird mit einem globalen Blend (GBlend) geschlossen. Siehe dazu Parametereinstellungen, s. Abb. K.48. Bevor man die Berechnung mit OK startet, empfiehlt es sich, die Form von Zwischenprofilen in einer Simulation ansehen, s. Abb. K.49 und ggf. die Parameter noch ändern. Alternativ zum GBlend kann man bei der Überbrückung des freien Raumes zwischen Windschutzscheibe und der Dachfläche auch mit der Profilfunktion arbeiten.

Die Abb. K.51 zeigt die finale Form des Teilbereiches der Karosserie.

L

Kniffe und Tricks, praktiziert im CAD-System

L.1 Kreisbogensegmente in Hilfsebenen

L.1.1 Hauptebenen

Wir erinnern uns an die Aufgabe im Abschn. K.2, S. 263, eine Profilstützkurve aus Rohdaten zu entwickeln. Um sofort einen zur Ebene XZ symmetrischen Kreisbogen in der lokalen Arbeitsebene erzeugen zu können, spiegeln wir die Rohdaten an der Hauptebene XZ, s. Abb. L.1.

Wir wählen in der Arbeitsebene drei Rohdatenpunkte P_1 bis P_3 für den Kreisbogen aus. Dabei liegen P_1 und P_3 symmetrisch zur Längsmittelebene XZ und P_2 genau in der Ebene YZ, s. Abb. L.2.

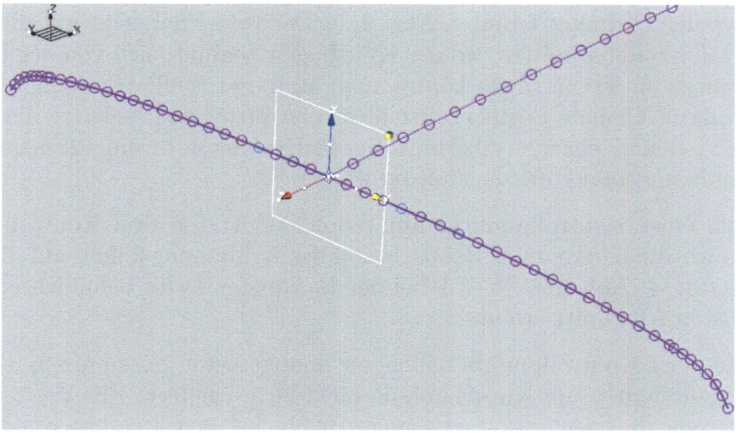

Abb. L.1. Gegebene Rohdaten für Profilkurve

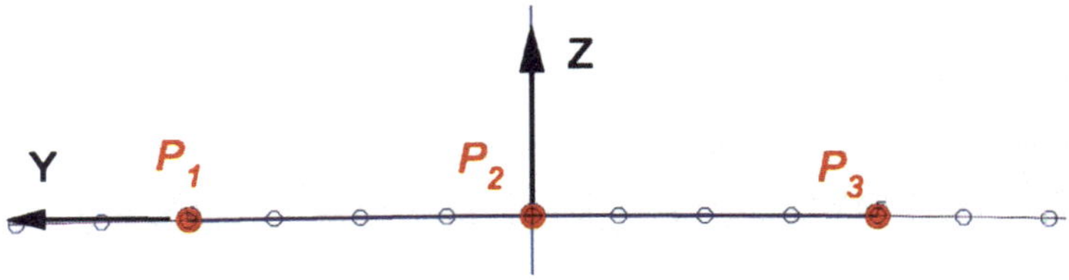

Abb. L.2. Selektion von drei Punkten für die Kreisbogenerzeugung

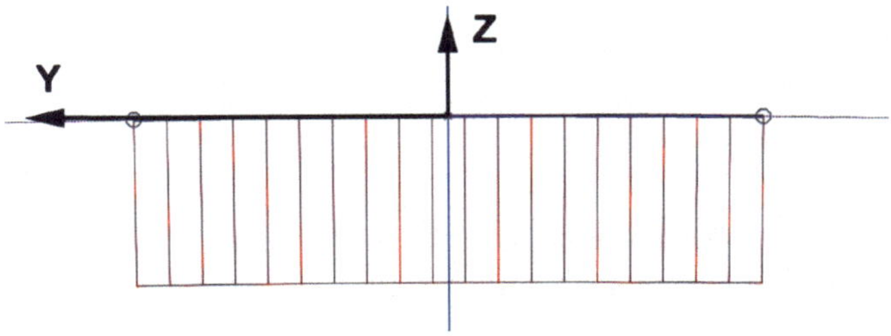

Abb. L.3. Resultierender Kreisbogen mit Krümmungsbild

Als Resultat erhalten wir das in Abb. L.3 dargestellte Kreisbogensegment. Das Krümmungsbild wurde 5000-fach überhöht (großer Radius = geringe Krümmung). Die Parameter des Kreisbogens sehen wir in Abb. L.4.

Wir trimmen das Kreisbogensegment an der Symmetrieebene Y = 0, weil wir nur den Teil auf der linken Fahrzeugseite benötigen, extrapolieren bis zum Ende des 1. Rohdatenabschnittes und wandeln den Kreisbogen in eine Bézierkurve der Ordnung 7 um, s. Abb. L.5. Der rote Pfeil zeigt auf die Stelle des 1. Rohdatenabschnittes, wo der Kreisbogen beginnt, sich von der Rohdatenkontur zu entfernen. Zwar könnte man an dieser Stelle trimmen, aber die Stückelung in kleinere Segmente ist nicht erstrebenswert, solange die Kurve sich noch in einem einzigen Abschnitt der Rohdatenkontur anpassen kann und das Krümmungsbild zufriedenstellend ist.

Mit Hilfe einer Kontrollpunktmanipulation der letzten drei Kontrollpunkte zwingen wir die Kurve unter Beobachtung des Krümmungsbildes auf die Rohdatenkontur, s. Abb. L.6. Wie dabei der Parameter *Delta* behilflich ist, wird im nächsten Abschnitt erläutert.

Die ersten vier Kontrollpunkte haben wir unangetastet gelassen, um die Geometrieeigenschaften am Kurvenanfang nicht zu verändern. Ein Vergleich der Situation vor und nach der Justierung in Abb. L.7 beweist, dass es gelungen ist.

Wir fügen nun noch ein Kurvensegment der Ordnung 7 über dem 2. Rohdatenabschnitt an. Man kann dabei entweder den Weg über die Approximation und

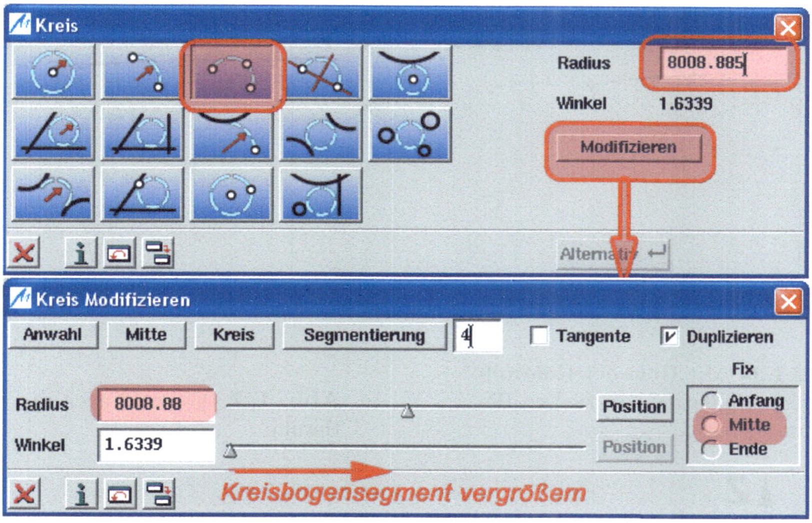

Abb. L.4. Menüs zur Kreisbogenerzeugung und -modifikation

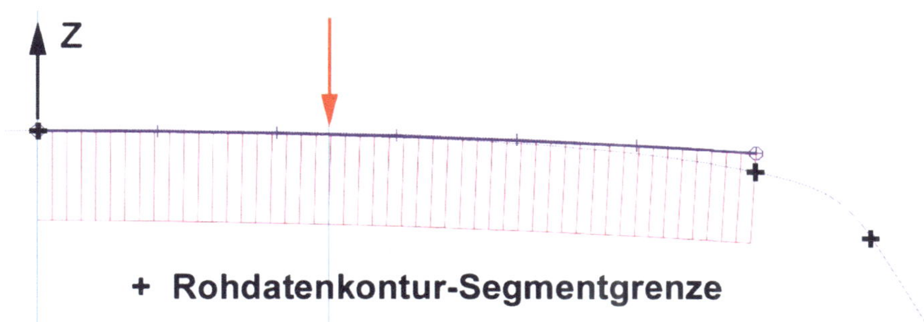

Abb. L.5. In Bézierkurve umgewandelt, Ordnung 7

den G^3-Anschluss nehmen, zum Resultat s. Abb. L.8, oder man extrapoliert das 1. Kurvensegment der Ordnung 7 und biegt das neue Segment wiederum mit Hilfe der letzten drei Kontrollpunkte in die gewünschte Form.

L.1.2 Beliebige Hilfsebenen schräg im Raum

Zunächst sucht man sich durch manuelles Drehen der Geometrie eine Ansichtsebene, in welcher eine zu erfassende Kante sich als Gerade abbildet, s. Abb. L.9. Auf dieser Kante wird dann über zwei Punkte eine Spur der Hilfsebene definiert (1. Aktion) und unter einem Namen gesichert (2. Aktion). Danach dreht man in diese Hilfsebene (3. Aktion) einfach durch Anklicken

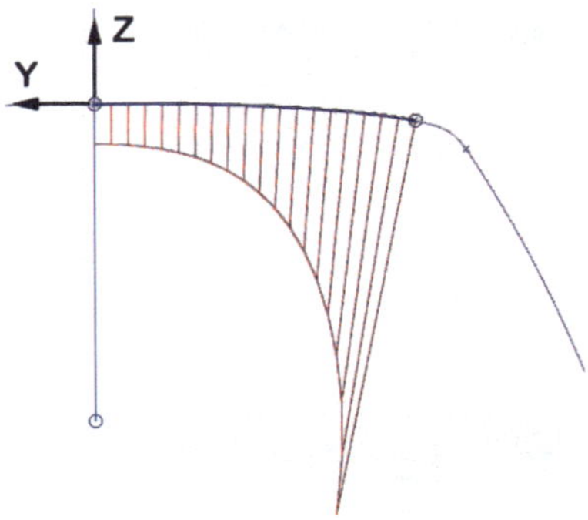

Abb. L.6. Mit Hilfe der Kontrollpunktmanipulation justierte Bézierkurve

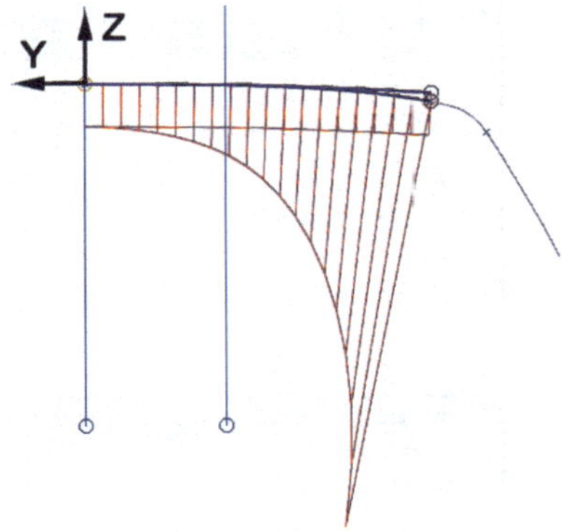

Abb. L.7. Vor und nach der Justierung

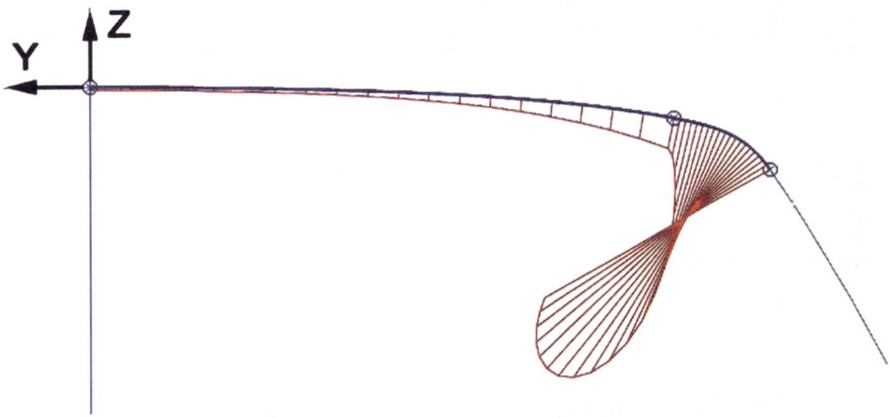

Abb. L.8. Approximation bzw. Anschluss des 2. Rohdaten- bzw. Kurvensegmentes

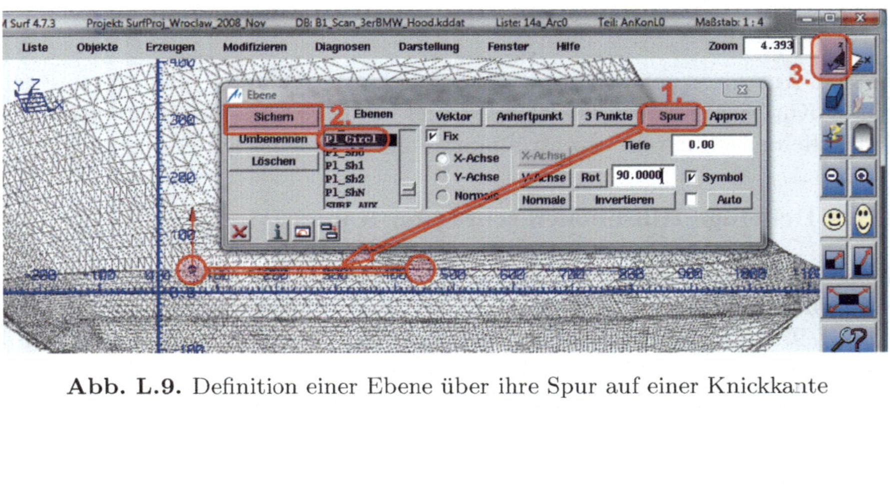

Abb. L.9. Definition einer Ebene über ihre Spur auf einer Knickkante

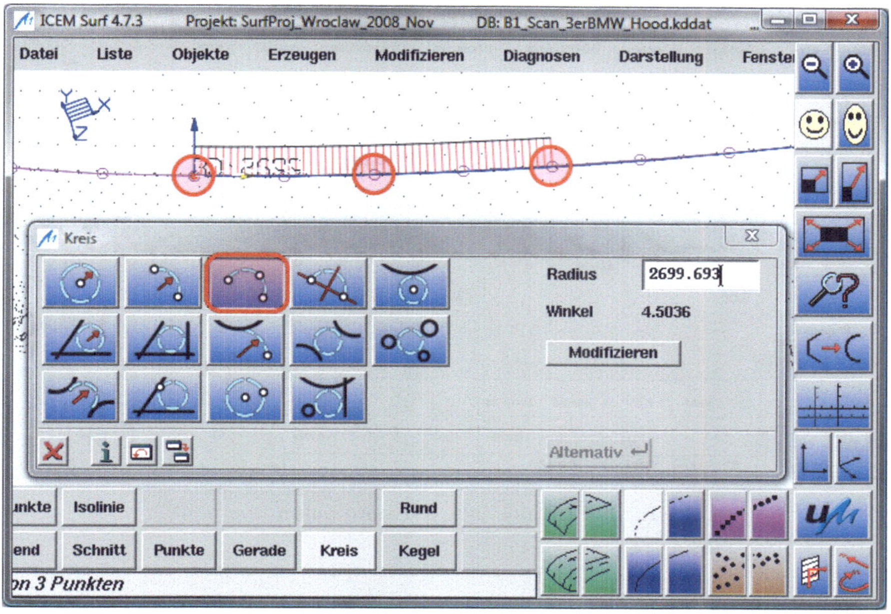

Abb. L.10. Umklappung der Ebene um 90 Grad und Konstruktion eines Kreisbogensegmentes

des markierten Symbols rechts oben im Bild. Es stellt sich die Situation wie in Abb. L.10 ein. In der Hilfsebene werden nun auf der Kontur drei Punkte angewählt, aus welchen das gesuchte Kreisbogensegment berechnet wird. Zur Kontrolle schalten wir noch die Krümmungsdiagnose ein. Das Kreisbogensegment wird dann wieder extrapoliert und in eine Bézierkurve der Ordnung 7 umgewandelt. Diese Kurve wird auf dem im Abschn. L.1.1 beschriebenen Wege an die Rohdatenkontur oder die Scankante angepasst. Falls die Rohdatenkontur bei fortschreitender Extrapolation der Kurve die Hilfsebene verlässt, ist die KP-Modifikation in zwei (zu einander orthogonalen) Hauptrissen der Hilfsebene auszuführen.

L.2 Feinjustieren am Kontroll-Polygon mit Deltawert

Wir knüpfen an die Situation der Abb. L.5 an. In Abb. L.11 sind die frei beweglichen letzten drei Kontrollpunkte schwarz markiert. Im Menü für die Kontrollpunkt-Modifikation stellen wir zunächst den Parameter *Delta* auf minus 0,5 mm ein.

Die systematische Annäherung der Kurve an die Rohdatenkontur wollen wir am Beispiel des letzten freien Kontrollpunktes demonstrieren. Hinweis: Bei der

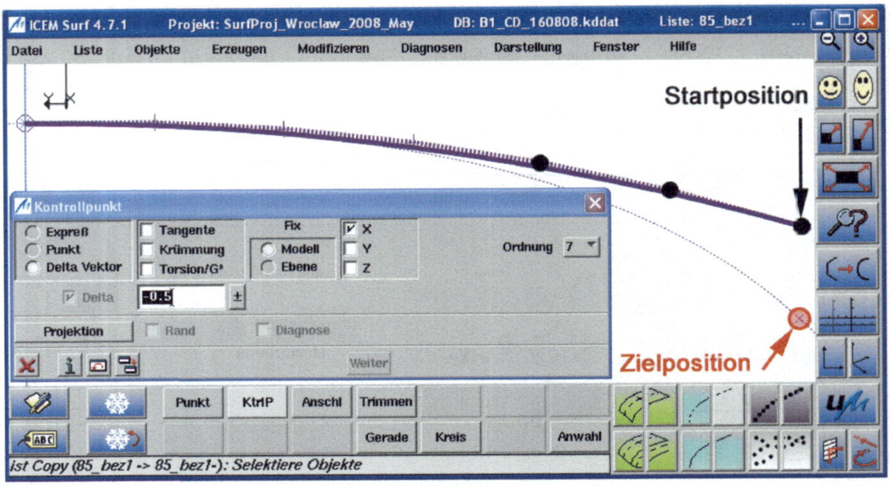

Abb. L.11. Startposition, Z-Koordinaten überhöht!

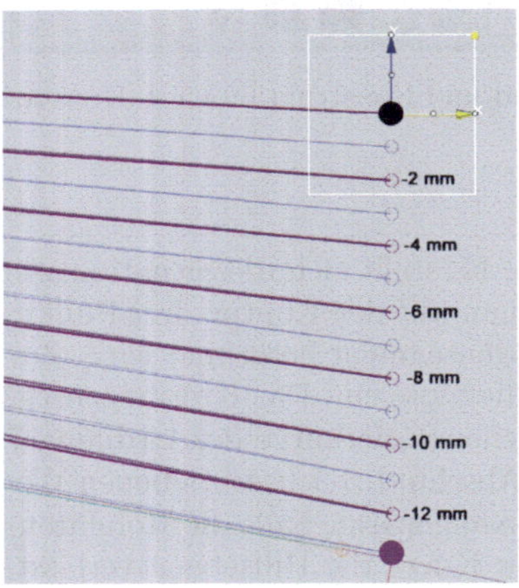

Abb. L.12. Wirkung des Parameters *Delta*, Z-Koordinaten überhöht!

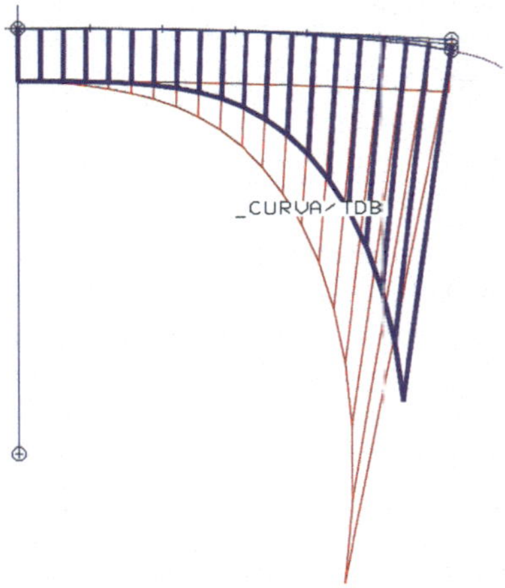

Abb. L.13. Krümmungsbild nach Delta = 6 mm hervorgehoben

alternativ auch möglichen Freihandbewegung im Express-Modus lässt sich erfahrungsgemäß der Cursor nicht so feinfühlig führen. Zwar unterstützen intelligente CAD-Systeme mittels einer einstellbaren Maus-Sensitivität („Mousewarp") auch eine feinfühlige Mausbewegung, jedoch nimmt der Praktiker nach wie vor auch gerne die manuelle Methode, weil man mit Hilfe des mechanischen Hebels bei bekanntem Hebelverhältnis einen definierten geringen Korrekturbetrag exakt anbringen kann, s. Abschn. L.3.

Wenn wir die Funktion aktiviert (Kurzform des Aufrufes: Kurvenabschnitt-Modifizieren-Kontrollpunkte, siehe UI-Rahmen unten) und den betreffenden Kontrollpunkt selektiert haben, genügt ein einfaches Klicken mit dem Cursor in der Nähe des Kontrollpunktes, damit er sich um den *Delta*-Wert in Richtung auf die Rohdatenkontur zubewegt. Mit mehreren aufeinander folgenden Klicken kommen wir der Kontur immer näher. Kurz vor dem Ziel verfeinert man den *Delta*-Wert, um die Kontur genau zu treffen. In Abb. L.12 werden einige Zwischenstationen gezeigt. Die Positionen bei vollen 2 mm-Schritten wurden stärker hervorgehoben. In Abb. L.13 wird das Zwischen-Krümmungsbild nach dem Schritt $Delta = -6$ mm violett hervorgehoben. Die Krümmungsbilder zum Anfangs- und Endzustand sind schwächer in Rot gezeichnet.

Hinweis: Um die Modifikationen der Kontrollpunkte besser beobachten zu können, wird die Geometrie oft absichtlich im Verhältnis Bildhöhe/Bildbreite verzerrt dargestellt. Geringe Höhenunterschiede in der Geometrie werden so auseinander gezogen. Siehe auch Gesichtssignatur am rechten Rand des Benutzerinterfaces (UI).

Analog verfahren wir mit den anderen freien Kontrollpunkten. Auf diese Art und Weise erreicht man den in Abb. L.6 bereits gezeigten Endzustand. Falls der Segmenttrennpunkt zwischen der 1. und 2. Rohdatenkontur nicht genau getroffen wird, lässt sich der Kurvenendpunkt mit Hilfe der Anschlussfunktion exakt auf diesen Trennpunkt setzen.

Diese Technik kann man ebenso bei der Feinjustierung von Kontrollpunktnetzen von Flächenstücken anwenden.

L.3 Feinjustieren am Kontroll-Polygon bzw. am -Punktnetz mittels Tangentenhebel (Wippe)

Am Ende des zu modifizierenden Kurvenabschnittes wurde ein längeres tangentiales Geradenstück ankonstruiert. Dieses blau dargestellte Geradenstück ist eine Bézierkurve der Ordnung 2. Es soll unser Hebel sein, mit dem wir die Position des vorletzten Kontrollpunktes des zu modifizierenden Kurvenabschnittes geringfügig verändern wollen. In der Abb. L.14 haben wir den (nun violett eingefärbten) Hebel um 3 Grad nach unten in Richtung minus Z geschwenkt. Zum Anschlussvorgang siehe Parameter in Abb. L.16 bzw. L.17. Vor dem Anschluss diagnostiziert die Funktion einen Richtungsfehler von 3 Grad, danach ist die Tangentenstetigkeit mit 0 Grad bestätigt. Der vorletzte Kontrollpunkt wird nur minimal in Richtung plus Z verschoben. Wir erkennen die Kontrollpunktmodifikation in Abb. L.15 besser. Die ursprüngliche und die veränderte Kurve liegen dicht beieinander. Die Kurve wurde insgesamt in der Umgebung des betreffenden Kontrollpunktes leicht angehoben. Trotzdem sehen wir im Krümmungsbild sofort die Veränderung.

Das Hebelverhältnis beträgt bei der hier gewählten Tangentenhebellänge etwa 18:1. Aus Veranschaulichungsgründen wurde hier der Hebel am Endpunkt

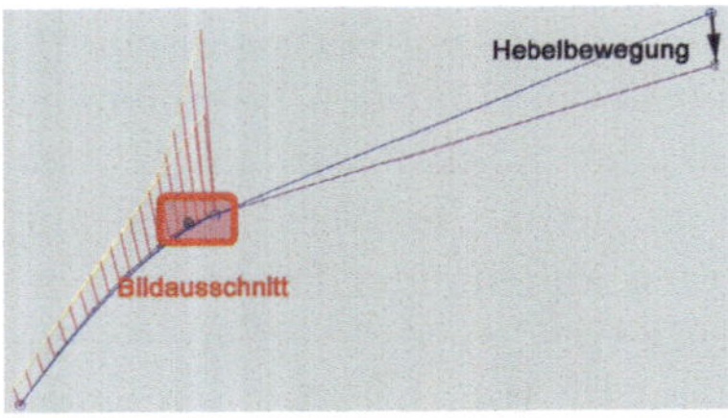

Abb. L.14. Wirkungsweise des Tangentenhebels, Geometrie zusätzlich verzerrt

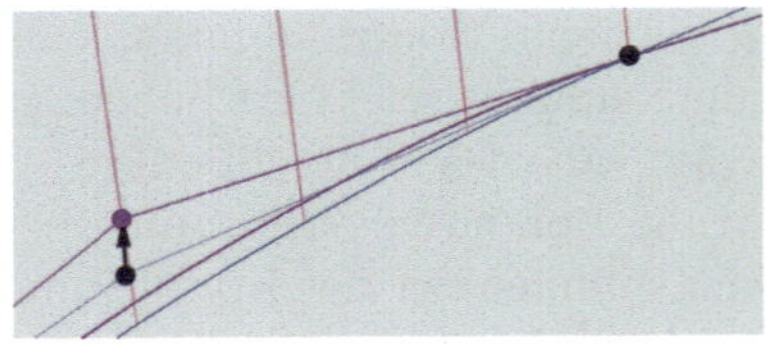

Abb. L.15. Bildausschnitt, mit Verzerrung

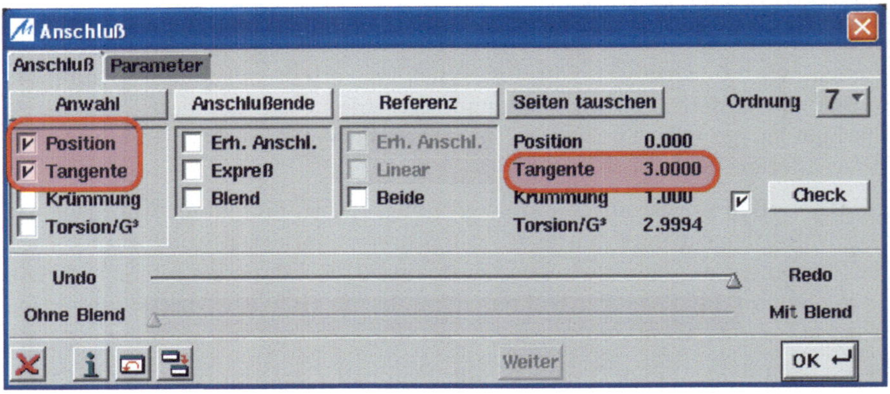

Abb. L.16. Diagnose vor dem Anschluss

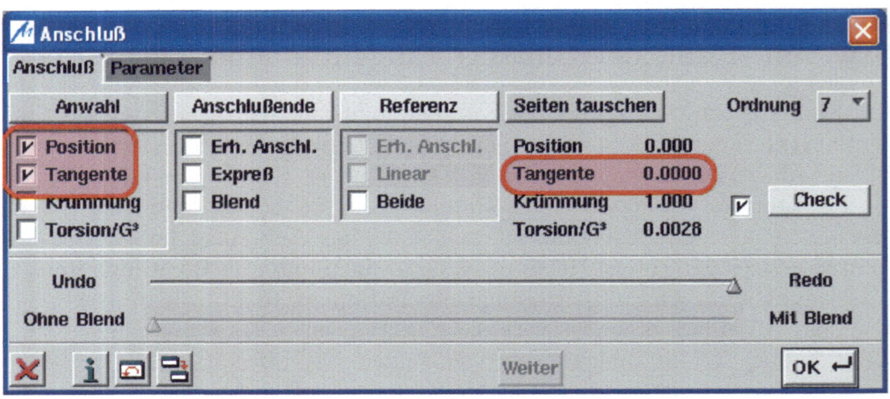

Abb. L.17. Diagnose nach dem Anschluss

ziemlich deutlich (etwa 52 mm) bewegt. Würden wir nur minimal um 1 mm bewegen, dann entstünde daraus am vorletzten Kontrollpunkt der winzige Verschiebungsbetrag von ca. 0,055 mm.

L.4 Manuelles Extrahieren von Knickkanten aus Punktwolken bzw. Facettenmodellen

Nach der einleitenden Erklärung der Aufgabenstellung und der Lösungsschritte im Abschn. 5.3.5, S. 148, sind hier nur noch die bildhaften Zugaben zu kommentieren:

In Abb. L.19 wird im Graphikfenster ein Facettenmodell (beigefarbiges Dreiecksnetz) gezeigt. Die Netzeckpunkte sind an schwarzen Kreuzsignaturen zu erkennen. Etwa normal zur vermuteten Knickkante, hier parallel zur Hauptebene YZ, wurden Schnitte x = const. (rot dargestellt) mit 100 mm Äquidistanz gelegt.

Wir greifen uns hier exemplarisch einen x-Schnitt heraus und definieren darauf je ein Kreisbogensegment rechts und links von der vermuteten Knickkante. Ein solches Paar erkennen wir bereits. Die Segmente sind als blaue Linien eingezeichnet, die Endpunkte mit blauen Kreissignaturen markiert.

Auf dem nächstfolgenden x-Schnitt wiederholen wir den Vorgang. Dabei erinnern wir uns an das Menü zur Kreisbogenerzeugung.

Kurzform des Aufrufs: Kurvenabschnitt erzeugen – Kreis – 3 Punkte

Nach dem Anklicken der Schaltfläche mit den drei Kreisperipherie-Punkten wird man aufgefordert, drei Punkte zu selektieren. Unsere gewählten Punkte auf dem x-Schnitt und damit parallel zur YZ-Ebene (s. auch UI-Schaltfläche rechts oben) sind an den roten Kreissignaturen erkennbar. Es entsteht das blau eingezeichnete linke Kreisbogensegment mit dem Radius $R = 3155{,}484$ mm.

Analog erzeugen wir das notwendige rechte Kreisbogensegment und weitere solcher Paare auf den anderen x-Schnitten.

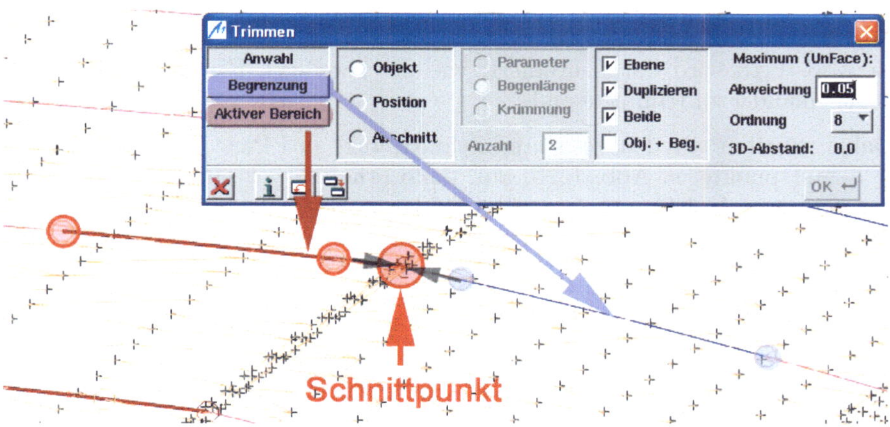

Abb. L.18. Trimmen zweier Kreisbogensegmente aneinander

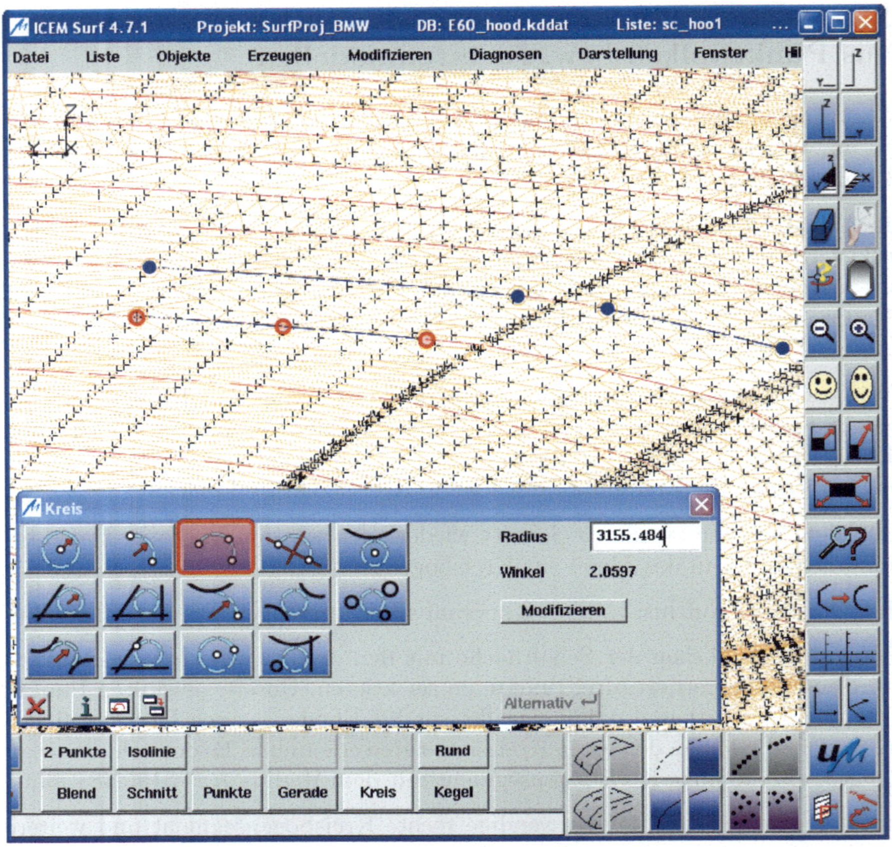

Abb. L.19. Kreisbogensegment aus 3 Punkten, mit Benutzerinterface (UI)

In Abb. L.18 wird daran erinnert, wie die jeweiligen Kurvensegmentpaare gegeneinander zu trimmen sind.

Dabei erhalten wir den gesuchten Schnittpunkt pro Paar. Sammeln wir alle Schnittpunkte, s. Abb. L.20, auf, dann erhalten wir eine Punktfolge auf der gesuchten Knickkante. Diese Punktfolge wird per Approximation in einen Bézierkurvenabschnitt verwandelt. Das Ergebnis sehen wir in Abb. L.21.

L.5 Mittensymmetrie aus zwei Scanhälften

In den Abb. L.23 bis L.27 wird zunächst der Scan eines Tonmodells, Abb. L.22, (Quelle: Westsächsische Hochschule Zwickau) und seine Darstellmöglichkeiten [6] (zu Kap. 5) gezeigt. Mit Hilfe der Schnitte erkennt man die Form am besten. Ziel sei nun, die Form der Fronthaube mittels CAD zu modellieren.

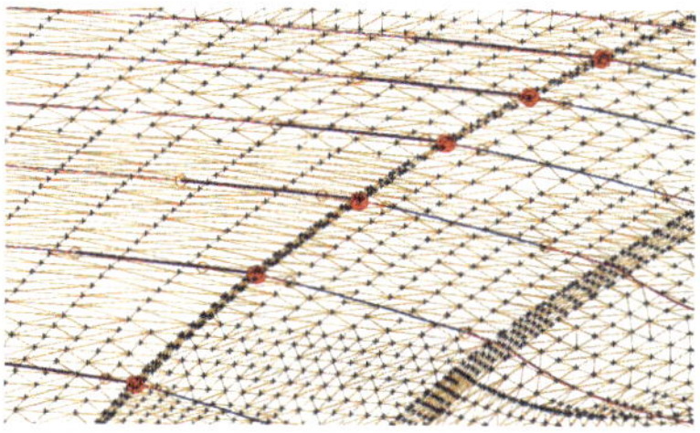

Abb. L.20. Resultat aller Trimmoperationen

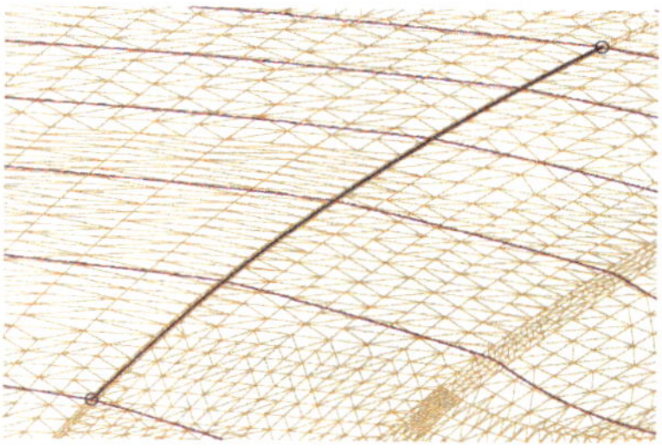

Abb. L.21. Resultierende Knickkantenkurve

Abb. L.22. Tonmodell mit markierten Passpunkten

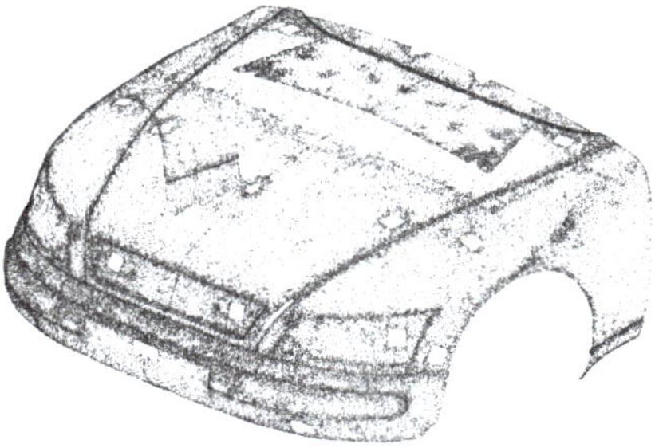

Abb. L.23. Fronthaube als Punktwolke

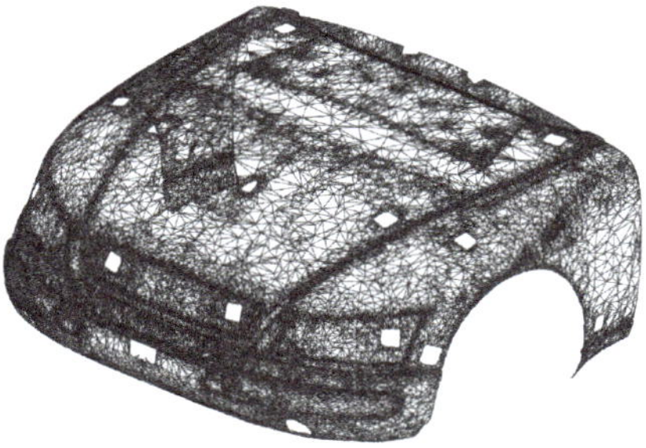

Abb. L.24. Wie vorher, nur als Facettenmodell

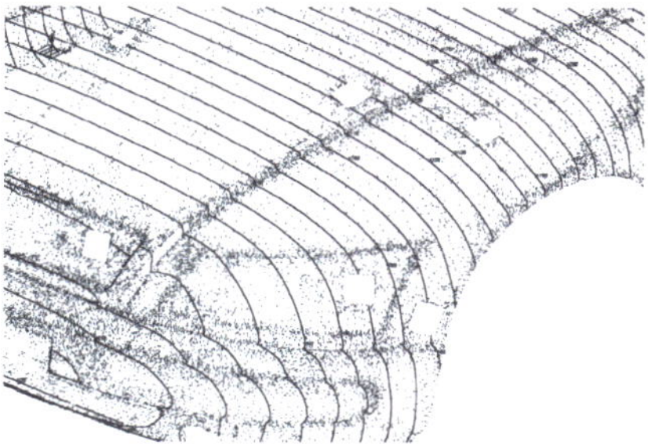

Abb. L.25. Punktwolken-Ausschnitt mit Schnitten $x = \text{const.}$ (rot)

Die Randbegrenzung definieren wir z. B. entsprechend der Vorgehensweise im Anhang L.4. Das Ergebnis ist in Abb. L.28 zu sehen. Die Kurve soll hier somit auf der Sickenoberkante liegen. Wir spiegeln das Ergebnis an der Symmetrieebene XZ bzw. $y = 0$, s. Abb. L.29. Das bedeutet, wir haben uns hier in diesem Übungsbeispiel entschieden, dem linksseitigen Scan den Vorzug zu geben, denn die rechte Sickenoberkante könnte im ungenauen, handwerklich gefertigten Tonmodell im Vergleich zur linken abweichen.

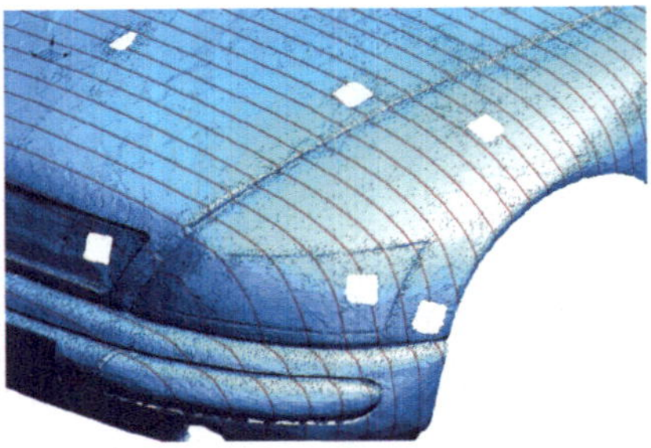

Abb. L.26. Wie vorher, nur im Darstellmodus „*Flat-Shading*“

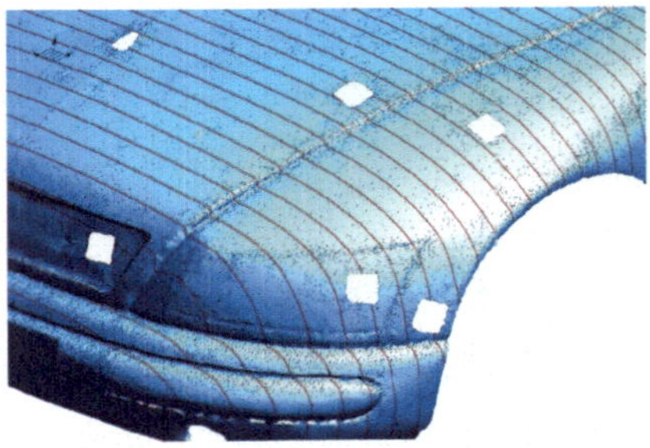

Abb. L.27. Wie vorher, nur im Darstellmodus „*Gouraud-Shading*“

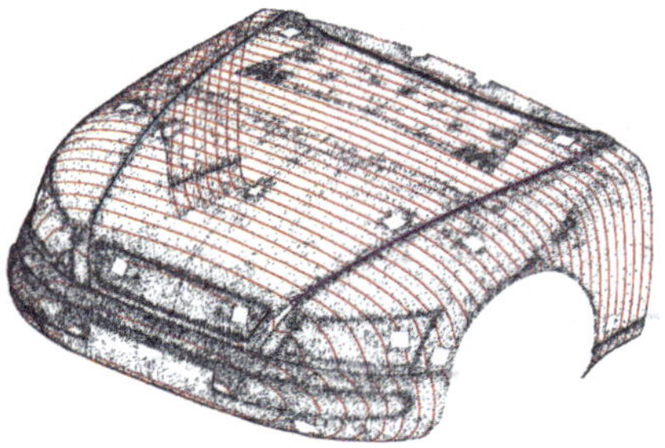

Abb. L.28. Festlegung der linken Randkurve der Fronthaube

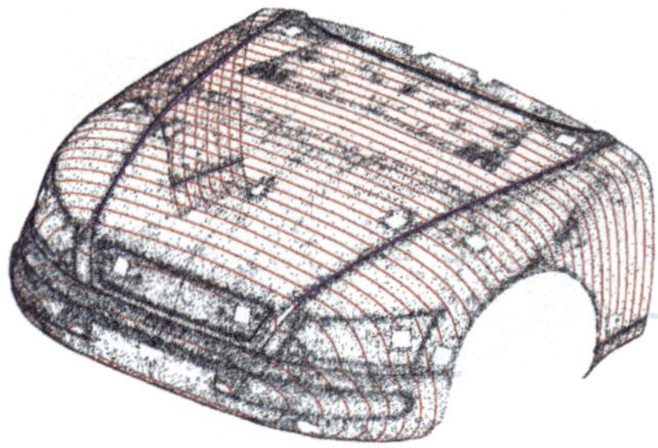

Abb. L.29. Festlegung der rechten Randkurve durch Spiegelung

Wir erzeugen aus den beiden Randkurven mit der Ordnung 8 eine Blendfläche der Ordnung 2×8, s. Abb. L.30 bzw. L.32. Die Ordnung dieser initialen Fläche wird nun systematisch erhöht und mittels der Längskontrollpunktreihen in vertikaler Richtung an den Gesamtscan heranmodelliert. Hier reicht eine Querordnung von 5 aus, um genügend Formflexiblität zu erhalten und die Schnitte durch den Scan und die erzeugte Fläche in Übereinstimmung zu bringen.

Alternativ zum „Heranmodellieren“ kann man die Blendfläche nach Erhöhung der Querordnung in Richtung Z mittenübergreifend auch auf Knopfdruck an den Scan quasi „ansaugen“. Eine ungerade Ordnung in Querrichtung hat den Vorteil, dass die mittlere Kontrollpunktreihe in Längsrichtung in die Längsmittelebene $y = 0$ fällt. Die Mittensymmetrie ist aber damit noch nicht automatisch garantiert! Es sei denn, man verwendet doch nur den realen linken Scan und erzeugt mittels einer echten physischen Spiegelung der linken Scan-Geometrie einen neuen rechten Scan daraus. Beide Scans zusammen, der linke Originalscan und der quasi (als Spiegelbild) „geklonte“ rechte Teil bilden dann gemeinsam die Projektionsdatenbasis für ein sog. *Ansaugen* der CAD-Fläche an den Scan in Z-Richtung. Die Patches in den Abb. L.30 bis L.33 sind auf diese Weise entstanden. Verwendet man jedoch beide Originalscanhälften, dann

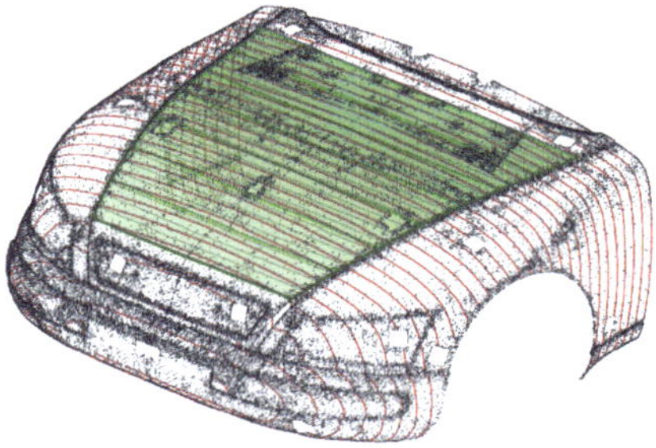

Abb. L.30. Initiales mittenübergreifendes Patch der Ordnung 2×8

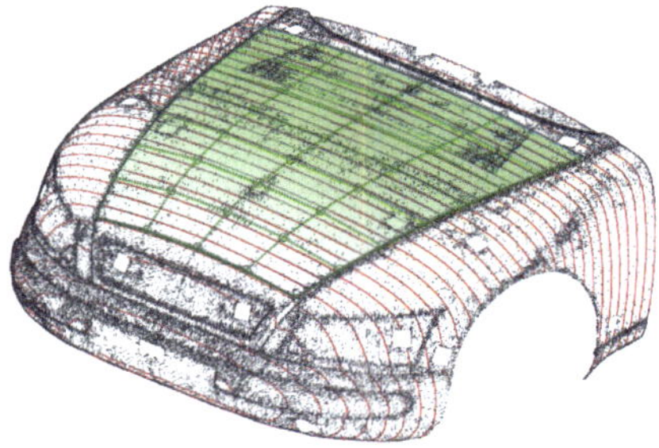

Abb. L.31. An den Scan angepasstes Patch, Ordnung 5×8

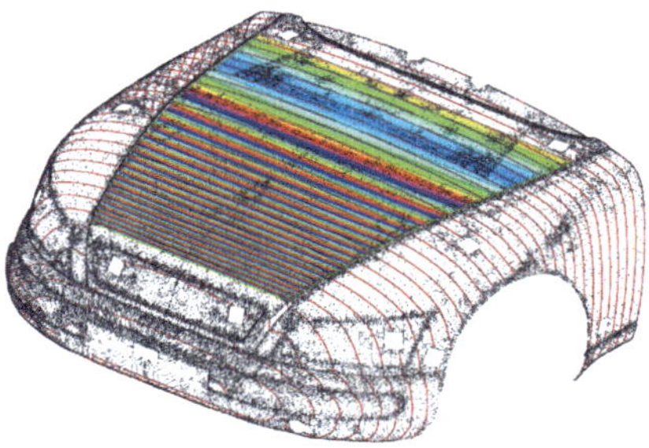

Abb. L.32. Initiales mittenübergreifendes Patch der Ordnung 2×8 mit Highlights

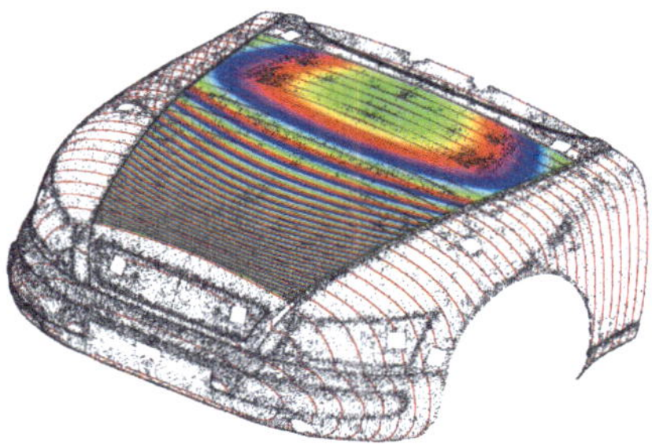

Abb. L.33. An den Scan angepasstes Patch, Ordnung 5×8 mit Highlights

wird man in der Symmetrie manuell nacharbeiten müssen. Der Vorgang des „Ansaugens“ wird im Anhang L.6 auf S. 293 erklärt.

Auf eine verfeinerte Patchsegmentierung mit Abweichungskontrolle vom Scan sowie Krümmungsbildbegutachtung wird hier bei diesem Übungsbeispiel mit dem Verweis auf Absch. 5.1.3 verzichtet.

Hinweis zu den Schattierungsarten in den Abb. L.26 bzw. L.27: Beim Modus *Flat-Shading* werden die Dreiecksfacetten mit ebenen Flächen gefüllt. Um die scharfen Kanten abzurunden, wählt man den Modus *Gouraud-Shading*. Dies wird durch eine rechnerinterne Interpolation zwischen den Flächennormalen der Dreieckspatches erreicht.

L.6 Erleichterungen durch „Unified Modelling“

Die komplexe Arbeitsweise des „Unified Modelling“ (UM) [3] (zu Kap. 5) stellt eine methodische Insellösung im historisch gewachsenen CAD-System *ICEM Surf* dar, die jedoch die klassischen Modellierungsmöglichkeiten sinnvoll ergänzt. Benutzt man den UM-Werkzeugkasten, dann sind alle anderen klassischen Funktionen zur Erzeugung und Modifikation von Geometrie für die Dauer der Benutzung nicht aufrufbar. In Abb. L.34 erkennen wir dies an den gedimmten Menü-Feldern. Sobald man die „Insel" per Mausklick jedoch wieder verlässt, ist diese Einschränkung vorbei und man kann „normal" weiterarbeiten.

Die Betonung liegt auf dem Attribut „Unified". Damit soll an die Abhängigkeiten zwischen vorhandener Rohgeometrie (A – Scans oder andere geometrische Elemente als Start- oder Projektionsbasis) und zu erzeugender Zielgeometrie (C – Geometrie, also Kurven und Flächen) und den daraus erwachsenden Konstruktionsmöglichkeiten erinnert werden. Zwischen Primär- und Zielgeometrie sind noch Steuergeometrien (B – Referenz) schaltbar, die das finale Ergebnis C modifizieren können. Zusätzlich bestehen innerhalb der genannten drei Gruppen A, B und C – s. Abb. L.34 – mannigfaltige Möglichkeiten zur Veranschaulichung, Diagnose und Modifikation der jeweiligen Geometrieelemente. Überdies laufen Modellierungsvorgänge dynamisch ab, d. h. man kann

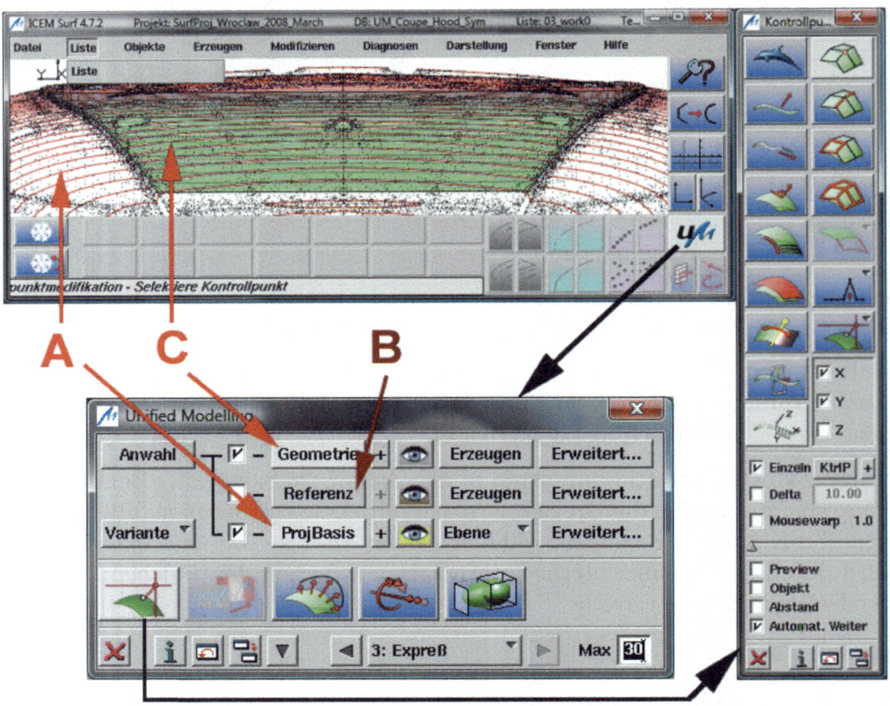

Abb. L.34. Start von UM, Hauptmenü und Kontrollpunkt-Untermenü. Das Graphikfenster zeigt das Anfangspatch vor dem Ansaugen an den Scan im YZ-Riss. Die Form des Scans wird mit rot eingefärbten Schnitten X = const. besser hervorgehoben

z. B. interaktiv C auf A aufbauen und mittels B noch verändern. Auch globale Formänderungen von C sind möglich. Wir sprechen dann von „Globaler Modellierung“ (GM). Näheres zum UM s. [4] und [5] (zu Kap. 5).

Ein Teil der Funktionalität zur Geometriemodifikation, z. B. „Globaler Modellierung“, befindet sich auch außerhalb von UM, jedoch mit nicht so komplexen und dynamischen Möglichkeiten. Andererseits braucht man in UM nicht auf gewohnte Mittel zur interaktiven Geometrieveränderung verzichten. Wir greifen hier nur einige nützliche Funktionen aus UM für unser konkretes Beispiel heraus!

In den Abb. L.35 bis L.37 wird das „Ansaugen“ demonstriert. Die initiale Blendfläche der Ordnung 2×8 wird vor dem Ansaugen an den Scan auf 5×8 erhöht. Der Ablauf ist danach wie folgt:

1. Aufruf des „Unified Modelling“ (UM)
2. Selektion des Scans als Projektionsbasis (A)
3. Selektion des Patches der Ordnung 5×8 als Geometrie (C). Damit ist die Anfangs-Geometrie der Projektionsbasis zugeordnet. Wir erkennen dies auch an den schwarzen Verbindungslinien zwischen A und C
4. Öffnen des Untermenüs zur Kontrollpunktmodifikation
5. Fixieren der Koordinaten X und Y, Z bleibt frei beweglich
6. Anklicken des Anfangs-Patches an beliebiger Stelle. Dabei wird dieses auf den Scan projiziert und es entsteht die Form in Abb. L.36 bzw. L.37.

Nun wollen wir das UM für das symmetrische Modellieren einsetzen:

Es gibt dafür eine spezielle optionale Kontrollpunktmodifikation, bei der Kontrollpunktbewegungen zur Patchmodellierung sofort beiderseits der Längsmittelebene bezüglich der y-Koordinate spiegelbildlich ausgeführt werden. Dem angewählten Patch wird (in Abb. L.41 illustrierter Weise) die Symmetrieeigenschaft „verordnet“. Kontrollpunkte, die sich nur im Vorzeichen der y-Koordinatenrichtung unterscheiden, erfahren gleichgerichtete Veränderungen

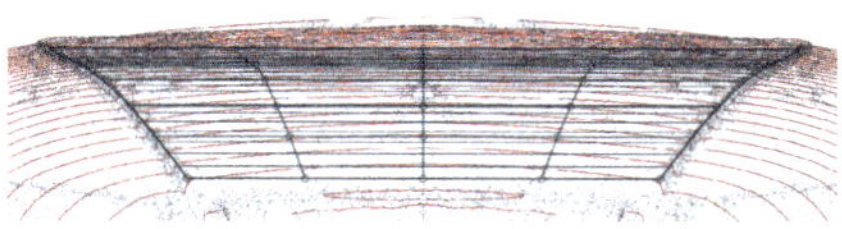

Abb. L.35. Wie im Graphikfenster, nur mit Kontrollpunktnetz

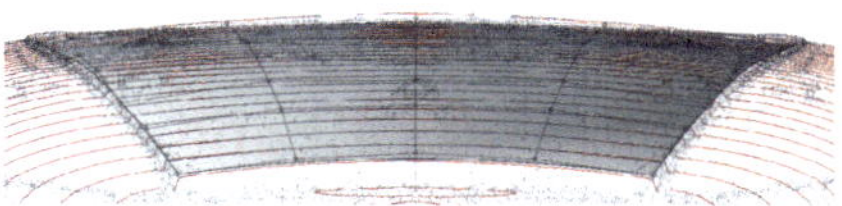

Abb. L.36. Patch nach dem Ansaugen

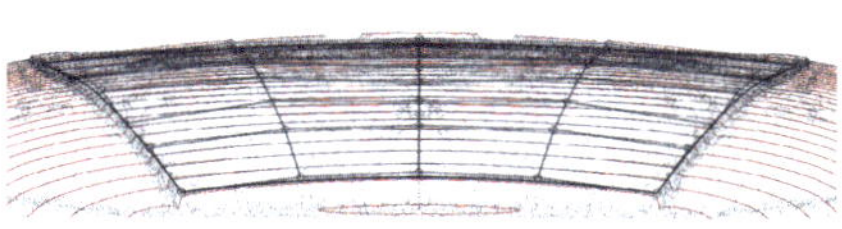

Abb. L.37. Wie vorher, nur mit Kontrollpunktnetz

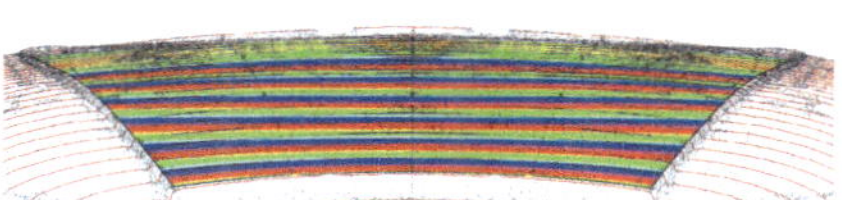

Abb. L.38. Kontrolle durch Highlights

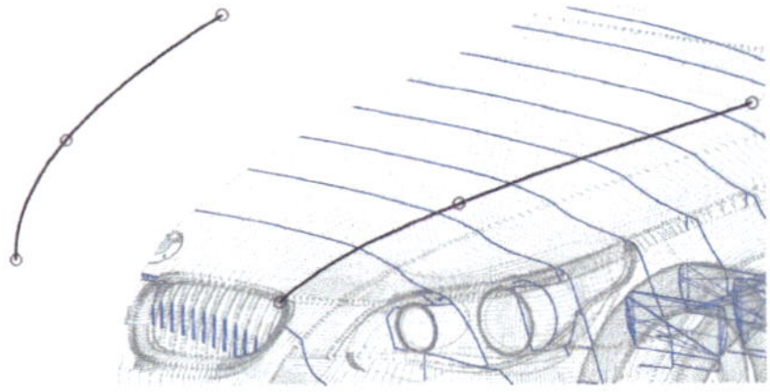

Abb. L.39. Teilscan eines BMW-Modells mit zweisegmentiger linker Begrenzungskurve und Spiegelung an der Ebene $y = 0$

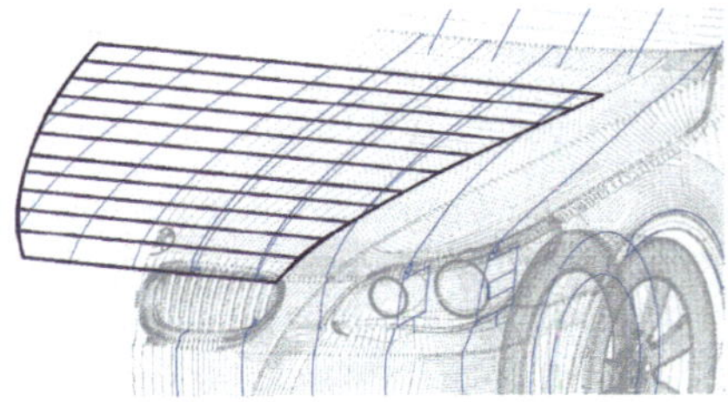

Abb. L.40. Zweisegmentige Blendfläche aus den zwei gegenüberliegenden Randkurven

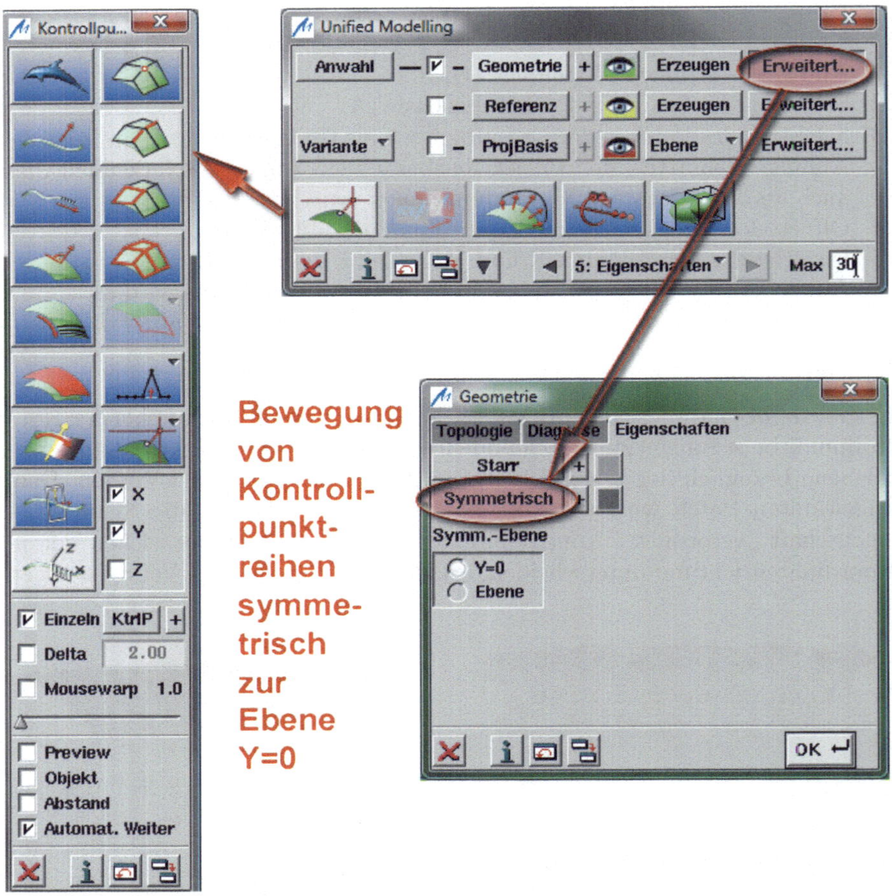

Abb. L.41. UM-Hauptmenü und Untermenüs für Geometrieeigenschaften und Kontrollpunkt-Bewegungen

in X und Z und eine entgegengesetzt gerichtete Modifikation in Y. Bewegt man einen KP auf der linken Seite mit den Koordinaten $(x_1, -y_1, z_1)$ um den Deltavektor (dx, dy, dz), dann erhält der symmetrische KP (x_1, y_1, z_1) auf der rechten Seite eine Verbesserung von $(dx, -dy, dz)$. Damit entfällt das physische Spiegeln des linken Scans. Man beginnt lediglich mit dem echten geometrischen Spiegeln der linken Randkurve – s. Abb. L.39 – und erzeugt auch aus den beiden symmetrischen Randkurven die mittenübergreifende Blendfläche, s. Abb. L.40. Danach gelingt das symmetrische Modellieren der Blendfläche auf Basis des linken Scans ohne ein Zuhilfenehmen des rechten Scans. In Abb. L.50 wird dies für eine Kontrollpunktreihe des oberen Patches vorgeführt. Das untere Patch bleibt zum Vergleich unverändert.

Wir erkennen in den Abb. L.42 bis L.46 die stufenweise Erhöhung der Ordnung mit jeweils anschließendem Heranmodellieren an den Scan bei Beobachtung der Schnitte $y = \text{const.}$ durch den Scan und die erzeugte Fläche. Nach dem G^3-Anschluss der beiden Patches aneinander, kontrollieren wir die Highlights, s. Abb. L.48.

Bisher haben wir oft Z als Lichtstrahlrichtung für die Berechnung der Highlightkonturen (s. Abschn. 3.2, S. 93) gewählt. Bei der Auswahl der Y-Richtung treffen die Strahlen sehr flach auf die Fronthaube. An der Längsmittellinie der

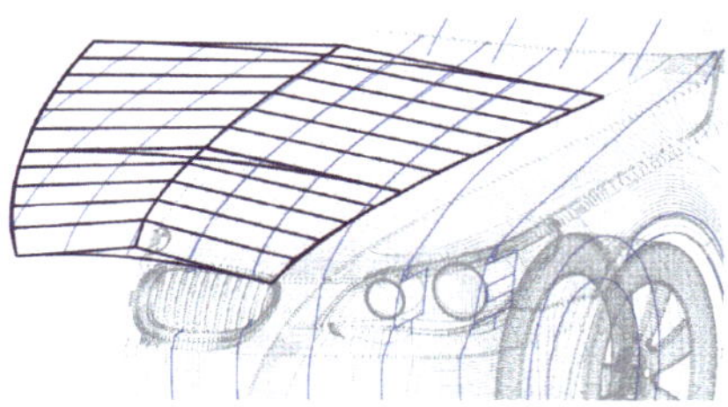

Abb. L.42. Ordnungserhöhung auf 3 und Heranmodellieren an den Scan

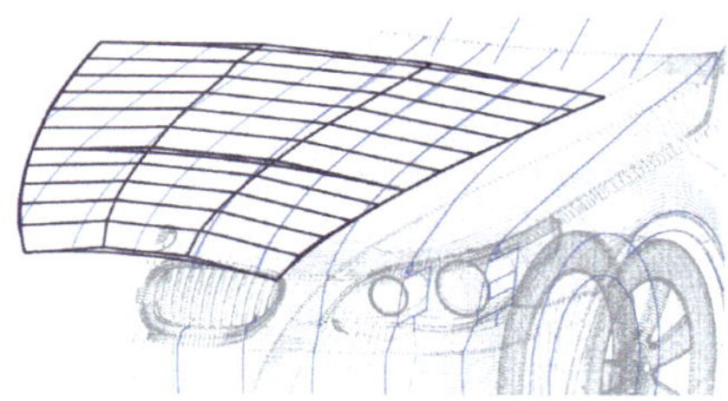

Abb. L.43. Wie vorher, nur mit Ordnung 4

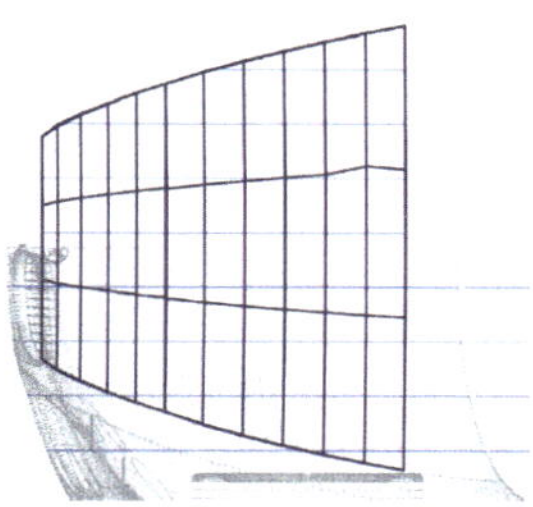

Abb. L.44. Kontrolle im Riss XY

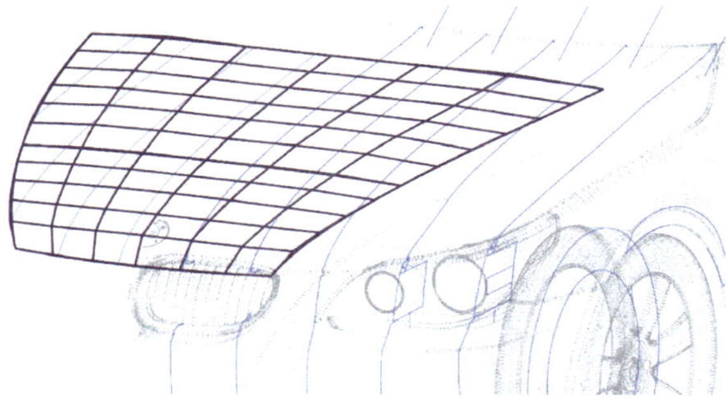

Abb. L.45. Ordnungserhöhung auf 5 und weiteres Heranmodellieren

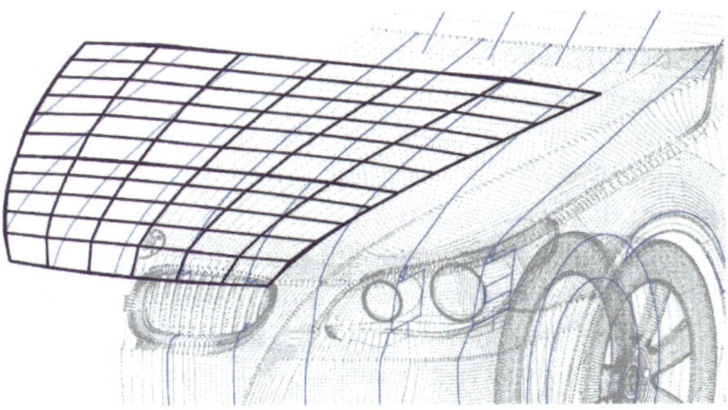

Abb. L.46. Ordnungserhöhung auf 7 und weiteres Heranmodellieren

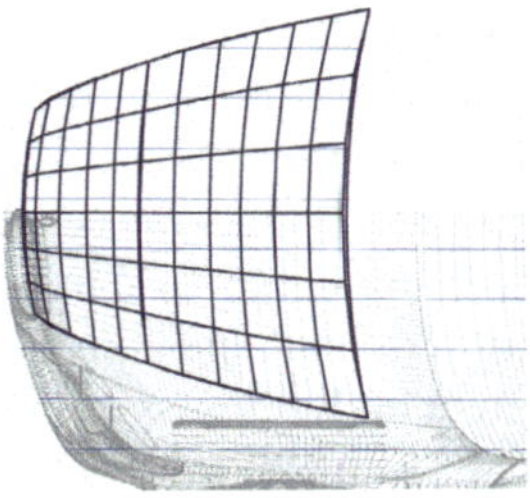

Abb. L.47. Kontrolle der beiden (nunmehr auch G^3-stetig angeschlossenen) Patches im Riss XY

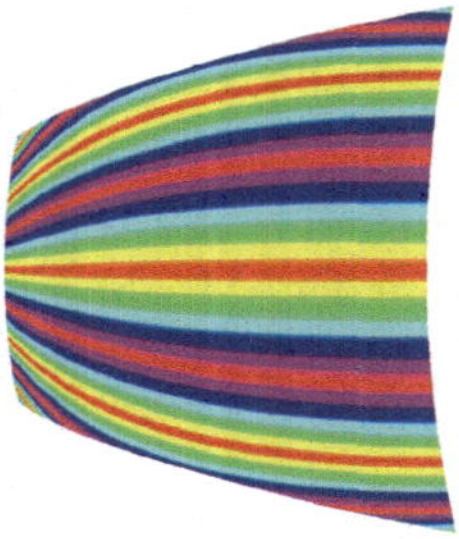

Abb. L.48. Hauptfläche mit Y-Highlights

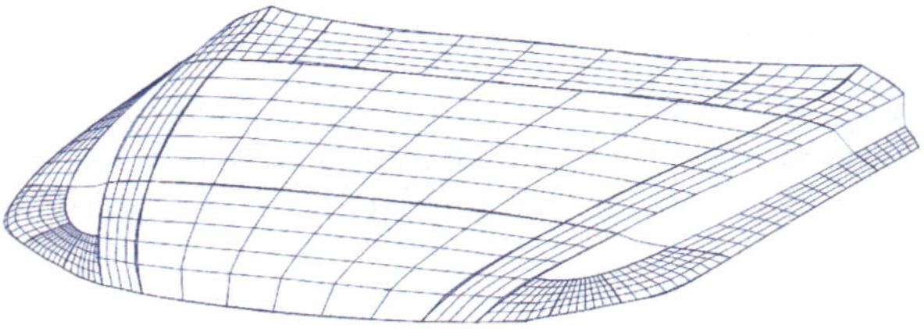

Abb. L.49. Anfügen von ergänzenden Patches zur Komplettierung der Fronthaube

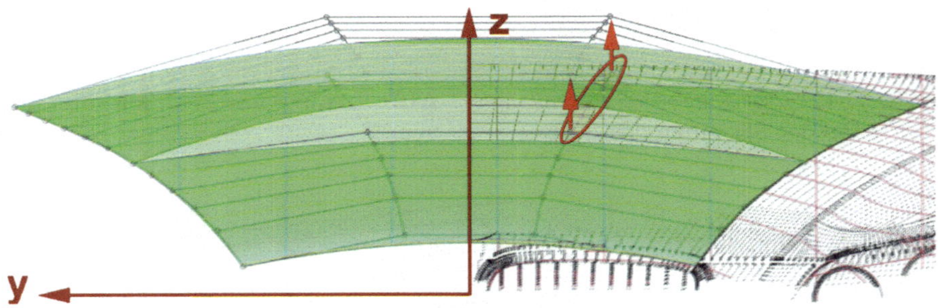

Abb. L.50. Symmetrische Bewegung von korrespondierenden Patch-Kontrollpunktreihen

Haube sind es sogar 0 Grad. Das bedeutet, sogar geringste Oberflächenfehler werden sich deutlich im Verlauf der Linien gleicher Helligkeit (Isophoten) abbilden. Ein weiterer Grund für die Bevorzugung der Y-Lichter ist die Ähnlichkeit mit Spiegelungen von horizontalen Häuserkanten in der Fronthaubenoberfläche. Vergleiche auch Bemerkung zu den X-Lichtern im Abschn. 6.2.4, S. 176.

Die restlichen Flächen, welche die geschaffene Hauptfläche der Fronthaube umgeben, erzeugen wir in gewohnter Weise, die hier nicht noch einmal demonstriert werden soll. In Abb. L.49 wird nur das strukturelle Endergebnis präsentiert.

Abbildungsverzeichnis

Hinweis: Im Anhang gilt eine durchgängige separate Numerierung!

Tabellenverzeichnis

Sachverzeichnis

The manufacturer's authorised representative in the EU is Springer Nature Customer Service Centre GmbH, Europaplatz 3, 69115 Heidelberg, Germany. If you have any concerns regarding our products, please contact ProductSafety@springernature.com

Printed and bound by CPI Group (UK) Ltd, Croydon, CR0 4YY

19/08/2026

02200189-0011